欧姆龙 CP1 系列
PLC 原理与典型案例精解

霍 罡 苏 强 等编著

机 械 工 业 出 版 社

本书以欧姆龙公司 CP1 系列可编程序控制器（PLC）为对象，介绍了 CP1E/CP1L/CP1H PLC 的硬件系统、指令系统、串行通信、程序设计方法与典型案例，并给出了两个控制系统的设计实例，还介绍了 CX - ONE 编程工具软件和 MCGS 工控组态软件的使用方法和应用。内容涵盖了逻辑控制、顺序控制、过程控制、串行通信及工控机组态应用程序设计等新技术。

本书可作为大专院校自动化相关专业教材和“可编程序控制系统设计师”职业培训教材，也可供工程技术人员自学使用，对欧姆龙 CP1 系列 PLC 的用户也有很大的参考价值。

图书在版编目（CIP）数据

欧姆龙 CP1 系列 PLC 原理与典型案例精解/霍罡等编著．—北京：机械工业出版社，2016.9

ISBN 978-7-111-53722-9

Ⅰ.①欧…　Ⅱ.①霍…　Ⅲ.①plc 技术　Ⅳ.①TM571.6

中国版本图书馆 CIP 数据核字（2016）第 096510 号

机械工业出版社（北京市百万庄大街 22 号　邮政编码 100037）

责任编辑：李馨馨

责任校对：张艳霞　　责任印制：常天培

唐山三艺印务有限公司印刷

2016 年 6 月第 1 版 · 第 1 次印刷

184mm×260mm · 21 印张 · 519 千字

0001 -3000 册

标准书号：ISBN 978-7-111-53722-9

定价：55.00 元

前　　言

可编程序控制器（PLC）是综合了计算机技术、自动化控制技术和通信技术的一种新型的、通用的自动控制装置。它具有功能强、可靠性高、操作灵活、编程简便以及适合于工业环境等一系列优点，在工业自动化、过程控制、机电一体化、传统产业技术改造等方面的应用越来越广泛，已成为现代工业控制的三大支柱之一。

欧姆龙公司推出了小型机 CP1 系列 PLC，是一款性价比高、功能完备、极具竞争优势的通用控制器。其特点是结构紧凑，集成了开关量控制、模拟量控制、高速计数与脉冲输出等功能于一身，指令丰富，引用功能块的编程方式使编程更加简便。为了将该系统的技术亮点呈献给广大专业读者，本着深入浅出、易学易用的原则，编者以欧姆龙 CP1 系列 PLC 为参照机型，引用了经典实例，结合系统知识编写了本书。在编写过程中，力求做到理论与实践相结合，所选案例从简至繁，循序渐进。其中的综合实例对工程实践具有较好的参考价值。

本书由霍罡和苏强主编，其中苏强参编第 1、2、3、5 章，马栋萍参编第 9 章，霍罡负责全书统稿和定稿。何英、李志娟、攀晓兵、王暄、马永华、陈惠荣、谢飞、宋娟、张琪、王丰周、陈静等参与了编写工作。

本书在编写过程中，得到了欧姆龙自动化（中国）有限公司的大力支持，书中所需的操作手册、编程手册等技术资料可以登录欧姆龙工业自动化网站 http://www.fa.omron.com.cn 获取，书中所用例程可在机械工业出版社网站 www.cmpbook.com 上下载。书中参考和引用了参考文献中有关编者的部分资料，在此一并衷心感谢！

由于编者水平有限，书中错漏之处难免，恳请广大读者批评指正。

编　者

E-mail:cobnhuo@126.com

目　　录

第1章　可编程序控制器概述

可编程序控制器（以下简称 PLC）是综合了计算机技术、自动化控制技术和通信技术的一种新型的、通用的自动控制装置。为与个人计算机（Personal Computer）的简称 PC 相区别，业内简称可编程序控制器为 PLC。

1.1　可编程序控制器发展史

1. 工业自动化

工业自动化是机器设备或生产过程在不需要人工直接干预的情况下，按预期的目标实现测量、操纵等信息处理和过程控制的统称。自动化技术就是探索和研究实现自动化过程的方法和技术。它是涉及机械、微电子、计算机、机器视觉等技术领域的一门综合性技术。由于工业革命的需要，自动化技术才得以蓬勃发展。同时自动化技术也促进了工业的进步，如今自动化技术已经被广泛地应用于机械制造、电力、建筑、交通运输、信息技术等领域，成为提高劳动生产率的主要手段。可编程序控制器属于工业自动化控制领域（简称工控）。

2. 可编程序控制器的问世及其背景

早期工业自动化主要采用诸如继电器、鼓式开关、纸带阅读器等机械、电气式器件作为控制元件。由于继电器结构简单易懂，使用方便，价格低廉，在一定的范围内能满足控制要求，因此在早期工业控制领域中占据了主导地位。但是，随着工业现代化的发展，生产规模越来越大，劳动生产率及产品质量的要求不断提高，很多场合需要成千甚至上万个继电器、计数器、定时器才能组合出功能复杂的系统。

20 世纪 60 年代末期，美国汽车工业需要进行大规模的技术改造和设备更新。而传统的继电器控制系统，不仅体积庞大、故障率高、柔性差、不灵活、耗能大，而且调试困难，可靠性也差，设计制造周期长、程序修改费时。不仅如此，生产线维护需要耗费大量的人力、财力，要求现场工人对生产线的工艺流程和相关元器件的操作熟练度高。因此，1968 年美国通用汽车公司提出开发新一代控制器的设想，从用户的角度考虑，提出了以下 10 项要求：

1）编程简单，可在现场修改程序——解决继电器控制装置修改困难问题。

2）维护方便，最好是插件式——降低现场维护成本。

3）可靠性高于继电器控制柜——解决众多继电器联锁后的可靠性问题。

4）体积小于继电器控制柜——在降低能耗的同时提高现场空间利用率。

5）可将数据直接送入管理计算机——可通过计算机监视整个系统的运行状态。

6）在成本上可与继电器控制竞争——强调性价比，方便大规模应用。

7）输入可以是交流 115 V（美国电网电压为 110 V）——可以直接接入到普通电网中。

8）输出为交流 115 V、2 A 以上，能直接驱动电磁阀——取代继电器，直接控制下游设备。

9）在扩展时，原系统只需做很小变更——具有一定扩展能力，方便设备升级。

10）用户程序至少能扩展到4 KB以上——便于编写较为复杂的用户程序。

1969年，美国数字设备公司（DEC）根据以上要求研制成功了第一台PDP－14控制器，并在汽车自动装配线上成功使用。由于当时该控制器仅实现顺序控制和一定的逻辑运算功能，故命名为可编程序逻辑控制器（Programmable Logic Controller，PLC）。早期PLC只具有简单的逻辑开/关（ON/OFF）功能，但与传统继电器相比，已具有容易修改、安装简单、可自诊断与节省空间等优点。

20世纪70年代初期，PLC引入微处理器技术，使其具有算术运算功能与数字信号输入/输出功能，并且能直接以梯形图符号编写程序。这项新技术在工业界产生了巨大的反响，工程技术人员无需掌握一种专门的编程语言，只需认识基本电气电路图就可以编写PLC程序。日本在1971年从美国引进了PLC技术，研制成功了DCS－8 PLC；德、法两国在1973年至1974年间也相继掌握了PLC技术。我国于1977年研制成功第一台PLC。

1987年2月国际电工委员会（IEC）对PLC做出了如下定义："可编程序控制器是一种数字运算操作的电子系统，专为工业环境而设计。它采用了可编程序的存储器，用来在其内部存储执行逻辑运算、顺序控制、定时、计数和算术运算等操作的指令，并通过数字式和模拟式的输入和输出，控制各种类型机械的生产过程。"，标志着PLC在工业控制中已经占有了一定份额。

3. 可编程序控制器的发展

随着20世纪70年代中期微处理器技术的发展和51型单片机的问世，PLC摆脱了早期只能进行逻辑运算和定时、计数运算的境遇，逐步加入数据传送，比较、运算和模拟量运算等功能。进入80年代，伴随着计算机通信技术的发展和工业化、信息化的深入，PLC也逐步应用网络技术，初步形成了分布式的通信网络体系。但是由于各个PLC生产厂家产品各成体系，不同厂家的PLC之间通信兼容性较差。从20世纪80年代中期开始，PLC的功能进一步多样化，先后出现了A/D、D/A单元，高速计数单元、温度控制单元、位置控制单元、运动控制单元、通信单元等，使PLC可以涵盖更加广泛的控制场合。随着各厂家产品不断更新换代，PLC功能也在成倍提高。

4. 可编程序控制器的特点

PLC之所以在工业控制领域占有越来越大的份额，是由于它相对于其他控制设备具有如下突出特点。

（1）可靠性高

1）严格的制造工艺：PLC在其内部印制电路板的设计、相关元器件的挑选以及元器件的焊接等方面，采用了极其严格的工艺标准。输入输出电路中采用了光隔离措施，防止外部输入高电压或由于工程人员接线错误导致的过电流损坏内部计算芯片，从而杜绝设备整体失控的现象出现。现在一般PLC产品，可以在0～60℃、相对湿度90%的环境中稳定工作，并对工业现场的机械振动、冲击，以及电源端一定电压电流的变化或者瞬间的电源中断有着良好的应对能力。

2）良好的抗干扰能力：PLC不仅可以适应较为恶劣的工业环境，其自身也有着良好的抗干扰能力。当PLC运行时，其各个I/O端口不仅采用了常规模拟滤波，还加上了数字滤波；内部电路采用了电磁屏蔽措施，防止现场大功率设备对PLC的辐射干扰；PLC整体的电源也采用较为先进的电源电路，从而防止干扰信号串入电源回路，影响PLC工作。

3）完善的软件系统设计：PLC 的软件设计方面也采取了很多特殊措施。其内部设置了警戒时钟（WDT），当 PLC 运行时对 WDT 进行定时刷新。一旦程序出现了死循环，超过一定时间没有对 WDT 进行刷新，WDT 将会跳出死循环程序，并发出报警信号。在 PLC 运行时，软件系统还可以对自身相关硬件进行自检，当相关硬件有连接错误或者故障出现时，系统会报警。针对用户编写的程序，软件系统具有相应的查错报错程序，发现用户程序出错时，系统不能运行。

（2）应用简便

1）编程语言多样高效：PLC 采用电气工程人员所习惯的梯形图编程语言得到了良好的反响，使没有任何计算机编程经验的电气工程人员，也可以编写 PLC 程序。而现在很多 PLC 均兼容多种编程语言，如 ST 语言（结构文本），实现利用 C 语言编写 PLC 程序。新型 PLC 还针对具体工程问题设计了顺序功能图、流程图两种编程方式，可以大大简化编程工作量。

2）编程工具软件亲和度高：考虑到 PLC 编程人员的熟练度差异，厂家在 PLC 编程工具软件中加入了编程错误提示功能。当程序中出现语法类、参数设置类或系统设置类错误时，编程工具软件会将错误检查出来并在警告栏内显示。这样的设计在软件和程序员间建立了良好的沟通关系，随着 PLC 的发展，其编程软件的亲和度与智能化将会更进一步提高。

3）维护方便：相比于继电器控制系统，PLC 系统维护极其简单。修护人员只需保存好运行的用户程序和 PLC 模块外部开关设置参数，就可以保证整个系统的正常工作。当出现模块损坏时，工程人员只需更新模块，并按照老模块设置的参数进行设置，并下传程序，即可完成维护工作。还有一些 PLC 模块上的端子排可以拆卸，这样使工程人员进一步免去了重新接线的麻烦，从而在本质上解决了继电器联锁电路维护困难的问题。

（3）功能强，功耗低，易于实现机电一体化

PLC 的基本功能包括逻辑运算、定时、计数、数制换算、数值计算，步进控制等。其扩展功能还有 A/D 转换、D/A 转换、PID 闭环回路控制、高速计数、通信联网、中断控制及特殊功能函数运算等功能，可以通过上位计算机进行显示、报警、记录和人机对话，大幅提高了 PLC 系统的控制水平。由于 PLC 采用半导体集成电路，因此体积小、重量轻、功耗低，使之易于装入机械设备内部实现机电一体化。

（4）成熟的工控网络体系，便捷的通信

PLC 网络通信技术随着计算机网络的成熟得到了飞速发展，国际各知名 PLC 厂家都开发了包括具有网络通信功能的新型 PLC、网络通信协议和新型工控网络。PLC 控制系统可以构成 Rockwell 公司提出的著名的三层工控网络体系结构。

（5）设计、施工和调试周期短

PLC 以软件编程来代替硬件接线，由它构成的控制系统结构简单、功能灵活，安装使用方便。硬件接线和软件编程可以并行进行，程序的编写、调试方便，大大缩短了 PLC 控制系统的开发、投产周期。

5. 可编程序控制器的类型

在 PLC 大规模应用于工业控制的今天，PLC 也发展出了多种样式。目前，对 PLC 的分类主要根据其结构形式的不同和 I/O 点的数量来划分。在结构上，现在 PLC 分为一体式 PLC 和模块式 PLC；按 I/O 点的数量多少，PLC 可分为微型机、小型机、中型机和大型机。

（1）按照结构形式分类

1）一体式 PLC。一体式 PLC 是指电源、CPU、I/O 点及通信端口整合为一体的 PLC，具有体积紧凑，体积小，价格低廉等特点。此类 PLC 具有一定的扩展能力，多作为小型成套设备或者作为复杂工业控制网络末端的控制器。目前市场上常见的一体式 PLC 包括欧姆龙 CP1 系列，三菱 FX1N 系列和西门子 S7－200 系列等。外观如图 1-1 所示。

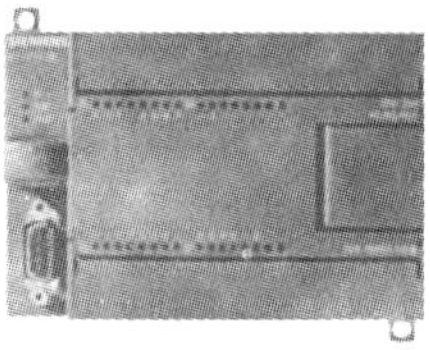
西门子S7-200系列

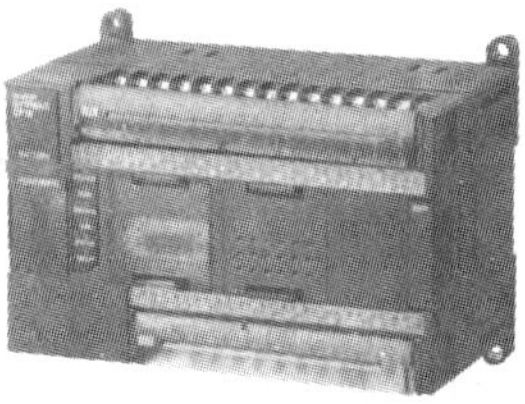
欧姆龙CP1系列

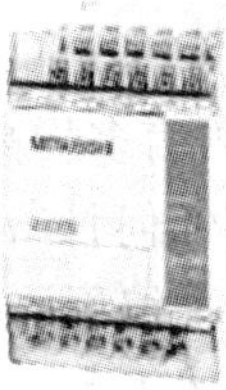
三菱FX1N系列

图 1-1　一体式 PLC 示例

2）模块式 PLC。模块式 PLC 是指将 PLC 各部分分成若干模块。一般一个完整的 PLC 系统是由 CPU 模块、I/O 模块、电源模块（有的含在 CPU 模块中）以及各种功能模块组成。模块式 PLC 的特点是配置灵活，扩展能力强，可以根据现场和系统扩展的需要选择各种功能模块，组成不同规模的 PLC 系统，一般应用于大型设备，工厂生产线等需要较多 I/O 点或者需要组成较为复杂的工业控制网络的场合。欧姆龙的 CJ2 系列，三菱的 Q 系列和西门子的 S7－300/400 系列是市场上比较常见的模块式 PLC。具体外观如图 1-2 所示。

西门子 S7300系列

欧姆龙CJ2系列

三菱Q系列

图 1-2　模块式 PLC 示例

（2）按照 I/O 点数分类

1）微型机。在一些功能要求简单（如简单的逻辑控制、定时、计数功能）、I/O 点数少（如点数为十几个点）、费用要求低的场合，传统的继电器仍占据较大的市场，而早中期的 PLC 产品很难顾及该类场合。

20 世纪 90 年代中期以来，在 PLC 中出现了一类 I/O 点数只有十几个点的微型系列产品，其中一部分带 HMI（Human Machine Interface，即人机操作界面，又称可编程终端）的称为带 HMI 的微型 PLC。几乎所有著名的 PLC 厂家均推出了此类产品，如日本的欧姆龙公司、和泉公司，德国西门子公司，美国罗克韦尔公司、法国施耐德 TE 公司等。具体微型机功能如图 1-3 所示。

微型机均为一体机，一个微型机主机上有十几个 I/O 点，只用作逻辑控制场合，一般没有通信和模拟量功能。通过扩展，微型机可以控制几十个 I/O 点，用户程序容量在 1K 字以下。微型机外观如图 1-4 所示。

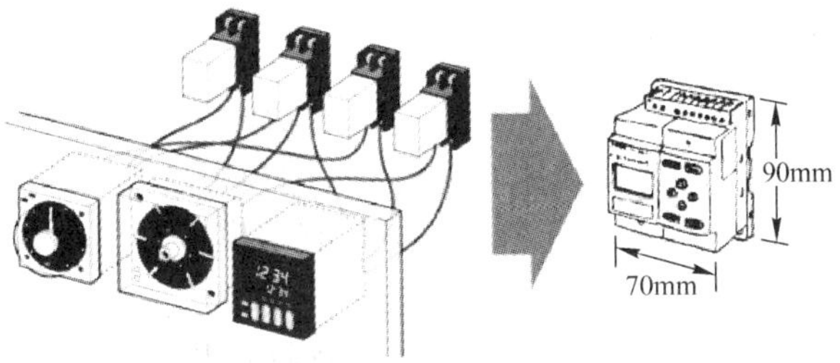

图 1-3　微型 PLC 替换图

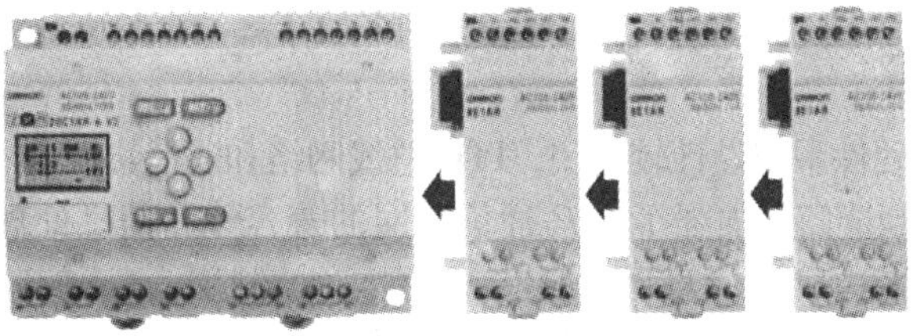

图 1-4　欧姆龙 ZEN 系列微型 PLC

2）小型机。小型机为目前市场上应用最多的机型，其体积小，集多种功能于一体，有一定的扩展能力，满足大多数小型设备的控制要求。小型机均为一体机，单体一般有几十个 I/O 点，可以通过扩展支持通信和模拟量功能，最大可以控制几百个 I/O 点，用户程序最大可以到 20K 字。

3）中型机。中型机均为模块式 PLC，其控制扩展 I/O 模块，可以控制上千个 I/O 点，并支持多种复杂通信网络和扩展多种特殊功能模块。用户程序最多可以达到几百 K 字。

4）大型机。大型机和中型机一样，均为模块式 PLC，通过扩展 I/O 模块可以控制上万点甚至几万点，用户程序最多可以达到上千 K 字。由于大型机应用的场合很多都是火力发电站，供水设施等关键部门，所以在控制点数众多的基础上，大型机更进一步加强了可靠性。不仅在制造工艺上更加严格，更在系统上设计了双机热备功能。一个 PLC 系统拥有两套电源和 CPU 主机，当一个 CPU 或者电源出现故障时，系统可以自动切换到备用 CPU 或者电源，并做出报警。可以在不断电的情况下进行相应模块的插拔和替换，从而保证关键部门不间断地正常工作。

6. 可编程序控制器的发展趋势

（1）处理速度更快，多 CPU 结构保证系统稳定

随着电子工业的发展，PLC 的 CPU 处理速度在每次产品更新换代时都有 3 ~5 倍的提升，欧姆龙的 CPM 系列发展到 CP1 系列更有 10 倍以上的提升。更快的处理速度意味着更强大的控制能力，有助于 PLC 应用于更重要的控制领域。

在一些重要的工程设施，工程技术人员会使用具有双机热备功能的 PLC。为了进一步提高 PLC 的容错性能，近年来有些公司研制了三重全冗余的机型。在整体设备的安全系数上有了更进一步的保障。

（2）存储容量更大

随着 PLC 应用领域深入和程序容量增大，其用户程序的容量已从原来的 2K 字增加到现在的 500K 字以上，相关数据存储区容量也由原来的不到 10K 字增加到现在 500K 字以上。

通过扩展外接存储卡，更可以将存储数据量扩展到512 MB以上。

（3）功能集成化

在硬件方面，许多需要通过扩展模块才能实现的功能，已经逐步地集成于PLC上。例如欧姆龙系列CP1E－NA型PLC，其单体上集成了2路模拟量输入，1路模拟量输出，并且内置了一个RS－232通信口。这样就使PLC同时具有了模拟量和数据通信功能，使工程技术人员不必再购买相关扩展模块。

在软件方面，PLC的集成化也在逐步地深入。早期的PLC必须通过复杂的通信协议才可以实现与下位仪表、变频器或者温控器的数据交换，而最新的欧姆龙CP1H和CP1L型PLC，通过编程工具软件中的功能块，导入由欧姆龙公司提供的通信功能块程序，进行简单设置参数，就可以与相关仪表、变频器和温控器进行通信。

（4）网络功能更强大

早期PLC的软件、硬件系统设计较封闭，PLC总线网络和通信协议也不互相兼容。在信息化的今天，几乎所有PLC制造商都加强了PLC通信联网的兼容性和信息处理能力。如欧姆龙系列PLC工业网络，老的网络构成为信息层（Ethernet网）、控制层（Controller Link网）和设备层（CompoBus/D，CompoBus/S网），而现在信息层和控制层相融合，利用EtherNet/IP网络代替原先的信息层和控制层。未来的网络将会以一网到底为目标发展，具体对比如图1-5所示。

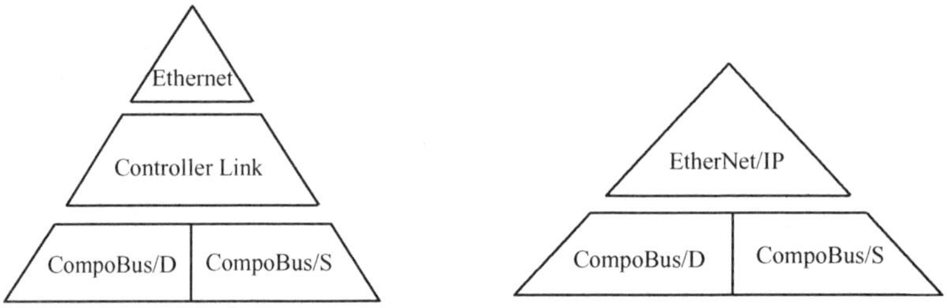

图1-5　欧姆龙系列PLC网络结构图

1.2　可编程序控制器系统构成与工作原理

1.2.1　可编程序控制器系统构成

简单来说，PLC是用内部微处理器来替代继电器、定时器和计数器的设备，PLC内部结构如图1-6所示。

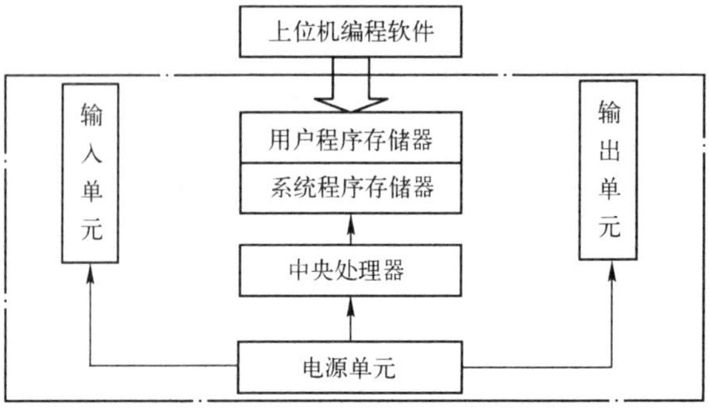

图1-6　PLC内部结构图

1. 中央处理单元

PLC 的中央处理单元如同人类的大脑，其内部是由中央处理器（CPU）和存储器（Memory）构成。

（1）中央处理器（CPU）

中央处理器由控制电路、运算器和寄存器构成，这些电路都集成在一块芯片上，通过 PLC 内部的地址总线、数据总线和控制总线与存储器单元、输入输出接口电路连接。它接收并存储从上位机输入的用户程序及数据，并存入随机存储器（RAM）中。当 PLC 程序运行的同时检查电源、存储器、I/O 以及警戒定时器的状态，并能诊断用户程序中的语法错误，CPU 以扫描的方式接收现场各输入装置的状态和数据，并分别存入 I/O 映像区，然后从用户程序存储器中逐条读取用户程序，将按指令执行的结果送入 I/O 映像区的数据寄存器内。等所有的用户程序执行完毕之后，最后将 I/O 映像区的各输出状态或输出寄存器内的数据传送到相应的输出装置上，如此循环运行，直到停止运行。

（2）存储器（Memory）

存储器是具有记忆功能的半导体电路，其作用是存放系统程序、用户程序、参数设置和其他一些需要存储的信息。其中系统程序是用来控制和完成 PLC 各种功能的程序，这些程序是由 PLC 制造厂家在生产 PLC 时固化到只读存储器（ROM）中的。而用户程序存储器是用来存储工程技术人员编写、下传写入到 PLC 的用户程序的 RAM，他们可以根据现场需要，通过上位机编程软件，实时地对用户程序及数据进行修改。

PLC 存储器分为 ROM 和 RAM 两种。

1）只读存储器。ROM 中的内容是由 PLC 制造厂家写入的系统程序，无论 PLC 上电和断电时均不能人为修改。系统程序一般包括以下几个部分：

① 检查程序：PLC 上电后，首先要检查 PLC 内部各硬件是否正常工作，并将检查结果通过 PLC 面板指示灯反馈给现场人员。

② 编译程序：用户通过上位机编程软件编写的用户程序是无法被 PLC 识别的，需要通过编译程序使用户程序变成 PLC 可以接受的程序。

③ 监控程序：相当于总控程序。根据用户的需要调用相应的内部程序，例如若用手持编程器选择 PROGRAM 编程工作方式，则总控程序就调用“键盘输入处理程序”，将用户键入的程序送到 RAM 中；若选择 RUN 运行工作方式，则总控程序将启动程序。

2）随机存储器。RAM 是可读可写存储器，读取数据时不会破坏 RAM 内的数据；向 RAM 中写入数据时，写入的数据会覆盖原有数据。为了防止 PLC 掉电后 RAM 中的数据丢失，多数 PLC 使用专用电池给 RAM 单独供电。RAM 中存储的数据一般包括以下几部分：

① 用户程序区域：在 PLC 通电状态下运行和保存经过编译的用户程序。

② 参数区域：参数区域存储的是上位机编程软件对于用户程序运行时的各种设定。

③ I/O 存储器区域：不同型号 PLC 的 I/O 存储器区域容量是不同的，一般分为输入、输出继电器，掉电保持继电器，内部辅助继电器，定时器、计数器和数据存储器。RAM 的容量直接反映了用户程序的最大容量指标。

2. 电源单元

电源单元的作用是为 PLC 中的 CPU、存储器等电子电路供电。一般 PLC 供电电源分为交流供电和直流供电两种。其中交流型供电 PLC 需要将交流 110 ~ 220 V，50 ~ 60 Hz

（±10%波动）供电转换成 PLC 内部电子元器件所需要的直流电，这样 PLC 就可以接入到一般城市电网。直流型供电 PLC 的供电范围是直流 24 V（±10%波动）。目前大多数 PLC 的电源单元采用开关稳压电源供电，用锂电池作为停电时的后备电池。

3. 输入/输出单元

PLC 通过输入单元接收外部控制信号，经过内部程序运算，再经由输出单元送出控制信号，以驱动现场设备。

（1）输入单元电路

输入电路采用光耦合电路与现场输入信号相连接，其目的是防止现场强电干扰进入 PLC，光耦合电路关键器件是光耦合器，一般由发光二极管和光敏晶体管构成。

光耦合器的信号传感原理是在光耦合器的输入端加上变化电信号，发光二极管就产生与输入信号变化规律相同的光信号，光敏晶体管在光信号照射下导通。为了满足 NPN 和 PNP 型输出传感器的连接需要，PLC 输入端的光耦合器均为双向光耦合，具体电路图如图 1-7 所示。经过光耦合器，外部的输入信号将被输入到输入数据寄存器，再通过数据总线传送给 CPU 以便程序处理。

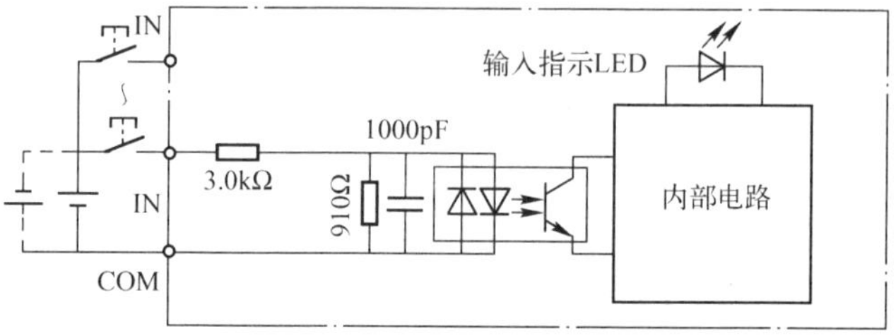

图 1-7　PLC 输入光耦合器电路原理图

（2）输出单元电路

输出电路一般由输出接口电路和功率放大电路构成。输出接口电路由输出寄存器、选通电路和中断请求电路构成。CPU 通过数据总线将输出信号传送到输出寄存器中。功率放大电路将输出信号放大，通过 PLC 输出端的继电器或者晶闸管来控制负载的通断。

1.2.2　可编程序控制器工作原理

1. PLC 工作流程

PLC 系统上电后，其内部的 CPU 需要首先进行初始化工作，称为公共处理，即对系统中的 I/O 单元、系统硬件与程序存储器单元进行检测，如果正常则完成自检，进入后续功能。如果自检出现问题，则发出报警信号，PLC 根据检测出问题的严重程度分成错误和报警。报警不会影响 PLC 的运行；而错误出现时，PLC 将会停止运行，直至错误排除为止。

当系统完成自检后将开始执行用户程序，系统执行用户程序时将会按照由左至右，由上至下的顺序逐个扫描梯形图程序中的每个元素。此时 PLC 只与 I/O 映像区进行数据交换，读取输入数据，根据梯形图执行结果实时将输出数据传送出来，当 CPU 执行到梯形图的 END 指令时，表示梯形图程序执行结束，则此次用户程序扫描结束。

CPU 将计算此次扫描用户程序时间并判断是否超过预置的 PLC 最小扫描周期，如果超出则系统报警。

在 CPU 计算完扫描周期时间后，CPU 将会执行 I/O 刷新操作，从输入单元读取外部输入信号并刷新映像存储器的输入部分，将映像存储器中输出寄存器的输出信号，经过功率放大电路驱动输出端子上的负载部件，控制外部设备。

最后 CPU 将会执行外部设备服务，包括外部串口数据的交换，以及相关通信单元链接的服务等。CPU 工作流程如图 1-8 所示。

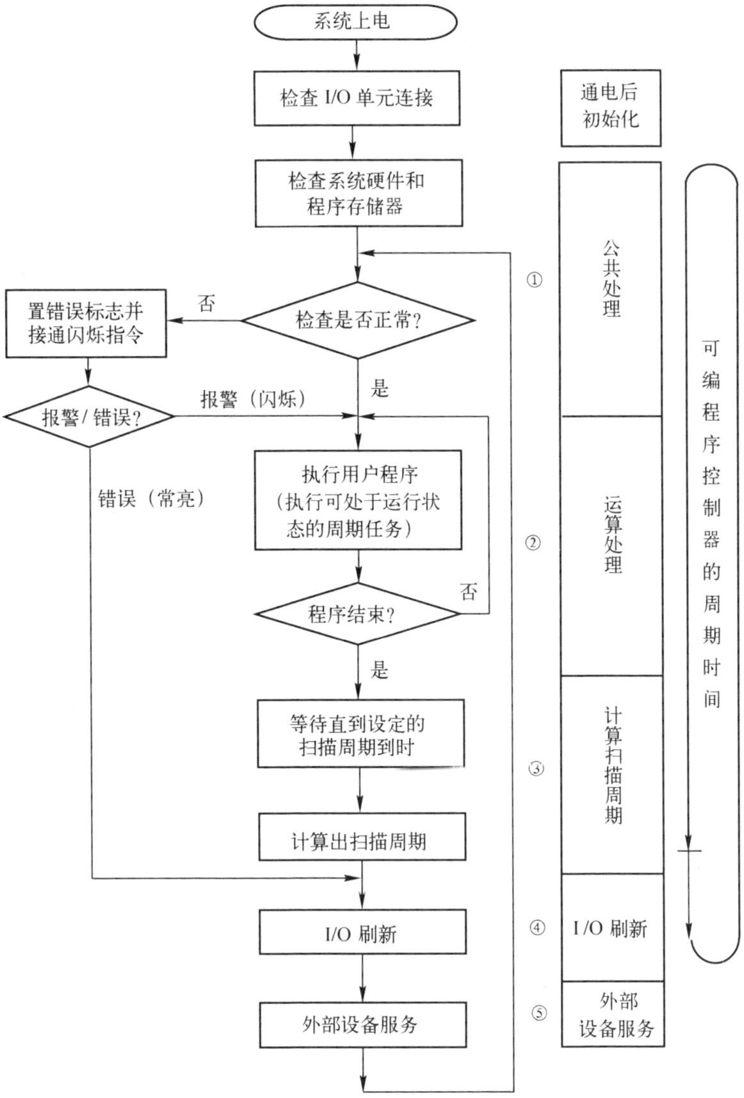

图 1-8　CP1 系列 PLC 的 CPU 工作流程图

2. 可编程序控制器的工作方式

PLC 与继电器控制的重要区别就是工作方式的不同，继电器工作方式是只要相关继电器导通即工作。而 PLC 采用串行循环扫描工作方式。下面分析 PLC 工作最为核心的程序处理部分。

程序处理部分可分为三个阶段：输入采样、用户程序执行和输出刷新。

（1）输入采样阶段

输入采样阶段是在特定时段内 PLC 将现场的输入信号读入到其内部的输入映像寄存器

的相关区域中，超出这个时段后，PLC 将进入下一步用户程序执行阶段，而如果再有输入状态的变化，PLC 也不再响应。需要到下一个扫描周期开始时才能重新读取数据。

（2）用户程序执行阶段

在扫描用户程序时，CPU 将会按照从左到右，从上到下的顺序扫描梯形图程序。CPU 将会从输入和输出映像寄存器中读入相关输入和输出点的状态，并按照用户程序执行，将执行结果存入到输出映像寄存器中。在这一过程中，只有输入映像寄存器中的数据是固定不变的，其他寄存器中各位的状态将根据用户程序的执行情况发生改变。需要注意的是，这种执行程序方式会带来一个问题，就是同样一个输出位，如果在梯形图中的不同位置出现时，排在梯形图后面的输出状态就会覆盖前面该位输出状态，因此为了保证梯形图执行结果的一致性，应尽量避免同一个输出位在梯形图程序中出现两次的情况。

（3）输出刷新阶段

CPU 将输出映像寄存器的状态与数据送到输出锁存器，再经过输出电路的功率放大，转换成可以使外部控制装置接受的电压、电流或者脉冲信号，驱动相关的负载与设备，达到控制外部输出的目的。

（4）I/O 响应时间

PLC 从接收一个输入信号到输出控制信号需要经过输入采样、执行程序、输出刷新三个流程，并且还要加上 PLC 内部的输入和输出延时时间。所以从输入信号进入 PLC 到输出信号从 PLC 发出，中间将会有一个时间延时，这个延时称为 I/O 响应时间。但由于用户程序采用串行循环扫描方式执行，将会导致 I/O 响应时间不同。I/O 响应时间分为最小 I/O 响应时间和最大 I/O 响应时间。

1）最小 I/O 响应时间。当输入信号经过输入延时后，恰巧在 PLC 输入采样时段被 PLC 捕捉到，此次输入信号将会在本次扫描周期中执行程序阶段被处理，相对应的输出信号将会在本扫描周期中的输出刷新后被输出。最小 I/O 响应时间的意义就是输入信号在本个扫描周期内被处理。具体原理如图 1-9 所示。

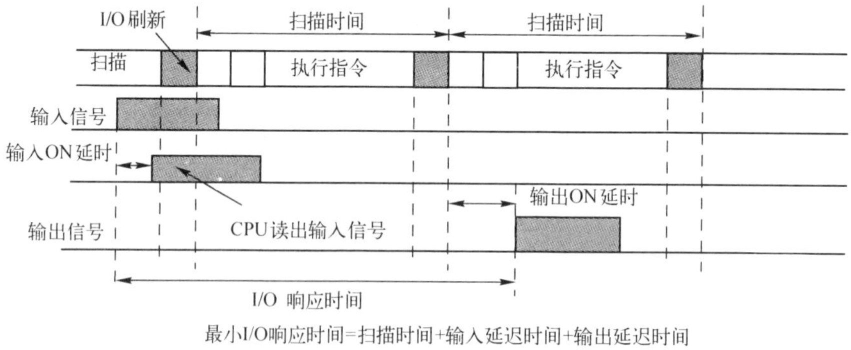

图 1-9　最小 I/O 响应时间示意图

2）最大 I/O 响应时间。如果输入信号经过输入延时后，错过 PLC 输入采样时段而没有被 PLC 捕捉到，则输入信号将会在下一个扫描周期内执行程序阶段被处理，相对应的输出信号也将会在下一个扫描周期中的输出刷新后被输出。最大 I/O 响应时间的意义就是输入信号错过本次扫描周期，而在下一个扫描周期被处理。具体原理如图 1-10 所示。

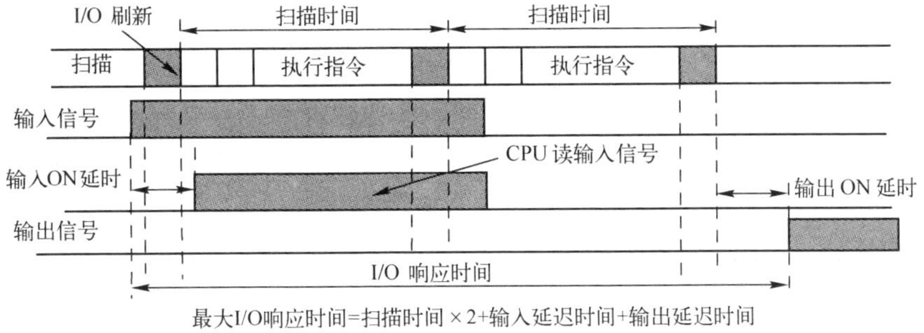

图 1-10　最大 I/O 响应时间示意图

1.3　可编程序控制器系统设计概述

设计一个完整的 PLC 应用系统一般包括项目分析、PLC 硬件选型、程序设计和调试等几个步骤。

1.3.1　项目分析

项目分析需要对项目的生产工艺、工作环境、硬件需求和控制要求等方面进行全面分析。这项工作是整个系统设计的基础。如果前期项目分析不到位，将会造成后面硬件选型不准确，导致工程延期。

1. 项目分析

工程技术人员首先要对工程项目进行分析，即项目工程的控制流程和每个流程的控制类型，并对整个项目可能出现的问题做出预判。

（1）分析控制流程

分析控制流程时，建议绘制相关的控制流程图，清晰地标注每一步工作的内容和到下一步的条件。

（2）分析控制类型和预估 PLC 选型所需参数

一般 PLC 适用于四种控制类型，即顺序控制、过程控制、运动（或位置）控制和网络通信等。工程技术人员在分析控制要求后，根据绘制的控制流程图，将每个控制流程的控制类型进行分类，再根据项目的复杂程度组合出控制类型。因此前期准确地分析每一步的控制类型，将有助于选型的准确和问题的预估。

在分析项目控制类型的同时，工程技术人员还要预估 PLC 选型所需要的重要参数值。如顺序控制中的 I/O 点数；若使用编码器，要根据编码器的参数计算其输出脉冲的频率值，进而换算成 PLC 高速计数的脉冲频率。再如，过程控制中模拟量数和模拟量精度、运动控制中 PLC 对于伺服驱动器反馈信号的响应速度和 PLC 高速脉冲输出的数量，以及在网络通信时所选 PLC 是否支持相应的网络类型等参数。

2. 预估可能出现的问题

对于可能出现问题的预估是工程分析中较难的环节。这不仅需要工程技术人员对现场的工作环境和整个项目控制难点能够较好地把握，还要对可能出现的突发情况和危险具有前期预判。

（1）设备工作环境的把握

工程人员需要对生产环境有较全面的认识。如纺织机械所处工作环境的空气湿度高、振动较大，所以设计 PLC 系统时要做好防振处理。又如建材加工厂的环境温度比较高，并且有很多的粉尘和较强的静电，因此工程技术人员要在保证电气控制柜通风良好的前提下，进一步做好防尘和除静电处理。

设备工作环境的把握不仅仅局限于物理的环境，随着 PLC 应用的深入，更需考虑人员因素。如设备操作人员的素质较低时，需要开发较为简练的设备操作界面。

（2）项目难点的预期

项目难点的预期其实就是对项目核心问题的把握。如喷气织机设备的控制核心就是如何快速有序地控制电磁阀，利用压缩空气的摩擦力来牵引纬纱穿过纺织梭，完成纺织的引纬工作，这需要 PLC 具有非常快的响应速度。在确定项目难点后，工程技术人员可以根据难点来对 PLC 进行选型。从整个项目的角度出发，项目的难点就是系统设计的特点，也是 PLC 选型的方向。

（3）项目危险的前期预估

在项目设计前期，工程技术人员需对本项目可能出现的危险情况进行预判。如顺序控制或运动控制中调试设备时对于误动作的防护；在过程控制中，测试时是否有高压、高温或者有毒有害物质以及相关的防护措施。在项目设计前期对危险进行预估有助于加强工程技术人员的安全意识。

1.3.2 PLC 硬件选型原则

PLC 的选型是工程技术人员根据前期项目分析和项目难点的预期来选择合适的 PLC，主要依据以下原则。

1. 先特殊后一般原则

根据工程经验，大多数工程项目中制约 PLC 选型的因素主要集中在几个关键点上，所以应遵循先特殊后一般的原则选择 PLC。

所谓特殊即项目有哪些特殊的控制要求，不同控制类型有着不同的首要制约因素。如顺序控制中，CPU 的程序容量和 I/O 点的扩展能力为 PLC 选型的主要因素。过程控制中，则以控制模拟量的数量和模拟量的精度作为出发点进行选型。在较为简单的运动控制中，PLC 需要接收来自现场编码器送回的位置信号并相应地发出一定频率的脉冲来控制伺服电动机，因此 PLC 处理数据的速度、输入端接收高速脉冲的能力和输出端高速脉冲的发送能力将成为 PLC 选型的首要因素。而在大型复合项目中，需使用不同的 PLC 组网，因此 PLC 支持的网络类型则成为 PLC 选型的首要因素。

工程技术人员需按照本项目的核心需求，将不同的控制要求按照从特殊到一般的顺序进行排列，如此选型将事半功倍，更可降低工程的整体难度。

2. 由下至上原则

由下至上原则的目的是将 PLC 选型的性价比最大化。目前多数厂家的 PLC 产品分成多个系列。当工程技术人员选型时，按照第一步从特殊到一般的选型顺序，从最低款 PLC 开始，逐一对照性能参数。当发现不满足要求时，考虑较高一款产品。以此类推，直至选取全部满足要求的 PLC 型号。如若由上至下选型，则会大马拉小车，造成 PLC 功能浪费。

3. PLC 开关量输入/输出单元的选择

PLC 的开关量输入点是用来接收现场传感器所输入的电平信号，开关量输出点的作用根据内部的控制信号来驱动外部负载。

（1）开关量输入端子的选择

现在市面上 PLC 输入点均为晶体管输入，使用者只需要根据前期预估的输入点数量选择即可。但是这里需要注意，因 PLC 端接线类型不同，分别有 NPN 和 PNP 两种输入方式，其意义是看输入端是低电平有效还是高电平有效，一旦确定输入端的接线类型，则需选用相同类型输入的传感器，即 NPN 和 PNP 型的传感器不能共用一个 PLC 的输入端子。

现在市面上 PLC 输入端子多为直流 24 V 的输入电压，如果需要将其他电压规格的传感器接入到 PLC，需用继电器做相应的隔离，保证接入 PLC 输入端的信号为直流 24 V 电压。

（2）开关量输出端子的选择

PLC 开关量输出点的类型主要为继电器型输出和晶体管输出两种。

1）继电器输出型。继电器输出型负载能力好，能够短时间承受较高过电压和过电流，有较强的隔离作用。但是由于继电器内部为机械触点，动作寿命有限，所以只能用于连接动作频率较低且不需要高速脉冲输出的场合。

2）晶体管输出型。晶体管输出型是以通过控制其内部晶体管的导通为手段，来达到控制输出端子通断的目的，并且其内部并没有机械触点结构，所以相比于继电器输出触点，晶体管输出触点寿命长，动作频率高，不易损坏，缺点为负载能力较差。

（3）开关量输出端子选型的注意事项

1）类似于输入端，晶体管输出端子也分为 NPN 型和 PNP 型两种。一旦型号确定则只能按照同种接线方式连接负载。

2）在实际应用中，建议工程技术人员多选用晶体管输出型 PLC，并在输出端使用继电器连接外部负载，形成对于下游负载设备的电气隔离，这样的组合综合了晶体管寿命长和继电器负载能力强的优点。如果现场出现电气故障，PLC 输出端子将会因受到隔离继电器保护而免受损坏，只需要更换损坏的继电器即可。而一旦继电器输出型 PLC 端子损坏，将无法修复损坏端子。

4. 先内置后扩展原则

随着 PLC 的不断更新换代，特别是小型机功能的不断增强，PLC 单机已内置了许多扩展模块的功能，如模拟量功能、通信功能等。因此，选型时尽可能选用内置功能多的 PLC，既降低了成本，又节省控制柜空间，更可以简化设置和编程工作量。

5. PLC 选型冗余量的把握

由于前期预估、现场施工改动和后期维护升级的需要，PLC 选型需考虑一定的冗余量。主要考虑 I/O 点的数量，较小的工程控制在 20% 的冗余范围；较大的工程控制在 5% ~ 10% 。其他如模拟量、通信和总线功能的冗余问题，需工程技术人员根据现场硬件配置灵活把握，如果控制功能均为 PLC 内置的，则需更换高一级单机 PLC；若控制功能是通过扩展模块实现的，则考虑冗余时仅需更新相应模块即可。

1.3.3 PLC 编程要点

（1）根据控制流程图分配程序段

根据前期控制流程图将控制程序分解成不同的程序段，这样可以使程序整体结构清晰，便于后期调试程序。如果项目较复杂，将程序分段后便于分配给若干名编程人员同时编程和调试，从整体上提高了编程效率。

（2）编制 I/O 表和内存表

编制 I/O 表是给每个输入/输出点分配地址并做注释，避免编程时出现 I/O 点混乱的问题。编制内存表是分配 PLC 内存地址给程序的中间变量并做注释，便于编程时引用。

（3）简化编程

编程员在熟悉 PLC 指令系统的基础上，熟练使用高级指令编程，可以极大地减少编程工作量，节省 PLC 存储器空间，有助于更好地发挥 PLC 功能。

（4）注释清晰

为了方便后期调试程序，编程时需将每个相关点的注释清晰地标注在程序中，包括使用的特殊指令目的等。程序可读性好，为后期项目维护和升级打下基础。

1.3.4 PLC 程序调试方法

PLC 应用程序的调试工作可以分为模拟调试和联机调试两个步骤。

1. 模拟调试

模拟调试是指根据开关量 I/O 单元上各位对应的发光二极管的显示状态而不带输出设备进行的调试。

设计好控制程序后，一般先作模拟调试。有的 PLC 厂家提供了在计算机上运行、可用来替代 PLC 硬件来调试程序的仿真软件，例如欧姆龙公司与 CX－Programmer 编程软件配套的 CX－Simulator 仿真软件等。在仿真时按照系统功能的要求，将某些输入元件位强制为 ON 或 OFF，或改写某些元件中的数据，监视系统的功能是否能正确实现。

如果连接上 PLC 硬件来调试程序时，可以使用接在输入端子上的小开关和按钮来模拟 PLC 实际的输入信号，例如用它们发出操作指令，或者用它们模拟实际的反馈信号，如行程开关触点的接通和断开等。通过开关量输出单元上各输出点对应的发光二极管，观察输出信号是否满足设计的要求。

调试顺序控制程序的主要任务是检查程序的运行是否符合顺控图的规定，即在某一转换实现时，活动步状态的变化是否正确，该转换所有的前级步是否变为不活动步，所有的后续步是否变为活动步，以及各步被驱动的负载是否发生相应的变化。在调试时应充分考虑各种可能的情况，对系统各种不同的工作方式、顺控图中的每一条支路、各种可能的进展路线，都应逐一检查，不能遗漏。发现问题后及时修改程序，直到在各种可能的情况下输入信号与输出信号之间的关系完全符合要求。如果程序中某些定时器或计数器的设定值过大，为了缩短调试时间，可以在调试时将它们减小，模拟调试结束后再写入它们的实际设定值。

总之，模拟调试是整个程序设计工作中一项很重要的内容，它可以初步检查程序的实际效果。模拟调试和程序编写是密不可分的，程序的许多功能是在调试中不断修改和逐步完善的。模拟调试既可以在实验室内进行，也可以在现场实施。如果是在现场进行模拟调试，那就应将 PLC 系统与现场信号隔离，切断 I/O 单元的外部电源，以免造成不必要的损失。

2. 联机调试

联机调试是指将 PLC 安装到控制柜中，并连接输入元件和输出负载，运行控制程序进行整体调试的过程。

在对程序进行模拟调试的同时，可以设计、制作控制柜，PLC 之外其他硬件的安装、接线工作也可以同时进行。完成控制柜内部接线后，应测试接线。可以在控制柜的接线端子上模拟 PLC 外部的开关量输入信号，或操作控制柜面板上的按钮和指令开关，观察对应 PLC 输入点的状态变化是否正确。用编程器或编程软件将 PLC 的输出点强制置位或复位，观察对应 PLC 的负载（如外部的继电器、接触器等）动作是否正常，或对应控制柜接线端子上输出信号的状态变化是否正确。

对于有模拟量输入的系统，可以给变送器提供标准的输入信号，通过调节单元上的电位器或程序中的参数，使模拟量输入信号和转换后的数字量之间的关系满足要求。

在现场安装好控制柜并完成柜内接线测试后，将外部的输入元件和执行机构接入 PLC，将 PLC 置于运行模式，运行控制程序，检查控制系统是否能满足要求。

在调试过程中将暴露出 PLC 系统可能存在的硬件问题及梯形图设计中的问题，发现问题后在现场加以解决，直到完全符合要求。全部调试完成后，还要经过一段时间的试运行，以检验系统的可靠性。

1.4 思考题

1. PLC 是由哪些部分构成的？各部分的作用是什么？
2. 整体式 PLC 与模块式 PLC 结构上各有何特点？
3. PLC 中存储器的类型有哪些？作用是什么？
4. PLC 具有哪些主要特点？
5. 扫描周期主要由哪几部分时间组成？起决定作用的是什么时间？主要受哪些因素影响？
6. I/O 响应时间与扫描周期的区别是什么？缩短 I/O 响应时间的措施是什么？
7. PLC 应用系统设计的主要步骤是什么？PLC 硬件选型的主要依据原则有哪些？有哪几种调试方法？
8. CPU 是由哪些部分组成的？其工作原理是什么？
9. 简述 PLC 的网络体系结构。
10. 列举实际生活中可以采用 PLC 解决的控制问题。

第 2 章　CP1 系列 PLC 硬件系统

2.1　CP1 系列 PLC 概述

欧姆龙公司生产的 PLC 中，以 CP 为前缀的 PLC 均属于小型一体式 PLC，即电源、CPU、I/O 点及通信端口整合为一体的 PLC。小型一体式 PLC 具有选型简单、功能集成、结构紧凑、易于使用的特点，是欧姆龙小型机系列的代表。欧姆龙较早面向市场推出的小型 PLC 为 CPM 系列，凭借其体积小，软件亲和度高，指令系统简单而出名，在工控领域得到了广泛的使用。欧姆龙公司根据不同需求，又将 CPM 系列 PLC 分成了经济型、一般型和高功能型三类，进一步细化了系列种类，性价比更突出，市场上反响良好。

但是，随着控制要求的不断提高，CPM 系列的性能已经不能满足需求，欧姆龙公司又推出了 CP1 系列 PLC，以替换 CPM 系列 PLC。CPM 系列和 CP1 系列 PLC 对应替换产品见表 2-1。

表 2-1　CPM 系列与 CP1 系列 PLC 替换对照表

PLC 系列	经　济　型	一　般　型	高 功 能 型
CPM 系列	CPM1A/CPM2AE	CPM2C	CPM2A/CPM2AH
CP1 系列	CP1E	CP1L	CP1H

与 CPM 系列 PLC 相比，CP1 系列 PLC 在硬件上做了以下重点升级：

（1）处理速度更快。处理速度是 PLC 的核心参数，处理速度直接影响 PLC 信号响应速度和程序运行的实时性。CP1 系列相比于 CPM 系列 PLC 在处理速度上大幅提升，具体对比如图 2-1 所示。

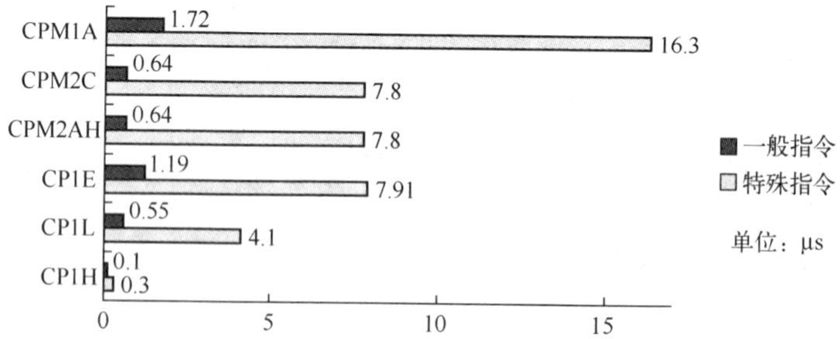

图 2-1　CPM 系列与 CP1 系列 PLC 处理速度对比图

（2）程序容量更大。更大的程序容量如同给予工程师更大的图纸，可以将程序编辑得更加全面，可靠性更高，给未来设备升级预留出拓展空间。欧姆龙的 CP1 系列 PLC 与 CPM 系列相比程序容量至少扩大了 1 倍以上。CPM 和 CP1 系列 PLC 最大程序容量对比如图 2-2 所示。

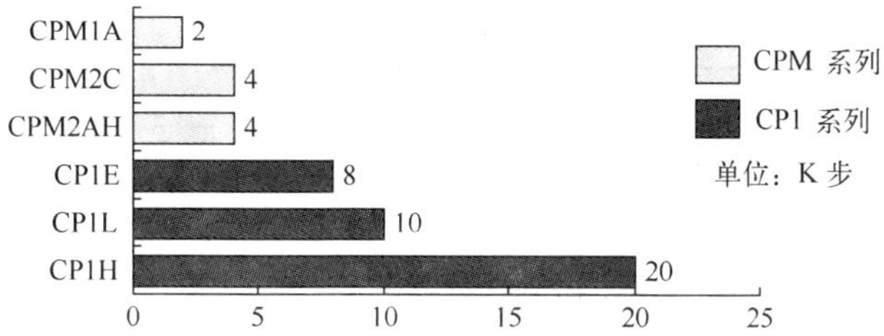

图 2-2　CPM 系列 PLC 与 CP1 系列 PLC 程序最大容量对比图

（3）指令系统更完善。CP1 系列的指令系统相比于 CPM 系列，有了充分的扩展。指令系统的完善，可以使用户通过特殊指令来简化编程量。CPM 和 CP1 系列 PLC 指令种类对比如图 2-3 所示。

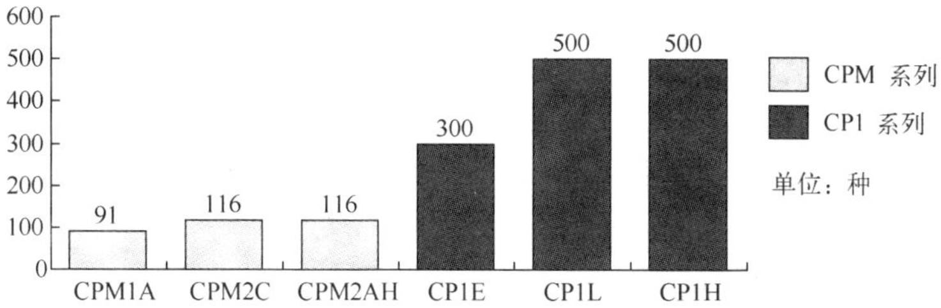

图 2-3　CPM 和 CP1 系列 PLC 指令种类对比图

除以上几点之外，CP1 系列 PLC 全面兼容 CPM 系列的扩展模块。尤其是 CP1 系列中的 CP1H 型 PLC 更可以兼容 CJ 系列中型 PLC 的高功能扩展模块，满足某些高功能场合的控制需求。

在软件方面，CP1 全面兼容 CPM 系列 PLC 的指令系统。只要将编程工具软件 CX－Programmer 升级到较新的版本，就可以将 CPM 系列程序直接下传到 CP1 系列 PLC 中，软件设置方法均与 CPM 系列 PLC 操作相同，便于更新换代。

2.2　CP1 系列 PLC 硬件系统

由于 CP1 系列 PLC 分为经济型、一般型和高功能型，并且每种类型配置了不同的 CPU 类型，以下分别介绍 CP1 系列 PLC 的命名规则和技术要点。

2.2.1　CP1E 命名规则及硬件选型

1. CP1E 命名规则

CP1E 属于 CP1 系列 PLC 的经济型，适用于 I/O 点数不多，模拟量在几点以内，且对 PLC 的处理速度要求不高的简单控制对象。CP1E PLC 命名规则见表 2-2。

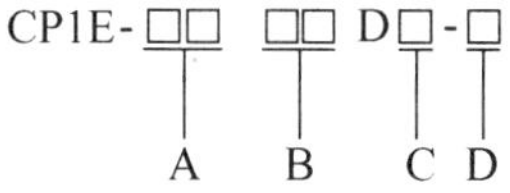

表 2-2　CP1E 硬件命名规则表

编　号	分　　类	记　号	含　　义
A	CPU 类型	E	E 型 CPU，程序容量 2K 步，没有扩展通信口能力
		N	N 型 CPU，程序容量 8K 步，自带一个 RS232 接口，可以扩展 1 个 RS－232 或者 RS－422/485 接口
		NA	NA 型 CPU，程序容量 8K 步，自带 1 个 RS232 接口，可以扩展 1 个 RS－232 或者 RS－422/485 接口，并内置 2 路入 1 路出的模拟量
B	I/O 点数	10	10 点：输入点 6/输出点 4
		14	14 点：输入点 8/输出点 6
		20	20 点：输入点 12/输出点 8
		30	30 点：输入点 18/输出点 12
		40	40 点：输入点 24/输出点 16
		60	60 点：输入点 36/输出点 24
C	输出类型	R	继电器输出
		T	晶体管输出（漏型 NPN）
		T1	晶体管输出（源型 PNP）
D	CPU 电源类型	D	直流 24 V 供电
		A	交流 100～240 V 50/60 Hz 供电

2. CP1E 硬件选型

CP1E PLC 分为简单型、经济型和高效型，可以满足较简单的控制对象。其中，简单型 CP1E 结构紧凑，一般适用于 I/O 点较少的逻辑控制，无扩展功能。经济型 CP1E 内置了 1 个通信接口，且具有高速计数、高速脉冲输出与扩展能力。高效型 CP1E 内置通信接口和模拟量控制功能，满足了模拟量控制的场合，替代经济型 CP1E 加模拟量扩展模块的选型方案，提高性价比。CP1E 硬件参数选型见表 2-3。

表 2-3　CP1E 硬件参数表

CPU 类型	CP1E－NA 高效型	CP1E－N 经济型	CP1E－E 简单型
程序容量	8K 步		2K 步
数据存储容量	32 KB		8 KB
处理速度	1.19 μs（基本指令）　7.91 μs（特殊指令）		
输出特性	继电器输出：AC 250V/2A 寿命：阻性 20 万次 感性 7 万次		
	晶体管输出：DC 24V/300mA		
机型 I/O 点数	20 点	60 点，40 点，30 点，20 点，14 点	40 点，30 点，20 点，14 点，10 点
I/O 点数分配比例	除 14 点机型 I/O 比例为 4:3 外，其他机型 I/O 比例均为 3:2		
扩展单元数	最大 3 台	60 点、40 点、30 点机型扩展 3 台；20 点、14 点机型无扩展功能	30 点、40 点机型支持扩展 3 台
扩展通信口	内置 1 个 RS－232 接口，并可扩展 1 个 RS－232 接口、S－422/485 接口或 EtherNet 接口		不支持

（续）

CPU 类型		CP1E－NA 高效型	CP1E－N 经济型	CP1E－E 简单型
内置模拟量 I/O		2 路输入，1 路输出	无	
脉冲输出	脉冲输出	2 路输出：1－100 kHz 输出方式：脉冲＋方向		不支持
	脉宽调制	2 路输出 2.0～6553.5 Hz；占空比 0.0%～100%		
高速计数		增量脉冲输入：2 路 100 kHz、4 路 10 kHz 加/减脉冲：1 路 100 kHz、2 路 10 kHz 脉冲加方向：2 路 100 kHz 相位差脉冲输入：1 路 50 kHz、1 路 5 kHz		增量脉冲输入：6 路 10 kHz 加/减脉冲：2 路 10 kHz 脉冲加方向：2 路 10 kHz 相位差：2 路 5 kHz
时钟功能		安装外接电池后支持		不支持
功能块功能		不支持		

3. CP1E 系列 PLC 概述

CP1E 系列 PLC 的 CPU 类型分为 NA 型、N 型和 E 型，其中 NA 型 PLC 具有其他两个系列 PLC 外观的全部特点，这里以 NA 型 CP1E－NA20DT－D 为例，介绍 CP1E 型 PLC 主机。CP1E－NA20DT－D 外观如图 2-4 所示。

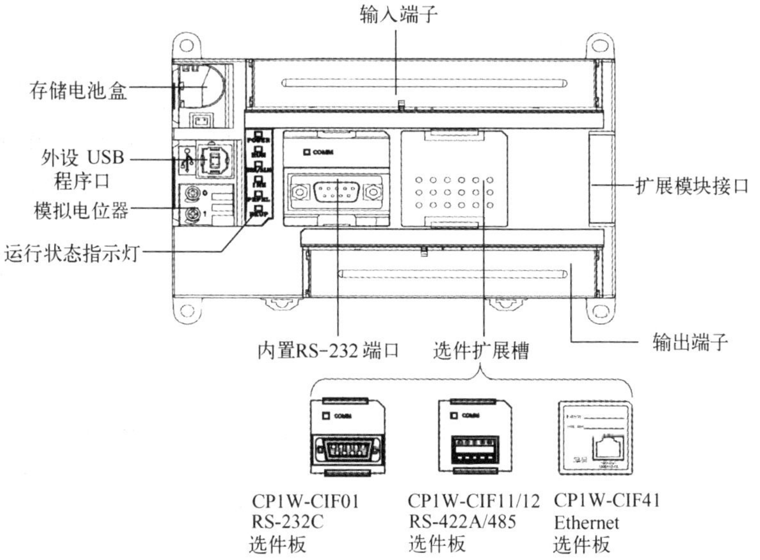

图 2-4　CP1E－NA20DT－D 主机外观图

（1）输入/输出端子。CP1E－NA20DT－D 的输入/输出端子排列如图 2-5 所示，其中 a 为输入端子，b 为输出端子。具体端子排列定义见表 2-4。

表 2-4　输入/输出端子定义表

输　入　端	输　出　端	
+，－	直流电源接入端	
COM	公共端	
01，02，03，…	I/O 端子，连接输入传感器和输出负载	

（续）

输　入　端	输　出　端	
NC	不连接	
AG		模拟量 0
IIND＊/I OUT＊	模拟量电流输入	模拟量电流输出
VIND＊/V OUT＊	模拟量电压输入	模拟量电压输出
COM＊		模拟量公共端
(⏚)	保护接地，防止静电	

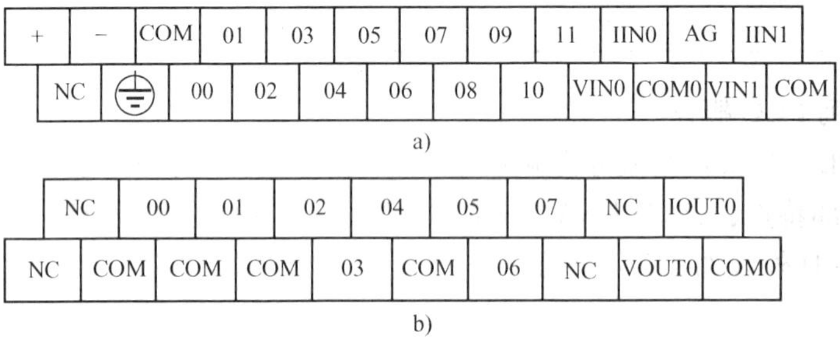

图 2-5　CP1E－NA20DT－D 输入/输出端子排列

需要注意的是，由于是以内置模拟量型 PLC 为例，所以在输入/输出端都有模拟量输入/输出专用端子，此端子专供模拟量使用。相应于其他 CP1E 系列 PLC，此位置均被相应数量的 I/O 端子所替代。

（2）外设 USB 程序口。通过外设 USB 程序口和 USB 数据线，用户可以使用 CX－Programmer 软件快速上传、下载程序和设置，也可以实时监控 PLC 的运行状况。

（3）模拟电位计。旋转模拟量电位器，可以使 PLC 内部 A642 或 A643 对应的两个通道内数值在 0～255 的范围内变化。

（4）内置 RS－232 通信接口。使用 CX－Programmer 软件设定此通信口的通信格式。通过不同的通信格式，用户可连接上位机，触摸屏或与其他 PLC 进行数据通信。

（5）扩展模块接口。使用此接口可以连接 CP1W 系列或 CPM 系列扩展模块。

（6）运行状态指示灯。观察运行状态指示灯的显示可以监视 CPU 的运行状态，具体含义见表 2-5。

（7）存储电池盒。需要注意的是，只有 N 型和 NA 型 CPU 中支持安装存储电池，存储电池的型号为 CP1W－BAT01。在无电池的情况下，PLC 的存储区与时钟功能相关的辅助区均不能保存数据。若用户必须保存储数据，则需使用 EEPROM 功能，该功能将在后面章节中介绍。

（8）选件扩展槽。通过选件扩展槽可以扩展所需的通信接口，具体接口的使用方法见后面章节。

表 2-5　CPU 状态指示灯含义表

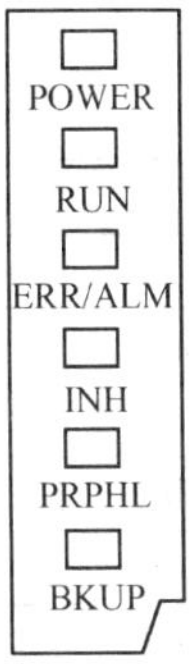

指　示　灯	显　示	含　　义
POWER	绿色	电源接通时常亮
RUN	绿色	CPU 运行或监视模式下常亮；处于编程模式或者发生错误时熄灭
ERR/ALM	红色	发生非致命错误时闪烁，发生致命错误时常亮
INH	黄色	输出禁止位 A500.15 置 ON 时亮，全部输出位将置于 OFF
PRPHL	黄色	外设 USB 程序口发送接收数据时闪烁
BKUP	黄色	内置 EEPROM 中写入数据时指示灯亮

2.2.2　CP1L 命名规则及硬件选型

1. CP1L 命名规则

CP1L 属于 CP1 系列 PLC 的一般型，适用于 I/O 点数不多，且对 PLC 的处理速度有一定要求的控制对象。CP1L 支持 CX - Programmer 软件内的功能块功能，用户可以使用该功能简化程序。CP1L PLC 命名规则见表 2-6。

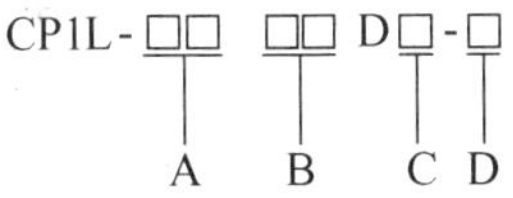

表 2-6　CP1L 硬件命名规则表

编　号	分　　类	记　号	含　　义
A	CPU 类型	L	L 型 CPU，程序容量 5K 步，最多扩展一个 RS232 或者 RS422/RS485
		M	M 型 CPU，程序容量 10K 步，可以扩展两个 RS232 或者 RS422/485 接口
B	I/O 点数	10	10 点：输入点 6/输出点 4
		14	10 点：输入点 8/输出点 6
		20	10 点：输入点 12/输出点 8
		30	30 点：输入点 18/输出点 12
		40	40 点：输入点 24/输出点 16
		60	60 点：输入点 36/输出点 24
C	输出类型	R	继电器输出
		T	漏型（NPN）晶体管输出
		T1	源型（PNP）晶体管输出
D	CPU 电源类型	D	DC 24 V 供电
		A	AC 100～240 V 50/60 Hz 供电

2. CP1L 硬件选型

相比于 CP1E PLC，CP1L 在程序容量、数据容量、处理速度等方面有全方位提升。其中 M 型和 L 型互用特点，形成高低搭配的组合，可以满足不同规模的控制现场要求。CP1L 硬件参数见表 2-7。

3. CP1L 系列 PLC 概述

由于 CP1L 与 CP1E 同属于 CP1 系列，所以 CP1L PLC 不仅在外观上与 CP1E PLC 相似，在配置上也基本相同。

表 2-7　CP1L 硬件参数表

CPU 类型		CP1L－M	CP1L－L
程序容量		10K 步	5K 步
数据存储容量		32K 字	10K 字
处理速度		0.55 μs（基本指令）　4.1 μs（特殊指令）	
输出特性		继电器输出：AC 250V/2 A 寿命：阻性 30 万次 感性 11 万次	
		晶体管输出：DC 24V/300 mA	
机型 I/O 点数		60 点，40 点，30 点	20 点，14 点，10 点
I/O 点数分配比例		除 14 点机型 I/O 比例为 4∶3 外，其他机型 I/O 比例均为 3∶2	
扩展单元数		最大 3 台	20 点、14 点机型支持扩展 1 台 10 点机型不支持扩展
扩展通信口		有 2 个通信槽位，分别可以扩展 RS－232C、R－S422/485 接口或 Ethernet 接口	20 点，14 点机型可以扩展一个 RS－232C，R－S422/485 接口或 Ethernet 接口；10 点机型不支持扩展
内置模拟量 I/O		无	
脉冲输出	脉冲输出	4 路输出：1～100 kHz 输出方式：CCW/CW；脉冲＋方向	2 路输出：1～100 kHz 2 路输出：1～1 MHz 输出方式：CCW/CW；脉冲＋方向
	脉宽调制	2 路输出 0.1～6553.5 Hz；占空比 0.0%～100%	
高速计数		4 点输入/2 轴（DC 24 V 输入） 单相（脉冲＋方向、加减法、加法）100 kHz 相位差（4 倍）50 kHz	
时钟功能		支持	
功能块功能		支持	

CP1L PLC 同样具有很多机型，现以功能最为全面的 CP1L－M40DR－A 为例来介绍 CP1L 型 PLC 主机。CP1L－M40DR－A 外观如图 2-6 所示。鉴于 CP1L 与 CP1E 的相似性，

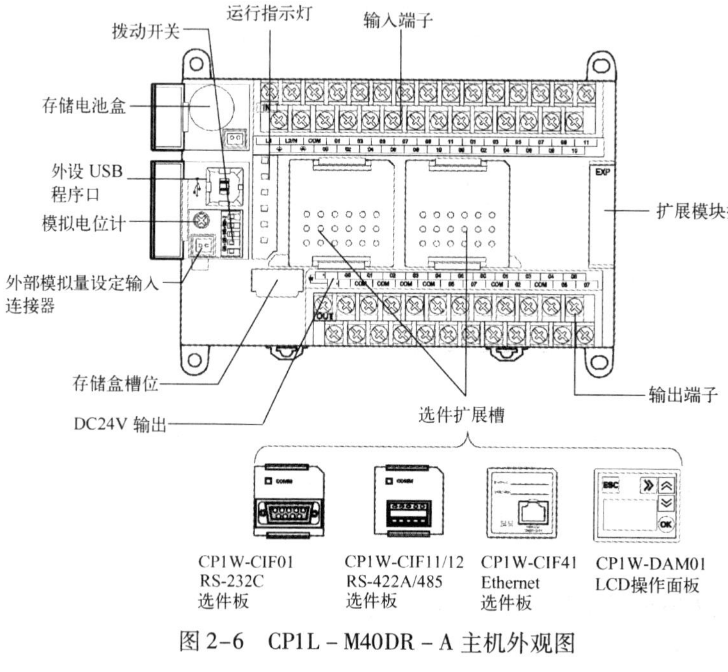

图 2-6　CP1L－M40DR－A 主机外观图

下面仅介绍 CP1L－M40DR－A 与 CP1E－NA40DT－D 在硬件结构上的不同点。

（1）外部模拟量设定输入连接器。可由此接收从外部施加 0～10 V 电压，使 PLC 内部存储器 A643 通道值在 0～255 范围内变化。此模拟量设定输入功能仅限于一般场合，如果需要精度较高的模拟量控制，需另选择模拟量扩展模块。

（2）存储电池盒。与 CP1E 不同的是 CP1L 电池均为自带，型号为 CJ1W－BAT01，不能与 CP1E 的电池通用。

（3）存储盒槽位。可以安装存储器 CP1W－ME05M。将 CP1L CPU 内的梯形图程序、参数、数据内存（DM）等传送并保存到存储盒进行备份，也可以将存储盒内的程序传入另一台 PLC 的 CPU 中。

（4）DC 24 V 输出。在输出端子左侧，PLC 内置了 1 路 DC 24 V 输出，此 DC 24 V 输出功率很小，一般利用其为输入端子公共端供电，不要用于其他负载。

（5）拨动开关。使用拨动开关可以设定 CPU 的相关功能，拨动开关如图 2-7 所示，设定内容见表 2-8。

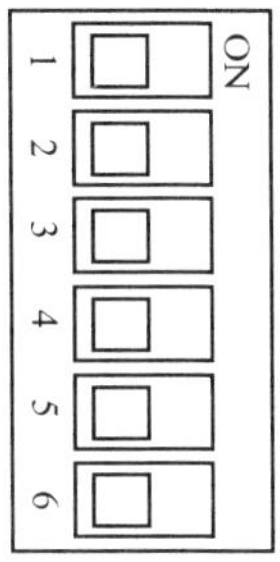

图 2-7　CP1L 拨动开关外观图

表 2-8　CP1L 拨动开关功能表

序　　号	设　　定	作　　用	功　　能	初始设定
1	ON	存储器不可写入	在需要防止因不慎操作而改写程序的情况下使用	OFF
	OFF	存储器可写入		
2	ON	电源为 ON 时，从存储盒的自动传送	在电源为 ON 时，可将保存在存储盒内的程序、数据内存、参数向 CPU 单元传送	
	OFF	不执行		
3	ON	A395.12 为 ON	不需使用输入继电器，可直接打开/关闭 PLC 内的一个内存位	
	OFF	A395.12 为 OFF		
4	ON	选件槽 1 位 TOOLBUS 协议	需要通过工具总线来使用选件板槽位 1 上安装的串行通信选件板时置于 ON	
	OFF	根据 PLC 设置		
5	ON	选件槽 2 位 TOOLBUS 协议	需要通过工具总线来使用选件板槽位 2 上安装的串行通信选件板时置于 ON	
	OFF	根据 PLC 设置		
6	OFF	不使用	不使用	

2.2.3　CP1H 命名规则及硬件选型

1. CP1H 命名规则

CP1H 属于 CP1 系列 PLC 中的高功能型，它虽是小型机，但其内核为欧姆龙中型机内核，故其处理速度是 CP1 系列 PLC 中最快的，并可扩展 CJ 系列高功能模块。相比于 CP1 系列的其他类型 PLC，其控制的 I/O 点数更多，脉冲输出频率更高，并内置 4 路模拟量输入和 2 路模拟量输出，性价比非常高。CP1H PLC 的命名规则见表 2-9。

CP1H-□□ □□ D□-□

A B C D

表 2-9 CP1H 硬件命名规则表

编号	分类	记号	含义	备注
A	CPU 类型	X	X 型 CPU，程序容量 20K 步，可以扩展 2 个 RS232 或者 RS422/485 接口	
		XA	XA 型 CPU，程序容量 20K 步，可以扩展 2 个 RS232 或者 RS422/485 接口，并内置 4 路入、2 路出的模拟量	
		Y	Y 型 CPU，程序容量 20K 步，可以扩展 2 个 RS232 或者 RS422/485 接口。专用脉冲输出型 PLC	
B	I/O 点数	20	20 点：输入点 12/输出点 8	
		40	40 点：输入点 24/输出点 16	
C	输出类型	R	继电器输出	电源为交流型
		T	晶体管输出（漏型 NPN）	电源为直流型
		T1	晶体管输出（源型 PNP）	
D	CPU 电源类型	D	DC 24 V 供电	
		A	AC 100～240 V 50/60 Hz 供电	

2. CP1H 硬件选型

CP1H PLC 分为三种，即 CP1H－X 型、CP1H－XA 型和 CP1H－Y 型。其中 CP1H－X 为标准型，具有 CP1H 所有基本功能；CP1H－XA 为内置模拟量型，在 CP1H－X 的基础上内置了模拟量功能；CP1H－Y 是脉冲型，带脉冲专用 I/O 端子，在高速计数、高速脉冲输入和输出等功能上所有增强。CP1H 常规硬件选型参数见表 2-10。

表 2-10 CP1H 硬件参数表

CPU 类型	CP1H－X 标准型	CP1H－XA 内置模拟量型	CP1H－Y 型单元脉冲型
程序容量	20K 步		
数据存储容量	32 KB		
处理速度	0.1 μs（基本指令）0.3 μs（特殊指令）		
输出特性	继电器输出：A250V/2A 寿命：阻性 30 万次 感性 10 万次		
	晶体管输出：DC 24 V/300 mA		
本体 I/O 点数	24 点输出 16 点输出		12 点输出 8 点输出
最大 I/O 点数	320 点		300 点
扩展单元数	7 个 CP1W 扩展单元＋2 个 CJ 系列特殊 I/O 单元或总线单元		
扩展通讯口	有 2 个通信槽位，分别可以扩展 RS－232C、R－S422/485 接口或 Ethernet 接口		
内置模拟量 I/O	—	4 路输入、2 路输出	—

（续）

CPU 类型		CP1H－X 标准型	CP1H－XA 内置模拟量型	CP1H－Y 型单元脉冲型
脉冲输出	脉冲输出	4 路输出：1～100 kHz 输出方式：CCW/CW；脉冲＋方向		2 路输出：1～100 kHz 2 路输出：1～1 MHz 输出方式：CCW/CW；脉冲＋方向
	脉宽调制	2 路输出 0.1～6553.5 Hz；占空比 0.0%～100%		
高速计数		4 点（DC 24V 输入） 单相（脉冲＋方向、加减法、加法）100 kHz 相位差（4 倍频）50 kHz		2 点（DC 24V 输入） 单相（脉冲＋方向、加减法、加法）100 kHz 相位差（4 倍频）50 kHz
高速计数专用端子				2 点（线路驱动器输入） 单相（脉冲＋方向、加减法、加法）1 MHz 相位差（4 倍频）500 kHz
时钟功能		支持		
功能块功能		支持		

3. CP1H 系列 PLC 概述

由于同属于 CP1 系列，CP1H 在外观上与 CP1L 和 CP1E 相似。但因其功能更强，故在 CP1H 本体上集成了更多单元。这里以 CP1H－XA40DR－A 为例，介绍 CP1H－XA 型 PLC 主机。CP1H－XA40DR－A 外观如图 2-8 所示。

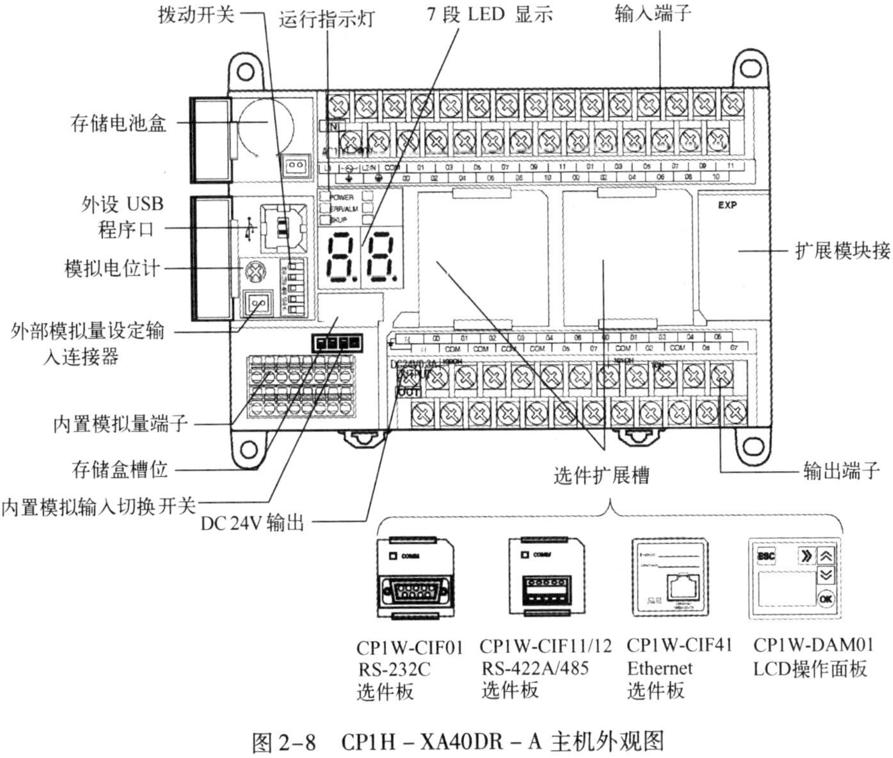

图 2-8　CP1H－XA40DR－A 主机外观图

相比于 CP1L PLC，CP1H－XA 型 PLC 在 CPU 机体上集成了 7 段 LED 数码管，且内置了模拟量端子。以下介绍 CP1H 与 CP1E、CP1L 在硬件结构上的不同点。

（1）7 段 LED 数码管显示

相比于 CP1E 和 CP1L 系列 PLC，CP1H 系列 PLC 在 CPU 主机上加入了 7 段 LED 数码管。7 段 LED 数码管的具体作用如下：

1）显示 CPU 版本。在 CPU 主机电源 ON 时约 1s。显示 CPU 的单元版本，随即熄灭。

2）显示 CPU 异常信息。CPU 发生异常时，显示故障代码。如多个异常同时发生，则按照重要程度高低的依次显示，直至所有异常解除。用户可根据故障代码查阅 CP1H 操作手册来确定错误的种类，从而进行相关处理。

3）显示存储盒剩余容量。在存储盒与 CPU 间进行数据传送或核对时，7 段 LED 通过百分比来显示传送或核对数据的剩余容量。

4）显示模拟电位器设定值。在所有操作模式下，当用户调节模拟电位器时，将以十六进制数的形式显示内部存储器 A643 通道的当前值。

5）显示用户定义的代码。用户可通过相关指令自定义 7 段 LED 的显示内容。

（2）内置模拟量端子（仅限 XA 型号）

相比于 CP1E－NA 型 PLC，CP1H－XA 型 PLC 将模拟量端子移到 PLC 左侧，旨在不占用普通 I/O 端子而最大限度地发挥 PLC 的空间与功能。CP1H－XA 型内置模拟量端子如图 2-9 所示。

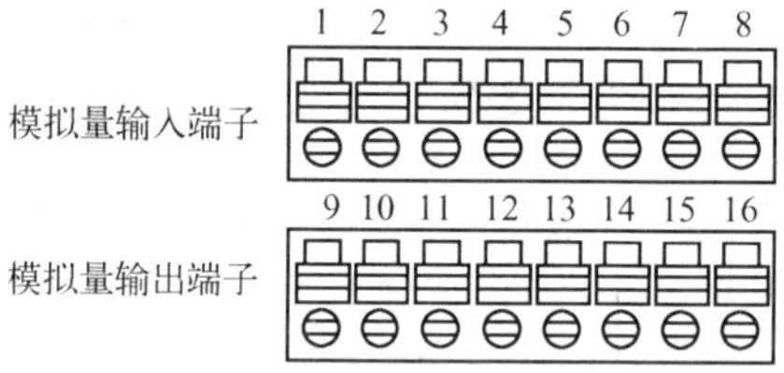

图 2-9　CP1H－XA 型 PLC 内置模拟量端子示意图

图 2-9 中的上部分端子排为模拟量输入端子，下部分为模拟量输出端子，各端子的具体定义见表 2-11。

表 2-11　CP1H－XA 型 PLC 内置模拟量端子定义表

	1	2	3	4	5	6	7	8
AD	输入 1 +	输入 1 −	输入 2 +	输入 2 −	输入 3 +	输入 3 −	输入 4 +	输入 4 −
	9	10	11	12	13	14	15	16
DA	输出 1 V +	输出 1 I +	输出 1 −	输出 2 V +	输出 2 I +	输出 2 −	NC	NC

需要注意的是，模拟量输入端子中电压与电流信号的正极共用；而在模拟量输出端中电压与电流信号的正极端子是分开使用的。而且，一旦确定了模拟量类型为电压或电流信号后，另一种信号的模拟量输出端子就不能使用。

（3）内置模拟输入切换开关（仅限 XA 型号）

由于模拟量输入端子可以接受电压或电流信号，所以此切换开关的作用就是设置各模拟量输入端子接收信号类型，即电压信号还是电流信号，通过这种方式来保证模拟量输入端子接收信号的单一性。内置模拟输入切换开关如图 2-10 所示，设置功能见表 2-12。

表 2-12　切换开关设置功能

开　关　号	对应输入号	设定状态	设定内容	出厂设定
1	输入 1	ON	电流输入	OFF
		OFF	电压输入	
2	输入 2	ON	电流输入	
		OFF	电压输入	
3	输入 3	ON	电流输入	
		OFF	电压输入	
4	输入 4	ON	电流输入	
		OFF	电压输入	

图 2-10　切换开关示意图

2.2.4　CP1 系列 PLC 扩展单元

CP1 系列 PLC 的 CPU 主机功能强大，其扩展功能也十分突出。CP1 系列 PLC 所配扩展单元种类繁多，下面将重点介绍几种相关扩展单元，供用户根据需求自行选用。

1. CP1W 系列扩展单元

CP1 系列 PLC 作为 CPM 系列的替代型，对 CPM 系列 PLC 适用的 CPM1A 系列扩展单元中，除不支持 CPM1A－CIF 通信单元外，其他该系列扩展单元均可直接用于 CP1 系列 PLC。鉴于 CPM1A 系列扩展单元已近停产，下面主要介绍欧姆龙新推出的 CP1W 系列扩展单元。CP1W 系列扩展单元包括三种类型，即普通 I/O 扩展单元，特殊 I/O 扩展单元和可选件扩展单元。

（1）普通 I/O 扩展单元

普通 I/O 扩展单元用于扩展 PLC 输入/输出点的数量，包括输入扩展单元、输出扩展单元、输入/输出混合扩展单元三类。CP1W 系列 I/O 扩展单元的具体参数见表 2-13。

表 2-13　CP1W 系列 I/O 扩展单元参数表

名　　称	输入点数	输出点数、输出类型	消耗电流	占用通道字
CP1W－8ED	8 点		DC 5V：0.018A	输入 1 字
CP1W－8ER	无	8 点继电器输出	DC 5V：0.026A，DC 24V：0.044A	输出 1 字
CP1W－8ET		8 点 NPN 漏型输出	DC 5V：0.075A	
CP1W－8ET1		8 点 PNP 源型输出		
CP1W－16ER		16 点继电器输入	DC 5V：0.042A，DC 24V：0.09A	输出 2 字
CP1W－16ET		16 点 NPN 漏型输出	DC 5V：0.102A	
CP1W－16ET1		16 点 PNP 源型输出		
CP1W－20EDR1	12 点	8 继电器输	DC 5V：0.103A，DC 24V：0.044A	输入 1 字 输出 1 字
CP1W－20EDT	12 点	8 点 NPN 漏型输出	DC 5V：0.13A	
CP1W－20EDT1	12 点	8 点 PNP 源型输出		
CP1W－32ER	无	32 点继电器输入	DC 5V：0.112A，DC 24V：0.135A	输出 4 字
CP1W－32ET		32 点 NPN 漏型输出	DC 5V：0.16A	
CP1W－32ET1		32 点 PNP 源型输出		

（续）

名　　称	输入点数	输出点数、输出类型	消 耗 电 流	占用通道字
CP1W－40EDR	24 点	16 点继电器输入	DC 5V：0.08A，DC 24V：0.09A	输入 2 字 输出 2 字
CP1W－40EDT	24 点	16 点 NPN 漏型输出		
CP1W－40EDT1	24 点	16 点 PNP 源型输出		

由于同属于 CP1W 系列扩展单元，因此三类扩展单元在外观上相似。用户需仔细查阅相关手册选取。其中，输入扩展单元如图 2-11 所示，输出扩展单元如图 2-12 所示，输入/输出混合扩展单元如图 2-13 所示。

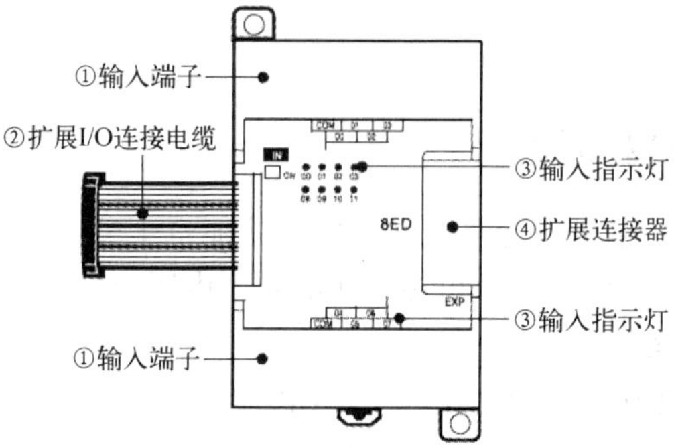

图 2-11　CP1W 系列输入扩展单元示意图

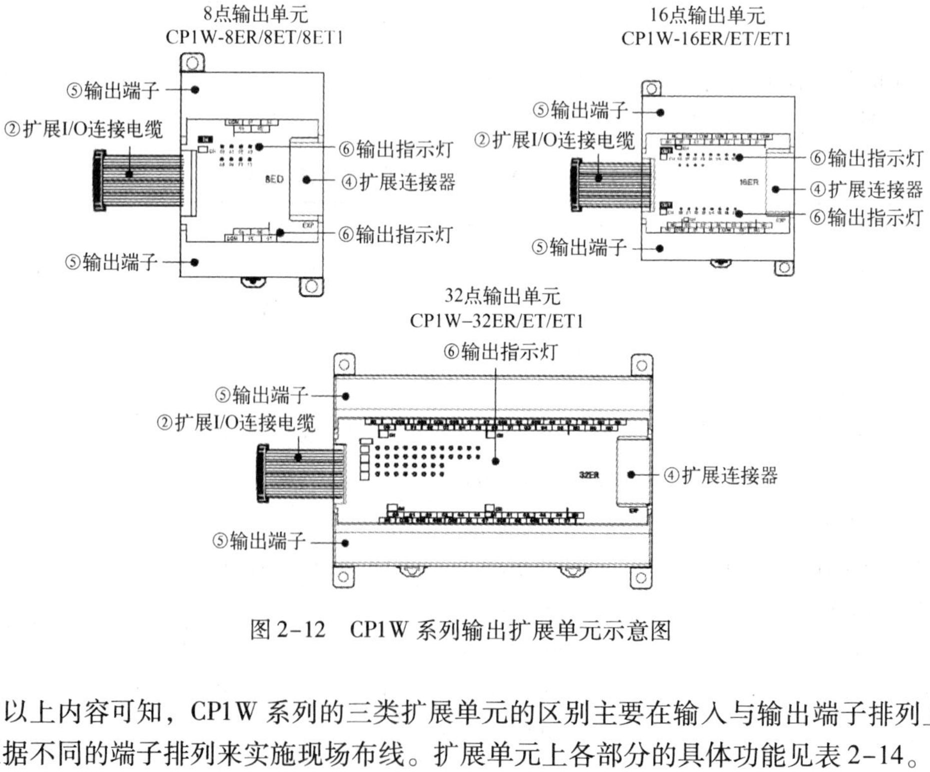

图 2-12　CP1W 系列输出扩展单元示意图

由以上内容可知，CP1W 系列的三类扩展单元的区别主要在输入与输出端子排列上，用户需根据不同的端子排列来实施现场布线。扩展单元上各部分的具体功能见表 2-14。

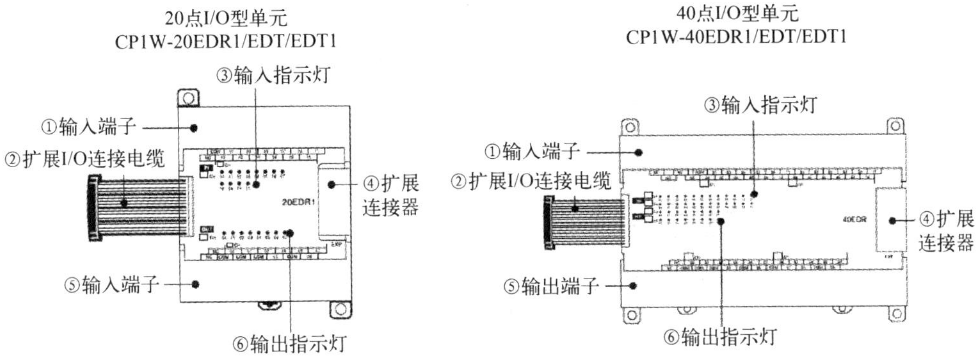

图 2-13　CP1W 系列输入/输出混合扩展单元示意图

表 2-14　CP1W 系列普通 I/O 扩展单元功能表

编　号	名　称	功　能
①	输入端子	用于连接输入设备
②	扩展 I/O 连接电缆	用于连接相邻的 CPU 单元、扩展 I/O 单元或扩展单元的连接电缆
③	输入指示灯	显示输入状态。输入为 ON 时，指示灯也为 ON
④	扩展连接器	可以连接 CP 系列扩展 I/O 单元或扩展单元
⑤	输出端子	用于连接输出设备
⑥	输出指示灯	显示输出状态。输出为 ON 时，指示灯也为 ON

（2）特殊 I/O 扩展单元

特殊 I/O 扩展单元特指接收模拟量信号及温度信号的扩展单元。

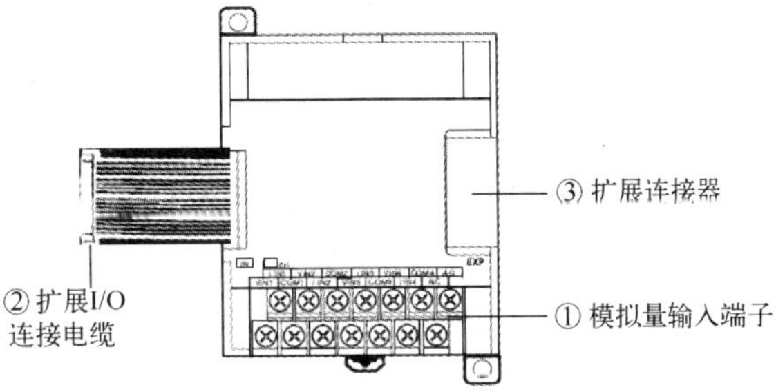

图 2-14　CP1W 系列模拟量输入扩展单元示意图

1）模拟量输入、输出单元。CP1W 系列模拟量扩展单元包括模拟量输入扩展单元，模拟量输出扩展单元和模拟量输入/输出扩展单元三类。用户需根据现场模拟量点数来合理选取模拟量扩展单元。各单元具体参数见表 2-15。其中，模拟量输入扩展单元如图 2-14 所示，模拟量输出扩展单元如图 2-15 所示，模拟量输入/输出扩展单元如图 2-16 所示。

表 2-15　CP1W 系列模拟量扩展单元参数表

名　称	模拟量点数	支持模拟量类型	分 辨 率	消 耗 电 流	占用通道字
CP1W - AD041	4 路输入	0 ~ 5 V，1 ~ 5 V，0 ~ 10 V，- 10 ~ 10 V，0 ~ 20 mA，4 ~ 20 mA	6000	DC 5V：0.08A DC 24：0.12A	输入 4 字
CP1W - DA041	4 路输出	1 ~ 5 V，0 ~ 10 V，- 10 ~ 10 V，0 ~ 20 mA，4 ~ 20 mA			输出 4 字
CP1W - MAD11	2 路输入 1 路输出	输入规格同输入模块，输出规格同输出模块		DC 5V：0.083A DC 24：0.110A	输入 2 字 输出 1 字

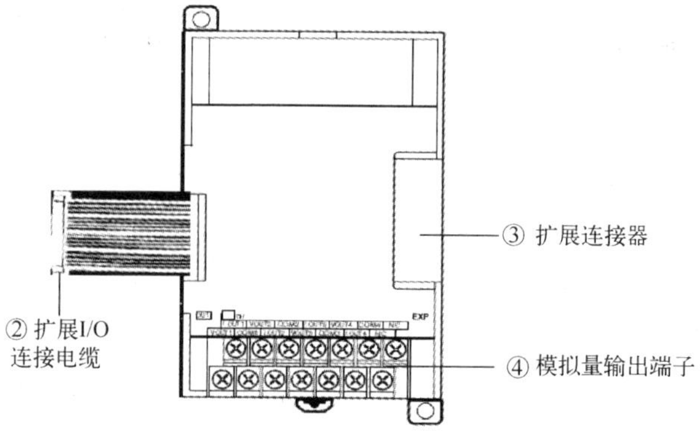

图 2-15　CP1W 系列模拟量输出扩展单元示意图

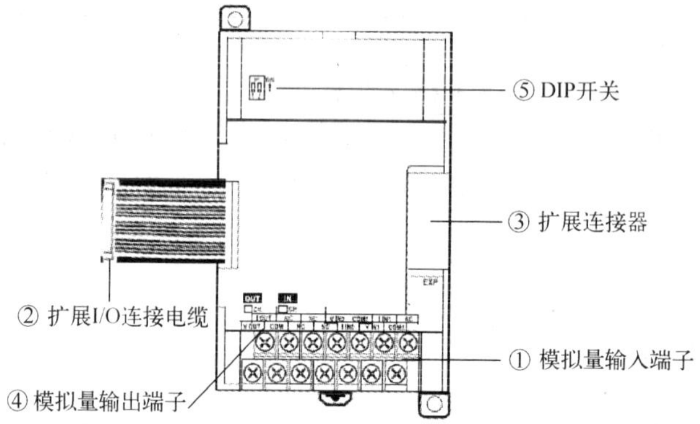

图 2-16　CP1W 系列模拟量输入/输出扩展单元示意图

CP1W 系列模拟量扩展单元功能见表 2-16。

表 2-16　CP1W 系列模拟量扩展模块功能表

编　号	名　称	功　能
①	模拟量输入端子	连接输入模拟量
②	扩展 I/O 连接电缆	用于连接相邻的 CPU 单元、扩展 I/O 单元或扩展单元的连接电缆
③	扩展连接器	可以连接 CP 系列扩展 I/O 单元或扩展单元
④	模拟量输出端子	连接输出模拟量
⑤	DIP 开关	用于使平均化处理功能生效或失效

2）温度传感器扩展单元。温度传感器单元根据测温体类型不同可分为 CP1W－TS00□/TS10□两个型号，其中 TS00□对应热电偶测温体，TS10□对应铂电阻测温体。需要注意的是，市面上热电偶分为 K 型和 J 型，铂电阻分为 Pt100 与 JPt100，当温度单元接入测温体时，需要接入同一种热电偶或者铂电阻。温度传感器扩展单元如图 2-17 所示。

CP1W 系列温度传感器功能见表 2-17。其中，DIP 开关的设定见表 2-18。通过设定旋转开关，用户可设定不同种类测温体的测量范围，旋转开关的设定见表 2-19。

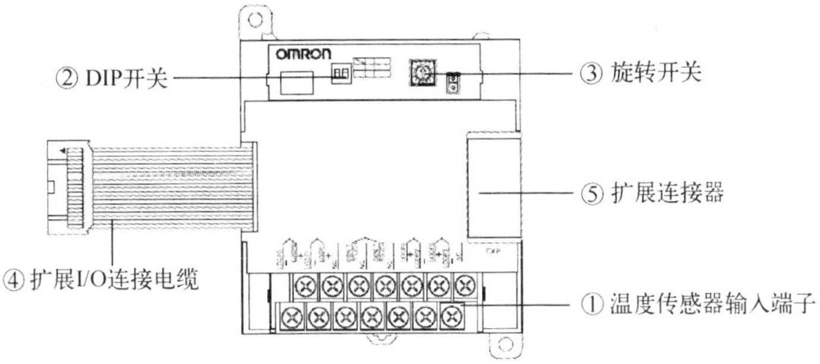

图 2-17　CP1W 系列温度传感器扩展单元示意图

表 2-17　CP1W 系列温度传感器功能表

编　　号	名　　称	功　　能
①	温度传感器输入端子	连接热电偶或铂电阻温度传感器
②	DIP 开关	进行温度单位设定（℃或者℉），及小数点后显示位数的设定
③	旋转开关	设定温度输入范围。请根据所接的温度传感器的规格进行设定
④	扩展 I/O 连接电缆	用于连接相邻的 CPU 单元、扩展 I/O 单元或扩展单元的连接电缆
⑤	扩展连接器	可以连接 CP 系列扩展 I/O 单元或扩展单元

表 2-18　CP1W 系列温度传感器 DIP 开关功能表

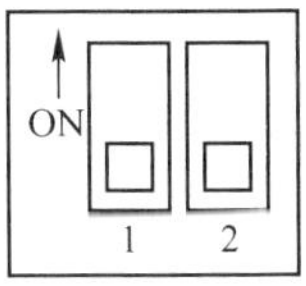

编　　号	项　　目	状　　态	功　　能
1	温度单位	ON	温度单位为华氏度
		OFF	温度单位为摄氏度
2	小数显示位数	ON	转化温度范围为小数点后 0 位或 1 位
		OFF	转化温度范围为小数点后 2 位

表 2-19　CP1W 系列温度传感器旋转开关功能表

设定	CP1W－TS00□			CP1W－TS10□		
	输入类型	温度/℃	温度/℉	输入类型	温度/℃	温度/℉
0	K	－200～1300	－300～2300	PT100	－200～650	－300～1200
1		0.0～500.0	0.0～900.0	JPT100	－200～650	－300～1200
2	J	－100～850	－100～1500	无设定		
3		0.0～400	0.0～750			
4～F	不使用					

（3）可选件扩展单元

可选件扩展单元都是直接安装在 PLC 的 CPU 主机上，扩展 PLC 特殊功能，且不是 PLC 自带的扩展单元。可选件扩展单元包括串行通信选件板，LCD 选件板和存储单元。

1）串行通信选件板。此单元安装在支持扩展通信的 PLC 选件扩展槽中，用户需要根据现场网络的需要来选用扩展单元。串行通信选件板型号见表 2-20。其中，CP1W－CIF01 选件板如图 2-18 所示，其配置见表 2-21。

表 2-20　CP1W 系列串行通信选件板选型表

型　　号	端口类型	最大传输距离/m	连接方式
CP1W－CIF01	一个 RS232C 端口	15	D 型 9 针串口
CP1W－CIF11	一个 RS422/485 端口（非隔离）	50	端子台
CP1W－CIF12	一个 RS422/485 端口（隔离）	500	端子台
CP1W－CIF41	一个 Ethernet 端口	100	RJ－45 网络接口

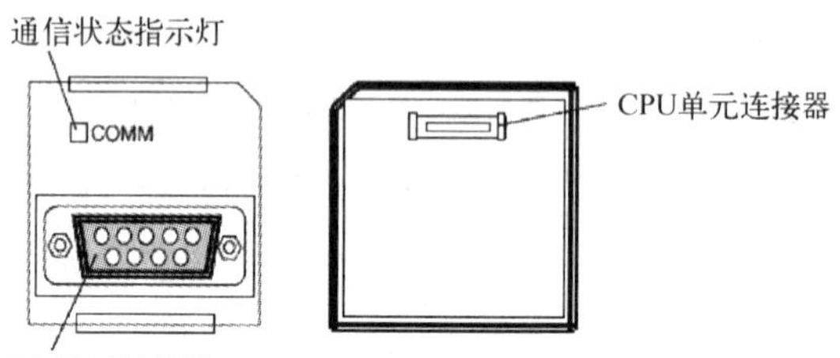

图 2-18　CP1W－CIF01 连接器示意图

表 2-21　CP1W－CIF01 选件板配置表

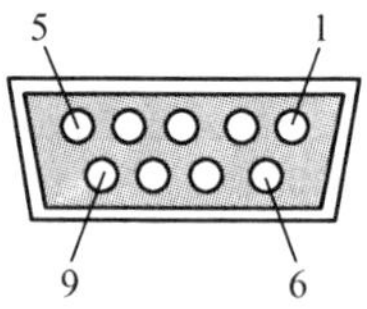

引　脚	缩　　写	信　　号	信号方向
1	FG	外壳接地	
2	SD（TXD）	发送数据	输出
3	RD（RXD）	接收数据	输入
4	RS（RTS）	请求发送	输出
5	CS（CTS）	清除发送	输入
6	5V	电源	
7	DR（DSR）	数据设置就绪	输出
8	ER（DTR）	数据终端就绪	输入
9	SG（0V）	信号接地	
外壳	FG	外壳接地	

用户可根据上表中的通信口定义自行制作与外设连接的通信电缆，由于电缆接口所限，RS232C 接口只能用于 PLC 与通信设备进行 1∶1 连接的场合；而如果进行 1∶N 连接，则需使用 CP1W－CIF11/12 选件板。CP1W－CIF11/12 选件板为 RS－422A/485 接口，如图 2-19 所示。它支持通信距离较长的场合，其特点是通信接线简单，且不易受到干扰。

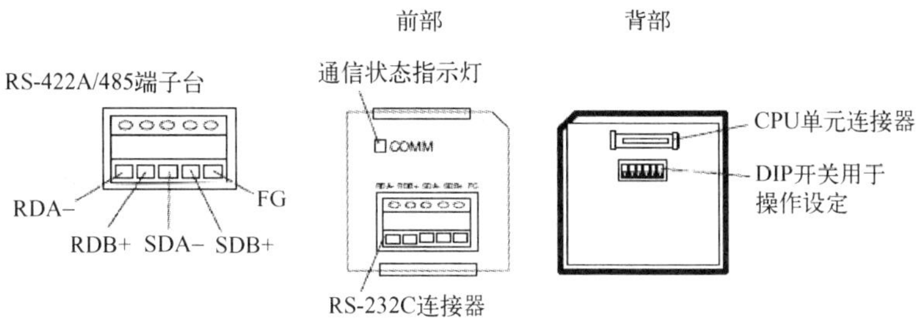

图 2-19 CP1W－CIF11/12 选件板示意图

用户可根据 CP1W－CIF11/12 选件板端子台上面的提示进行接线。当通信正常时，选件板上的通信状态指示灯 COMM 将会闪烁。在正确连接通信线后，需对选件板背面的 DIP 开关进行设置，只有相对应的功能设置正确才可通信。具体 DIP 开关的设定见表 2-22。

表 2-22 CP1W－CIF11/12 选件板 DIP 开关配置表

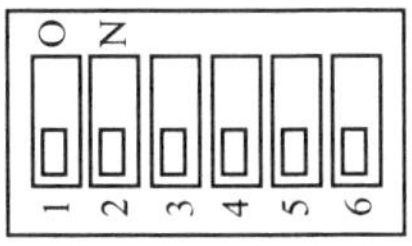

针脚	设定		
1	ON	有	有无终端电阻
	OFF	无	
2、3	ON	2 线制	选择接线方式是 2 线制或 4 线制
	OFF	4 线制	
4	未使用		
5	ON	启用 RS 控制	用于 RD 的 RS 控制选择
	OFF	禁用 RS（总接收数据）	
6	ON	启用 RS 控制	用于 SD 的 RS 控制选择
	OFF	禁用 RS（总发送数据）	

注：① 禁止回声功能 5 置 ON。
② 4 线方式按 1：N 方式连接设备时 6 置 ON。
③ 2 线方式 6 置 ON。

CP1W－CIF41 选件板如图 2-20 所示。CP1E 使用 CP1W－CIF41 选件板时，对应通信口的通信协议需设定为上位机链接（HostLink），传输速率设定为 115200，数据格式为 7，2，E。而 CP1H 或 CP1L 使用 CP1W－CIF41 选件板时，对应的通信口协议应设定为工具总线（TOOLBUS）方式，用户也可通过主机上的 CPU 拨码开关来强制设定通信口 1 和 2 为工具总

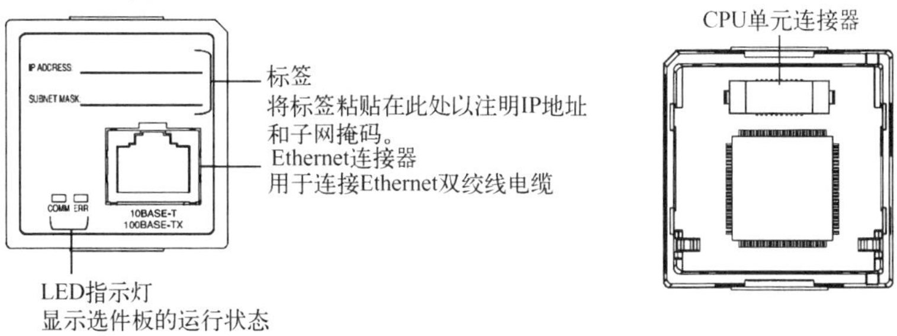

图 2-20 CP1W－CIF41 选件板示意图

线（TOOLBUS）方式。

2）LCD 选件板。CP1H 与 CP1L 型 PLC 支持用于快速显示和设置的 LCD 选件板。通过此选件板，用户可监视修改系统当前状态和 I/O 存储器数据，修改相关定时器参数，快速备份 PLC 内部数据。该选件板适用于需要频繁检测 PLC 状态且不便携带电脑的场合。CP1W - DAM01LCD 选件板如图 2-21 所示，按键功能见表 2-23。

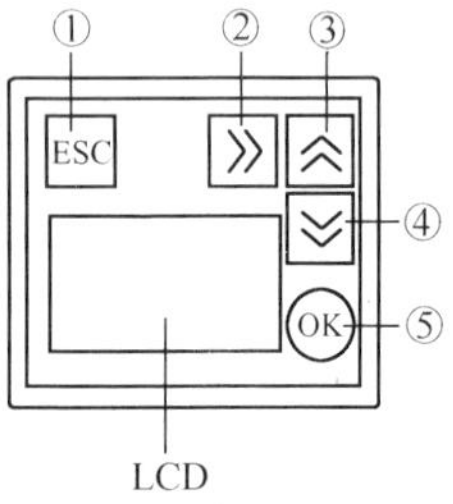

图 2-21　LCD 选件板示意图

表 2-23　CP1W - DAM01LCD 选件板按钮功能表

编　号	按 键 功 能	作　　用
①	退出	取消设置，并返回上一级菜单
②	向前	横向移动光标，按下保持光标会持续移动
③	向上	向上移动光标，变更数值数据。按下保持光标会持续向上移动或者数值数据连续增加
④	向下	向下移动光标，变更数值数据。按下保持光标会持续向下移动或者数值数据连续减少
⑤	确认	确认设置

需要注意的是 CP1W - DAM01LCD 选件板仅可安装在 CP1H 或 CP1L PLC 的通信口 1 上，且 CPU 拨动开关 2 号拨为 ON，即通信口 1 设定为 TOOLBUS（工具总线）方式，才能与 LCD 选件板建立通信。

3）存储单元。CP1H 与 CP1L 还支持 CP1W - ME05M 存储单元，用户可以通过此存储单元对 PLC 数据进行备份和传送。CP1W - ME05M 存储单元功能见表 2-24。该单元的具体使用方法见 CP1H 或 CP1L 的操作手册。

表 2-24　CP1W - ME05M 存储单元功能表

功 能 项 目	规 格 方 法
存储容量	512 KB
保存内容	用户程序、参数、注释、功能块、内置闪存中的 DM 数据、RAM 中的 DM 数据
写入方法	通过 CX - Programmer 操作
读取方法	在拨动开关 SW2 = ON 的情况下上电自动读取，或者通过 CX - Programmer 操作读取

注意：

① 以上所有欧姆龙 CP1 系列 PLC 扩展单元的安装与硬件设置，都要在 PLC 主机断电的情况下实施，否则带电插拔和设置会损坏 PLC 主机和扩展单元的接口。

② CP1E 与 CP1L PLC 可以扩展各种 CP1W 系列扩展模块，总数不超过 3 块。而 CP1H 系列 PLC 最大可以连接 7 个 CP1W 扩展单元。但是所有特殊 I/O 单元和一般单元占用输入与输出通道合计，都必须在 15 字以下。即使连接 7 个单元以下时，输入或输出通道中任何一个超过 15 字，都会导致 I/O 点数超出错误，PLC 无法运行。CP1W 系列模块扩展不影响 CJ 系列高功能模块扩展。

③ CP1E 型 PLC CPU 电池为 CP1W - BAT01；CP1L 与 CP1H 型 PLC 内置电池型号为 CJ1W - BAT01。

2. CJ 系列高功能扩展单元

在一些特殊场合会需要 PLC 具有如远程 I/O、现场总线、运动控制、超高速计数或者多路模拟量监控等高级功能，小型 PLC 会力不从心，而可以满足这种需求的 PLC 多为中型或大型机，或通过特殊模块来实现，但价格昂贵。在 CP1 系列 PLC 中，CP1H 可以连接 CJ 系列高功能扩展单元（模块）实现特殊功能，为用户节省使用中型或者大型 PLC 的成本。也可在某些特殊场合增加高功能模块来提高控制品质。这一特点使 CP1H 在印刷、纺织、粉工艺，以及橡胶等中、大型 PLC 应用领域一枝独秀。

如何将 CJ 系列高功能扩展单元与 CP1H 连接？在 CP1H 主机右侧面有专门连接 CJ 系列扩展单元的接口，如图 2-22 所示。通过此接口，配合使用 CP1H 专用于扩展 CJ 高功能单元的连接器 CP1W－EXT01 即可将此类单元连接在 CP1H 上。每台 CP1H 可以扩展 2 个 CJ 系列高功能扩展单元。在最后一块扩展单元的右侧还需安装 CJ 系列高功能扩展单元端板 CJ1W－TER01。CP1H 连接 CJ 系列高功能扩展单元的方式如图 2-23 所示。

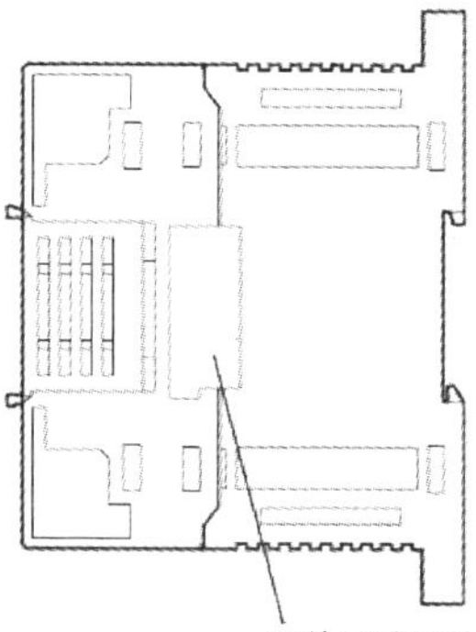

图 2-22　CP1H 的 CJ 系列扩展单元适配器示意图

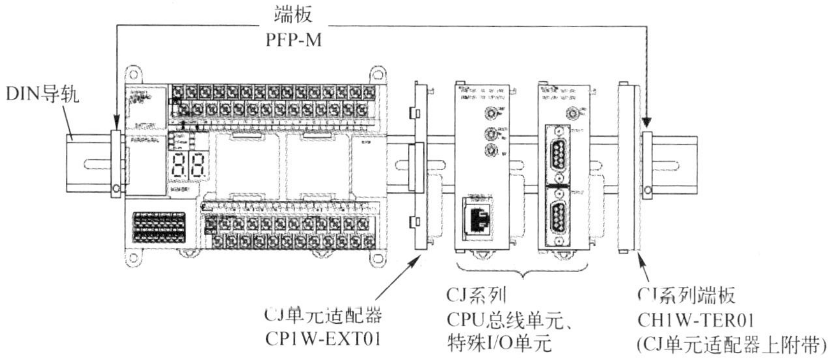

图 2-23　CP1H 连接 CJ 系列扩展单元示意图

当 CP1H 同时连接 CJ 系列扩展单元和 CP 系列扩展单元时，需要另外使用 CP1W－CN811 I/O 连接电缆连接 CP1W 系列扩展单元。扩展 CJ 系列扩展模块不影响连接 CP1W 系列扩展模块的数量，连接方式如图 2-24 所示。

CJ 系列高功能扩展单元分为特殊 I/O 单元和 CPU 总线单元。其中特殊 I/O 单元主要适用于过程控制、位置控制与特殊 I/O 扩展；CPU 总线单元适用于扩展 PLC 网络通信功能。

（1）CJ 系列特殊 I/O 单元

CJ 系列特殊 I/O 单元包括模拟量输入输出单元、过程输入单元、温度控制单元、位置控制单元和远程 I/O 单元等。

1）模拟量输入输出单元。CJ 系列模拟量输入输出单元相比于同类的 CP1W 系列模块，接收模拟量精度更高，转换速度更快且体积更小，单一模块上最多可以接收 8 路模拟量。CJ 系列模拟量输入输出单元如图 2-25 所示。

2）过程输入单元。由于控制现场过程量种类繁多，其中多数不是标准的模拟输入量，

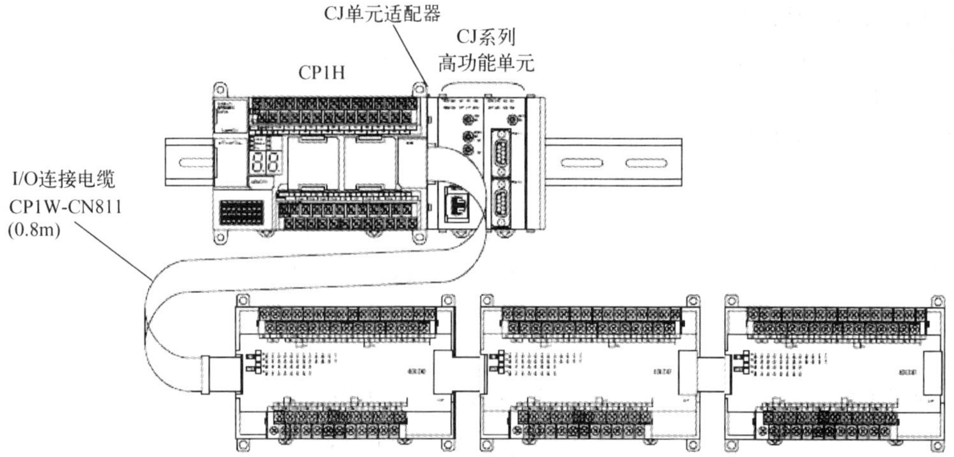

图 2-24　CP1W - CN811 I/O 连接电缆使用示意图

图 2-25　CJ 系列模拟量输入输出单元

因此，用户需要使用种类繁多的模拟量转换器将信号转换为标准的模拟量，这样既额外占用了空间，又增加了编程量。

过程输入单元是一种多功能模拟量接入模块，通过 PLC 设置参数，分别设定每个端子所输入的模拟量类型，该模块就会自动将输入的模拟量转换为数字量，从而省去了模拟量转换器，且减少了编程量。由于同为模拟量输入单元，所以过程输入单元外观与模拟量输入输出单元外观相同，但其操作需要依据其对应的使用手册。过程输入单元种类见表 2-25。

表 2-25　CJ 系列过程输入单元型号配置表

型　号	分　类	输 入 种 类	分 辨 率
CJ1W - PH41U	多重输入单元	4 点分别可为：PT100（3 线式）、JPt100（3 线式）、Pt1000（3 线式）、Pt100（4 线式）、K、J、T、E、L、U、N、R、S、B、WRe5 - 26、PLⅡ、4 ~ 20 mA、0 ~ 20 mA、1 ~5 V、0 ~ 1.25 V、0 ~ 5V、0 ~ 10 V、±100 mV 任意范围、- 1.25 ~ 1.25 V、- 5 ~ 5 V、- 10 ~ + 10 V、±10 V 任意范围	1/256000（转换周期 60 ms/4 点） 1/64000（转换周期 10ms/4 点） 1/16000（转换周期 5 ms/4 点）
CJ1W - AD04U		4 点分别可为：Pt100、JPt100、Pt1000、K、J、T、L、R、S、B、4 ~ 20 mA、0 ~ 20 mA、1 ~ 5 V、0 ~ 5 V、0 ~ 10 V	按照百分比转换，（转换周期 250 ms/4 点）

（续）

型　号	分　类	输入种类	分辨率
CJ1W－PTS15	热电偶输入	2点分别可为热电偶B、E、J、K、L、N、R、S、T、U、WRe5－26、PLⅡ 直流电压：±100 mV	1/64000（转换周期10 ms/2点）
CJ1W－PTS51		4点同为热电偶R、S、K、J、T、L	按照百分比转换，（转换周期250 ms/4点）
CJ1W－PTS16	铂电阻输入	2点分别可为铂电阻Pt100、JPt100、Pt50、Ni508.4	1/64000（转换周期10 ms/2点
CJ1W－PTS52		4点同为铂电阻：Pt100、JPt100	按照百分比转换，（转换周期250 ms/4点）
CJ1W－PDC15	直流输入	直流电压：0～1.25 V、0～5 V、－1.25～＋1.25 V、1～5 V、－5～5 V、0～10 V、－10～10 V ±10V以内的任意范围 直流电流：0～20 mA、4～20 mA	1/64000（转换周期10 ms/2点）

3）温度控制单元。CJ系列温度控制单元相比于同类的CP1W系列温控单元，其功能不仅局限于通过各种测温体来转化显示当前温度，而且可以通过其内部的运算芯片运行PID算法，实现相关回路的温度控制。一个温度模块就相当于多个温控器，即节省了控制柜的空间，又提高了控制品质。CJ系列温度控制单元型号命名规则见表2-26。

表2-26　CJ系列温度控制单元型号命名规则

CJ1W-TC□0□
A　B

编　号	分　类	内　容	含　义
A	接入测温体类型	0	热电偶
		1	铂电阻
B	温度检测数 输出类型	1	4路温度检测 NPN输出
		2	4路温度检测 PNP输出
		3	2路温度检测 NPN输出
		4	2路温度检测 PNP输出

4）位置控制单元。位置控制中，步进电动机和伺服电动机的运动都取决于PLC发出的脉冲信号。PLC发出的脉冲数量对应于电动机转动的距离，脉冲的频率对应于电动机转动速度。一般控制一台电动机，只需要编写相应脉冲控制程序即可。但是针对实际应用中的机械设备，通常是两台以上步进电动机或者伺服电动机复合出一定的轨迹，为了使多台电动机完成预定轨迹，需编写复杂的PLC程序来协调不同电动机的速度比率，这样既导致工作量成倍增加，也使PLC扫描周期大大延长。

当使用位置控制单元时，只需将每台电动机运行的参数分别通过CX－Position软件写入位置模块，再利用PLC发出启动指令，位置控制单元就会根据写入的参数，自动地按比例发送脉冲，完成简单规则的直线图形轨迹。高版本的位置控制单元更可以完成像圆形那样的弧度轨迹图形。减少了编程总量，提高了PLC运行速度。位置控制单元外观如图2-26所示，各型号功能见表2-27。

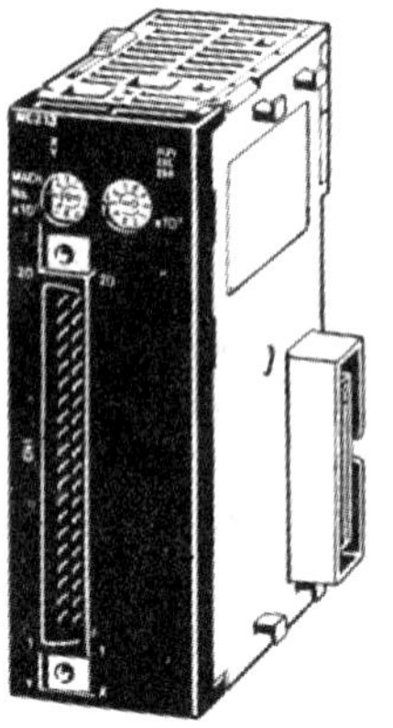

图 2-26　CJ 系列位置控制单元示意图

表 2-27　CJ 系列位置控制单元功能表

型　号	控制轴数	脉冲输出类型	完成插补图形
C1JW - NC113	1	集电极开路型	直线图形
CJ1W - NC213	2		
CJ1W - NC413	4	线性驱动型	
C1JW - NC133	1		
CJ1W - NC233	2		
CJ1W - NC433	4		
CJ1W - NC214	2	集电极开路型	直线图形 圆弧图形
CJ1W - NC414	4		
CJ1W - NC234	2	线性驱动型	
CJ1W - NC434	4		

5）远程 I/O 模块。在很多大型工厂内，现场的控制设备和 PLC 机柜相距几十米甚至上百米，各种传感器、控制器的数量更可能成百上千。如果使用传统布线方式，PLC 的每个 I/O 点和其对应设备都需要使用两者之间距离两倍的电缆连接，这样不仅使成本成倍增加，而且现场数量众多的电缆又可能相互干扰，为检修带来困难。

远程 I/O 模块可以很好地解决以上难题。铺设一个主电缆，其中一端连接到主机的远程 I/O 模块上，使用分支连接器与现场不同位置的各种传感器、控制器等连接，即各支路的 I/O 点接入主电缆中。此时在主电缆中传递的不是每一个分支 I/O 点开关量的高低电平信号，而是经过每个远程 I/O 端子内部 CPU 处理过的数据信号，这样既避免了不同 I/O 点在同一时刻传递不同信号的冲突问题，增强了设备整体的稳定性和实时性，又解决了众多 I/O 点反复布线的浪费问题。如果某个设备出现故障，只需更换相应设备或者检修分支的电缆即可。

（2）CJ 系列 CPU 总线单元

特殊 I/O 单元旨在控制不同种类的输入量或输出量，而 CPU 总线单元主要是通过 CPU 总线与 CP1H 的 CPU 进行实时数据交换的高功能单元，其主要作用是扩展 PLC 的网络通信能力。

CPU 总线单元主要包括串行通信单元、网络单元和 MECHATROLINK - II 伺服控制单元。

1）串行通信单元。随着工控技术信息化的发展，许多现场仪表或控制设备都集成了一定的通信能力，但市面上通信协议众多，格式纷杂，且相关协议结尾校验码的计算方式千差万别，所以，通过扩展物理通信接口带来的巨大工作量和编写复杂程序的难度都将大大增加。相比于 CP1W 串行通信选件板，CJ 系列串行通信单元不仅扩展了 PLC 物理通信串口数量，而且还可通过模块内置的协议宏功能省去反复编写通信程序和计算校验码的工作，效率明显提高。CJ 串行通信单元外观如图 2-27 所示，功能配置见表 2-28。

2）网络单元。随着 PLC 应用于大规模的工业现场，控制距离也逐渐从上百米延伸到几百米甚至上千米，而且需采集的数据也不局限于普通传感器、温控器类的开关量或模拟量信号，还有远程中央控制室采集的 PLC 数据，复杂场合 PLC 之间相互通信的数据，以及如伺服电动机、变频器和测量仪表等设备与其对应分站 PLC 之间交换的数据。因此，一般的远程 I/O 模块已不能满足控制需求。

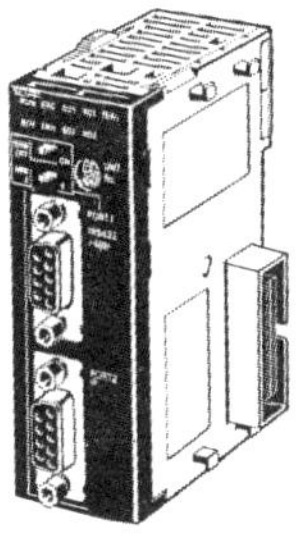

图 2-27　CJ 串行通信单元示意图

表 2-28　CJ 串行通信单元配置表

型　号	端口类型	支持协议
CJ1W - SCU21 - V1	2 个 RS - 232C 端口	每个端口都可以选择以下功能： • 协议宏 • 上位链接 • NT 链（1:N 模式） • 串行网关 ×2 • 无协议 ×3 • Modbus - RTU 从站 ×4
CJ1W - SCU31 - V1	2 个 RS - 422/485 端口	
CJ1W - SCU41 - V1	1 个 RS - 232C 端口 1 个 RS - 422/485 端口	

CJ 系列网络单元支持更高层次通信网络，可以解决上述远距离通信的需求，它可以与远程 I/O 模块等其他网络组成复杂的控制通信网。用户可根据现场接入设备的特性和通信距离的不同，选择不同的网络单元组成一个完善的通信网络。CJ 系列网络单元参数见表 2-29，模块外观如图 2-28 所示。

表 2-29　CJ 系列网络单元参数表

型　号	网络类型	通信速率	通信距离	功　能
CJ1W - ETN21	Ethernet	100 Mbit/s	PLC 到节点 HUB 之间 100 m	中央控制室采集现场 PLC 的信息数据
CJ1W - CLK21	Controller link	2 Mbit/s	1000 m（500 kbit/s）	工业系统中多台 PLC 间远距离的数据交换
CJ1W - DRM21	DeviceNet	500 kbit/s	500 m（125 kbit/s）	PLC 与底层设备数据交换

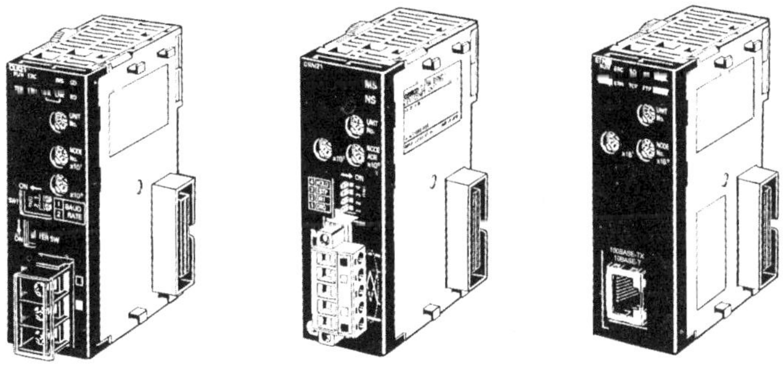

CJ1W-CLK21　　CJ1W-DRM21　　CJ1W-ETN21

图 2-28　CJ 系列网络单元示意图

3）MECHATROLINK - II 伺服控制单元。在汽车制造业、印刷业、产品包装和数控机床等领域，都涉及复杂的位置和运动控制。在生产线上每一个工序的机械手或者伺服电动机都需要通过相互通信来完成彼此配合，仅靠简单的光电开关、限位开关的搭配已不能保证整个工艺流程动作的实时性和灵活性。CJ 系列伺服控制单元具有在一定距离内控制多路伺服能力。使用 MECHATROLINK - II 网络来控制其下路的众多伺服控制器，实现在位置控制或运动控制模式下很好地解决联动配合问题。具体 MECHATROLINK - II 伺服控制单元参数见表 2-30，外观如图 2-29 所示。

表 2-30　MECHATROLINK - Ⅱ伺服控制单元参数表

型　　号	控制类型	支持轴数	规　　格
CJ1W - NC271	位置控制	2	通过 MECHATROLINK - Ⅱ网络发出控制指令，可以进行位置、速度、转矩控制，控制距离 50 m
CJ1W - NC471		4	
CJ1W - NCF71		16	
CJ1W - MCH71	运动控制	30 实轴 2 虚轴	利用专用语言，通过 MECHATROLINK - Ⅱ进行位置、速度、转矩控制控制距离 50 m

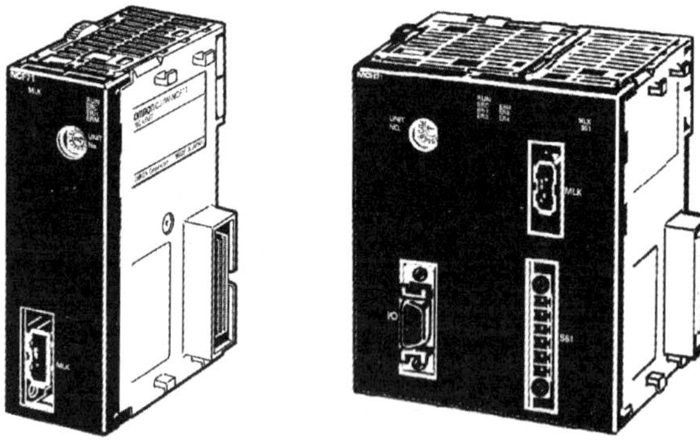

图 2-29　MECHATROLINK - Ⅱ伺服控制单元示意图

2.3　CP1 系列 PLC 存储器

2.3.1　CP1 系列 PLC CPU 内置存储器概述

1. CP1H、CP1L 的 CPU 内置存储器

（1）内置 RAM 存储器

CP1H 和 CP1L 的 CPU 内置 RAM 存储器的作用是在 PLC 通电时，根据用户预先的设置运行写入程序。RAM 存储器分成三部分，即用户程序区、参数区和 I/O 存储器区。其中用户程序区是在 PLC 通电时运行和保存由 CX - Programmer 创建的用户程序。参数区是记录利用 CX - Programmer 对 PLC 的各种设定。I/O 存储器区是指用户程序中指令操作数可以访问的区域。RAM 存储器只在 PLC 通电时记录数据，当 PLC 断电时，I/O 存储器区内需掉电保持的数据由存储电池供电。当电池电量用尽时，通过系统内置电容器支持保存数据约 50 h。一般存储电池寿命为 5 年。

（2）内置闪存

内置闪存的作用是当使用计算机、触摸屏或存储盒对 PLC 内部 RAM 存储器中的用户程序区与参数区写入数据时，对该区域内数据进行备份，而 I/O 存储器区需要掉电保持的数据可以通过软件的写入操作进行备份（后面详述）。当 PLC 断电时，RAM 存储器内部的数据将会不稳定或者丢失，而内置闪存中的数据不会丢失。当 PLC 通电时，内置闪存会自动地将数据传送到 RAM 存储器中，使 PLC 可以继续正常工作。CP1H、CP1L 的 CPU 内置存储器写入程序流程和电源接通备份流程如图 2-30 所示。

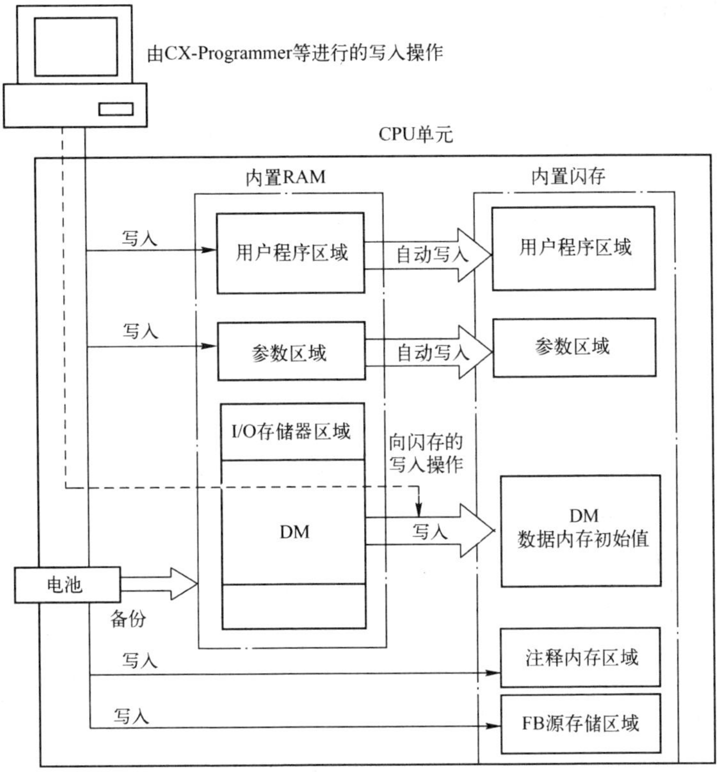

a)

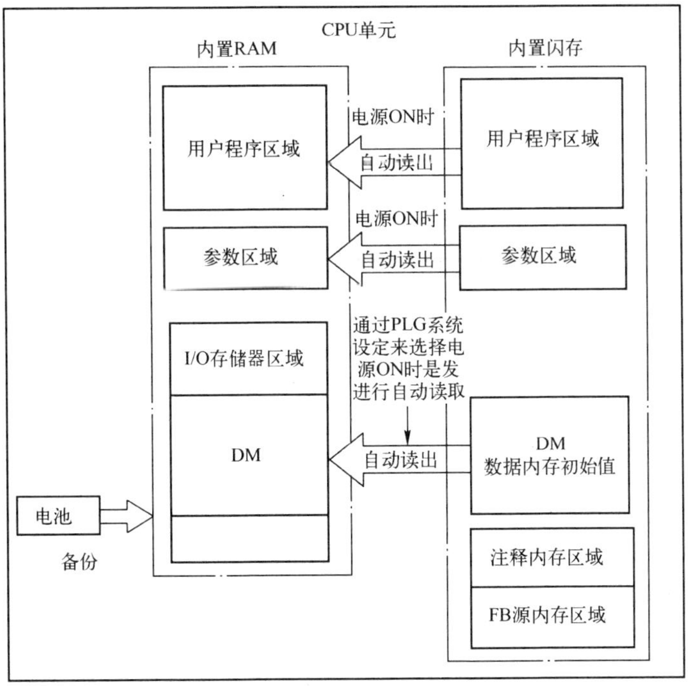

b)

图 2-30　CP1H、CP1L 的 CPU 内置存储器工作流程

a) 写入流程　b）上电备份流程

2. CP1E 的 CPU 内置存储器

(1) 内置 RAM 存储器

CP1E 的 CPU 内置 RAM 存储器与 CP1H、CP1L 相比，在功能和结构上完全相同。在断电情况下，用户程序区和参数区的数据将会丢失，I/O 存储器区需要掉电保持的数据在内置电容器支持下可以保存 30 ~ 50 h。其中 N、NA 型 CPU 通过扩展存储电池可使 I/O 存储器区数据保持 5 年。

(2) 内置 EEPROM

CP1E 的 CPU 内置 EEPROM 的作用相当于 CP1H 或 CP1L 的内置闪存。当使用计算机、触摸屏或存储盒对 PLC 内部 RAM 存储器中的用户程序区和参数区写入数据时，内置 EEPROM 会自动备份这两个区域的数据。由于 I/O 存储器区需要掉电保持的数据在内置电容器支持下只能保存 30 ~ 50 h，所以当需要保留数据，却又恰好选用了不支持外部扩展存储电池的 CP1E - E 型 PLC 时，或是由于成本因素未扩展存储电池时，可以使用内置 EEPROM 的 DM 数据备份功能，在断电前将数据传送到 I/O 存储器区的 DM 区，之后通过执行内部指令，可将数据备份到内置 EEPROM 中。

(3) 内置 EEPROM 备份操作

通过 CX - Programmer 检查 PLC 设置启动选项卡中的"从备份存储器恢复到 D0 -"检查框。此外，在"备份 DM 中的 CH 数"框中从 D0 开始设定要备份的字数，设定如图 2-31 所示。将 PLC 设置传送到 CPU 中，断电重启 PLC。

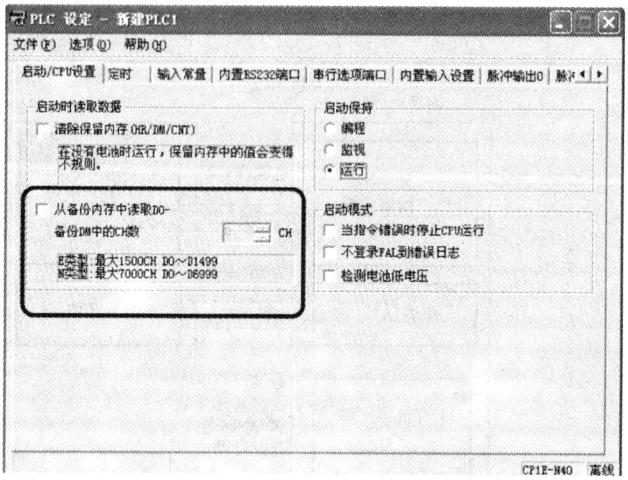

图 2-31　内置 EEPROM 备份设定示例

通过 CX - Programmer、可编程终端（PT）或梯形图程序，将 A751.15（DM 备份保存启动位）置为 ON。DM 区中从 D0 开始到指定字将自动备份到内置 EEPROM 中，在备份过程中 A751.14（DM 备份保存标志位）将置为 ON，备份完成后该位置为 OFF。执行过程如图 2-32 所示。

备份程序完成后关机再次通电启动 PLC，CPU 内置 EEPROM 中的数据将会自动地恢复到 I/O 存储器区的 DM 区中。EEPROM 备份操作需要注意以下几点：

① 内置 EEPROM 可供备份的空间：E 型 CPU 为 D0 ~ D1499，N 型为 D0 ~ D6999。

② 将数据备份到内置 EEPROM 时，CPU 单元的 BKUP 指示灯将点亮，在备份过程中，

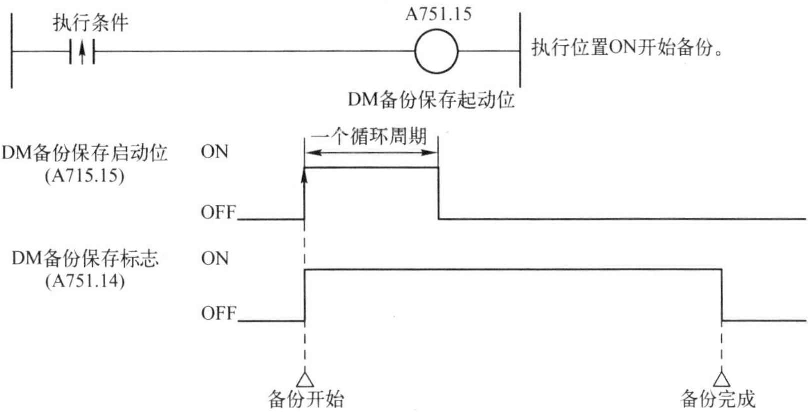

图 2-32　内置 EEPROM 执行备份示例

切勿切断电源，否则会损坏备份数据。

③ 内置 EEPROM 可以写入 10 万次。一旦超过该限值，则不可再写入数据，同时 A315.15（备份存储器出错标志）将置 ON。

④ 由于 CP1E 在无存储电池时，内部数据将会不稳定而产生错误数据，所以当使用内置 EEPROM 备份功能时，在 PLC 设置的“启动时数据读取”区中，选择“清除保留内存”（HR/DM/CNT 都会清零，如果需要恢复 HR 和 CNT 数据，请使用梯形图程序完成）。

2.3.2　CP1 系列 PLC 的 I/O 存储器区

相对于内置闪存和内置 RAM 中的用户程序区、参数区，内置 RAM 中的 I/O 存储器区是用户使用最多的区域。简言之，I/O 存储器区的作用就相当于联锁电路中的继电器，使用编程软件对 I/O 存储器区中的通道和位进行操作。

1. I/O 存储器区的构成

CP1 系列 PLC 的 I/O 存储器区是由字（通道）、字节、数字、位构成的，16 个位组成一个字，8 个位组成一个字节，4 个位组成一个数字。通常 I/O 存储器区是由若干连续字构成的，一个字又是由 2 个字节或 4 个数字，即 16 个位组成的，关系如图 2-33 所示。一般术语中，“最高位”通常指 1 个字中的最左位，“最低位”指 1 个字中的最右位。

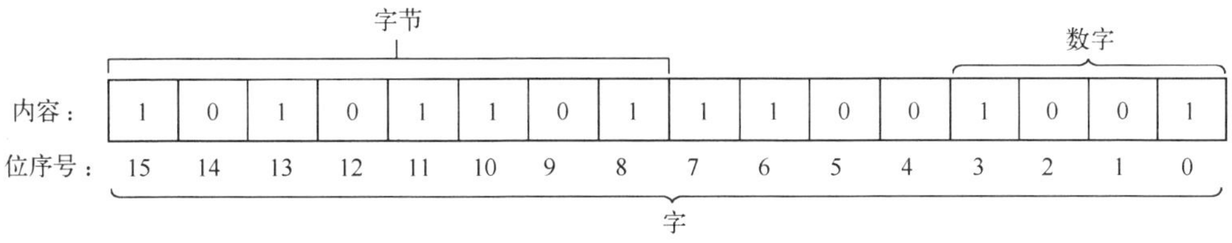

图 2-33　字（通道）结构

2. I/O 存储器区数据结构

如图 2-33 所示，PLC 内部数据通道每一位存储的都是二进制数的“0”或“1”。而相对于用户，如果一位一位地给通道赋值会非常烦琐。因此，欧姆龙 PLC 内部提供了多种数据形式。

（1）无符号数据形式

无符号数据总是表示正的数，在数据通道中，系统默认均为无符号数据。无符号数据有三种数据类型，分别是十六进制、十进制和 BCD 数。

从图 2-33 可知，一个数据通道由 4 个数字构成，每 4 个二进制数可以表示为 1 个十六进制数，因此输入一个 4 位十六进制数可以对一个数据通道的每一位赋值。十六进制里的 0 ~ 9 相当于十进制的 0 ~ 9，十六进制的 A ~ F 相当于十进制数的 10 ~ 15。在每个数字中，每一位都有自己对应的权值，当对应位内数字为 1 时，其对应的权值有效；当对应位内数字为 0 时，其对应的权值无效。每个数字内部的数值等于对应每一个有效权值之和，最后将对应权值之和转化为十六进制数，就是该数字需要输入的数据。依次将 4 个数字全部转换，就得到了所输入的一个 4 位十六进制数。一个数据通道最大值为 FFFFH，双通道最大值为 FFFFFFFFH。当所要输入数据为无符号十六进制数时，数据前需要加“#”符号。计算流程如图 2-34 所示，具体数制对应见表 2-31。

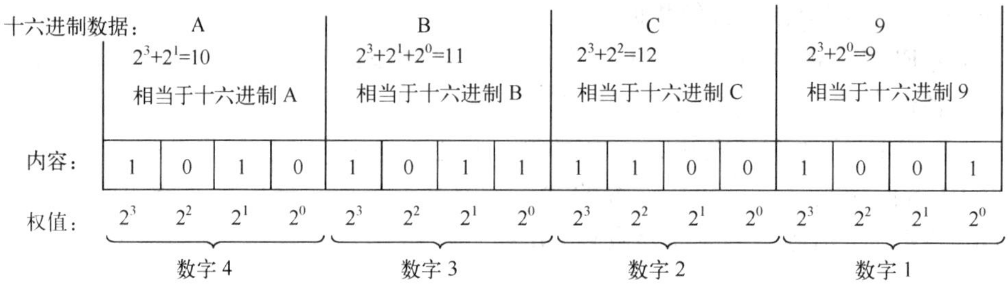

图 2-34　无符号十六进制数计算示例

表 2-31　BCD 码、十六进制数、十进制数、二进制数对照表

BCD（实际输入值）	十 六 进 制	十　进　制	二　进　制
0（0）	0	0	0
1（1）	1	1	1
10（2）	2	2	10
11（3）	3	3	11
100（4）	4	4	100
101（5）	5	5	101
110（6）	6	6	110
111（7）	7	7	111
1000（8）	8	8	1000
1001（9）	9	9	1001
10000（10）	A	10	1010
10001（11）	B	11	1011
10010（12）	C	12	1100
10011（13）	D	13	1101
10100（14）	E	14	1110
10101（15）	F	15	1111
10110（16）	10	16	10000

十进制是用户最习惯的数制，但是 PLC 内部通道存储的是二进制或十六进制数。所以当以十进制格式输入数据时，PLC 通道中的每一位仍然是二进制数。由此可知，一个通道存储十进制数的容量等于十六进制数容量的转化值，即 0（0000H）~65535（FFFFH）。双通道 8 位数字的数据范围为 0（00000000H）~4294967295（FFFFFFFFH），当输入数据为无符号十进制数时，数据前需要加“&”符号。

在定时器或计数器设定值输入时，使用者通常习惯十进制方式计算需要输入的数据。由上一节得知，即便向数据通道中输入十进制数，PLC 内部每个字中依然是十六进制数。所以使用者需要将设定的数据转化成十六进制数，然后再进行赋值。这样的做法会大大增加使用者的工作量。

BCD 码是用 4 位二进制码的组合代表十进制数的 0~9，BCD 码与其他数制数值对照关系见表 2-31。4 位二进制数码有 16 种组合，原则上可任选其中的 10 种作为代码，分别代表十进制中的 0~9 十个数。当用户使用定时器或计数器指令时，可以将定时器或计数器的计数方式设定为 BCD 方式，则定时器或计数器就会按照十进制数在对应设定值通道内以 BCD 码形式保存。当数据以 BCD 码存储时，数据前需要加“#”符号。

（2）带符号数据形式

带符号数据形式可以在通道内表达正数或负数。与无符号数据输入方式相比，其不同之处只在于将通道中第 15 位作为符号位；当第 15 位上是 0 时，整个通道数据为正，当第 15 位上是 1 时，整个通道数据为负。带符号数据输入方式有两种，即带符号十六进制数和带符号十进制数。

带符号十六进制数的正数范围是 0000H~7FFFH，将其转化为十进制数的方法与无符号十六进制数相同。负数范围是 8000H~FFFFH，将其转化为十进制数的方法是将通道内每一位取反，然后加 1，所得的十六进制数再按照无符号十六进制数的方法转化成十进制数，结果数据为通道内负数的绝对值。输入带符号十六进制数时需在数据前加“#”号。对应关系如图 2-35 所示。

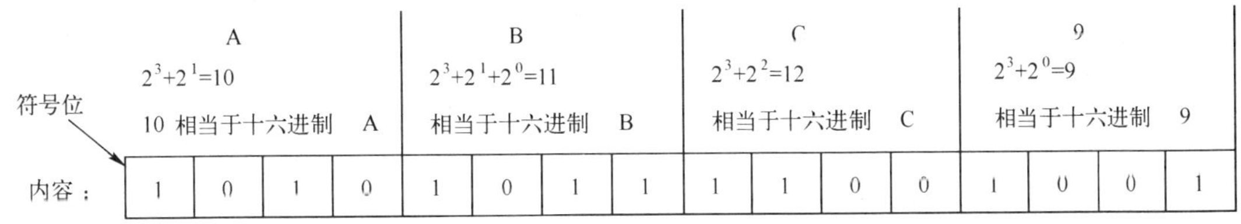

图 2-35 带符号十六进制数计算示例

在带符号十进制数方式下，用户可以直接将带符号的十进制数输入通道内。单通道正数范围是 0~32767，负数范围是 -32768~-1；双通道正数范围是 0~2147483647，负数范围是 -2147483648~-1。输入带符号十进制数时需在数据前加“+”或“-”符号。

需要注意以下几点：

① 在输入的数据前需添加相应数据类型符号，此时系统才能认定为数字。否则系统认定为通道地址。

② 例如输入十六进制数 ABC9，在无符号和有符号十六进制数中，其数值均为 ABC9，但是在无符号十进制数中数值为 43977，而在有符号十进制数中却为 -21559。所以，当使用带符号数据方式输入数据后，观察通道内的数据需切换到相应的数据类型。

③ 由于无符号和有符号十六进制数无法明示通道内数值的正负，因此建议用户在查寻

通道内的有符号数据时，将数据显示模式切换为有符号十进制数以便查找。

④ 当定时器和计数器设定值以无符号十六进制或者无符号十进制输入设定值时，需将定时器和计数器执行方式设定为二进制数，且定时器与计数器将会按照十六进制数运行。当以无符号 BCD 码输入设定值时，需要将定时器和计数器执行方式设定为 BCD 码，且所有定时器和计数器设定值输入方式均相同。有符号数据不能给定时器和计数器赋值。

2.3.3　CP1 系列 PLC 的 I/O 存储器区分配

CP1 系列 PLC 的 I/O 存储器区由 I/O 继电器区（CIO）、内部辅助继电器区（WR）、数据存储器区（DM）、保持继电器区（HR）、特殊辅助继电器区（AR）、定时器区（T）、计数器区（C）构成。其中 CP1H 和 CP1L PLC 的 I/O 存储器区还增加了任务标志区（TK）、变址寄存器区（IR）、数据寄存器区（DR）、状态标志和时钟脉冲。暂时继电器区为 CP1H 独有。CP1 系列 PLC I/O 存储器区分布见表 2-32。

（1）I/O 存储器区地址寻址

用户编程时需对不同存储器区寻址，寻址方法分为字寻址与位寻址。按字寻址时，应包括 I/O 存储器识别记号和 3 ~5 位字编号。若按照位寻址，则需要在 I/O 存储器识别记号后加上对应的字编号和位编号。其中 CIO 区默认可省略识别记号 CIO 而直接通过数字寻址。CP1H、CP1L 的任务标志区（TK）、变址寄存器区（IR）和数据寄存器区（DR），以及 CP1H 的暂时继电器区的 I/O 存储器识别记号为其存储器区缩写，其他所有 CP1 系列 PLC 的 I/O 存储器识别记号均为其对应的 I/O 存储器区缩写的首字母。具体地址指定如图 2-36 所示。寻址见表 2-33。

表 2-32　CP1 系列 PLC 的 I/O 存储器区分布表

<table>
<tr><td rowspan="2"></td><td colspan="2">CP1H</td><td colspan="2">CP1L</td><td colspan="3">CP1E</td></tr>
<tr><td>容量</td><td>范围</td><td>容量</td><td>范围</td><td colspan="2">容量</td><td>范围</td></tr>
<tr><td>I/O 继电器区</td><td>6144 字</td><td>CIO0 ~ CIO6143</td><td>6144 字</td><td>CIO0 ~ CIO6143</td><td colspan="2">290 字</td><td>CIO0 ~ CIO289</td></tr>
<tr><td>内部辅助继电器区</td><td>512 字</td><td>W0 ~ W511</td><td>512 字</td><td>W0 ~ W511</td><td colspan="2">100 字</td><td>W0 ~ W99</td></tr>
<tr><td rowspan="3">数据存储器区</td><td rowspan="3">32K 字</td><td rowspan="3">D0 ~ D32767</td><td rowspan="3">32K 字</td><td rowspan="3">D0 ~ D32767</td><td>N 型</td><td>8K 字</td><td rowspan="2">D0 ~ D8191</td></tr>
<tr><td>NA 型</td><td>8K 字</td></tr>
<tr><td>E 型</td><td>2K 字</td><td>D0 ~ D2047</td></tr>
<tr><td>保持继电器区</td><td>512 字</td><td>H0 ~ H511</td><td>512 字</td><td>H0 ~ H511</td><td colspan="2">50 字</td><td>H0 ~ H49</td></tr>
<tr><td>特殊辅助继电器区</td><td>960 字</td><td>A0 ~ A959</td><td>960 字</td><td>A0 ~ A959</td><td colspan="2">754 字</td><td>A0 ~ A753</td></tr>
<tr><td>定时器完成标志</td><td rowspan="2">4K 字</td><td rowspan="2">T0 ~ T4095</td><td rowspan="2">4K 字</td><td rowspan="2">T0 ~ T4095</td><td colspan="2" rowspan="2">256 位</td><td>T0 ~ T255</td></tr>
<tr><td>定时器当前值</td><td>T0 ~ T255</td></tr>
<tr><td>计数器完成标志</td><td rowspan="2">4K 字</td><td rowspan="2">C0 ~ C4095</td><td rowspan="2">4K 字</td><td rowspan="2">C0 ~ C4095</td><td colspan="2" rowspan="2">256 位</td><td>C0 ~ C255</td></tr>
<tr><td>计数器当前值</td><td>C0 ~ C255</td></tr>
<tr><td>暂时继电器区</td><td>16 位</td><td>TR ~ TR15</td><td colspan="2"></td><td colspan="3" rowspan="4"></td></tr>
<tr><td>任务标志区</td><td>32 位</td><td>TK0 ~ TK31</td><td>32 位</td><td>TK0 ~ TK31</td></tr>
<tr><td>变址寄存器区</td><td>16 个</td><td>IR0 ~ IR15</td><td>16 个</td><td>IR0 ~ IR15</td></tr>
<tr><td>数据寄存器区</td><td>16 个</td><td>DR0 ~ DR15</td><td>16 个</td><td>DR0 ~ DR15</td></tr>
</table>

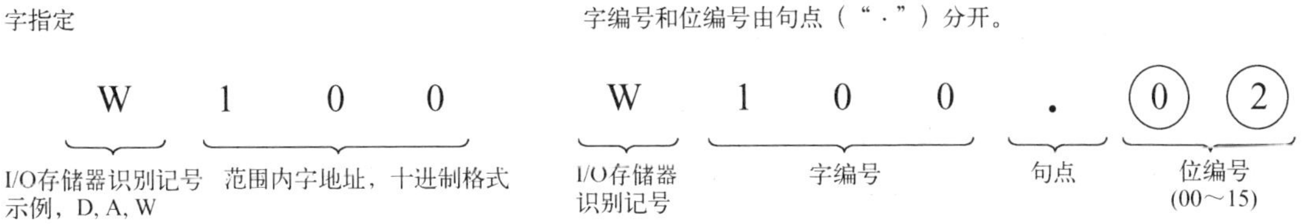

图 2-36　I/O 存储器区地址格式示例

表 2-33　I/O 存储器区寻址示例

区　　域	字　寻　址	位　寻　址
I/O 继电器区（CIO）	0000（CIO 区第 0000 字）	000015 或 0.15（CIO 区字 0000 第 15 位）
内部辅助继电器区（WR）	W100（WR 区第 100 字）	W10013 或 W100.13（WR 区字 100 的第 13 位）
数据存储器区（DM）	D1000（DM 区第 1000 字）	不可位寻址
保持继电器区（HR）	H66（HR 区第 66 字）	H6609 或 H66.09（HR 区字 66 的第 9 位）
特殊辅助继电器区（AR）	A12（AR 区第 12 字）	A1200 或 A12.00（AR 区字 12 的第 00 位）
定时器完成标志（T）	不可字寻址	T20（第 20 号定时器完成标志位）
定时器当前值（T）	T20（第 20 号定时器 PV 值）	不可位寻址
计数器完成标志（C）	不可字寻址	C11（第 11 号计数器完成标志位）
计数器当前值（C）	C11（第 11 号计数器 PV 值）	不可位寻址
暂时继电器区（TR）	不可字寻址	TR10（TR 区第 10 位）
任务标志区（TK）	不可字寻址	TK30（TK 区第 30 位）
变址寄存器区（IR）	IR9（IR 区第 9 字）	不可位寻址
数据寄存器区（DR）	DR8（DR 区第 8 字）	不可位寻址

（2）I/O 继电器区（CIO）

I/O 继电器区的作用是对 I/O 点进行控制，也可作内部数据处理和存储的工作区域。用户通过 CX - Programmer 软件对 I/O 继电器区的某一位进行强制和复位操作；当 PLC 遇到电源重置、运行模式变更、CPU 发生致命错误或者通过 CX - Programmer 软件进行清除 I/O 继电器区数据等情况时，I/O 继电器区的内容将被清除。由于 CP1 系列 PLC 型号不同，其 I/O 继电器区的构成和容量也不相同。CP1 系列 PLC I/O 继电器区分配见表 2-34。

表 2-34　CP1 系列 PLC I/O 继电器区分配表

区　　域		CP1H	CP1L	CP1E
输入输出继电器区	输入继电器区	0~16CH	0~99CH	
	输出继电器区	100~116CH	100~199CH	
内置模拟输入输出区	模拟输入区	XA 型 200~203CH		NA 型：90~91CH
	模拟输出区	XA 型 210~211CH		NA 型：190CH
1:1 链接区			3000~3063CH	
串行 PLC 链接区		3100~3189CH	3100~3189CH	200~289CH
CPU 总线单元区		1500~1899CH		

（续）

区　　域	CP1H	CP1L	CP1E
特殊 I/O 单元区	2000～2959CH		
DeviceNet 区	3200～3799CH		
内部辅助区	1200～1499CH 3800～6143CH	3800～6143CH	290～1600CH

1）输入输出继电器区。该区是 PLC 输入输出单元的映像区，既可字寻址，也可位寻址。其中，直接映像接收输入信号的区域称为输入继电器区，而控制外部输出设备的区域称为输出继电器区。

CP1 系列 PLC 中的输入继电器区与输出继电器区的起始通道号均固定。外部输入设备起始通道号为 0 通道。输出设备起始通道号为 100 通道。当连接扩展模块时，其所占用的输入通道和输出通道需根据实际接入模块的数量和距主机的顺序分配通道，当扩展模块数量超过 PLC 扩展数量限制或者超出输入输出继电器区通道上限时，CPU 将因会出现“I/O 点数超出”错误（运行停止异常），导致 PLC 不能运行。

2）内置模拟输入输出区（仅限 CP1H－XA 和 CP1E－NA 型 PLC）。内置模拟输入输出区的作用是存储 PLC 内置模拟量端子的 A/D 转换值。输入/输出通道分配见表 2-35。

表 2-35　内置模拟量输入输出通道分配表

<table>
<tr><th rowspan="2">CPU 类型</th><th rowspan="2">存储数据</th><th rowspan="2">占用通道号</th><th rowspan="2">分　　配</th><th colspan="2">参　　数</th></tr>
<tr><th>6000 分辨率</th><th>12000 分辨率</th></tr>
<tr><td rowspan="6">CP1H－XA</td><td rowspan="4">模拟量输入
A/D 转换值</td><td>200</td><td>模拟量输入 0</td><td rowspan="9">－10～10 V 量程
F448～0BB8Hex
其他量程
0000～1770</td><td rowspan="6">－10～10 V 量程
E890～1770Hex
其他量程
0000～2EE0Hex</td></tr>
<tr><td>201</td><td>模拟量输入 1</td></tr>
<tr><td>202</td><td>模拟量输入 2</td></tr>
<tr><td>203</td><td>模拟量输入 3</td></tr>
<tr><td rowspan="2">模拟量输出
A/D 转换值</td><td>210</td><td>模拟量输出 0</td></tr>
<tr><td>211</td><td>模拟量输出 1</td></tr>
<tr><td rowspan="3">CP1E－NA</td><td rowspan="2">模拟量输入
A/D 转换值</td><td>90</td><td>模拟量输入 0</td><td rowspan="3"></td></tr>
<tr><td>91</td><td>模拟量输入 1</td></tr>
<tr><td>模拟量输入
A/D 转换值</td><td>190</td><td>模拟量输出 0</td></tr>
</table>

3）1∶1 链接区（仅限 CP1L PLC）。1∶1 链接区为 CP1L 的 I/O 继电器区中独有区域。其寻址范围是 3000～3063CH。CP1L 通过扩展 RS－232C 串行通信选件板与其他支持 1∶1 串行链接 PLC 实现一对一的无程序数据交换。需要注意的是，除 CP1L 外，其他支持 1∶1 串行链接的机型均为欧姆龙较老机型。通过 1∶1 串行链接方式，将 CP1L 与其他老机型进行连接，从而达到不更换机型而大幅提升老设备功能的目的。1∶1 串行链接结构如图 2-37 所示。

4）串行 PLC 链接区。串行 PLC 链接区的作用类似于 CP1L 的 1∶1 链接区。通过串行 PLC 链接区，一台主机可以和 7 台同样支持串行 PLC 链接的 PLC 进行无程序数据交换。CP1 系列 PLC 串行 PLC 链接区的寻址范围是 CP1H/CP1L：3100～3189CH；CP1E：200～289CH。串行 PLC 链接结构如图 2-38 所示。

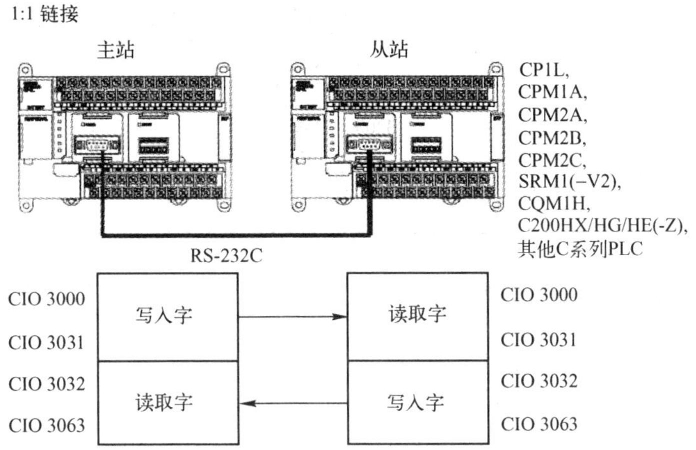

图 2-37　1∶11 串行链接结构示意图

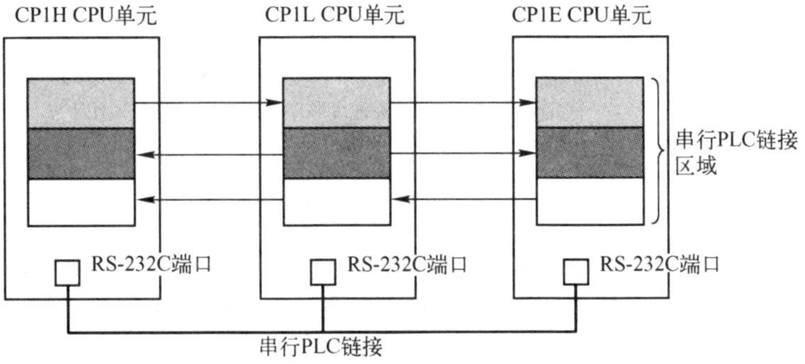

图 2-38　串行 PLC 链接结构示意图

5）CPU 总线单元区（仅限 CP1H PLC）。CPU 总线单元区为 CP1II PLC 的 I/O 继电器区中独有区域。寻址范围是 1500 ~ 1899CH。其作用是当 CP1H PLC 扩展 CJ 系列 CPU 总线单元时，PLC 将会根据用户对 CPU 总线单元设定的单元号在 CPU 总线单元区分配专用区域来传送单元操作状态等数据。每个 CPU 总线单元按其单元号可以分配 25 个通道，首字 $n = 1500 + 25 \times$ 单元号（0 ~ F 转化为十进制）。在 PLC 程序运行时，CPU 主机每个扫描周期将会与 CPU 总线单元交换一次数据（数据不能立即刷新，也不能使用 IORF 指令刷新）。

6）特殊 I/O 单元区（仅限 CP1H PLC）。特殊 I/O 单元区为 CP1H PLC 的 I/O 继电器区中独有区域。寻址范围是 2000 ~ 2959CH。其作用是当 CP1H PLC 扩展 CJ 系列特殊 I/O 单元时，PLC 将会根据用户对特殊 I/O 单元设定的单元号在 CPU 特殊 I/O 单元区分配专用区域来传送单元操作状态等数据。每个特殊 I/O 单元按其单元号可以分配 10 个通道，首字 $n = 2000 + 10 \times$ 单元号（0 ~ 95）。

7）DeviceNet 区（仅限 CP1H PLC）。DeviceNet 区为 CP1H 的 I/O 继电器区中独有区域。寻址范围是 3200 ~ 3799CH。它是当 CP1H 扩展 CJ 系列 DeviceNet 单元且在固定分配模式时，各从站将会固定分配远程 I/O 点的区域。通过 DeviceNet 单元上的软件开关可以选择以下固定分配区域 1 ~ 3 中的任意一个，见表 2-36。DeviceNet 链接结构如图 2-39 所示。其他详细操作参见 DeviceNet 单元操作手册。

表 2-36　DeviceNet 固定分配区域分配表

区域	主站→从站 输出（OUT）区域	从站→主站 输入（IN）区域
固定分配区域 1	3200 ~ 3263	3300 ~ 3363
固定分配区域 2	3400 ~ 3463	3500 ~ 3563
固定分配区域 3	3600 ~ 3663	3700 ~ 3763

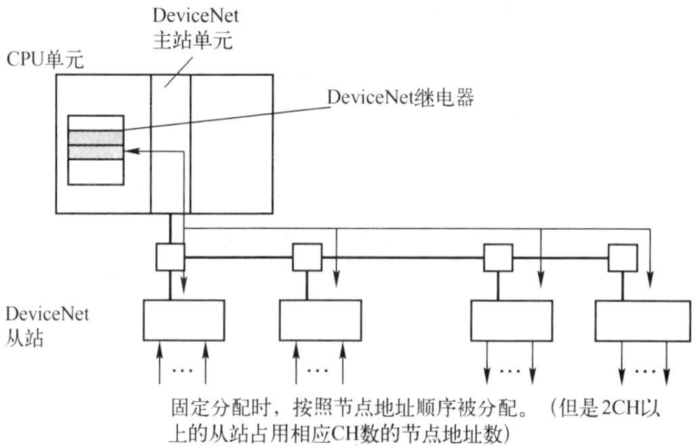

图 2-39　DeviceNet 链接结构示意图

8）数据链接区（仅限 CP1H PLC）。数据链接区是 CP1H 的 I/O 继电器区中独有区域。寻址范围是 1000 ~ 1199CH。其作用是当 CP1H 扩展 ControllerLink 单元时，按照用户的设置接收和发送相关的数据。数据链接是指通过安装在 PLC 上的 ControllerLink 单元构成的网络，自动地（独立于程序）访问网络中其他 PLC，实现链接区的数据共享。数据链接可以自动创建（每个节点使用相同数量的字）或人工创建。当用户定义数据链接时，他可以给每个节点指定任意数量的字，并可以设置节点为只发送或只接收。ControllerLink 链接结构如图 2-40 所示。其他详细操作参见 ControllerLink 单元操作手册。

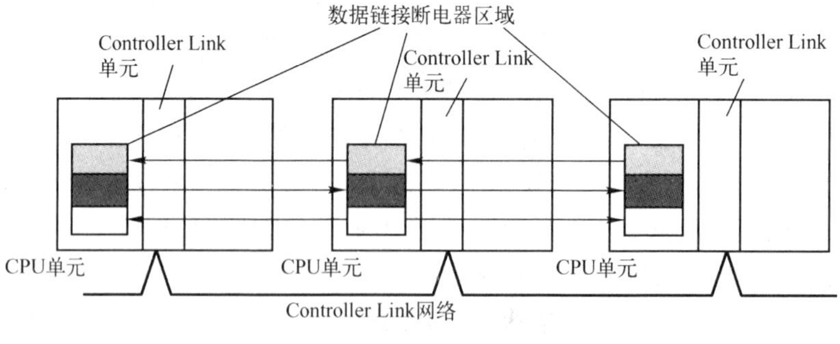

图 2-40　ControllerLink 链接网络结构示意图

（3）内部辅助继电器区

该区的字或位只能在程序中调用，仅作为内部数据处理和存储的工作区域。用户通过 CX - Programmer 软件对内部辅助继电器区的某一位进行强制和复位操作；当 PLC 遇到电源重置、运行模式变更、CPU 发生致命错误或者使用 CX - Programmer 软件清除数据等情况时，内部辅助继电器区存储的数据将被清除。不同型号 PLC 的内部辅助继电器区仅在容量上有差别，功能完全相同。

内部辅助继电器区寻址范围分为两个部分，一部分是上述I/O继电器区中8个定义区域外未使用的区域；另一部分是CP1H、CP1L的W0～W511通道和CP1E的W0～W99通道，两部分的功能完全相同。鉴于I/O继电器区中未分配的区域可能会被程序占用，为避免产生混乱，建议用户优先使用WR区作为内部辅助继电器区。

（4）数据存储器区（DM）

DM区是一个只能以字为单位存取的多用途数据区，主要用于存储各种特殊I/O单元或CPU总线单元的工作参数等。它不能用于位操作指令（可以用位测试指令TST和TSTN），故用户不能使用CX－Programmer软件对DM区进行强制置位和复位操作；当PLC遇到电源重置、运行模式变更、CPU发生致命错误时，DM区存储的数据保持不变。

但当CP1E－E型CPU或CP1E－N型CPU未安装存储电池时，DM区只能保存数据30～50 h，超时将导致数据不稳定。用户可以通过内置EEPROM功能备份DM区数据。

1）DM区分配。DM区通道分配见表2-37。当CP1H扩展CJ系列高功能模块时，需要利用DM区的通道进行初始设定和数据交换，每个单元按其设定的单元号分配100个字，其中给CJ系列特殊I/O单元分配的首字 $m=20000+100\times$ 单元号（0～95），CJ系列CPU总线单元分配的首字 $m=30000+100\times$ 单元号（0～F转化为十进制0～16）。

表2-37　CP1系列PLC DM区分配表

<table>
<tr><td>区　域</td><td>CP1H</td><td colspan="2">CP1L</td><td colspan="3">CP1E</td></tr>
<tr><td>CPU类型</td><td>X、XA、Y</td><td>M</td><td>L</td><td>E</td><td>N20、N14</td><td>N30、N40、N60、NA</td></tr>
<tr><td>D0～D1199</td><td rowspan="8">未占用</td><td rowspan="12">未占用</td><td rowspan="7">未占用</td><td rowspan="4">可备份至EEPROM</td><td>可备份至EEPROM</td><td>可备份至EEPROM</td></tr>
<tr><td>D1200～D1299</td><td>内置串口Modbus－RTU</td><td>内置串口Modbus－RTU</td></tr>
<tr><td>D1300～D1399</td><td rowspan="4">未占用</td><td>扩展串口Modbus－RTU</td></tr>
<tr><td>D1400～D1499</td><td rowspan="3">未占用</td></tr>
<tr><td>D1500～D2047</td><td>未占用</td></tr>
<tr><td>D2048～D8191</td><td>无</td></tr>
<tr><td>D8192～D9999</td><td rowspan="9" colspan="3">无</td></tr>
<tr><td>D10000～D19999</td><td rowspan="5">无</td></tr>
<tr><td>D20000～D29599</td><td>CJ特殊I/O单元</td></tr>
<tr><td>D29600～D29999</td><td>未占用</td></tr>
<tr><td>D30000～D31599</td><td>CJ CPU总线单元</td></tr>
<tr><td>D31600～D32199</td><td>未占用</td></tr>
<tr><td>D32200～D32299</td><td colspan="3">串行端口1 Modbus－RTU</td></tr>
<tr><td>D32300～D32399</td><td colspan="3">串行端口2 Modbus－RTU</td></tr>
<tr><td>D32400～D32767</td><td colspan="3">未占用</td></tr>
</table>

当使用串行通信选件板通过Modbus－RTU功能与第三方设备进行通信时，需调用相应型号PLC的DM区中固定通道来存储通信数据。具体编写方法见后面第5章。

2）DM 区寻址。DM 区用作数据处理和存储时，除直接寻址外，还可以采用 BIN 模式或 BCD 模式进行间接寻址。

① BIN 模式寻址（@ D）。若 DM 区地址前输入一个“@”字符，则 DM 字中的内容将按二进制数处理。指令将在二进制地址所指的 DM 字上进行操作，全部 DM 区均可以通过十六进制数 0000 ~ 7FFF 进行间接寻址。示例如图 2-41 所示，若 D100 存储的数据是 100，传送地址为@ D100，即采用 BIN 模式间接寻址，则 D100 中的数据 100 视为十六进制数，换算为十进制数是 256，因此将数据最终传送到 D256 内。

②BCD 模式寻址（ * D）。若 DM 区地址前输入一个“ * ”字符，则 DM 字中的内容将按 BCD 码处理。指令将在 BCD 码地址所指的 DM 字上进行操作，部分 DM 区可以通过 BCD 码（0 ~ 9999）进行间接寻址。示例如图 2-42 所示，若 D100 存储的数据为 100，传送地址为 * D100，即采用 BCD 模式间接寻址，则 D100 中的数据 100 视为十进制数，因此将数据最终传送到 D100 内。

图 2-41　BIN 模式间接寻址示例

图 2-42　BCD 模式间接寻址示例

（5）保持继电器区（HR）

HR 区是用于程序中各种数据的存储和操作的区域。可以通过 CX - Programmer 软件对 HR 区的某一位进行强制和复位操作；当 PLC 遇到电源重置、运行模式变更、CPU 发生致命错误时，HR 区中存储的数据保持不变。

当 CP1E - E 型 CPU 或 CP1E - N 型 CPU 没有安装存储电池时，HR 区只保存数据 30 ~ 50 h，超时将导致数据不稳定。用户可以通过内置 EEPROM 功能备份 HR 区数据。

（6）特殊辅助继电器区（AR）

AR 区是被系统预置了自诊断发现的异常标志、初始设定标志、操作标志、控制位及运行状态监视数据等。用户不能通过 CX - Programmer 软件对 AR 区进行强制置位和复位操作。CP1 全系列 PLC 的 AR 区中 A0 ~ A447 为系统只读字，CP1H、CP1L 型的 A448 ~ A959 和 CP1E 型 A448 ~ A753 为可读/可写字。

当 CP1E - E 型 CPU 或 CP1E - N 型 CPU 未安装存储电池时，AR 区只能保存数据 30 ~ 50 h，超时将导致数据不稳定。关于 AR 区的具体功能参见 CP1 系列 PLC 操作手册。

（7）定时器区（T）

T 区为各种定时指令提供寄存器空间，用于访问各种定时器指令的定时完成标志和当前值。CP1H、CP1L 型 PLC 定时器编号范围是 T0 ~ T4095；CP1E 型 PLC 定时器编号为 T0 ~ T255。

当某一定时器编号用于位操作时，该编号为定时完成标志，此标志可以作为常开或者常闭条件被调用。当该定时器编号用于字处理时，该编号为定时器当前值通道。两个定时器指令不要使用同一个定时器编号，否则将会无法正常操作。用户可以通过 CX - Programmer 软件对定时完成标志进行强制置位和复位操作；当 PLC 遇到电源重置、运行模式变更、CPU 发生致命错误或通过 CX - Programmer 软件进行清除数据时，定时器区存储的当前值将会复位。表 2-38 列出了影响定时器当前值和完成标志的情况。

表 2-38　定时器当前值及标志位状态表

指　　令	TIM/TIMX	TIMH/TIMHX	TIMHH/TIMHHX	TTIM/TTIMX	TIMW/TIMWX	TMHW/TMHWX
	定时器	高速定时器	超高速定时器	累积定时器	定时器待机	超高速定时器待机
运行模式变更（编程←→运行监视模式）	当前值复位、定时完成标志位复位为 OFF					
电源重置	当前值复位、定时完成标志位复位为 OFF					
CNR/CNRX 指令（定时器计数器复位）	当前值 =9999/FFFF、定时完成标志位复位为 OFF					

（8）计数器区（C）

C 区为各种计数指令提供寄存器空间，用于访问各种计数器指定的计数完成标志和当前值。CP1H、CP1L 型 PLC 计数器编号为 C0 ~ C4095；CP1E 型 PLC 计数器编号为 C0 ~ C255。

当某一计数器编号用于位操作时，该编号为计数完成标志，此标志可以作为常开或者常闭条件被调用。当该计数器编号用于字处理时，该编号为计数器当前值通道。两个计数器指令不要使用同一计数器编号，否则将会无法正常操作。用户可以通过 CX - Programmer 软件对计数完成标志进行强制置位和复位操作；当 PLC 遇到电源重置、运行模式变更、CPU 发生致命错误时，计数器区存储的当前值将保持。表 2-39 列出了影响计数器当前值和完成标志的情况。

表 2-39　计数器当前值及标志位状态表

指　　令	CNT/CNTX	CNTR/CNTRX	CNTW/CNTWX
	计数器	可逆计数器	计数器待机
运行模式变更（编程←→运行监视模式）	保持当前值、计数完成标志位保持原状态		
电源重置	保持当前值、计数完成标志位保持原状态		
CNR/CNRX 指令（定时器计数器复位）	当前值复位、计数完成标志位复位为 OFF		
复位信号输入	当前值复位、计数完成标志位复位为 OFF		

（9）任务标志区（TK）（仅限 CP1H、CP1L 型 PLC）

任务标志区是 CP1H、CP1L 的 I/O 存储器区中独有区域。寻址范围为 TK00 ~ TK31，对应循环任务 0 ~ 31。当对应的循环任务处于执行状态（RUN）时，其对应的任务标志位为 ON；当对应的循环任务处于不可执行状态（INI）或者待机状态（WAIT）时，其对应的任务标志位为 OFF。本标志仅指示循环任务的状态，不反映中断任务的状态。当 PLC 遇到电源重置、运行模式变更时，任务标志区内容将被清除。

（10）变址寄存器区（IR）（仅限 CP1H、CP1L 型 PLC）

IR 区为 CP1H、CP1L 的 I/O 存储器区中独有区域，寻址范围为 IR0 ~ IR15。16 个变址寄存器用于间接寻址一个字，每个变址寄存器可存储一个 PLC 存储地址，该地址是在 I/O 存储区中一个字的绝对地址。用 MOVR 指令将一个常规数据区地址转换成它的 PLC 存储地址，并将该值写入指定的变址寄存器中（用 MOVRW 指令在 IR 中设定将定时器/计数器当前值的 PLC 存储地址），如图 2-43 所示。当 PLC 遇到电源重置、运行模式变更时，变址寄存器中的内容将会被清除。

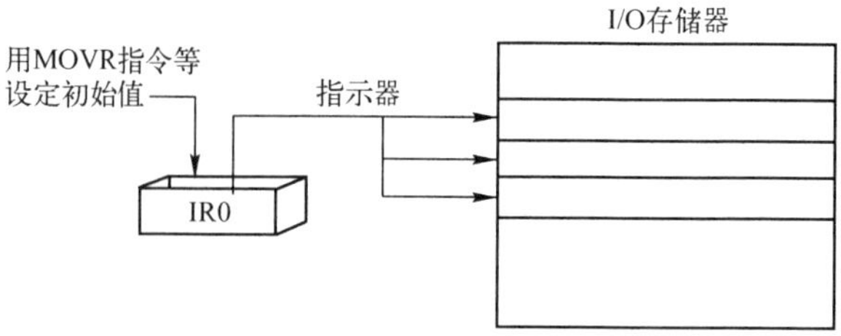

图 2-43　变址寄存器工作原理示意图

1）间接寻址。若 IR 前缀有“，”符号作为操作数时，指令将在 IR 中的 PLC 存储地址所指定的字上进行操作，而不是变址寄存器，IR 视作 I/O 存储区的指针。除变址寄存器、数据寄存器、状态标志位和时钟脉冲以外的 I/O 存储区中所有地址都可用 PLC 存储地址唯一指定，无需指定数据区。除基本间接寻址外，还可以用常数、数据寄存器及自动增加或减少偏移 IR 中的 PLC 存储地址等方式实现每次执行指令时增加或减小地址实现循环读写数据。IR 间接寻址见表 2-40。以下示例为利用间接寻址方式对定时器区的 0 号地址与 1 号地址进行赋值。流程如图 2-44 所示。

```
MOVRW    T0       IR0        将 T 区 0 的 PLC 存储器地址储存到 IR0 中
MOV      #0100    ,IR0       将#0100 写入到 IR0 所存储的 PLC 存储地址中
MOV      #0200    +1,IR0     读取 IR0 内部存储地址加 1,将#0200 写入该地址中
```

表 2-40　变址寄存器间接寻址变量表

种　类	内　容	指定方式	示　例	
间接寻址	将 IR□的内容作为位或字的 PLC 存储地址处理	，IR□	LD，IR0	输入以 IR0 的内容为 PLC 存储器地址的位
常数偏移间接寻址	指定以 IR□的内容 + 或 - 指定常数的值作为 PLC 存储器的位或字来处理，常数为 -2048 ~ 2047	常数，IR□	LD +5，IR0	输入以 IR0 的内容 +5 为 PLC 存储器地址的位
DR 偏移间接寻址	IR□的内容加上 DR 的内容所得的值作为一个字或位的 PLC 存储器地址	DR□，IR□	LD DR0，IR0	输入以 IR0 的内容加 DR0 的内容为 PLC 存储器地址的位
自动增量间接寻址	IR□的内容作为一个字或位的 PLC 存储器地址后，IR□的内容自动加 1 或 2	加 1：，IR□ + 加 2：，IR□ ++	LD，IR0 ++	输入以 IR0 的内容作为 PLC 存储器地址后，将 IR0 的内容 +2
自动减量间接寻址	IR□的内容自动减 1 或 2 并将结果作为一个字或位的 PLC 存储器地址	减 1：，－IR□ 减 2：，－－IR□	LD，－－IR0	将 IR0 的内容 -2，并输入以该值作为 PLC 存储器地址的位

2）直接寻址。IR 不带前缀“，”作为操作数时，指令将对变址寄存器本身内容（双字）进行操作，表 2-41 列出了可对变址寄存器直接寻址的指令，当这些指令对变址寄存器操作时，后者为指针。

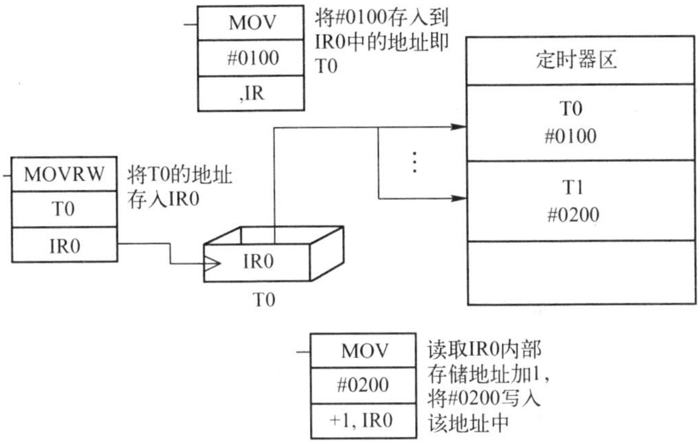

图 2-44　间接寻址示例

表 2-41　变址寄存器直接寻址指令表

指　令　组	指 令 名 称	助　记　符
数据移动指令	变址寄存器设定	MOVR
	变址寄存器设定（定时器计数器）	MOVRW
	双字长传送	MOVL
	双字长数据交换	XCGL
表数据处理指令	记录位置设定	SETR
	记录位置读取	GETR
递增/递减指令	二进制递增 2	++L
	二进制递减 2	--L
比较指令	双字长等于	=L
	双字长不等于	<>L
	双字长小于	<L
	双字长小于或等于	<=L
	双字长大于	>L
	双字长大于或等于	>=L
	双字长比较	CMPL
符号算术运算指令	双字长带符号无进位二进制加法	+L
	双字长带符号无进位二进制减法	-L

启动一个中断任务时，变址寄存器中的值未知，若在一个中断任务中需使用变址寄存器，则在使用前需用 MOVR 或 MOVRW 指令在变址寄存器中设定一个 PLC 存储器地址。由于 IR 在初始设定中各个任务相互独立，故不会相互影响。可以通过 CX - Programmer 软件的属性窗口设定在任务间独立使用或共享使用。

（11）数据寄存器区（DR）（仅限 CP1H、CP1L 型 PLC）

DR 区为 CP1H、CP1L 的 I/O 存储器区中独有区域。寻址范围为 DR0 ~ DR15。其作用是将数据寄存器中的值加到变址寄存器中的 PLC 存储器地址上，使变址寄存器中的 PLC 存储器地址发生偏移，如图 2-45 所示。

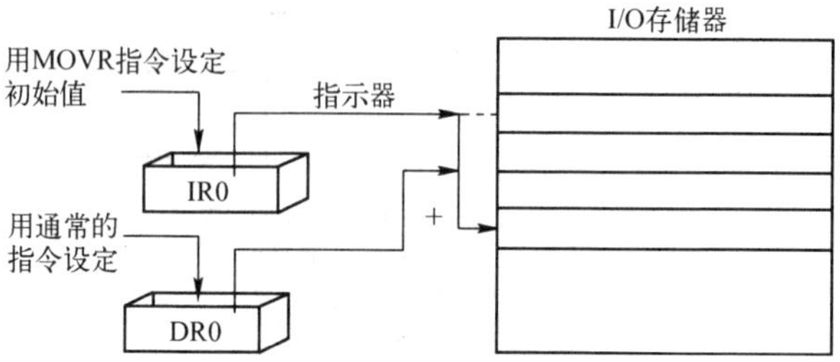

图 2-45　变址寄存器工作原理示意图

（12）暂时继电器区（TR）

TR 区寻址范围为 TR00 ~ TR15，只能进行位寻址。TR 区中的位只可以在助记符方式中与 LD 和 OUT 指令联用。在使用助记符方式输入程序中，每到程序分支处都需要使用 TR 位来暂存分支指令块的 ON/OFF 状态，才可以准确表达程序内容。当用户想表达图 2-46a 所示的梯形图时，若不使用 TR 位进行暂存，则梯形图将会变为图 2-46b 所示内容。

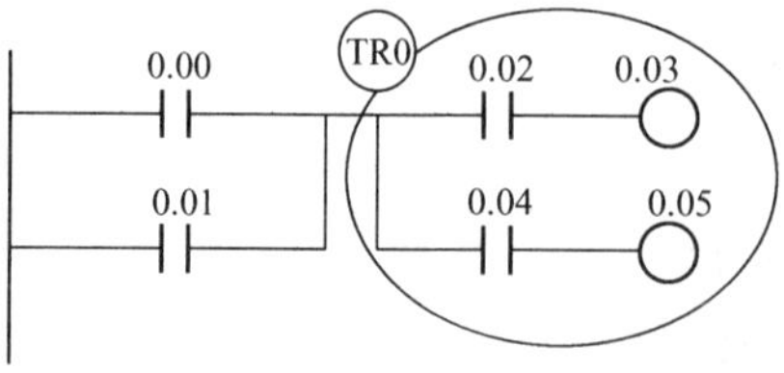

指令	数据
LD	0.00
OR	0.01
OUT	TR0
AND	0.02
OUT	0.03
LD	TR0
AND	0.04
OUT	0.05

a)

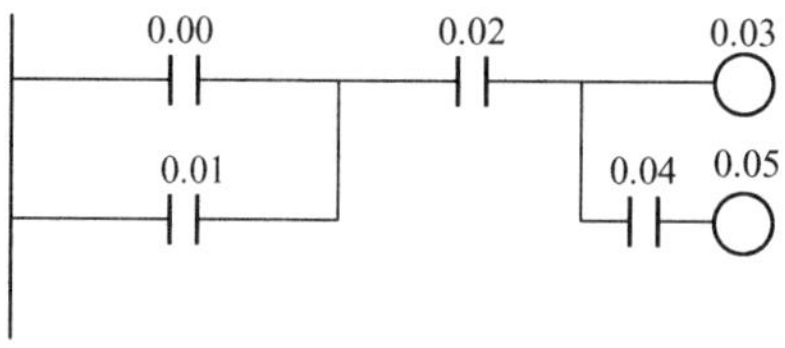

指令	数据
LD	0.00
OR	0.01
AND	0.02
OUT	0.03
AND	0.04
OUT	0.05

b)

图 2-46　TR 位使用示例

a）使用 TR0 位暂存的梯形图　b）未使用 TR 位暂存的梯形图

需要注意的是，TR 区只在助记符方式下编写程序时才会使用到。

（13）状态标志

状态标志主要用于表达指令执行结果的运算标志，如错误标志、等于标志等。这些标志只能读取不能直接写入，且不能通过 CX - Programmer 软件对状态标志进行强制置位和复位操作。除 ER、AER 标志只有在出现错误的任务中保持外，其他标志在运行模式变更时将被清零。具体功能见表 2-42。

表 2-42　状态标志功能表

名　　称	符　　号	功　　能
错误标志	P_ER	指令的操作数的数据为非法时（发生指令处理出错时）为 ON。表示指令的异常结束 如果在 PLC 系统设定中将「发生指令出错时的动作设定」设定为「停止」，则出错（ER）标志为 ON 时停止运行，同时指令处理出错标志（A295.08）置 ON
存取错误标志	P_AER	「无效区域访问出错」发生时为 ON。无效区域访问出错是指对不应用原来指令访问的区域进行了访问 如果在 PLC 系统设定中将「指令错误发生时动作设定」设定为「停止」，本访问出错标志（AER）的运行停止，同时无效区域访问出错标志（A4295.10）置 ON
进位标志	P_CY	运算的结果存在进位或退位的情况下、位被移位的情况下等，为 ON。注：在数据移位指令、四则运算（带 CY 加减法）指令中，是运算对象的一种
大于标志	P_GT	在 2 个数据的比较结果为“ > ”或数据超过指定范围的上限情况下为 ON
等于标志	P_EQ	在 2 个数据的比较结果为“ = ”或运算结果为 0 的情况下为 ON
小于标志	P_LT	在 2 个数据的比较结果为“ < ”或某数据超过指定范围下限情况下为 ON
负标志	P_N	在运算结果的最高位位为 1 的情况下为 ON
上溢标志	P_OF	在运算结果为上溢的情况下为 ON
下溢标志	P_UF	在运算结果为下溢的情况下为 ON
大于等于标志	P_GE	在 2 个数据的比较结果为“ ≧ ”情况下为 ON
不等于标志	P_NE	在 2 个数据的比较结果为“ ≠ ”情况下为 ON
小于等于标志	P_LE	在 2 个数据的比较结果为“ ≦ ”情况下为 ON
常通标志	P_ON	总为 ON 状态的标志
常断标志	P_OFF	总为 OFF 状态的标志

所有指令共享状态标志。在对应指令执行时，状态标志会根据其执行结果，在一个扫描周期内变化。因此当指令执行完毕后须立即读取状态标志，在梯形图中需将状态标志连接到输入条件相同的输出分支中，如图 2-47 所示。

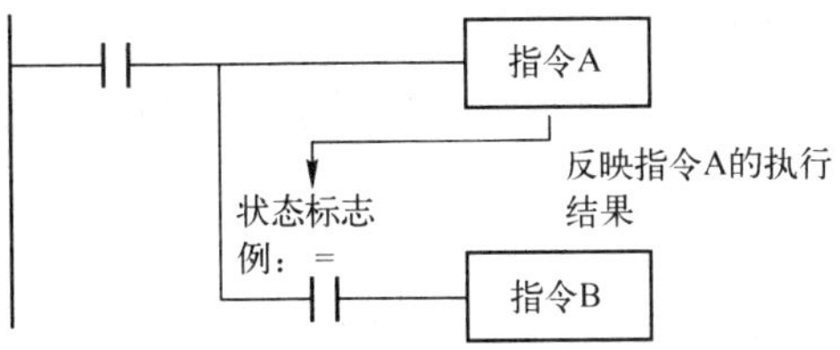

图 2-47　状态标志与指令联用示例

（14）时钟脉冲

时钟脉冲是 PLC 内部的定时器按照恒定的时间间隔交替产生 ON/OFF 的标志，它们采用符号而不是地址指定，不能通过 CX - Programmer 软件对时钟脉冲进行强制置位和复位操作。每个时钟脉冲标志在规定周期内按照 1∶1 占空比发送脉冲。时钟脉冲种类见表 2-43。

表 2-43　时钟脉冲功能表

名　　称	符　　号	内　　容	
0.02 s 时钟脉冲	P_0_02_S	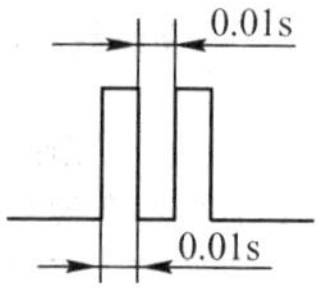	ON：0.01 s OFF：0.01 s
0.1 s 时钟脉冲	P_0_1_S	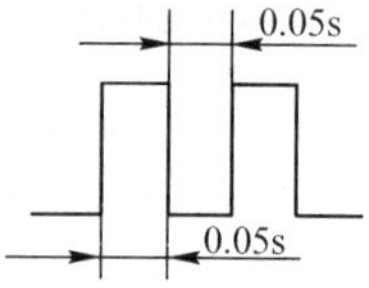	ON：0.05 s OFF：0.05 s
0.2 s 时钟脉冲	P_0_2_S	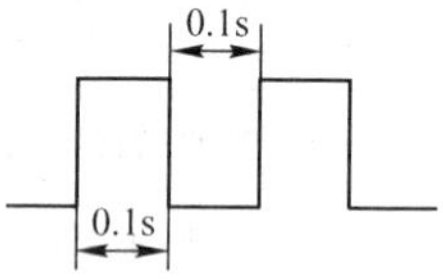	ON：0.1 s OFF：0.1 s
1 s 时钟脉冲	P_1S	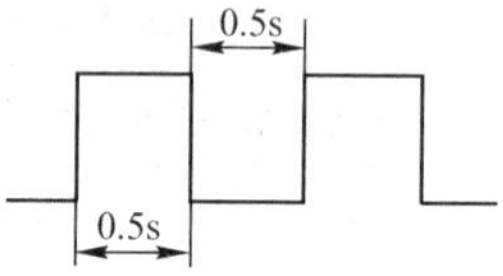	ON：0.5 s OFF：0.5 s
1 min 时钟脉冲	P_1 min	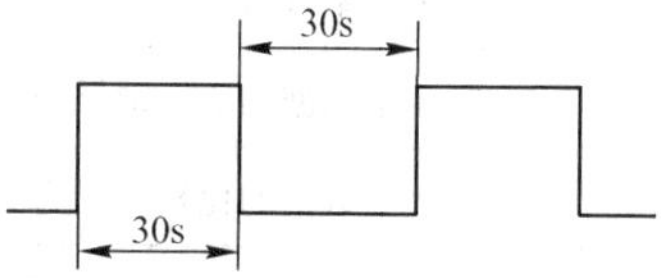	ON：30 s OFF：30 s

2.4　中型 PLC 概述

随着工业技术的发展，在污水处理、市政工程、机械制造、印刷、包装等行业已经开始广泛使用 PLC。在这些领域中，一般控制点数在几百点甚至几千点，而且需要网络通信功能、远程 I/O 控制与大量模拟量运算。与此同时，PLC 处理程序的速度也要求更快。虽然 CP1H 型 PLC 的内核为欧姆龙 CJ 系列中型 PLC 内核，并可以扩展 CJ 系列高功能模块，但是依然无法适应大型工业控制场合。

欧姆龙 CJ2 型 PLC 为 CJ 系列中型 PLC 的最新型号，与 CP1 系列小型 PLC 相比，具有以下特点。

（1）模块化设计

相比于一体化小型机，CJ2 型 PLC 采用模块化设计，一个完整的 PLC 系统是由电源单元、CPU 单元、构成单元（基本 I/O 单元、特殊 I/O 单元、CPU 总线单元）及端板组成，系统构成如图 2-48 所示。整个 PLC 系统采用无底板设计，每个模块通过侧面连接器相连接并与 CPU 交换数据。PLC 整体集成度高，节省空间，基本 I/O 单元配有高密 I/O 单元，一个模块上最多可以集成 64 个输入或输出点。

（2）CPU 功能强大

CJ2 型 PLC 又可分为 CJ2M 和 CJ2H 两个类型。其中 CJ2M 为基本型，在现场生产线控制

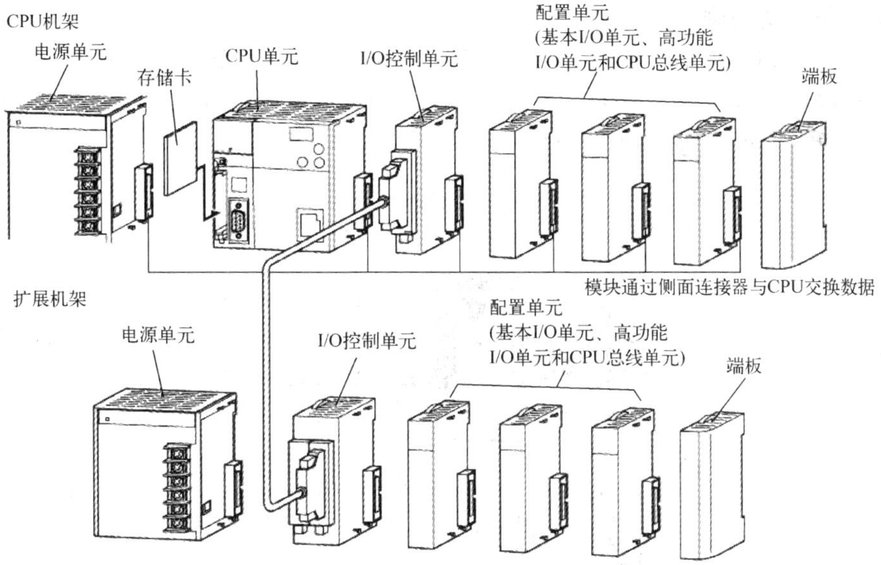

图 2-48　CJ2 型 PLC 系统构成示意图

（大数量的 I/O 点，多路模拟量）、印刷中纸张的张力控制（多路伺服的协同工作和通过高精度模拟量反馈张力信号）、汽车焊接与组装（通过伺服控制焊枪快速精确定位的同时保证车身的位置和角度正确）等方面都有良好表现；CJ2H 为高端型，在全面兼容 CJ2M 的基础上，适用于高速大数据量的控制场合，如零件高精度铆制（需要 PLC 快速处理高精度编码器发送过来的位置信号并准确将铆接件插入工件成型）、记录锂电池二维码（每块电池上都有二维码信息，通过专用读码器快速扫描，将二维码数据存储到 PLC 中）以及大型工厂生产流程的控制（需要多达上百 K 步的程序容量）。CP1H 型 PLC 与 CJ2 型 PLC 主要参数对比如图 2-49 所示。

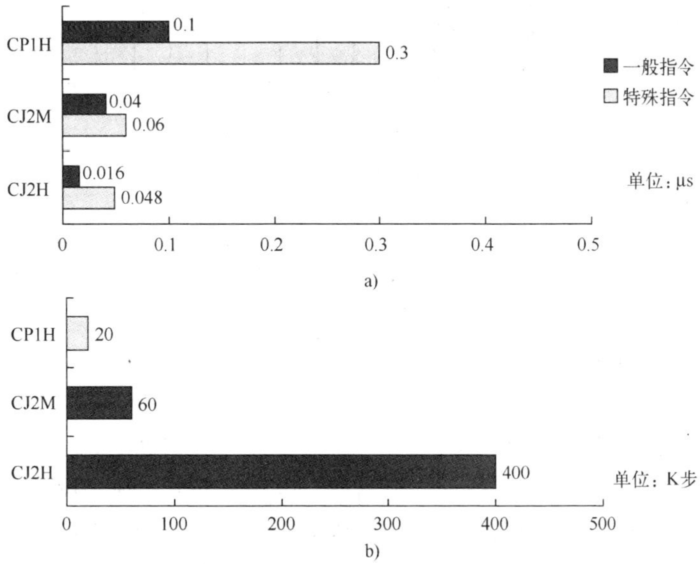

图 2-49　CJ2 型 PLC 与 CP1H 主要参数对比示意图

a）CJ2 型 PLC 与 CP1H 处理速度对比示意图　b）CJ2 型 PLC 与 CP1H 程序容量对比

（3）扩展能力更强

每个 CJ2 型 PLC 除本机架外还可以扩展 3 个机架。每个机架可以安装 10 个模块，整个系统最多可以扩展 40 个基本 I/O 单元或特殊 I/O 单元，16 个 CPU 总线单元。扩展机架之间连接电缆的总长度可以达到 12 m，如图 2-50 所示。

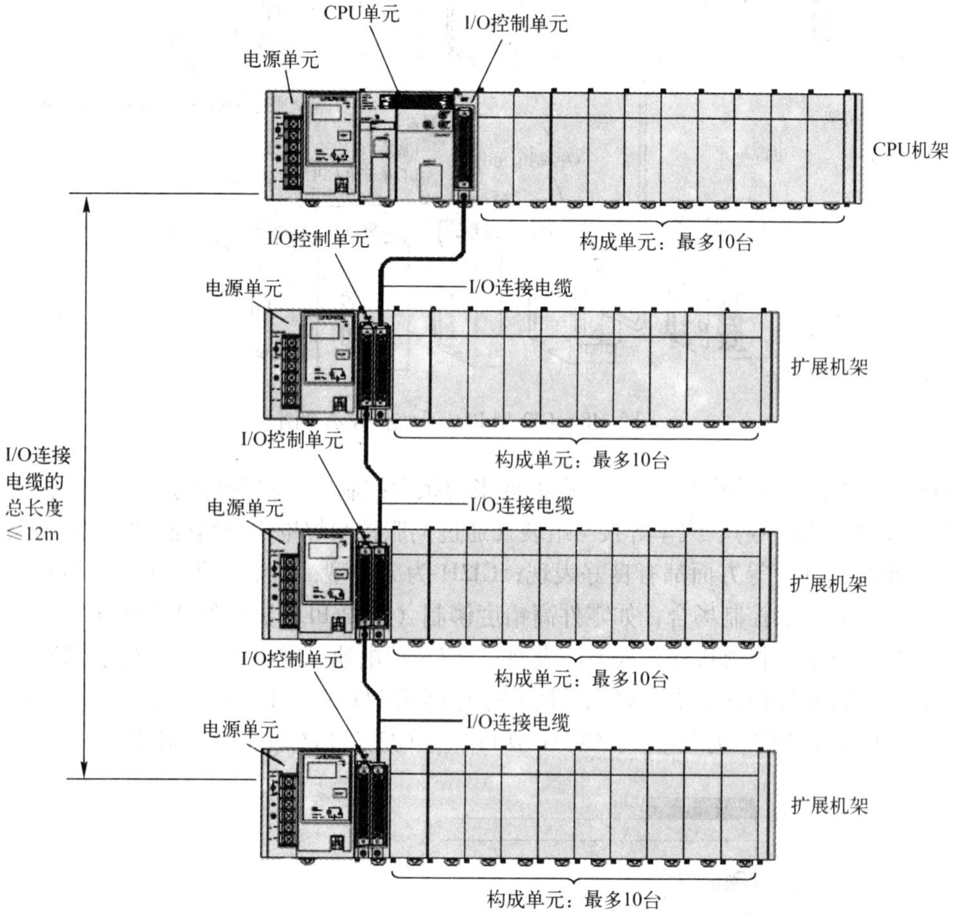

图 2-50　CJ2 系列 PLC 扩展机架示意图

（4）控制能力更强

CP1 系列 PLC 最多可以扩展 320 个 I/O 点，而 CJ 系列 PLC 全部 4 个机架可以直接控制 2560 个 I/O 点；如果扩展 CompoNET 远程 I/O 单元，每个单元最多可以支持 2048 个远程 I/O 点；而单个 DeviceNet 更可以支持 32000 点的控制。

（5）网络总线功能强大

CJ 系列 PLC 通过扩展各种通信模块，分别可以支持 EtherNet、ControllerLink、DeviceNet、CompoNet 网络，满足 PLC 与远程控制室、PLC 与 PLC、现场设备和远程 I/O 的控制需求，更可以通过 EtherNet/IP 网络替代 EtherNet、ControllerLink 网络，直接将 PLC 与远程控制室、PLC 与 PLC 和现场总线直接连接起来，如图 2-51 所示。

（6）良好的继承性和兼容性

CJ 系列 PLC 与 CP1 系列所使用的 PLC 编程软件均为 CX - Programmer，而且 CJ 系列

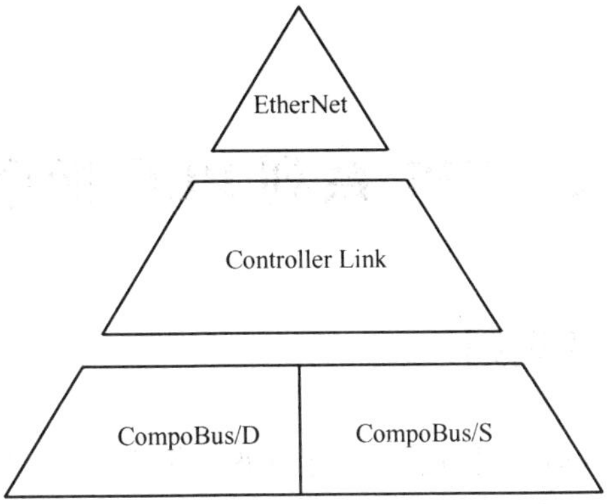

图 2-51　CJ 系列 PLC 支持网络结构示意图

PLC 完全兼容了其指令系统，只要有 CP1 系列 PLC 的使用经验，就能很快适应 CJ 系列 PLC 的编程操作。更可将 CP1 系列 PLC 的程序做一定的 I/O 地址和设置修改后，直接下载到 CJ 系列 PLC 中，方便现场设备的更新升级。

2.5　思考题

1. CP1 系列与 CPM 系列 PLC 相比有何突出特点?

2. CP1E 型、CP1L 型与 CP1H 型 PLC 的性能各有何特点?

3. CP1H 最多能加几个扩展单元? 最多能扩展到多少个输入点? 多少个输出点?

4. 字与位的区别是什么? 在数据区中哪些只能字寻址，哪些只能位寻址，而哪些两者皆可? 哪些数据区具有掉电保持数据的功能?

5. CP1 系列 PLC 的存储器结构是什么?

6. 某些指令的参数要求必须是 BCD 码，如果超出范围，什么标志位将置位?

7. DM 区间接寻址的两种模式差异?

8. 将两路 4 ~ 20 mA 和两路 0 ~ 10 V 模拟量输入信号接入 CP1H，端子应如何接线? 如何设定量程? 如何设定分辨率与平均值功能?

9. CP1 系列 PLC 的扩展单元如何分类?

10. CJ2 型 PLC 的硬件系统有何特点?

第3章　CP1系列PLC指令系统

3.1　PLC编程语言及规则

世界性组织IEC（国际电工委员会）于1994年5月公布了可编程序控制器标准（IEC1131），该标准鼓励不同种类的PLC制造商提供在外观和操作上相似的指令，其中第三部分(IEC1131-3)是PLC的编程语言标准，它定义了5种PLC编程语言的表达方式：

① 梯形图LAD（Ladder Diagram）。

② 指令表IL（Instruction List）。

③ 功能块图FBD（Function Block Diagram）。

④ 结构文本ST（Structured Text）。

⑤ 顺序功能图SFC（Sequential Function Chart）。

其中梯形图和指令表是最常用的编程语言，下面简要介绍梯形图的用法。

1. 梯形图的几个基本概念

梯形图是在传统的电气控制系统电路图的基础上演变而来的一种图形语言，世界上各PLC厂家均视梯形图为第一用户编程语言，示例如图3-1所示。下面介绍几个梯形图中的基本概念。

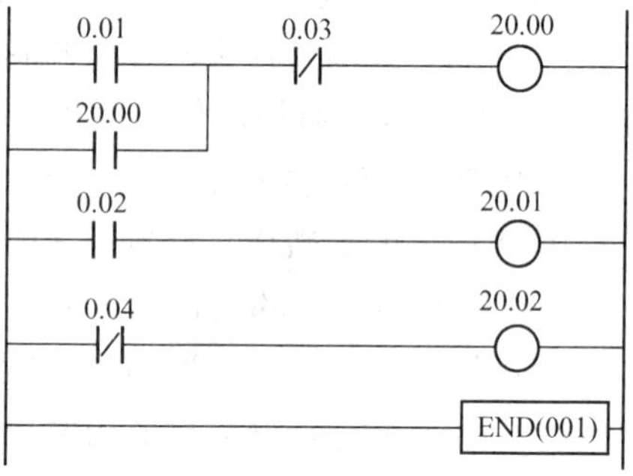

图3-1　梯形图示例

（1）常开/常闭条件

常开条件用在某位为“ON”时执行某操作，如图3-1中，当0.02为“ON”时使线圈20.01产生输出。常闭条件是指某位为“OFF”时执行某操作，如图3-1中，当0.04为“OFF”时使线圈20.02产生输出。

在图3-1中，左侧的一条垂直向下的直线称为左母线，相当于电气控制电路图中的电源线；右侧的一条垂直向下的直线称为右母线，相当于电气控制电路图中的零线。右母线可以省略不画。

（2）执行条件

在梯形图中，一条指令前面的“ON”及“OFF”的逻辑组合构成了组合条件，指令将在此条件下执行。这些为“ON”或“OFF”的组合条件即为指令的执行条件。如图3-1中常开触点0.01和常闭触点0.03组合作为输出线圈20.00的执行条件。

（3）操作数

操作数是指令执行的对象和数据。操作数可以是CIO区、W区、H区或DM区等数据区中的字或位，有时也可以是立即数。

(4) 逻辑块

在较复杂的梯形图中会存在多个串并联触点组合而成的、产生同一逻辑结果的条件组合，称之为逻辑块。逻辑块可以参见“逻辑块或”指令及“逻辑块与”指令。

2. 梯形图的编程规则

梯形图的基本编程规则可以概括如下。

(1) 梯形图按从上到下，从左到右的顺序绘制，每个逻辑行起于左母线，终于右母线，因整个梯形图呈阶梯状故而得名。继电器线圈与右母线直接连接，不能在继电器线圈与右母线之间接入其他器件，如图 3-2 所示。原则上每个逻辑行产生一个输出或几个执行条件相同的并联输出。

图 3-2　编程规则 (1) 的示例

(2) 在梯形图中，输入/输出触点、内部辅助触点、定时完成标志、计数完成标志等常开、常闭触点可以重复使用，不受限制。因此，不存在继电器接触器控制电路中触点数量不够而需要额外增加中间继电器的问题。但是，在梯形图中，同一个输出线圈只能使用一次。当同一编号的线圈在一个程序中使用两次时称为双线圈输出，双线圈输出虽然不影响程序的运行，但是容易引起编程的逻辑错误，因此 CX - Programmer 软件在编译梯形图时会产生警告信息，应尽量避免。

对于初学者应特别注意不要刻意为减少触点的使用次数而使梯形图的结构变复杂，影响程序的可读性。

(3) 输出线圈或指令不能直接与左母线连接。若需要可以使用一个在程序中始终未被调用的内部辅助常闭触点或 P_On（常通标志）来连接，如图 3-3 所示。图中，20.00 为一个未被使用的内部点，但建议使用 P_On。

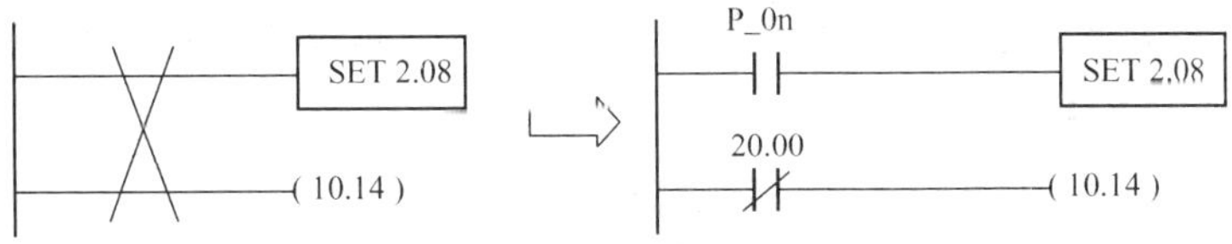

图 3-3　编程规则 (3) 的示例

(4) 两个或两个以上的线圈可以并联输出，但是不能串联输出，如图 3-4a 所示。按照梯形图编写规则和逻辑关系改正图 3-4b 的错误，修改正确的梯形图如图 3-4c 所示。

(5) 在梯形图中，输入触点表示用户输入设备的输入信号，但是使用常开触点还是常闭触点需根据输入设备使用的是动断型触点还是动合型触点而定，另外也与控制要求有关。PLC 无法识别输入设备接的是动断型触点还是动合型触点，只能识别输入设备的触点是接通还是断开，当输入设备的触点接通时，对应的输入继电器动作，其在程序中被调用的常开触点接通，常闭触点断开。当输入设备的触点断开时，对应的输入继电器不动作，其在程序中被调用的常开触点恢复断开，常闭触点恢复闭合。

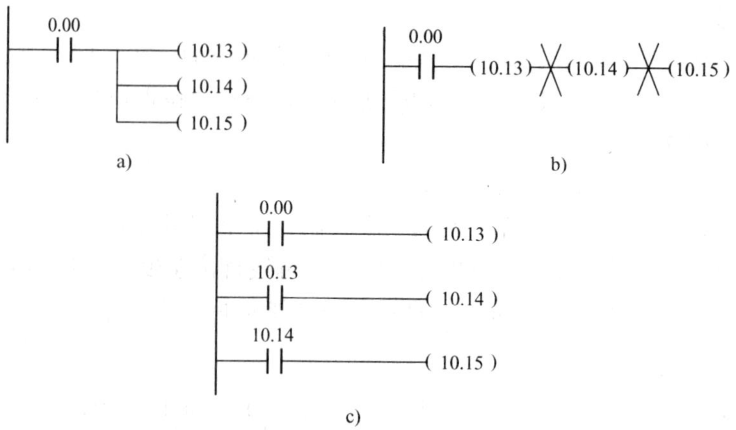

图3-4　编程规则（4）的示例

a）正确的线圈并联梯形图　b）错误的线圈串联梯形图　c）修改后正确的梯形图

3.2　基本逻辑控制指令

1. 装载指令（LD）

格式：LD　A　　符号：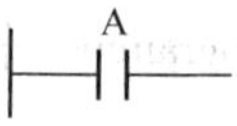

A位的操作数区域：CIO、W、H、A、T、C、TK或TR等。

装载指令的功能是将某一常开触点与左母线连接，或作为电路块的起点。

2. 装载非指令（LD NOT）

格式：LD NOT　A　　符号：

A位的操作数区域：CIO、W、H、A、T、C或TK等。

装载非指令的功能是将某一常闭触点与左母线连接，或作为电路块的起点。

3. 输出指令（OUT）

格式：OUT　A　　符号：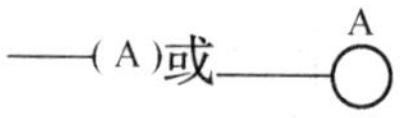

A位的操作数区域：CIO（输入单元占用的位不能使用）、W、H、TR或A448.00~A959.15。

输出指令的功能是将逻辑运算结果（输入条件）输出到指定线圈。

需要说明的是：

① 在一条逻辑行的起始均要使用LD或LD NOT指令，当逻辑行的开始为常开触点时，使用LD指令；反之使用LD NOT指令。

② OUT指令不能用于驱动输入继电器，即OUT的操作数不能是输入单元上的点或指定输入区的所有点。

③ OUT指令可以同时并联驱动多个继电器线圈。

LD、LD NOT，OUT指令的梯形图示例如图3-5所示。

4. 输出非指令（OUT NOT）

格式：OUT NOT A　　符号：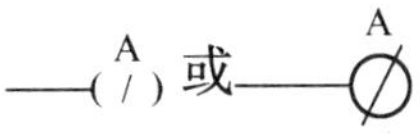

A 位的操作数区域：CIO（输入单元占用的位不能使用）、W、H、TR 或 A448.00 ~ A959.15。

输出非指令的功能是将逻辑运算结果（输入条件）取反并输出到指定线圈。

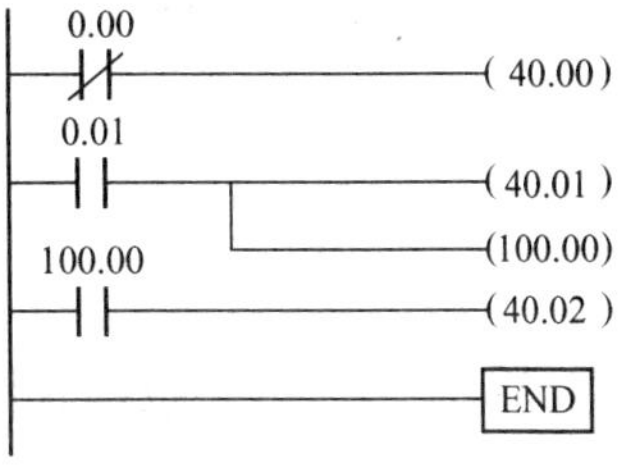

图 3-5　LD、LD NOT，OUT 梯形图示例

5. 与指令（AND）

格式：AND　A　　符号：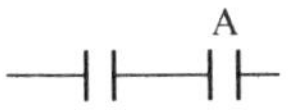

A 位的操作数区域：CIO、W、H、A、T、C 或 TK 等。

与指令的功能是串联一个常开触点。

6. 与非指令（AND NOT）

格式：ANDNOT　A　　符号：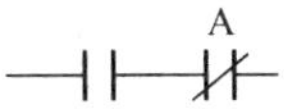

A 位的操作数区域：CIO、W、H、A、T、C 或 TK 等。

与非指令的功能是串联一个常闭触点。

需要说明的是：

① AND 或 AND NOT 指令是只用于串联一个常开或常闭触点的指令。串联触点的数量不限，即可以多次使用 AND 或 AND NOT 指令。

②“连续输出”是指在执行 OUT 指令后，通过与继电器触点的串联可以驱动其他线圈执行 OUT 指令。连续输出只要电路设计顺序正确，可连续驱动多个线圈输出。

AND、AND NOT 指令的梯形图示例如图 3-6 所示。

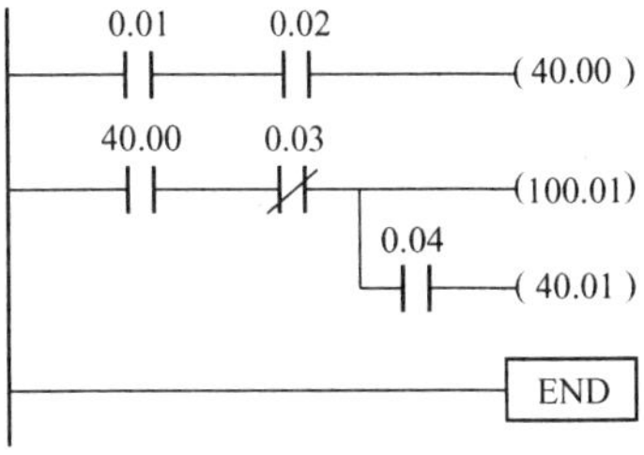

图 3-6　AND、AND NOT 梯形图示例

7. 或指令（OR）

格式：OR　A　　符号：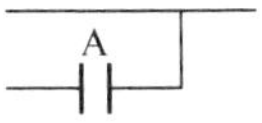

A 位的操作数区域：CIO、W、H、A、T、C 或 TK。

或指令的功能是并联一个常开触点。

8. 或非指令（OR NOT）

格式：ORNOT　A　符号：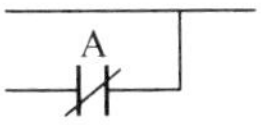

A 位的操作数区域：CIO、W、H、A、T、C 或 TK。

或非指令的功能是并联一个常闭触点。

需要说明的是：

① OR、OR NOT 是只用于并联一个触点的指令。并联多个串联的触点不能使用此类指令。

② OR、OR NOT 指令引起的并联，是从 OR 或 OR NOT 一直并联到前面最近的 LD 或 LD NOT 指令上，并联的数量不受限制。

OR、OR NOT 指令的梯形图示例如图 3-7 所示。

9. 逻辑块或指令（OR LD）

格式：OR LD　　符号：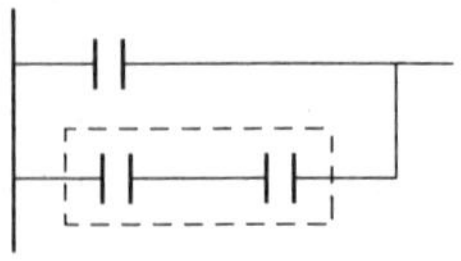

两个或两个以上的触点串联构成的逻辑电路称为“串联逻辑块”。

逻辑块或指令的功能是在并联串联逻辑块时，在支路起点要用 LD 或 LDNOT 指令，而在该支路终点要用 OR LD 指令。

OR LD 的梯形图示例如图 3-8 所示。

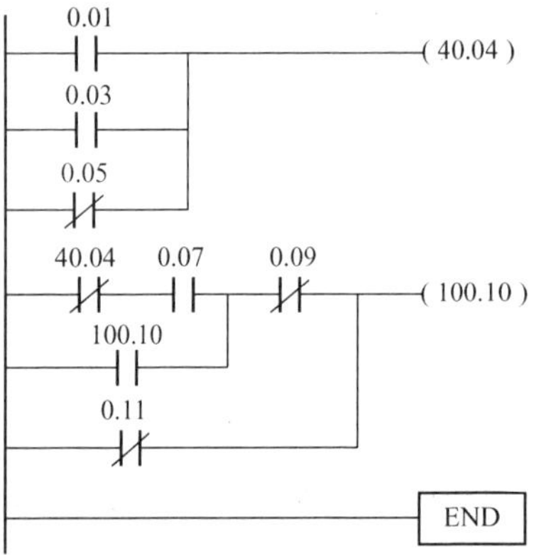

图 3-7　OR、ORNOT 梯形图示例

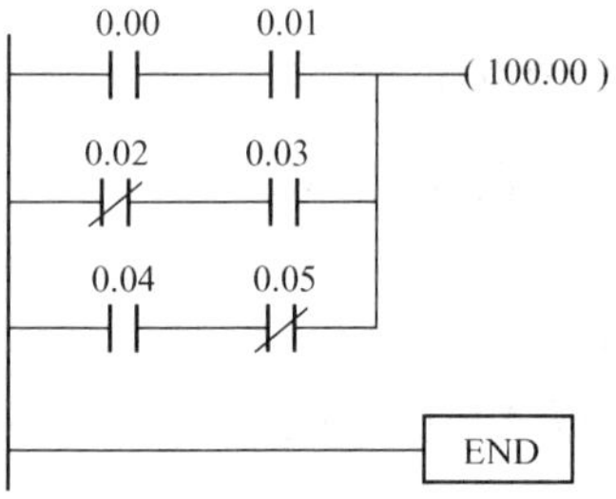

图 3-8　OR LD 梯形图示例

需要说明的是：OR LD 指令是一条独立指令，它不带任何操作数。

10. 逻辑块与指令（AND LD）

格式：AND LD　　符号：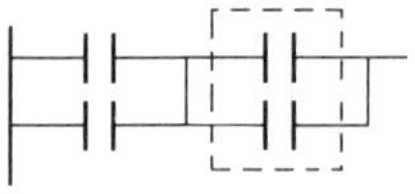

两个或两个以上触点并联构成的逻辑电路称为“并联逻辑块”。

逻辑块与指令的功能是当并联逻辑块与前面电路串联连接时用 AND LD 指令，并联逻辑块的起点用 LD 或 LD NOT 指令，在用 AND LD 指令将并联逻辑块与前面电路串联连接前，应先完成并联逻辑块内的编程。

AND LD 的梯形图示例如图 3-9 所示。

需要说明的是：AND LD 指令也是一条独立指令，它不带任何操作数。

11. 逻辑非指令（NOT）

格式：NOT　　符号：

逻辑非指令的功能是将输入条件取逻辑反后连接后面元件。

NOT 的梯形图示例如图 3-10 所示。

需要说明的是：

① NOT 指令是一条独立的连接型指令，它不带任何操作数。

② NOT 指令不能直接与右母线连接，最终右侧必须连接到 OUT 指令或其他输出类指令。

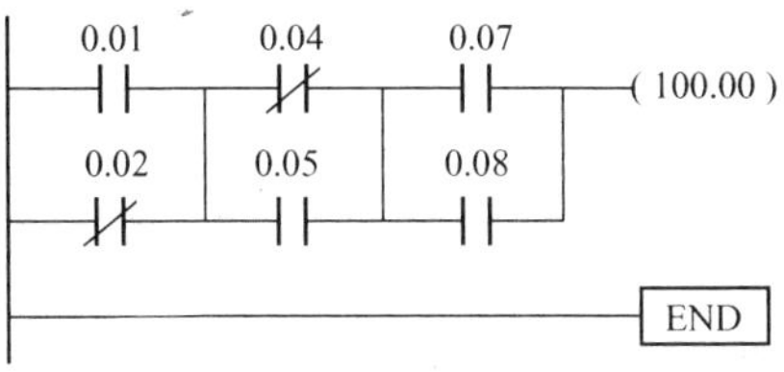

图 3-9　AND LD 梯形图示例

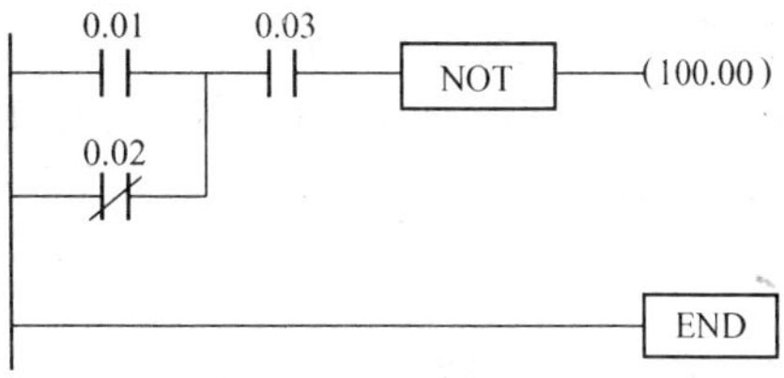

图 3-10　NOT 梯形图示例

12. 保持指令 KEEP

格式：KEEP　A　　符号：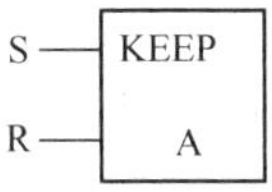

KEEP 指令具有即时刷新型指令的特性，如！KEEP。

A 位的操作数区域：CIO（输入单元占用的位不能使用）、W、H、A448.00～A959.15。

保持指令 KEEP 的功能相当于 R-S 触发器，它有两个输入端——置位输入端 S 和复位输入端 R，当置位端条件从 OFF 变为 ON 时，KEEP 将使被保持的位置位（ON）并一直保持，直到复位端条件从 OFF 变为 ON 时，才使被保持的位复位（OFF）。置位和复位输入条件同时为 ON 时，复位端优先。

KEEP 指令的梯形图及波形图示例如图 3-11 所示。

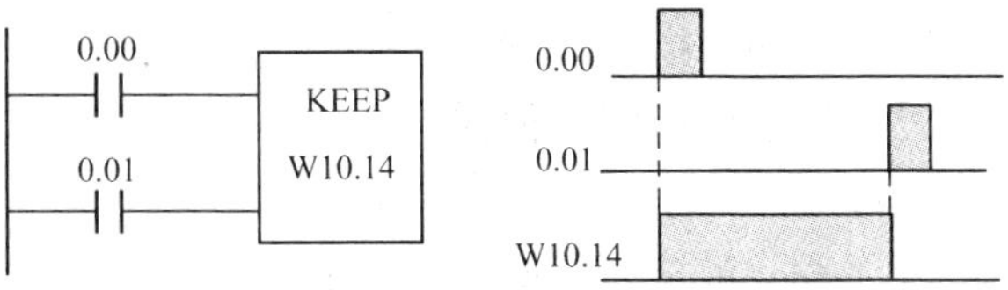

图 3-11　KEEP 梯形图及波形图示例

图 3-11 中，当置位输入位 0.00 闭合时，W10.14 导通（0.00 上升沿触发）并保持；只有当 0.01 闭合时，W10.14 才复位（0.01 上升沿触发）。

13. 置位指令 SET 和复位指令 RSET

格式：SET　A　　符号：　A：位号

RSET A　　　A：位号

A 位的操作数区域：CIO（输入单元占用的位不能使用）、W、H、A448.00～A959.15。

置位指令 SET 的功能是当执行条件为 ON 时，将指定位置位（ON）；当执行条件由 ON 变为 OFF 时，指定位仍保持为 ON，直至 RSET 指令将其复位。

复位指令 RSET 的功能是当执行条件为 ON 时，将指定位复位（OFF）；当执行条件由 ON 变为 OFF 时，指定位仍保持为 OFF，直至 SET 指令将其置位。

SET、RSET 的梯形图示例如图 3-12 所示。

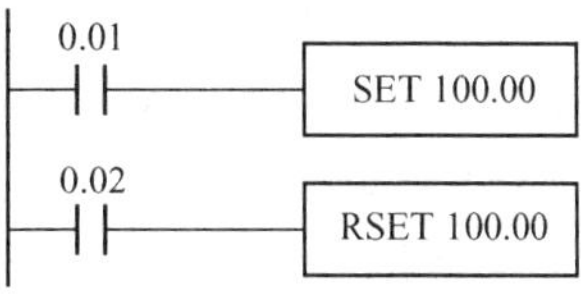

图 3-12　SET、RSET 梯形图示例

注意：

① SET 和 RSET 指令不适用于定时器和计数器指令。

② SET 和 RSET 指令编在 IL 与 ILC 或 JMP 与 JME 指令间时，当联锁或跳转条件不满足（即 IL 或 JMP 指令的

执行条件为 OFF）时，SET 和 RSET 指令控制的位不变。

14. 上微分指令 DIFU 和下微分指令 DIFD

格式：DIFU　A　　符号：——[DIFU A]　A：位号

　　　DIFD　A　　　　　——[DIFD A]　A：位号

A 位的操作数区域：CIO（输入单元占用的位不能使用）、W、H、A448.00 ~ A959.15。

上微分指令 DIFU 的功能是输入脉冲的上升沿使指定继电器闭合一个扫描周期，然后复位。下微分指令 DIFD 的功能是输入脉冲的下降沿使指定继电器闭合一个扫描周期，然后复位。

DIFU、DIFD 的梯形图示例如图 3-13 所示。

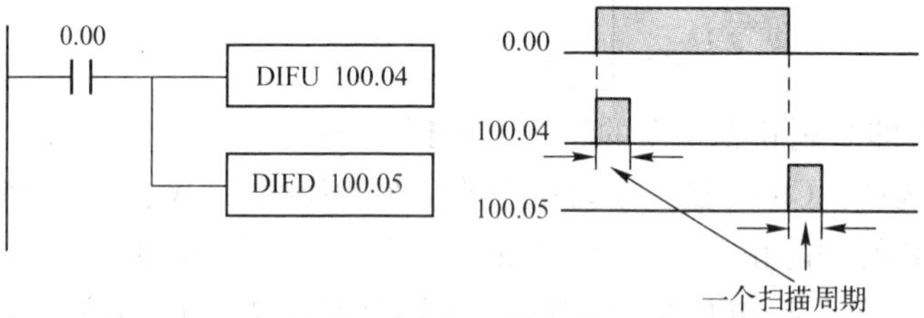

图 3-13　DIFU、DIFD 梯形图及波形图示例

图 3-13 中，当 0.00 闭合时，其上升沿使 100.04 闭合一个扫描周期，而后断开；当 0.00 断开时，其下降沿使 100.05 闭合一个扫描周期，而后断开。DIFU 和 DIFD 可以分别由条件 ON 指令 UP（521）和条件 OFF 指令 DOWN（522）替代，如图 3-14 所示。虽然功能相同，但是 UP 和 DOWN 指令与 NOT 指令相似，同属于顺序输入型指令，因此它们不能直接与右母线连接，最终右侧必须连接到 OUT 指令或其他输出类指令。

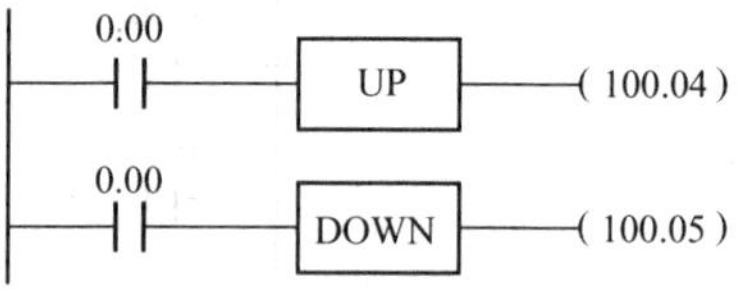

图 3-14　UP、DOWN 梯形图示例

在 CP1H PLC 的指令系统中，大部分高级指令具有微分特性，指令前加“@”代表上微分型指令；指令前加“%”代表下微分型指令。这类微分型指令将在执行条件满足后的第一个扫描周期内执行一次。

微分指令经典程序——“二分频”电路。

所谓“二分频”是指输出信号的频率是输入信号的二分之一，逻辑上讲是一种双稳态电路，也可以通俗地理解为由单按钮实现某一输出点的启/停控制，即当该按钮按下一次时，对应输出点置位为 ON；再按一次时，该输出点复位为 OFF，如此循环执行。

对于双稳态电路无对应的 PLC 指令，通常利用微分指令与其他指令配合实现，其中使用保持指令 KEEP 与微分指令 DIFU 配合编程的示例如图 3-15 所示。

图 3-15b 的基本思想是在 KEEP 指令的置位端和复位端分别串联了输出线圈触点 101.04，用于引导 W10.00 脉冲的走向。当输入位 2.08 闭合时，上升沿触发工作位 W10.00 闭合一个扫描周期，就在该周期内扫描第 2 逻辑行，由于输出位 101.04 为 OFF，则 KEEP 指令的置位输入端为 ON，而复位输入端为 OFF，所以使 101.04 位在该周期自锁输出。由于下一周期 W10.00 断开，置位与复位输入端均为 OFF，则 101.04 位仍保持输出状态。

当 2.08 断开后再次接通时，上升沿再次触发工作位 W10.00 闭合一个扫描周期，在该周期内扫描第 2 逻辑行，由于 101.04 位在此之前一直保持为 ON，则 KEEP 指令的置位输入

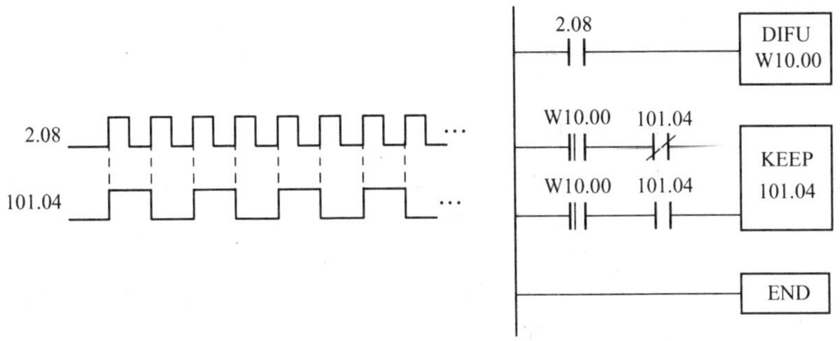

a)　　　　　　　　　　　　b)

图 3-15　“二分频”控制程序示例

a)“二分频”时序图　b)“二分频”梯形图

端为 OFF，而复位输入端为 ON，所以 101. 04 位在该周期自锁解除复位。如此反复操作，不难发现 101. 04 位的输出频率是输入位 2. 08 的二分之一，周期则是其 2 倍，实现“二分频”控制。依照此思路，“二分频”可推而广之为“四分频”、“八分频”等。当然，如果图 3-15a 中是脉冲位 2. 08 的下降沿触发 101. 04 位输出，则只需将图 3-15b 中梯形图的 DIFU 指令换为 DIFD 指令，其他不变。

另外，若使用 CS、CJ 或 CP 系列 PLC，则图 3-15b 中梯形图程序可以进一步简化，结果如图 3-16a 所示。做法是省略掉 DIFU 指令，直接将 2. 08 位设置为上微分型，具体设置方法是在 CX - Programmer 编程软件中选取 2. 08 位，打开“编辑接点”对话框，并在下部“区别”栏上选择“上升”，如图 3-16b 所示，再单击“确定”按钮即完成上微分型触点的设置，2. 08 位常开符号显示为—|↑|—。

当然，如果在“区别”栏上选择“下降”即设置为下微分型触点，替代 DIFD 指令。

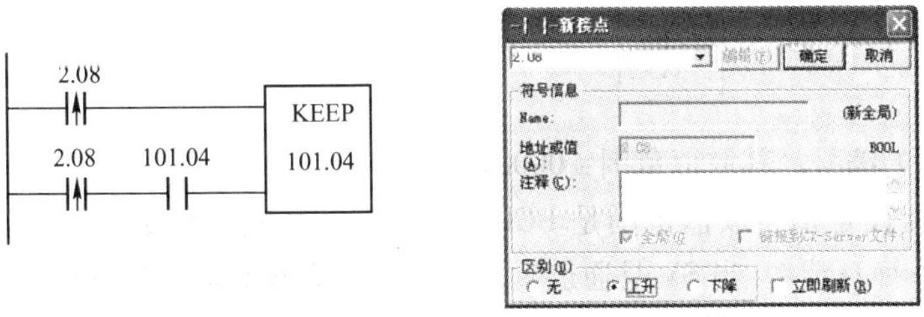

a)　　　　　　　　　　　　b)

图 3-16　“二分频”控制程序示例

a)“二分频”改进梯形图程序　b) 微分型触点设置示意图

CP1H 的其他顺序输出指令见表 3-1，具体用法参见相关手册，本书不赘述。

表 3-1　其他顺序输出指令功能表

指令名称	指令助记符	符　号	功　能	特　点
多位置位	SETA（530）	SETA / D / N1 / N2　D：置位起始通道号　N1：置位起始位号　N2：位数	输入条件为 ON 时，将指定的连续通道的连续若干位置位	可以对 DM 区、EM 区通道的连续指定位置位/复位

（续）

指令名称	指令助记符	符　　号		功　　能	特　　点
多位复位	RSTA（531）	RSTA D N1 N2	D：复位起始通道号 N1：复位起始位号 N2：位数	输入条件为ON时，将指定的连续通道的连续若干位复位	可以对DM区、EM区通道的连续指定位置位/复位
1位置位	SETB	SETB D N	D：通道号 N：位号	输入条件为ON时，将指定通道内的指定位置位且保持	可以对DM区、EM区通道的指定位置位/复位
1位复位	RSTB	RSTB D N	D：通道号 N：位号	输入条件为ON时，将指定通道内的指定位复位且保持	
1位输出	OUTB（534）	OUTB D N	D：通道号 N：位号	将逻辑条件输出到指定通道的指定位 当条件为ON时，指定位为ON；当条件为OFF时，指定位为OFF	可以对DM区通道的指定位操作

3.3 定时计数类指令

3.3.1 定时器指令

1. 定时器指令TIM

格式：TIM
N
SV

符号：
TIM
N
SV

N是定时器的编号，其取值范围：0000≤N≤4095。

SV是定时器设定值，取值范围是BCD码0~9999，其操作数区域：CIO、W、H、A、T、C、D、*D、@D或#。当SV是通道时，通道内的值若不是BCD码或间接寻址DM区的通道号超过范围时，错误标志P_ER置“1”，程序虽能运行，但定时器不准确。

TIM指令实现延时导通功能。当TIM的输入条件为OFF或电源断电时，TIM复位，此时TIM的当前值PV等于设定值SV。当输入条件为ON时，TIM开始定时，PV值将每隔0.1s减1（此时SV值保持不变），当PV值减为0时，TIM输出。由于TIM的定时精度是0.1s，故TIM的定时范围是0~999.9s。

TIM的梯形图与时序图示例如图3-17所示。

当输入0.00和0.01均为ON时，TIM0000的输入条件为ON，4s到时后定时完成标志T0置位，输出继电器100.04为ON；当0.01为OFF时，TIM0000立即复位，当前值恢复为#0040，100.04为OFF。

注意：当CPU的扫描周期超过100ms时，编号为16~4095的定时器将不能正常工作，应使用编号为0~15的定时器。当定时器处于待机状态时，使用编号为0~15定时器的PV

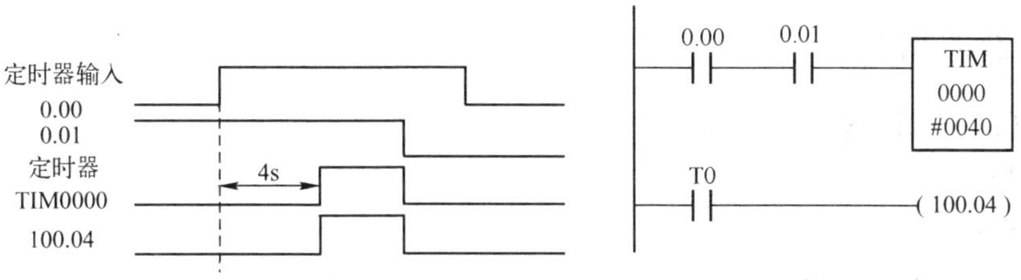

a)　　b)

图 3-17　TIM 指令应用示例

a）时序图　b）梯形图

值可以被更新；而使用编号为 16～4095 定时器的 PV 值将被保持。

TIMX（550）的功能与 TIM 相同，区别在于设定值 SV 为十六进制数，取值范围是0000～FFFF（BCD 码 0～65535），TIMX 的定时精度也是 0.1 s，因此 TIMX 定时范围是 0～6553.5 s。

2. 高速定时器指令 TIMH

格式：TIMH　　符号：TIMH / N / SV

N

SV

TIMH 除以下两点之外，其余与 TIM 指令的功能相同。

① TIMH 的定时精度为 0.01s，故其定时范围是 0～99.99 s。

② 使用编号为 0～15 的 TIMH 时，PV 值每 10 ms 刷新一次。

CP1H 的定时类指令汇总见表 3-2，具体用法参见相关手册，本书不赘述。

表 3-2　定时类指令功能表

指令名称		指令助记符	定时精度	定时范围	主要特点
定时器	BCD 设定值（0～9999）	TIM	0.1 s	0～999.9 s	单点递减计时
	HEX 设定值（0～FFFF）	TIMX（550）		0～6553.5 s	
高速定时器	BCD 设定值（0～9999）	TIMH	0.01s	0～99.99 s	单点递减计时
	HEX 设定值（0～FFFF）	TIMHX（551）		0～655.35 s	
超高速定时器	BCD 设定值（0～9999）	TMHH（540）	0.001 s	0～9.999 s	单点递减计时
	HEX 设定值（0～FFFF）	TMHHX（552）		0～65.535 s	
累计定时器	BCD 设定值（0～9999）	TTIM（087）	0.1s	0～999.9 s	单点累加计时
	HEX 设定值（0～FFFF）	TTIMX（555）		0～6553.5 s	
长时间定时器	BCD 设定值（0～99999999）	TIML（542）	0.1 s	115 天	单点递减计时
	HEX 设定值（0～FFFFFFFF）	TIMLX（553）	1 s	49710 天	
多输出定时器	BCD 设定值（0～9999）	MTIM（543）	0.1 s	0～999.9 s	多点累加计时
	HEX 设定值（0～FFFF）	MTIMX（554）		0～6553.5 s	

注意：定时器的编号由 TIM、TIMX（550）、TIMH（015）、TIMHX（551）、TMHH（540）、TMHHX（552）、TTIM（087）、TTIMX（555）、TIMW（813）、TIMWX（816）、TMHW（815）和 TMHWX（817）等指令共同占用，因此当不同的定时指令使用了同一编号时，只要二者不同时定时，即使 PLC 自检时会将重复错误标志置位，但不会影响其定时操作；否则将不能准确定时。

3.3.2 计数器指令

格式：LD　计数输入　　符号：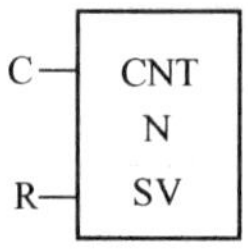

LD　复位输入

CNT　N

SV

N 是计数器编号，其取值范围：0000≤N≤4095。

SV 是计数器设定值，取值范围是 BCD 码 0～9999，其操作数区域：CIO、W、H、A、T、C、D、＊D、@D 或#。当 SV 是通道时，通道内的值若不是 BCD 码或间接寻址 DM 区的通道号超过范围，错误标志 P_ ER 置“1”。

CNT 指令是预置计数器，实现减计数功能。当 CNT 的计数输入端（C）信号从 OFF 变为 ON 且复位端（R）为 OFF 时，计数当前值 PV 减 1。当 PV 值减为 0 时，CNT 输出；当计数复位端（R）为 ON 时，CNT 复位且 PV 值恢复为 SV 值。当 CNT 的 C 端和 R 端同时为 ON 时，复位输入优先。

CNT 的梯形图与波形图示例如图 3-18 所示。

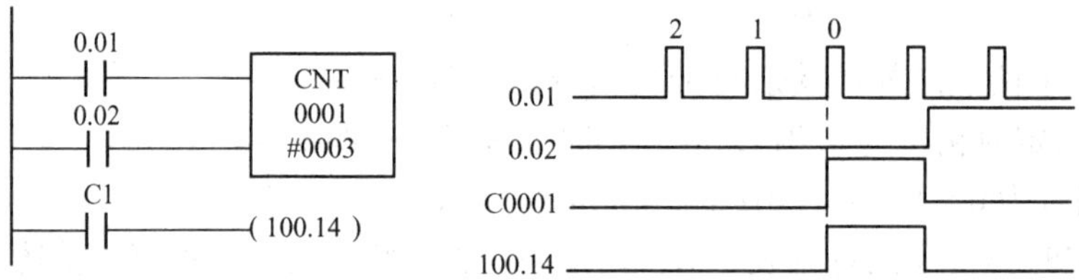

a)　　　　b)

图 3-18　CNT 指令应用示例

a）梯形图　b）输入输出信号波形图

计数输入位 0.01 通断 3 次时（上升沿触发计数），使 CNT0001 导通，继电器 100.14 为 ON；当复位输入位 0.02 为 ON 时，CNT0001 复位。当电源断电时，计数器当前值保持不变，计数器不复位。

CNTX（546）的功能与 CNT 相同，区别在于设定值 SV 为十六进制数，取值范围是 0000～FFFF（BCD 码 0～65535），即计数范围是 0～65535 次。

3.3.3 定时器/计数器指令应用典型范例

定时器、计数器与顺序输出指令配合使用可以演绎出“丰富多彩”的控制效果，下面列举一些经典程序段，供读者在编写大型程序时引用。

1. 延时断开程序

【例 3-1】 延时 3 s 断开程序，本例旨在掌握定时器常闭触点的应用。如图 3-19 所示。

当输入位 0.00 为 ON 时，定时器 TIM0000 的定时当前值开始做递减操作，同时输出继电器 100.05 接通。经过 3 s 后 TIM0000 产生输出，其常闭触点 T0 断开，同时输出继电器 100.05 断开，从而在 100.05 上产生了一个 3 s 的延时中断输出。

2. 长时间定时程序

除采用长时间定时器（TIML/TIMLX）指令外，可以编程实现长时间定时功能，下面举

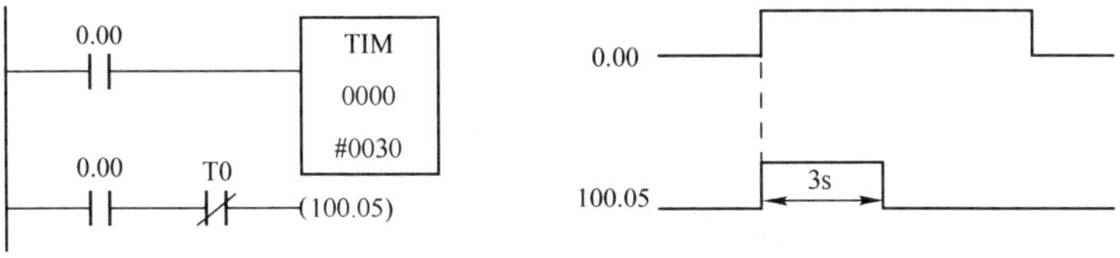

图 3-19　3 s 脉冲程序示例

三个例子。

【例 3-2】 2 个 TIM 指令组合构成 30 min 定时程序，如图 3-20 所示。本例旨在推导出采用多个定时器“接力”的方式，可以产生大于 999. 9 s 的任意定时效果。

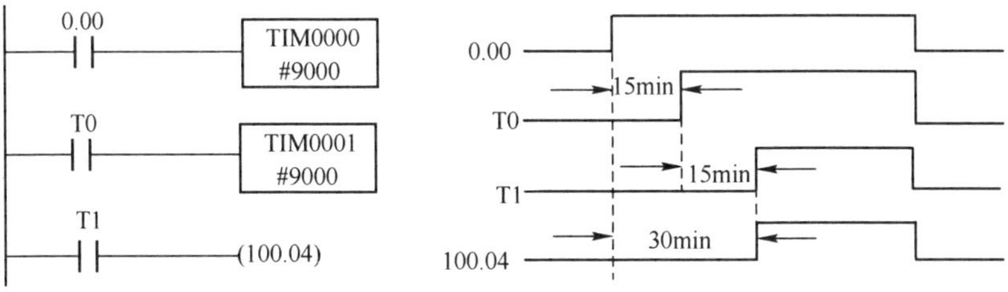

图 3-20　30 min 定时程序示例 1

当输入 0. 00 为 ON 时，TIM0000 定时 15 min 产生输出，其常开触点 T0 闭合使 TIM0001 开始定时，再定时 15 min 后，TIM0001 输出，其常开触点 T1 闭合，输出继电器 100. 04 导通。显然，输入 0. 00 接通后，延时 30 min 使 100. 04 接通。

【例 3-3】 TIM 与 CNT 指令组合构成 30 min 定时程序，如图 3-21 所示。本例旨在推导出采用“TIM + CNT”模式构成大于 999. 9 s 的任意定时效果。

当开关 0. 00 接通后，TIM0001 每 5 s 产生一个脉冲，于是 CNT0002 每隔 5s 计一个脉冲，总定时公式 = （定时器设定时间 + 扫描周期） × 计数器设定值。图 3-21 中定时器 TIM0001 的设定时间为 5 s，计数器 CNT0002 的计数设定值为 360 次，扫描周期可忽略不计，因此总定时 1800 s，即 0. 00 为 ON 30 min 后，100. 01 输出。由于 CNT0002 具有保持当前值的特件，所以必须将复位端 0. 01 导通才能复位 CNT0002，实现重复计时。

【例 3-4】 时钟脉冲与 CNT 指令组合构成 30 min 定时程序，如图 3-22 所示。本例旨在推导出采用“时钟脉冲 + CNT”模式构成大于 999. 9 s 的任意定时效果，而且这种定时器能够保持定时的当前值。

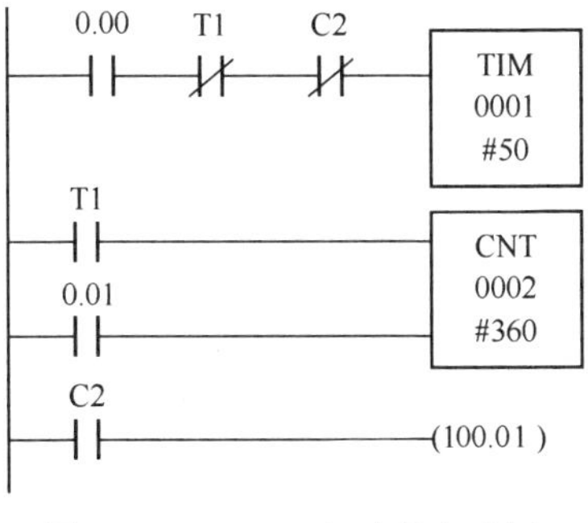

图 3-21　30 min 定时程序示例 2

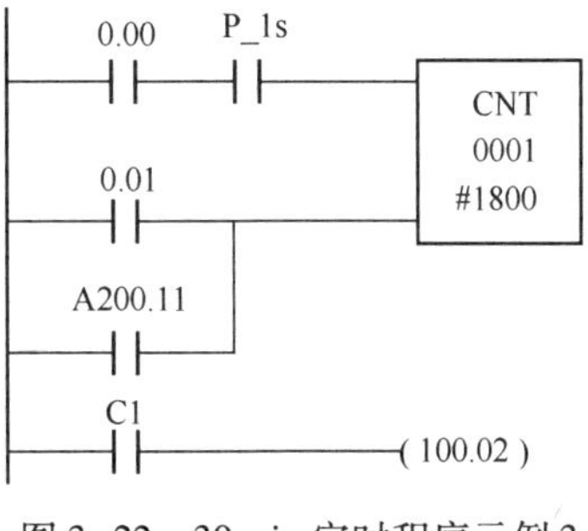

图 3-22　30 min 定时程序示例 3

只要 PLC 一运行，时钟脉冲 P_1s 就会连续发出周期 1 s、高低电平比是 1∶1 的脉冲。接通启动开关 0. 00 后，P_1s 的上升沿使 CNT0001 计一个脉冲，间隔为 1 s，总定时公式 = 时钟脉冲周期 × 计数器设定值。图 3-22 中选取 1 s 的时钟脉冲，计数器 CNT0001 的计数设定值为 1800 次，则总定时约为 1800 s，即 0. 00 为 ON 30 min 后，100. 02 输出。由于 CNT0001 具有保持当前值的特性，所以必须将复位端 0. 01 接通一次才能复位 CNT0001，实现重复计时。A200. 11 是上电第一周期置位标志，它的作用是将计数器 CNT0001 上电初始复位。

若定时过程中断电，这种由“时钟脉冲 + CNT”的定时器可以保持当前值，这是例 3-2 长时间定时器所无法实现的。

3. 扩展计数程序

【例 3-5】 计数值为 40000 次的扩展计数器，如图 3-23 所示。本例旨在推导出采用多个计数器“接力”的方式，可以产生大于 9999 次的任意计数效果。

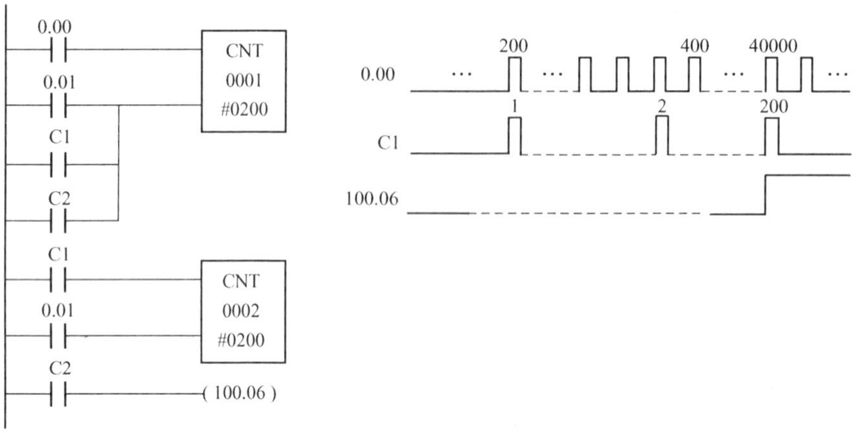

图 3-23　40000 次扩展计数示例

输入 0. 00 是脉冲信号，CNT0001 每次计数到 200，就使 CNT0002 计数一次，当 CNT0002 计数到 200 次时，CNT0001 已经计数 200 × 200 次，即 40000 次使 100. 06 产生输出。

4. 循环定时程序

【例 3-6】 双稳态程序，如图 3-24 所示。

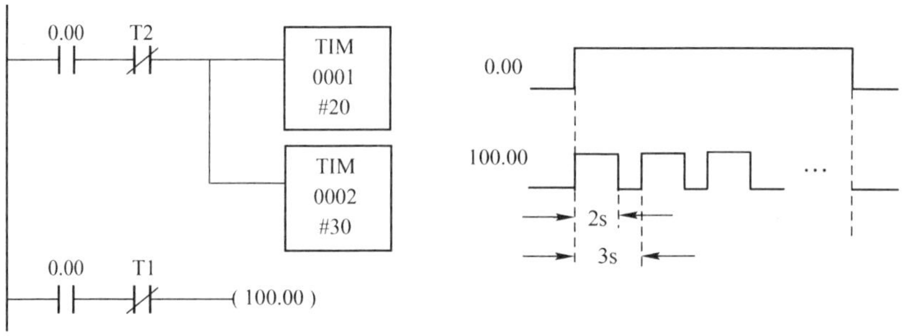

图 3-24　双稳态循环定时程序示例

双稳态程序可以实现任意占空比的循环连续输出。从图 3-24 中 100. 00 的时序可以看出循环周期为 3 s，为实现循环将设定值为 3 s 的定时器 TIM0002 的常闭触点 T2 串在 TIM0001 与 TIM0002 的输入条件中，当 TIM0002 到时输出，到时标志 T2 为 ON，在下一个扫描周期

T2 的常闭触点断开，使 TIM0001 与 TIM0002 同时复位。由于 TIM0002 复位，则在下一个扫描周期 T2 的常闭触点断开又恢复导通，从而使 TIM0001 与 TIM0002 的执行条件又同时满足，于是二者又开始新一次周期的定时。分析扫描过程可以发现 TIM0001 与 TIM0002 仅复位了一个扫描周期。

本例旨在推导出循环定时的一般编程范式，即将循环周期的最终定时器的常闭触点串在本周期内各个定时器和自己的执行条件上，以便实现本周期到时将所有定时器复位一个扫描周期后重新开始新一个周期，特别适合于循环定时控制的场合，如交通信号灯控制等。

5. 定时器 + “启保停” 电路程序

【例 3-7】 延时断开程序，如图 3-25 所示。

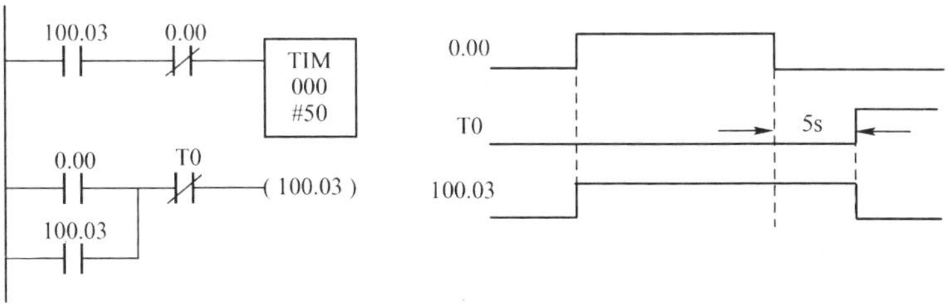

图 3-25　延时断开程序示例

从时序图可以分析出输入 0.00 是 100.03 的置位信号，而 TIM0000 的到时标志 T0 是 100.03 的复位信号，因此 100.03 采用自锁电路的形式，当 0.00 为 OFF 且 100.03 为 ON 时，TIM0000 的执行条件满足开始定时。

定时器与“启保停”电路配合的另一种用法见例 3-8。

【例 3-8】 单稳态程序，如图 3-26 所示。

输入 0.00 接通时，工作位 W20.00 为 ON 并由其常开触点自锁，同时使 TIM0000 开始定时 4 s，100.02 产生输出。当 4 s 到时后，常闭触点 T0 断开，100.02 复位。

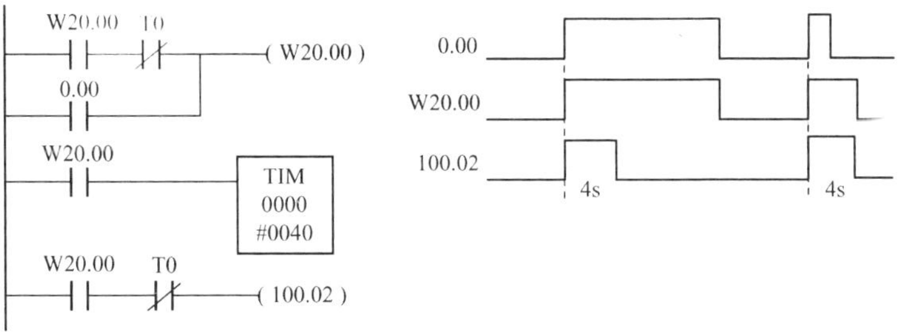

图 3-26　单稳态程序示例

分析梯形图可以发现无论 0.00 导通时间的长短，100.02 的输出时间都是固定的，由定时器设定，因此称为“单稳态电路”。

3.4　数据比较类指令

3.4.1　无符号比较指令 CMP

无符号比较指令 CMP 是将两个通道值或两个 4 位十六进制数进行比较，并将结果反映到状态标志上，参与比较的两个数值不变。CMP 具有即时刷新型指令的特性。其梯形图符号如下：

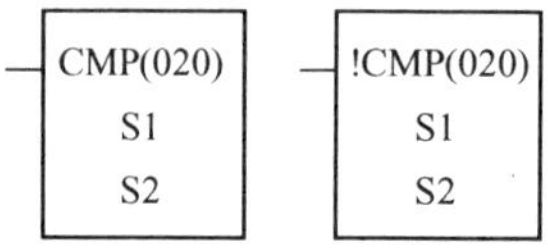

S1：比较的数据 1

S2：比较的数据 2

操作数区域：

S1：CIO、W、H、A、T、C、D、＊D、@D、#或 DR。

S2：CIO、W、H、A、T、C、D、＊D、@D、#或 IR。

与 CMP 指令相关的各状态标志见表 3-3。

表 3-3　CMP 指令相关状态标志表

CMP 执行结果	标 志 状 态					
	> ,P_GT	> = ,P_GE	= ,P_EQ	< = , P_ LE	< , P_ LT	< > , P_NE
S1 > S2	ON	ON	OFF	OFF	OFF	ON
S1 = S2	OFF	ON	ON	ON	OFF	OFF
S1 < S2	OFF	OFF	OFF	ON	ON	ON

CMP 梯形图示例如图 3-27 所示。

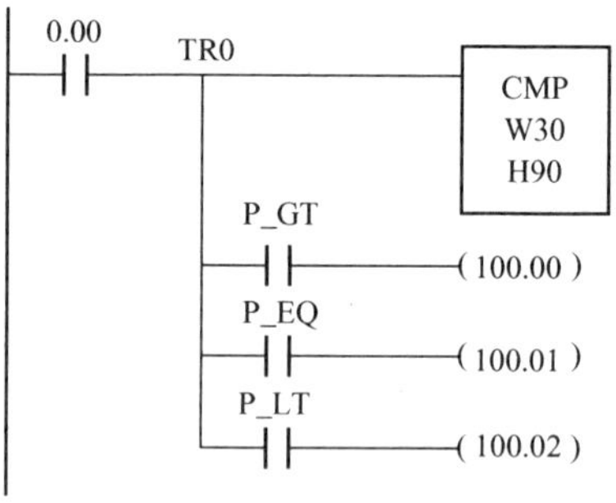

图 3-27　CMP 梯形图示例

注意：状态标志必须紧跟 CMP 指令，二者共用一个执行条件且中间不能插入其他指令。如图 3-28 所示。

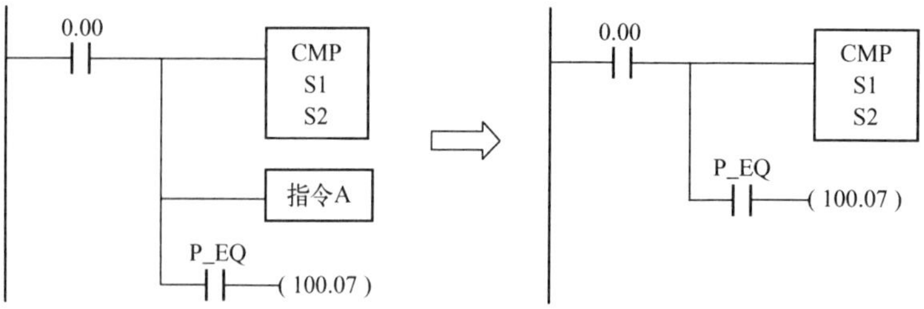

a)　　b)

图 3-28　状态标志用法示例

a）状态标志不正确用法　b）状态标志正确用法

3.4.2　符号比较类指令

符号比较类指令是将 2 个通道值或 4 位十六进制数进行无符号或带符号的比较，比较结果为真时，逻辑导通执行下一步程序。该类指令的逻辑连接方式分 LD 型、AND 型和 OR 型，其梯形图符号如下：

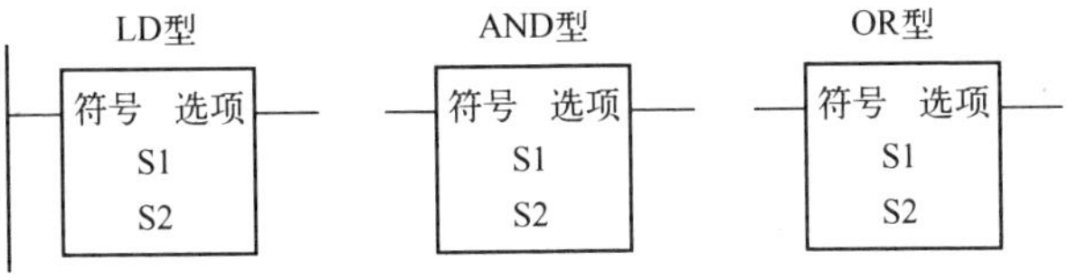

S1：比较数据 1

S2：比较数据 2

其中符号包括“＝”“＜＞”“＜”“＜＝”“＞”和“＞＝”等。选项包括 S（带符号）和 L（双字）。

操作数区域：S1、S2：CIO、W、H、A、T、C、D、＊D、@D、#或 DR。

AND 型符号比较指令的应用示例如图 3-29 所示。

图 3-29　AND 型符号指令梯形图与比较结果

在图 3-29 中，当执行条件 0.11 为 ON 时，将 H51 通道的值（BCD 码 34587）与 H81 通道的值（BCD 码 14879）进行无符号数的“＜”比较，由于 34587＞14879，所以“＜”指令后的逻辑行不导通，100.01 为 OFF。

当执行条件 0.12 为 ON 时，将 H52 通道的值（BCD 码－30956）与 H82 通道的值（BCD 码 14879）进行有符号数的“＜”比较，由于－30956＜14879，所以“＜S”指令后的逻辑行导通，100.02 为 ON。

3.4.3　区域比较指令 ZCP

区域比较指令 ZCP 是将一个 4 位十六进制数与设定的上、下限值进行比较，将比较结果反映在状态标志上。其梯形图符号如下：

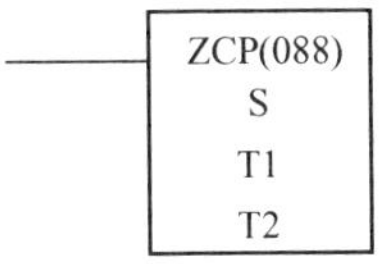

S：比较数据

T1：下限值

T2：上限值

操作数区域：S、T1、T2：CIO、W、H、A、T、C、D、＊D、@D、#或 DR。

与 ZCP 指令相关的各状态标志见表 3-4。

表 3-4　ZCP 指令相关状态标志表

ZCP 执行结果	标志状态					
	>,P_GT	>=,P_GE	=,P_EQ	<=, P_LE	<, P_LT	<>, P_NE
S > T2	ON	—	OFF	—	OFF	—
T1≤S1≤T2	OFF	—	ON	—	OFF	—
S < T1	OFF	—	OFF	—	ON	—

注意：当 T1 > T2 时，错误标志 P_ER 置位。

ZCP 指令的应用示例如图 3-30 所示。

在图 3-30 中，当执行条件 0.10 为 ON 时，将源通道 H30 的值与下限通道 D10 的值和上限通道 W20 的值进行比较，当 H30 的值小于 D10 的值时，小于标志 P_LT 置位，使 100.12 为 ON；当 H30 的值大于 W20 的值时，大于标志 P_GT 置位，使 100.10 为 ON；当 H30 的值在限值范围之间时，等于标志 P_EQ 置位，使 100.11 为 ON。

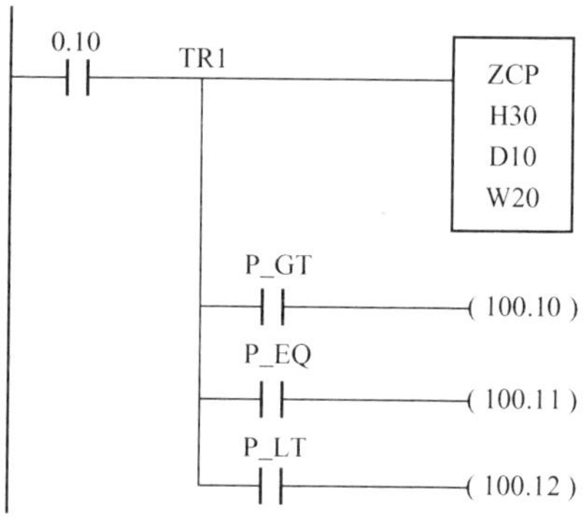

图 3-30　ZCP 指令梯形图

CP1H 的其他数据比较类指令见表 3-5，具体用法参见相关手册，本书不赘述。

表 3-5　其他数据比较类指令功能表

指令名称	指令助记符	符　　号	功　　能
时刻比较	=DT，< >DT，<DT，< =DT，>DT，> =DT	符号 C S1 S2 C：控制数据 S1：当前时刻首通道 S2：比较时刻首通道 （LD 型，AND 型，OR 型）	当执行条件为 ON 时，比较两个时刻值，结果为真时执行下一步程序
无符号双字比较	CMPL（060）	CMPL S1 S2 S1：比较数据 1 首通道 S2：比较数据 2 首通道	当执行条件为 ON 时，将两个双字的值进行无符号十六进制数比较，结果反映到状态标志中
无符号表比较	BCMP（068）	BCMP S T D S：源数据 T：比较表的首通道 D：结果输出通道	当执行条件为 ON 时，将比较数据 S 分别与 T 通道开始的 32 个通道所构成 16 组限值区间进行逐一比较，若在限值区间内将结果输出通道的对应位置 1
表一致	TCMP（085）	TCMP S T D S：源数据 T：比较表的首通道 D：结果输出通道	当执行条件为 ON 时，将比较数据 S 分别与 T 通道开始的 16 个通道值进行逐一比较，比较一致时将结果输出通道的对应位置 1
带符号 BIN 比较	CPS（114）	CPS S1 S2 S1：比较数据 1 S2：比较数据 2	当执行条件为 ON 时，将两个通道的值进行带符号十六进制数比较（15 位为符号位），结果反映到状态标志中
带符号双字 BIN 比较	CPSL（115）	CPSL S1 S2 S1：比较数据 1 首通道 S2：比较数据 2 首通道	当执行条件为 ON 时，将两个双字的值进行带符号十六进制数比较（最高位为符号位），结果反映到状态标志中
多字比较	MCMP（019）	MCMP S1 S2 D S1：比较数据 1 首通道 S2：比较数据 2 首通道 D：比较结果输出通道	当执行条件为 ON 时，将分别以 S1 和 S2 为首通道的 16 个通道值进行对应比较，结果反映到结果输出通道的对应位中

（续）

指令名称	指令助记符	符　　号	功　　能
扩展表比较	BCMP2（502）	BCMP2 S T D　S：比较数据 T：比较表的首通道 D：比较结果输出通道	当执行条件为ON时，将比较数据S分别与T通道设定的若干组限值区间进行逐一比较，结果反映到结果输出通道的对应位中
双字区域比较	ZCPL（116）	ZCPL S T1 T2　S：比较数据（双字） T1：下限值首通道 T2：上限值首通道	当执行条件为ON时，将双字的值或8位十六进制数与设定的上、下限值进行无符号双字比较，结果反映到状态标志中

3.5 数据传送指令

数据传送类指令用于PLC内部数据的传送及PLC与链接系统间的数据传送。各类数据传送指令都具有上微分型指令的特性。

3.5.1 传送指令MOV/求反传送指令MVN

传送指令MOV是将源数据（指定通道值或一个4位十六进制立即数）传递到一个目标通道。MOV具有上微分型指令和即时刷新型指令的特性，如@MOV、!MOV、!@MOV等。其梯形图符号如下：

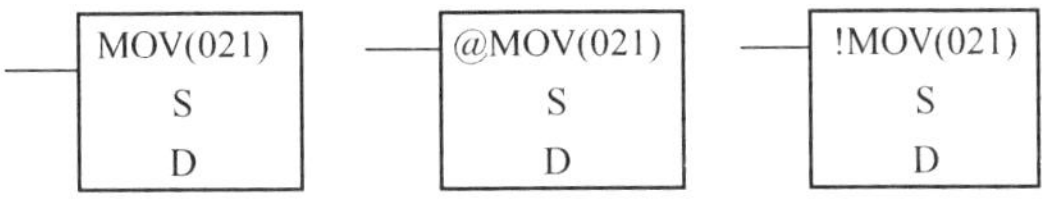

S：源数据
D：目标通道

求反传送指令MVN先把源数据（指定通道值或一个4位十六进制立即数）的值求反后，再传送到一个目标通道。因其具有上微分特性，其梯形图符号如下：

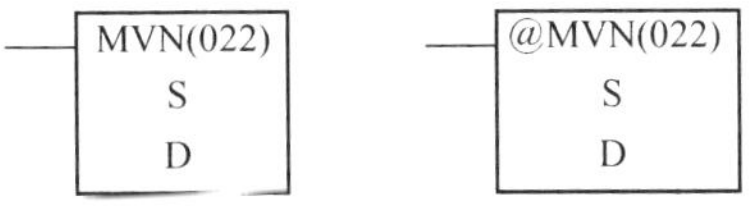

S：源数据
D：目标通道

MOV/MVN指令操作数区域：

S：CIO、W、H、A、T、C、D、*D、@D或#。

D：CIO、W、H、A448～A959、T、C、D。

注意：

① 当传送数据为0时，等于标志P_EQ置位。

② 当传送数据的最高位（15位）为“1”时，负标志P_N置位。

MOV/MVN指令应用示例如图3-31所示。

在图3-31中，当输入0.00为ON时，MOV将20通道值传送到H5通道；而MVN又把H5通道值取反再传送到W10通道，而且每个扫描周期都执行一遍。执行过程如下：

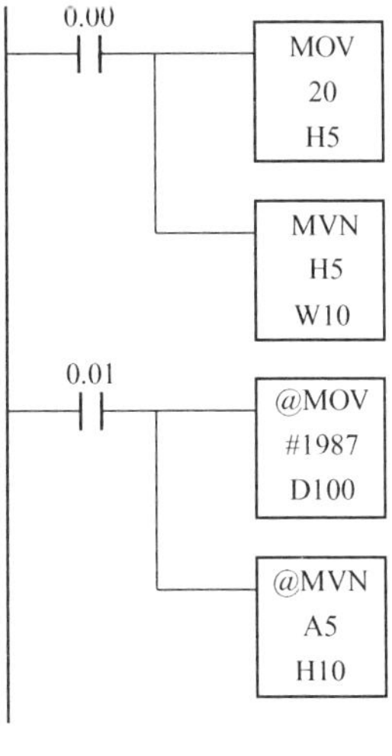

图3-31　MOV/MVN梯形图示例

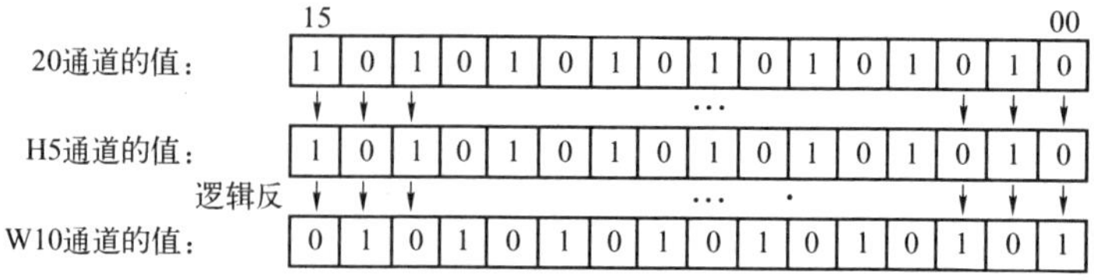

当输入0.01为ON时，@MOV将立即数1987传送到D100通道，而@MVN将A5通道的值取反再传送到H10通道，由于二者是上微分型指令，因此这两条指令仅在一个扫描周期内执行。

3.5.2 块传送指令XFER

块传送指令XFER是将若干个连续源通道的内容传送到相同数量的连续目标通道中，源通道和目标通道若在同一个区域，则不能重叠。XFER具有上微分型指令的特性。其梯形图符号如下：

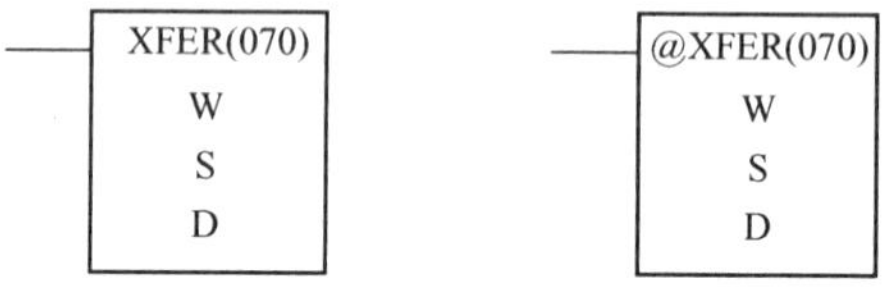

W：要传送的通道数量

S：源通道串的首通道

D：目标通道串的首通道

操作数区域：

W：CIO、W、H、A、T、C、D、＊D、@D或#。

S：CIO、W、H、A、T、C、D、＊D或@D。

D：CIO、W、H、A448～A959、T、C、D、＊D或@D。

XFER指令示例如图3-32所示。

当0.00为ON时，图3-32中梯形图的执行结果如下：

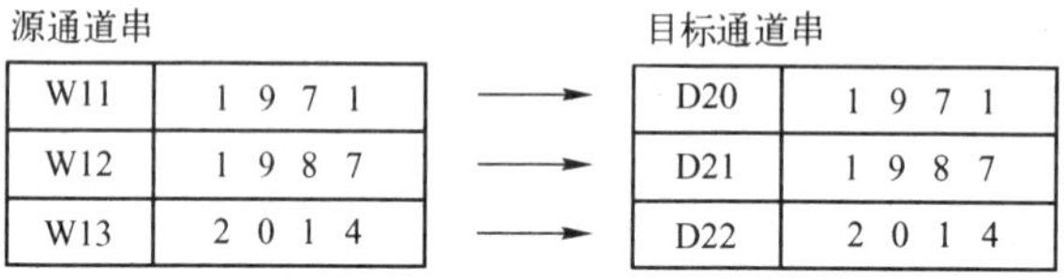

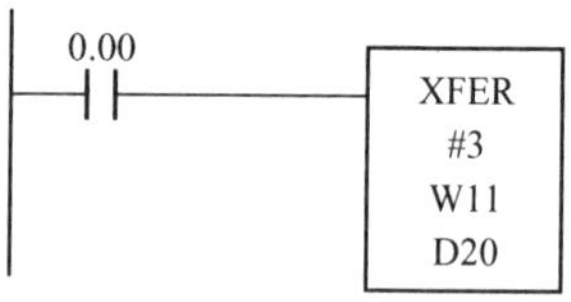

图3-32 XFER梯形图示例

3.5.3 块设置指令BSET

块设置指令BSET是将一个通道内的数据或一个4位十六进制数复制到若干个连续通道中。BSET具有上微分型指令的特性。其梯形图符号如下：

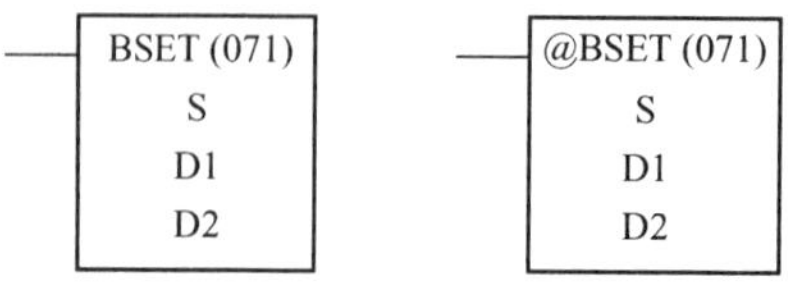

S：源数据

D1：目标起始通道

D2：目标结束通道

操作数区域：

S：CIO、W、H、A、T、C、D、＊D、@D或#。

D1、D2：CIO、W、H、A448～A959、T、C、D、＊D或@D。

注意：D1、D2必须在同一数据区且D1≤D2，否则错误标志P_ER置位。

BSET 指令示例如图 3-33 所示。

当0.00 为 ON 时，图 3-33 中梯形图的执行结果如下：

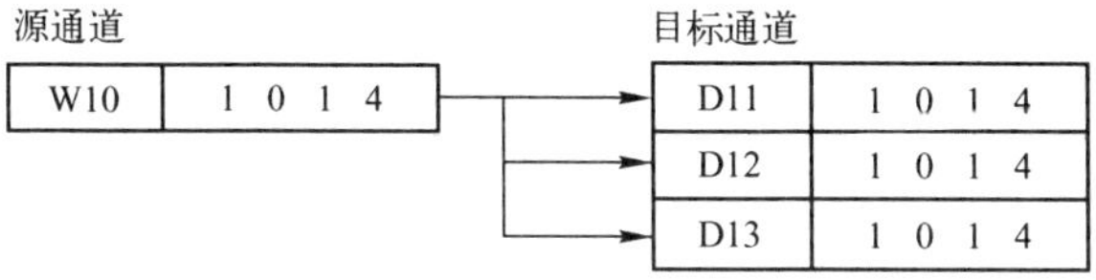

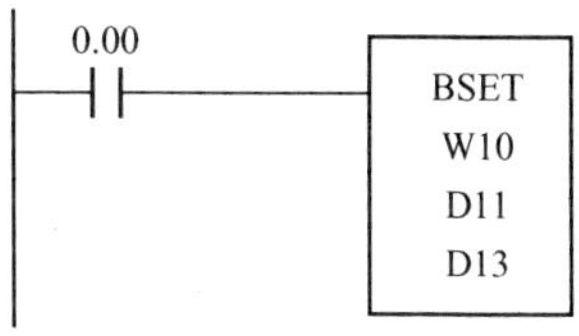

图 3-33　BSET 梯形图及指令表示例

3.5.4　数（4bits）传送指令 MOVD

数传送指令 MOVD 是将源数据中的 1 ~4 个数（十六进制数）传送到目标通道的指定数字位（十六进制位）上，一次最多可以传送 4 个十六进制数。MOVD 具有上微分型指令的特性。其梯形图符号如下：

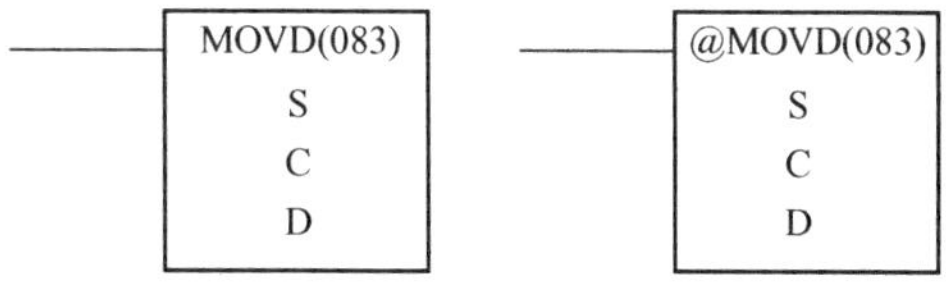

S：源数据

C：控制数据

D：目标通道

操作数区域：

S：CIO、W、H、A、T、C、D、＊D、@ D 或#。

C：CIO、W、H、A、T、C、D、＊D、@ D 或指定的立即数。

D：CIO、W、H、A448 ~ A959、T、C、D、＊D 或@ D。

源数据 S：

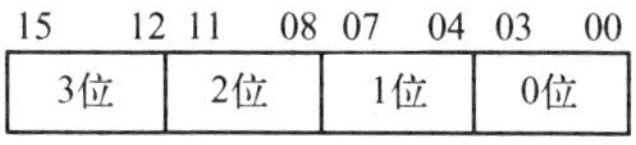

控制通道 C 的数据：

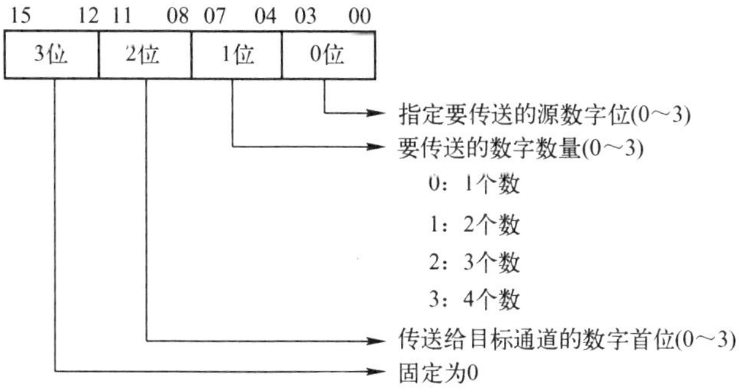

目标通道 D：

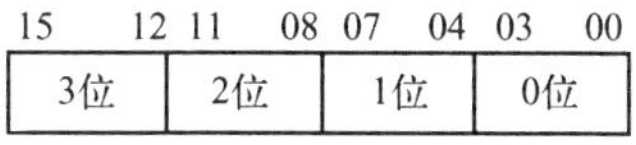

若传送 4 个数字，并且第一个目标数字位是“2”，那么首先将数据传送到目标数字位 2，然后是 3 位，0 位，1 位。

注意：控制数据超出设定值范围时错误标志 P_ER 置位。

MOVD 指令实现多位传送的示例如图 3-34 所示。

CP1H 的其他数据传送类指令见表 3-6，具体用法参见相关手册，本书不赘述。

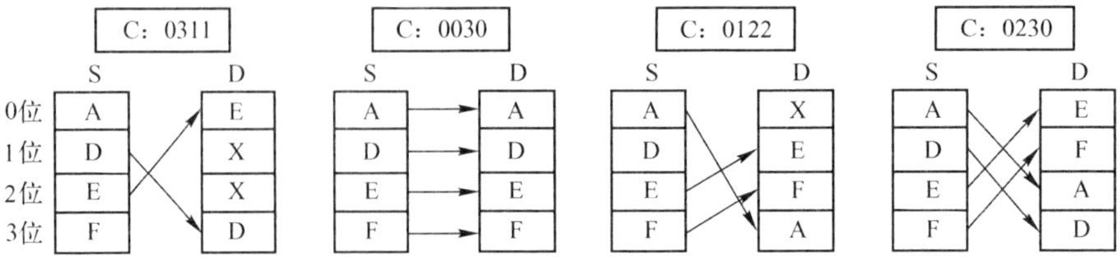

图 3-34　MOVD 指令实现多位传送的控制数据与传送结果

表 3-6　其他数据传送类指令功能表

指令名称	指令助记符	符　　号	功　　能
多位传送	XFRB（062）	XFRB C S D C：控制数据 S：源数据首通道 D：目标首通道	执行条件为 ON 时，根据控制数据，将源通道中从指定位开始的若干位的值传送到从目标通道指定位 D 开始的相同数量的位中
数据交换	XCHG（073）	XCHG D1 D2 D1：交换通道 D2：交换通道	执行条件为 ON 时，将两个通道的数据进行交换
数据分配	DIST（080）	DIST S1 D S2 S1：源数据 D：目标基址通道 S2：偏移数据	执行条件为 ON 时，根据控制数据，将源通道传送到以目标通道为基址加偏移数后所指定的通道中
数据抽取	COLL（081）	COLL S1 S2 D S1：源数据基址通道 S2：偏移数据 D：目标通道	执行条件为 ON 时，根据控制数据，将源通道为基址加偏移数后所指定的通道值传送到目标通道中
位传送	MOVB（082）	MOVB S C D C：源数据 S：控制数据 D：目标通道	执行条件为 ON 时，根据控制数据，将源通道中的指定位的值传送到目标通道的指定位
双字传送	MOVL（498）	MOVL S D S：源数据 D：目标首通道	当执行条件为 ON 时，将双通道的值或 8 位十六进制数传送到两个目标通道中
求反双字传送	MVNL（499）	MVNL S D S：源数据 D：目标首通道	当执行条件为 ON 时，将双通道的值或 8 位十六进制数取反后传送到两个目标通道中
双字数据交换	XCGL（562）	XCGL D1 D2 D1：交换首通道 D2：交换首通道	执行条件为 ON 时，将一对双通道的数据进行交换
变址寄存器设定	MOVR（560）	MOVR S D S：指定通道或触点 D：变址寄存器号	执行条件 ON 时，将除定时器/计数器的当前值外的通道或触点的有效地址传送到指定的变址寄存器中
变址寄存器设定	MOVRW（561）	MOVRW S D S：定时器/计数器 D：变址寄存器号	执行条件 ON 时，将定时器/计数器当前值所在通道的有效地址传送到指定的变址寄存器中

3.6　数据移位指令

数据移位类指令根据数据移位的方向和数量而分类。通常，移位指令是由移位寄存器实现的。除此之外，根据移位的方向，可分为算术左移和算术右移指令，循环左移和循环右移指令，数字左移和数字右移及字移位指令等。大部分移位指令具有微分特性。

3.6.1　移位寄存器 SFT

格式：SFT（10）　B　　符号：
　　　　　　　　　　　E

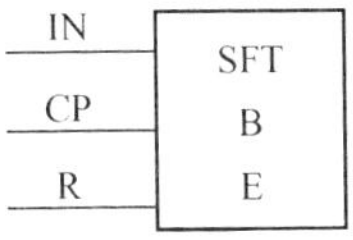

B：首通道号

E：末通道号

B、E 的操作数区域：CIO（输入单元占用的字不能使用）、W、H、A448～A959。

SFT 指令的功能相当于一个串行输入移位寄存器。每个 SFT 指令必须有至少 1 个 16 位通道作为其移位区域（首末通道必须是相同存储区的通道，且末通道号应大于或等于首通道号），当复位端输入条件为 OFF 时，脉冲输入端每产生一个上升沿，SFT 指令就采集一个数据输入端的值（ON 为“1”，OFF 为“0”）移入参与移位通道的最低位，该位的原数据依次向高位移位一次，最高位的数据将溢出。若复位端输入条件为 ON，所有参与移位的通道均清零。

注意：当 B、E 不在同一区域或 B > E，或间接寻址通道不存在时，错误标志 P_ER 将置位。

SFT 指令应用示例如图 3-35 所示。

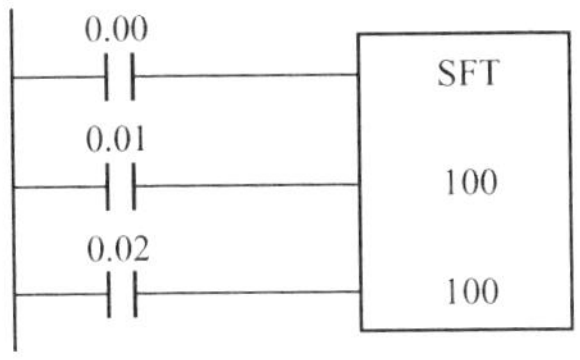

a)

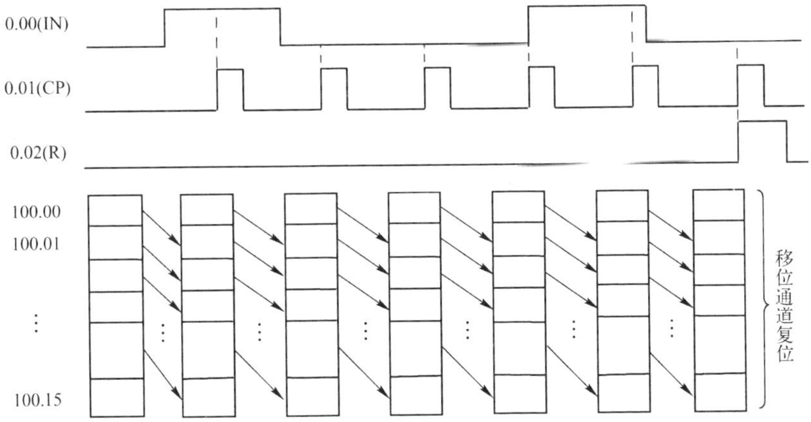

b)

图 3-35　SFT 指令梯形图及工作原理

a）梯形图　b）SFT 指令工作原理图

图 3-35 中，首通道和末通道均为 100 通道表明仅有该通道的 16 位参与移位（100.00～100.15 位）。在脉冲输入端 0.01 的上升沿采集 0.00 的值并将其移入 100.00 位，以此类推。当复位输入端 0.02 为 ON 时，100 通道值清零。当 0.01 和 0.02 同时为 ON 时，复位端信号优先。

若移位数量超过 16 位，可以增加末通道值，但首末通道必须属于同一区域。

SFT 指令实现多通道移位示例如图 3-36 所示。

在图 3-36 中，移位的首通道为 W20，末通道为 W22（同属于工作区），构成了一个从 W20. 00 到 W22. 15 的 48 位移位寄存器。

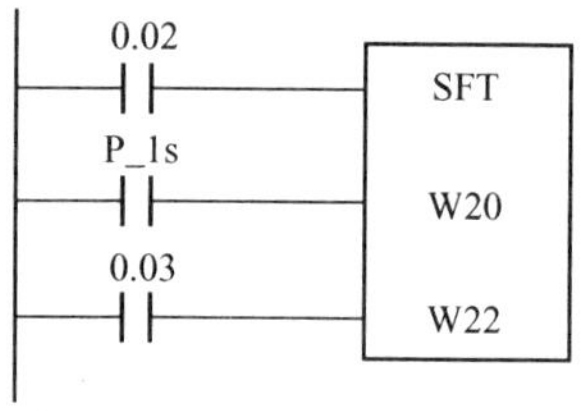

图 3-36　3 个通道（48 位）移位寄存器示例

3. 6. 2　可逆移位寄存器 SFTR

可逆移位寄存器 SFTR 是实现移位方向可以切换的双向移位寄存器，它具有上微分型指令的特性，其梯形图符号如下：

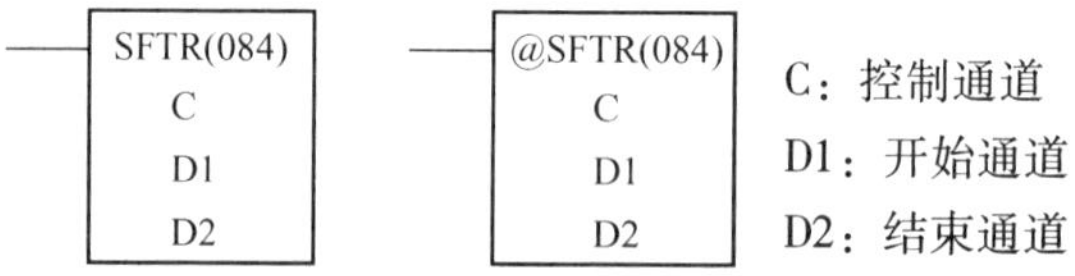

操作数区域：

C：CIO、W、H、A、T、C、D、＊D 或@ D。

D1、D2：CIO（输入单元占用的字不能使用）、W、H、A448 ~ A959、T、C、D、＊D 或@ D。D1 和 D2 必须在同一数据区域，且必须 D2≥D1。

控制通道 C 的数据：

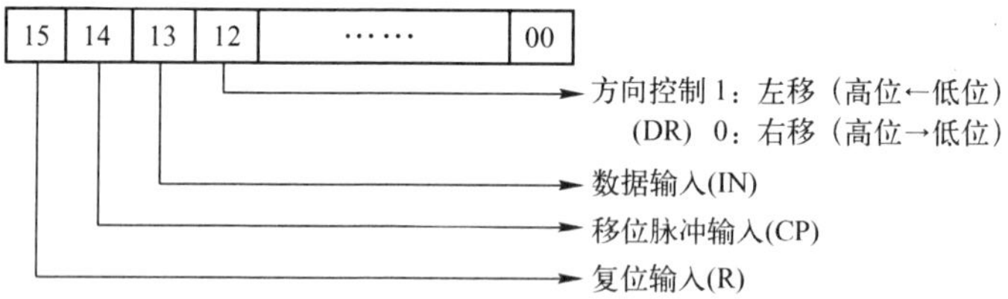

控制通道 C 中 12 ~ 15 位包含了（DR）、（IN）、（CP）和（R）等控制信息，而不是以输入端的形式画在指令上，而且 C 通道与 D1、D2 通道可以不在同一数据区。

SFTR 指令的工作原理是在执行条件为 ON 的前提下，当复位加到 SFTR 时（即控制通道 C 的 15 位为 ON 时），参与移位通道的所有位和进位标志 P_CY 都被清 0，并且 SFTR 的输入也被禁止。

当控制通道 C 的 15 位为 OFF，12 位为 ON（左移位）时，在移位脉冲输入位（14 位）的作用下将数据输入位（13 位）的值（ON 为“1”，OFF 为“0”）移到 D1 通道的最低位，数据串依次左移一位，而 D2 通道的最高位则移到进位标志 P_CY。

当控制通道 C 的 15 位为 OFF，12 位为 OFF（右移位）时，在移位脉冲的作用下将数据输入端（13 位）的值（ON 为“1”，OFF 为“0”）移到 D2 通道的最高位，数据串依次右移一位，而 D1 通道的最低位则移到进位标志 P_CY。

注意：

① 当 D1、D2 不在同一区域或 D1 > D2，P_ER 将置位。

② 每次移位后，D1 的最低位（右移）或者 D2 的最高位（左移）将“1”送到标志 P_

CY 时，P_CY 将置位。

SFTR 指令的应用示例如图 3-37 所示。

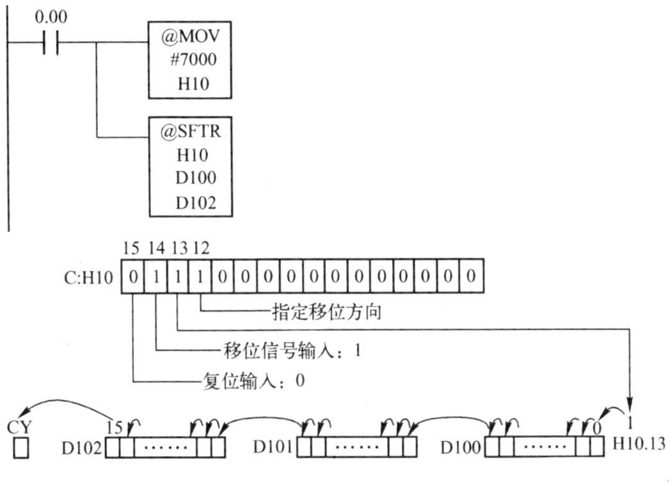

图 3-37　SFT 指令实现多通道双向移位的梯形图及结果

图 3-37 的梯形图中控制通道 H10 的值为 7000，则复位输入位 H10. 15 位为 OFF，移位方向位 H10. 12 位为 ON（左移位），当 0. 00 为 ON 且移位脉冲输入位 H10. 14 也为 ON 时，将数据输入位 H10. 13 位的“1”移到 D100 通道的 0 位，从 D100 ~ D102 通道共 48 位上的原数据依次左移 1 位，最后 D102 通道的 15 位数据移到进位标志 P_CY。由于梯形图中调用了 SFTR 指令的上微分型，所以 0. 00 导通一次移位一次。而当 0. 00 为 ON 且 H10. 14 为 OFF 时，SFTR 指令将不执行移位。

如果复位输入位 H10. 15 位为 ON，当 0. 00 为 ON 且 H10. 14 也为 ON 时，D100 ~ D102 通道数据及 P_CY 清零。

3. 6. 3　算术左移指令 ASL/双字算术左移指令 ASLL

算术左移指令 ASL 的功能是把指定通道的 16 位向左移一位，最高位（15 位）进入进位标志 P_CY，最低位（0 位）补 0。

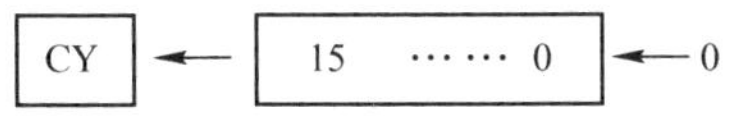

ASL 具有上微分型指令的特性。其梯形图符号如下：

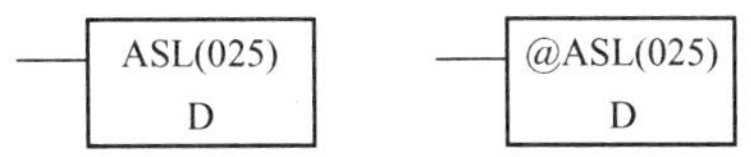

D：进行移位的通道

操作数区域：CIO（输入单元占用的字不能使用），W，H，A448 ~ A959，T，C，D，* D或@ D。

注意：

① 每次移位后，P_CY 接收移位通道 15 位的“1”时，P_CY 置位。

② 当移位通道的值为 0 时，等于标志 P_EQ 置位。

③ 当“1”移入移位通道的 15 位时，负标志 P_N 置位。

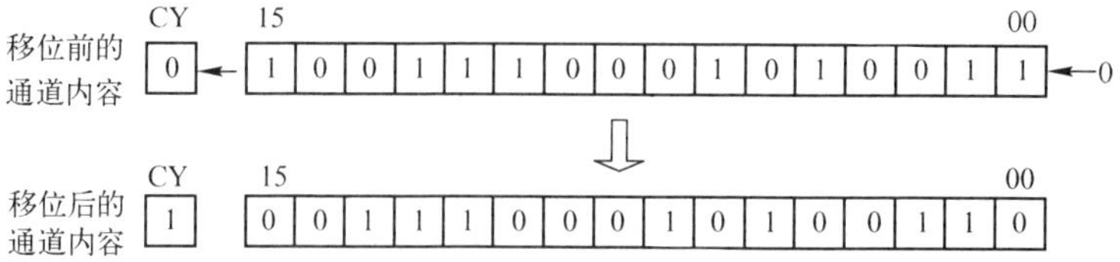

双字算术左移指令 ASLL 的功能是将两个连续通道（即高字和低字）指定为移位通道串，当执行条件为 ON 时，32 位依次向左移一位，最高位（高字的 15 位）进入进位标志 P_CY，最低位（低字的 0 位）补 0。其用法与 ASL 相似，在此不赘述。

算术右移指令 ASR 的功能是把指定通道的 16 位向右移一位，最低位（0 位）进入进位标志 P_CY，最高位（15 位）补 0。双字算术右移指令 ASRL 的功能是将两个连续通道（即高字和低字）指定为移位通道串，当执行条件为 ON 时，32 位依次向右移一位，最低位（低字的 0 位）进入 P_CY，最高位（高字的 15 位）补 0。

3.6.4 循环左移指令 ROL/ 双字循环左移指令 ROLL

循环左移指令 ROL 的功能是把指定通道的 16 位连带进位标志 P_CY 向左移一位，最高位（15 位）进入 P_CY，P_CY 的值进入最低位（0 位）。

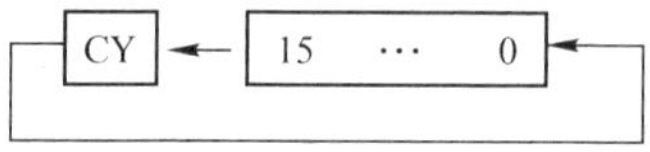

ROL 具有上微分型指令的特性。其梯形图符号如下：

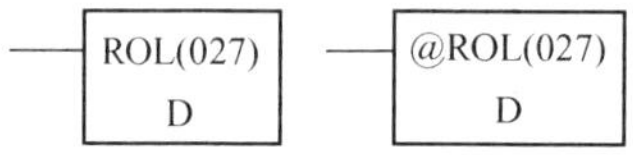

D：进行移位的通道

操作数区域：CIO（输入单元占用的字不能使用），W，H，A448 ~ A959，T，C，D，*D或@D。

注意：

① 每次移位后，CY 接收移位通道 15 位的“1”时，P_CY 置位。

② 当移位通道的值为 0 时，P_EQ 置位。

③ 当“1”移入移位通道的 15 位时，P_N 置位。

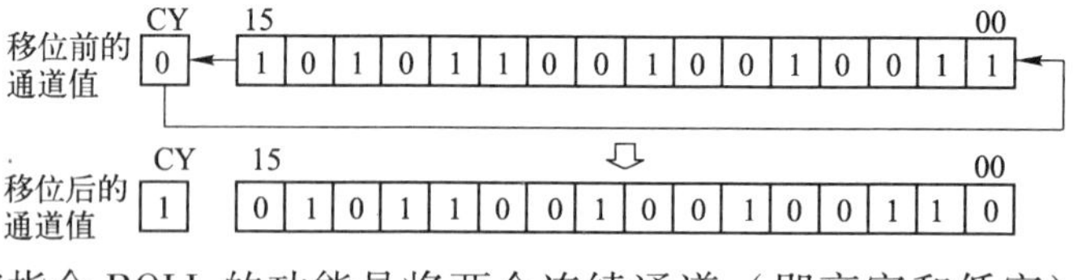

双字循环左移指令 ROLL 的功能是将两个连续通道（即高字和低字）指定为移位通道串，当执行条件为 ON 时，32 位依次向左移一位，最高位（高字的 15 位）进入 P_CY，P_CY 的值进入最低位（低字的 0 位）。其用法与 ROL 相似，在此不赘述。

循环右移指令 ROR 的功能是把指定通道的 16 位连带进位标志 P_CY 向右移一位，最低位（0 位）进入 P_CY，P_CY 的值进入最高位（15 位）。双字循环右移指令 RORL 的功能是将两个连续通道（即高字和低字）指定为移位通道串，当执行条件为 ON 时，32 位依次向右移一位，最低位（低字的 0 位）进入 P_CY，P_CY 的值进入最高位（高字的 15 位）。

3.6.5 数（4bits）左移指令 SLD/数（4 bits）右移指令 SRD

数左移指令 SLD 的功能是把若干个通道构成的移位通道串内的数据（十六进制数）向左移一个数字（1 位十六进制数），移位首通道的最低位数字（0 位）补入十六进制数 0，而移位末通道的原最高位数字丢失。SLD 具有上微分型指令的特性。其梯形图符号如下：

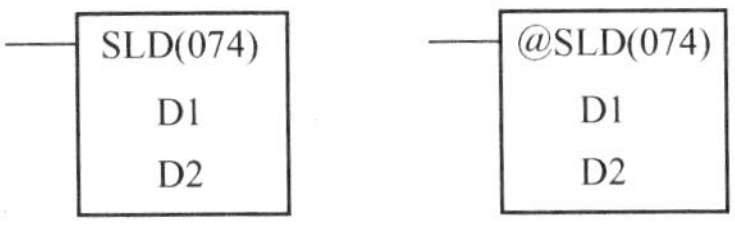

D1：移位的首通道

D2：移位的末通道

操作数区域：CIO（输入单元占用的字不能使用），W，H，A448 ~ A959，T，C，D，＊D或@ D。

注意：D1 和 D2 必须在同一个数据区且 D2≥D1。若 D1 和 D2 不在同一数据区或 D1 > D2 时，P_ER 将置位。

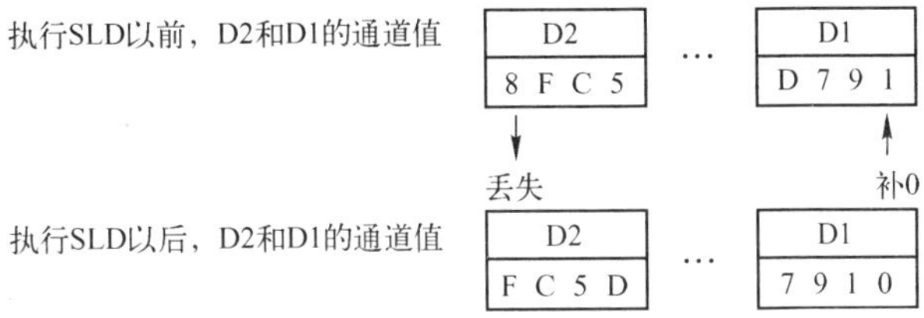

数右移指令 SRD 的功能是把若干个通道构成的移位通道串内的数据（十六进制数）向右移一个数字（1 位十六进制数），移位末通道的最高位数字（3 位）补入十六进制数 0，而移位首通道的原最低位数字丢失。其用法与 SLD 相似，在此不赘述。

3.6.6 字移位指令 WSFT

字移位指令 WSFT 的功能是把一个源通道的数据写入到移位首通道，而原首通道中的数据以通道为单位写入高阶通道，依次上传，最终末通道内的数据将丢失。WSFT 具有上微分型指令的特性。其梯形图符号如下：

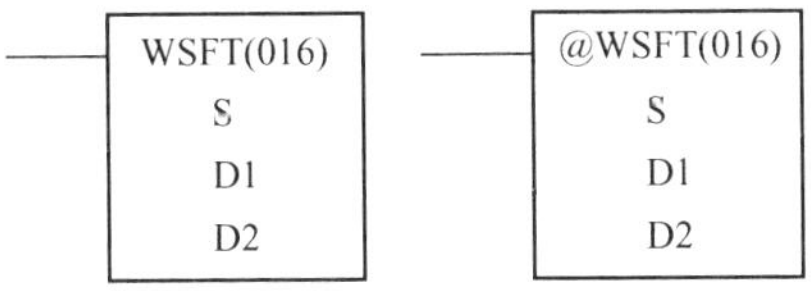

S：移位数据

D1：移位的首通道

D2：移位的末通道

操作数区域：

S：CIO、W、H、A、T、C、D、＊D 或@ D。

D1、D2：CIO（输入单元占用的字不能使用）、W、H、A448 ~ A959、T、C、D、＊D 或@ D。

注意：D1 和 D2 必须在同一个数据区，且 D2≥D1。若 D1 和 D2 不在同一数据区或D1 > D2 时，P_ER 将置位。

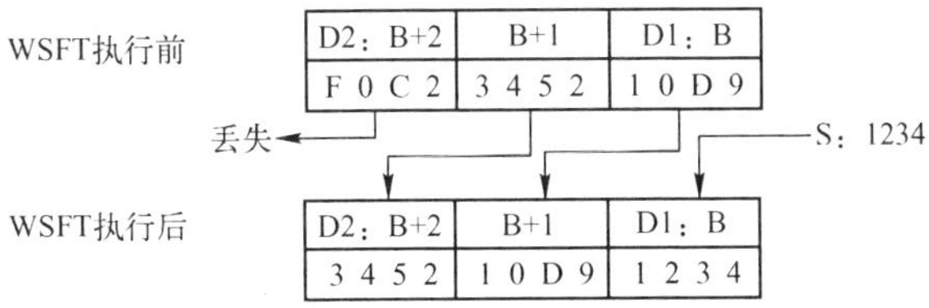

CP1H 的其他数据移位类指令见表 3-7，具体用法参见相关手册，本书不赘述。

表 3-7　其他数据移位类指令功能表

指令名称	指令助记符	符　　号	功　　能
非同步移位寄存器	ASFT（017）	ASFT C D1 D2 C：控制数据 D1：移位首通道 D2：移位末通道	当执行条件满足且移位标志为 ON 时，由移位方向标志决定移位方向，将通道串中非 0000H 的通道与相邻为 0000H 的通道交换，最终使非 0000H 的数值集中于通道串的高端或低端
无 CY 循环左移	RLNC（574）	RLNC D D：移位通道	执行条件为 ON 时，将通道 D 的 16 位左移 1 位，最高位进最低位，同时也进 CY
无 CY 双字循环左移	RLNL（576）	RLNL D D：移位通道	执行条件为 ON 时，将通道 D 和 D+1 的 32 位左移 1 位，D+1 的最高位进 D 的最低位，同时也进 CY
无 CY 循环右移	RRNC（575）	RRNC D D：移位通道	执行条件为 ON 时，将通道 D 的 16 位右移 1 位，最低位进最高位，同时也进 CY
无 CY 双字循环右移	RRNL（577）	RRNL D D：移位通道	执行条件为 ON 时，将通道 D 和 D+1 的 32 位右移 1 位，D 的最低位进 D+1 的最高位，同时也进 CY
N 位数左移	NSFL（578）	NSFL D C N D：移位首通道 C：移位起始位 N：移位的位数	执行条件为 ON 时，将指定的移位首通道 D 的起始位 C 开始，共 N 位数左移 1 位，C 位补 0，移位的最高位进 CY
N 位数右移	NSFR（579）	NSFR D C N D：移位首通道 C：移位起始位 N：移位的位数	执行条件为 ON 时，将指定的移位首通道 D 的起始位 C 开始，共 N 位数右移 1 位，C 位进 CY，移位的最高位补 0
单字 N 位左移	NASL（580）	NASL D C D：移位源通道 C：控制通道	执行条件为 ON 时，通道 D 左移 C 指定的位数，空位插入 C 指定的数。溢出位的最低位进 CY
双字 N 位左移	NSLL（582）	NSLL D C D：移位源通道 C：控制通道	执行条件为 ON 时，通道 D 与 D+1 左移 C 指定的位数，空位插入 C 指定的数。溢出位的最低位进 CY
单字 N 位右移	NASR（581）	NASR D C D：移位源通道 C：控制通道	执行条件为 ON 时，通道 D 右移 C 指定的位数，空位插入 C 指定的数。溢出位的最高位进 CY
双字 N 位右移	NSRL（583）	NSRL D C D：移位源通道 C：控制通道	执行条件为 ON 时，通道 D 与 D+1 右移 C 指定的位数，空位插入 C 指定的数。溢出位的最高位进 CY

3.6.7　移位类指令应用范例

移位类指令与微分、保持 KEEP、传送及比较等指令配合使用，可以实现顺序控制的诸多功能，现以 8 盏灯“单方向顺序单通”问题为例，提供 5 种解决思路供读者自学编程，并可被引用解决实际控制问题。

【例 3-9】 利用移位类指令编程实现 8 盏灯单方向顺序单通控制。控制要求是：当启动开关导通，8 盏灯单方向顺序逐个亮，一次只亮一盏灯，间隔为 0.5 s，亮灯可循环。按复位按钮，8 灯全灭，时序图如图 3-38 所示。

思路 1：采用移位寄存器 SFT 指令实现 8 盏灯单方向顺序单通并循环。由于每次仅亮一盏灯，因此需在第一个移位脉冲到来时，SFT 指令的数据输入端置 ON，此后的 7 个脉冲置

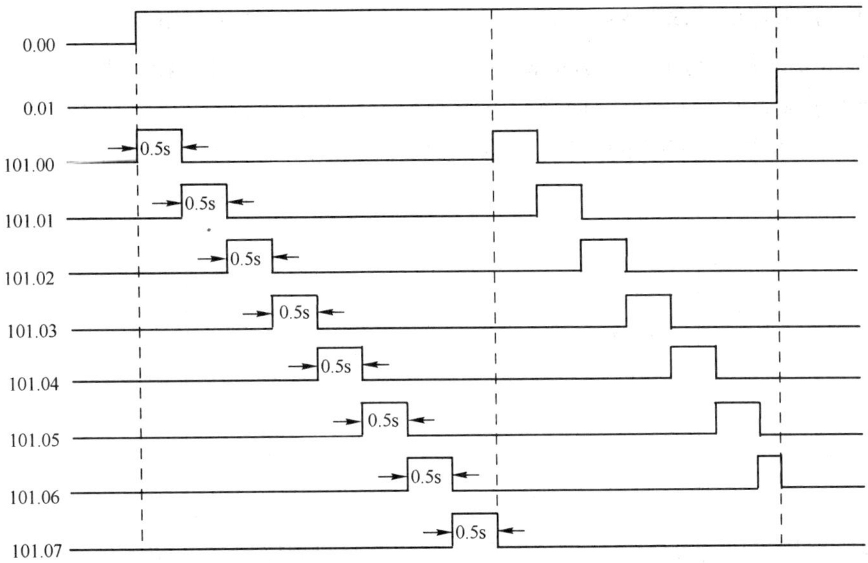

图 3-38　8 灯单方向顺序单通时序图

OFF，实现顺序单通。为了实现亮灯循环，可在第 8 个移位脉冲到来时将数据输入端再次"自动"置 ON。具体方法是将 8 盏灯的常闭触点串联后驱动一个内部工作位，由该位作为数据输入端实现 ON/OFF 自动切换。按照此思路编写的梯形图程序段如下。

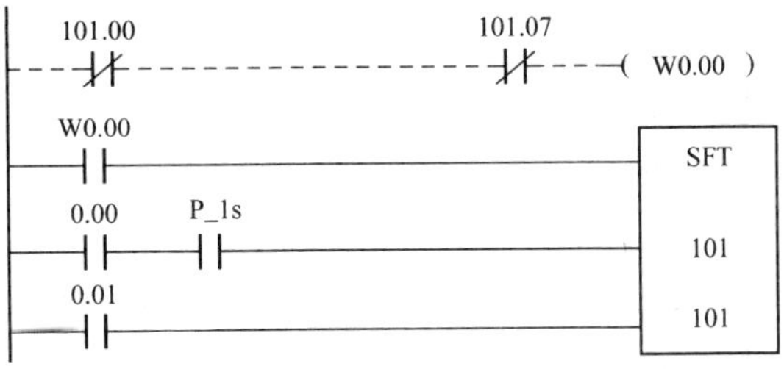

思路 2：采用移位寄存器 SFT 指令实现 8 盏灯单方向顺序单通并循环。第一个移位脉冲触发一个内部工作位置 ON 一个扫描周期，将该工作位作为 SFT 指令的数据输入端，实现顺序单通。为实现亮灯循环，可由第 8 盏灯的输出位将数据输入端再次置 ON。按照此思路编写的梯形图程序段如下。

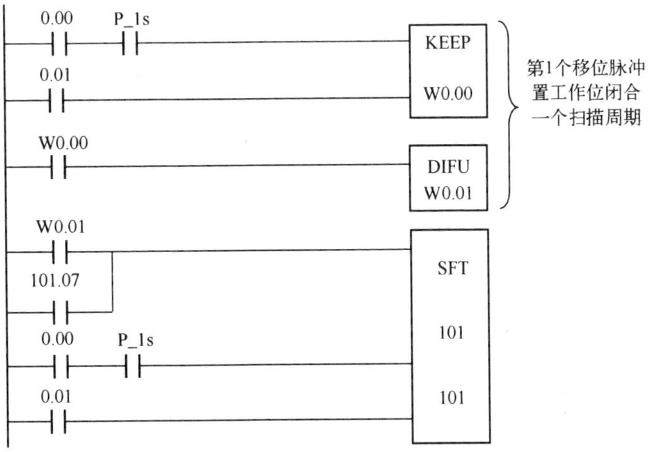

思路3：采用移位寄存器 SFT 指令实现 8 盏灯单方向顺序单通并循环。使用比较指令 CMP 实时地将立即数 0 与 101 通道值做比较。当 8 灯全灭时，对应输出通道 101 的值也为 0，CMP 将等于标志 P_EQ 置位，而该标志作为 SFT 指令的数据输入端，实现顺序单通。为实现亮灯循环，可参照思路 2 的方法。按照此思路编写的梯形图程序段如下。

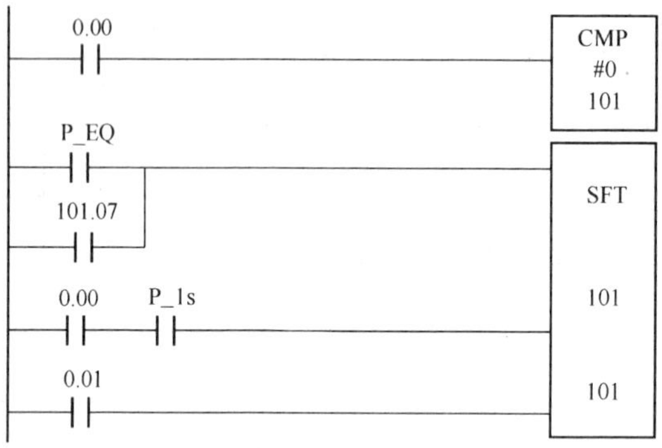

思路4：采用移位寄存器 SFT 指令实现 8 盏灯单方向顺序单通并循环。第一个移位脉冲触发传送指令 MOV 将 101 通道值赋“0001”（101.00 为 ON），点亮第一盏灯。此后数据输入端常断，实现顺序单通。为实现亮灯循环，可借用第 9 盏灯输出位再次将 101 通道值赋“0001”。按照此思路编写的梯形图程序段如下。

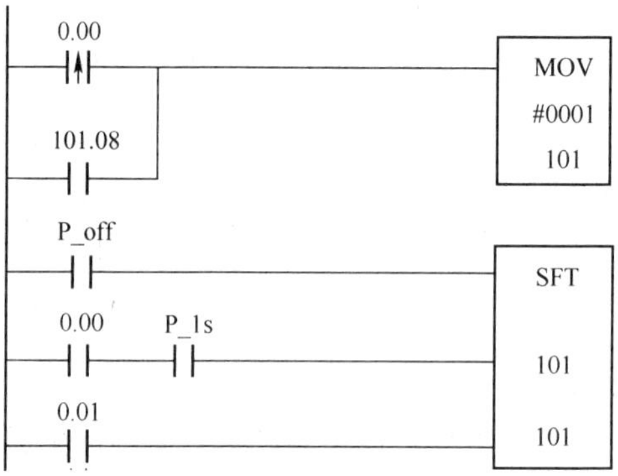

思路5：采用算术左移指令 ASL 实现 8 盏灯单方向顺序单通并循环。第一个移位脉冲触发传送指令 MOV 将 101 通道值赋“0001”（101.00 为 ON），点亮第一盏灯。使用 ASL 左移入“0”，实现顺序单通。为实现亮灯循环，可借用“第 9 盏灯”（101.09 位）再次将 101 通道值赋“0001”。按照此思路编写的梯形图程序段如下。

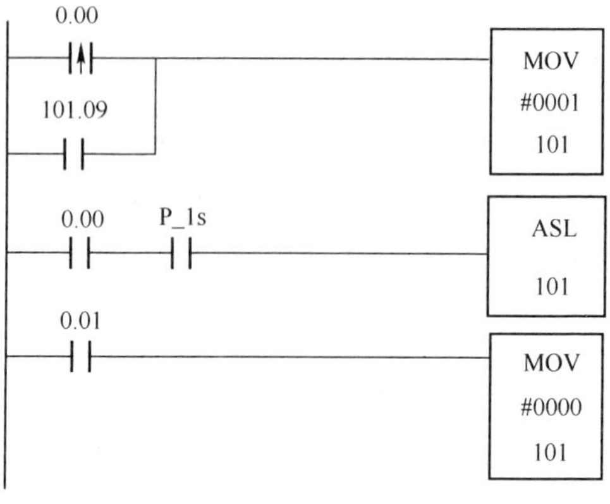

3.7 数据转换指令

数据转换类指令主要用于不同数制之间的数据转换，包括二进制数与十进制数的相互转换，十六进制数与 ACSII 码的相互转换等。数据转换类指令都具有上微分型指令的特性。

3.7.1 BCD→BIN 转换指令 BIN

BCD→BIN 转换指令 BIN 是将一个通道中的 4 位 BCD 码换算成 16 位二进制数，并将换算后的数据输出到一个结果通道中。BIN 具有上微分型指令的特性，梯形图符号如下：

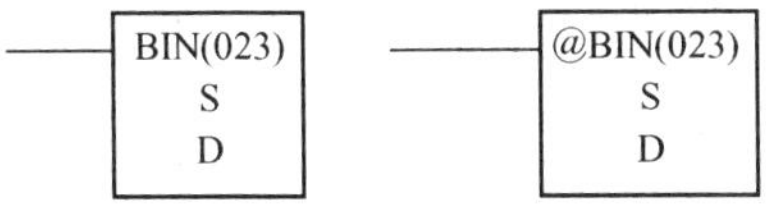

S：源通道

D：转换结果通道

数据操作数区域：

S：CIO、W、H、A、T、C、D、＊D 或@ D。

D：CIO、W、H、A448 ~ A959、T、C、D、＊D 或@ D。

注意：

① 当源通道内容不是 BCD 码时，P_ER 置位。

② 当结果通道的内容为全 0 时，P_EQ 置位。

BIN 指令的应用示例见例 3-32。

例 3-32 BIN 梯形图及执行结果示例如图 3-39 所示。

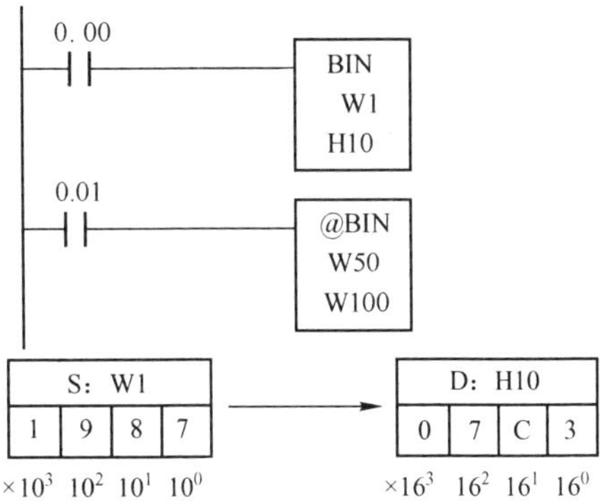

图 3-39 BIN 指令应用示例

3.7.2 BIN→BCD 转换指令 BCD

BIN→BCD 转换指令 BCD 把源通道中的 16 位二进制数换算成 4 位十进制数，并把换算结果输出到结果通道中。BCD 具有上微分型指令的特性。其梯形图符号如下：

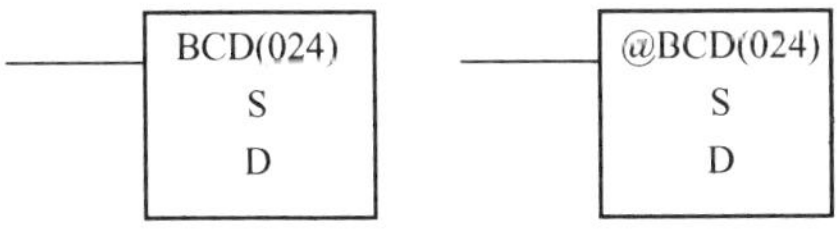

S：源通道

D：转换结果通道

操作数区域：

S：CIO、W、H、A、T、C、D、＊D 或@ D。

D：CIO、W、H、A448 ~ A959、T、C、D、＊D 或@ D。

注意：

① 源通道值大于 270F 时，P_ER 置位。当源通道值大于 270FH 时，换算结果就会大于 9999，出现这种情况时，指令不执行，D 值也不变。

② 当结果通道的内容为全 0 时，P_EQ 标志置位。

BCD 指令的应用示例如图 3-40 所示。

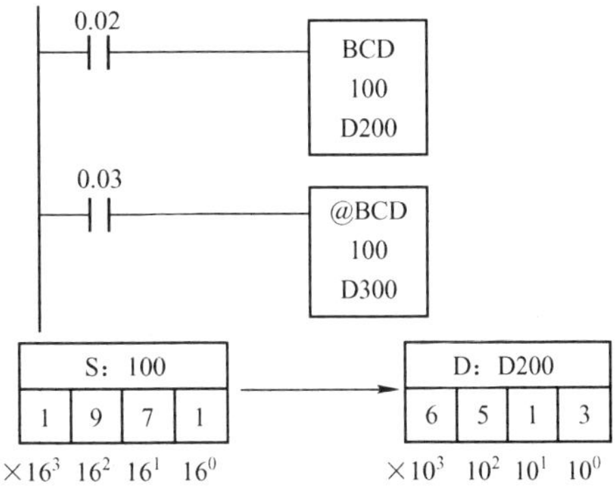

图 3-40 BCD 梯形图及执行结果

3.7.3 7 段译码指令 SDEC

7 段译码指令 SDEC 是将源通道中 1 ~4 位十六进制数根据设定分别译作供 7 段数码管显示的数据，并输出到指定的目标通道的低 8 位或高 8 位。7 段显示码对应转换的十六进制数见表 3-8。

表 3-8 七段译码指令数据换算表

显示码	0	1	2	3	4	5	6	7	8	9	A	B	C	D	E	F
a 段	1	0	1	1	0	1	1	1	1	1	1	0	1	0	1	1
b 段	1	1	1	1	1	0	0	1	1	1	1	0	0	1	0	0
c 段	1	1	0	1	1	1	1	1	1	1	1	1	0	1	0	0
d 段	1	0	1	1	0	1	1	0	1	1	0	1	1	1	1	0
e 段	1	0	1	0	0	0	1	0	1	0	1	1	1	1	1	1
f 段	1	0	0	0	1	1	1	1	1	1	1	1	1	0	1	1
g 段	0	0	1	1	1	1	1	0	1	1	1	1	0	1	1	1
第 7 位	0	0	0	0	0	0	0	0	0	0	0	0	0	0	0	0
2 位 16 进制数	3F	06	5B	4F	66	6D	7D	27	7F	6F	77	7C	39	5E	79	71

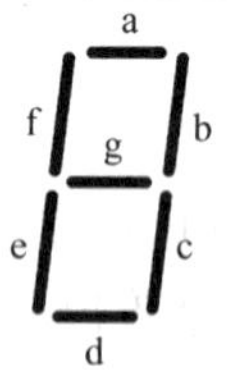

SDEC 具有上微分型指令的特性。其梯形图符号如下：

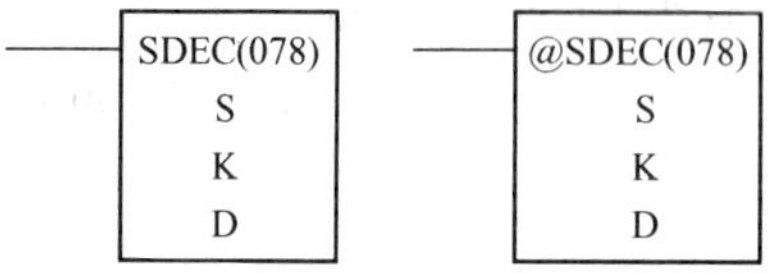

S：源通道的首通道

K：控制通道

D：转换结果的首通道

操作数区域：

S：CIO、W、H、A、T、C、D、＊D 或@ D。

K：CIO、W、H、A、T、C、D、＊D、@ D 或#。

D：CIO、W、H、A448 ~ A959、T、C、D、＊D 或@ D。

控制通道 K：

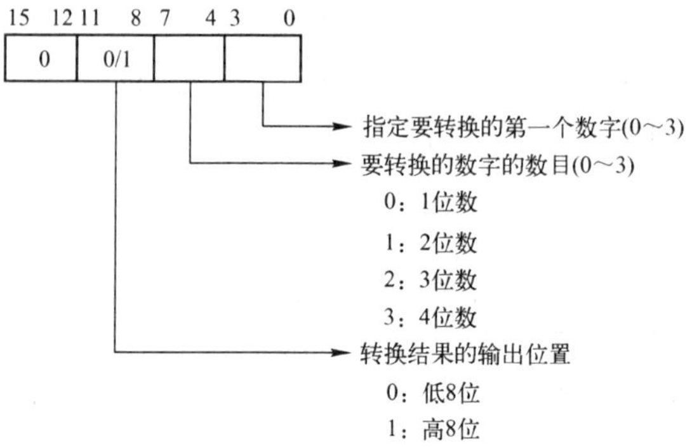

注意：控制通道值超出指定范围，P_ER 置位。

SDEC 指令的应用示例如图 3-41 所示。

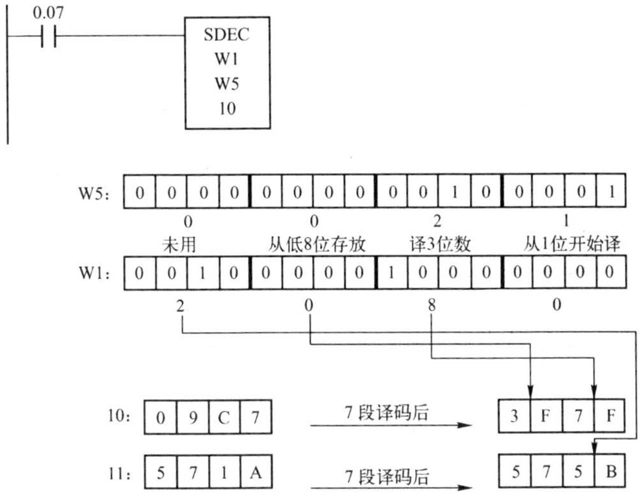

图 3-41　SDEC 梯形图及执行结果

上例中，当 0.07 为 ON 时，由于控制通道 W5 的值为 0021H，表示从源通道 W1 的 1 位开始连续译 3 位数，即分别将 7 段显示码“8”“0”和“2”译为“7F”“3F”和“5B”，并按指定顺序依次存放在 10 通道的低 8 位，高 8 位和 11 通道的低 8 位中，而 11 通道的高 8 位中的值保持不变。

3.7.4　ASCII 转换指令 ASC

ASCII 转换指令 ASC 是将源通道中 1 ~ 4 个十六进制数分别转换成 8 位 ASCII 码形式，并将转换出的 ASCII 码输出到目标通道的低 8 位或高 8 位上。ASCII 码转换为十六进制数的对应关系见表 3-9。

表 3-9　ASCII 码换算表

ASCII 码数据					十六进制数								
数值	位的值				代 码	位的值							
0	0	0	0	0	30H	*	0	1	1	0	0	0	0
1	0	0	0	1	31H	*	0	1	1	0	0	0	1
2	0	0	1	0	32H	*	0	1	1	0	0	1	0
3	0	0	1	1	33H	*	0	1	1	0	0	1	1
4	0	1	0	0	34H	*	0	1	1	0	1	0	0
5	0	1	0	1	35H	*	0	1	1	0	1	0	1
6	0	1	1	0	36H	*	0	1	1	0	1	1	0
7	0	1	1	1	37H	*	0	1	1	0	1	1	1
8	1	0	0	0	38H	*	0	1	1	1	0	0	0
9	1	0	0	1	39H	*	0	1	1	1	0	0	1
A	1	0	1	0	41H	*	1	0	0	0	0	0	1
B	1	0	1	1	42H	*	1	0	0	0	0	1	0
C	1	1	0	0	43H	*	1	0	0	0	0	1	1
D	1	1	0	1	44H	*	1	0	0	0	1	0	0
E	1	1	1	0	45H	*	1	0	0	0	1	0	1
F	1	1	1	1	46H	*	1	0	0	0	1	1	0

*：奇偶校验位。无奇偶校验时，此位为 0；奇校验时，当参与校验的 0 ~ 7 位中为“1”的数目为奇数时该位为“1”；偶校验时，当参与校验的 0 ~ 7 位中为“1”的数目为偶数时该位为“1”。

ASC 具有上微分型指令的特性。其梯形图符号如下：

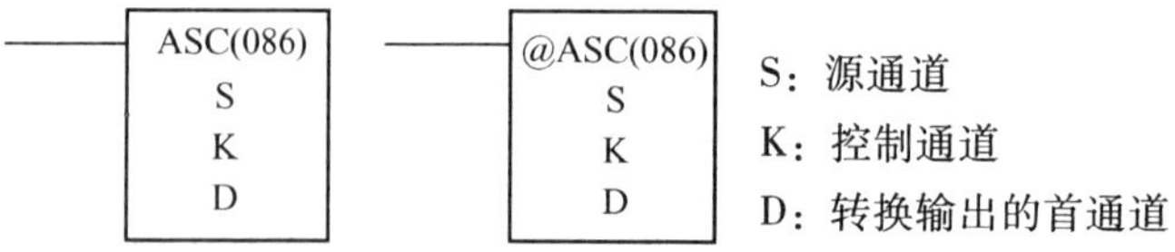

操作数区域：

S：CIO、W、H、A、T、C、D、＊D 或@ D。

K：CIO、W、H、A、T、C、D、＊D、@ D 或#。

D：CIO、W、H、A448～A959、T、C、D、＊D 或@ D。

源通道 S：

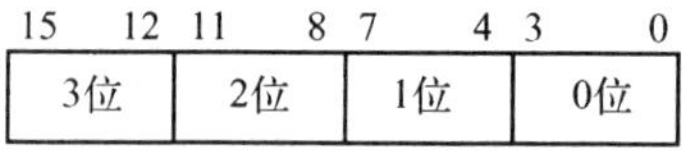

控制通道 K：

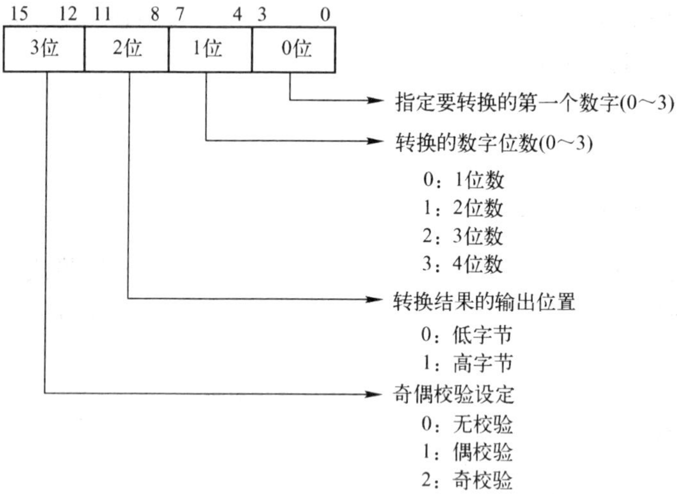

转换的目标通道：

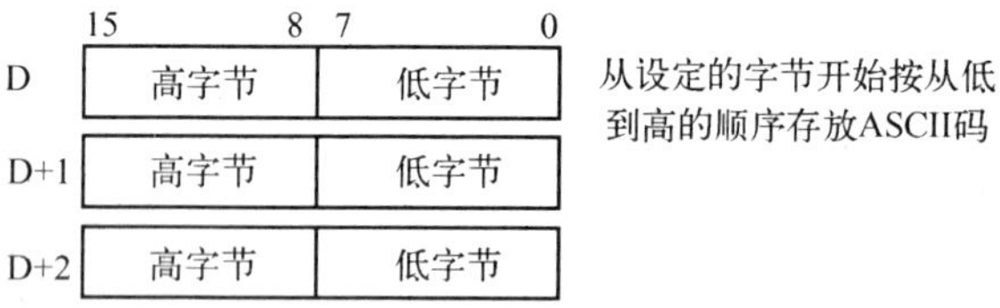

注意：控制通道值超出指定范围，P_ER 置位。

ASC 指令的应用示例如图 3-42 所示。

上例中，当 0.08 为 ON 时，由于控制通道 W10 的值为 0111H，表示从源通道 D100 的 1 位开始连续将 2 位十六进制数转换为 ASCII 码（无奇偶校验），即分别将“3”和“2”转换为 ASCII 码“＄33”和“＄32”，并按指定顺序依次存放在 D200 通道的高 8 位和 D201 通道的低 8 位中，而 D200 通道的低 8 位与 D201 通道的高 8 位中的值保持不变。

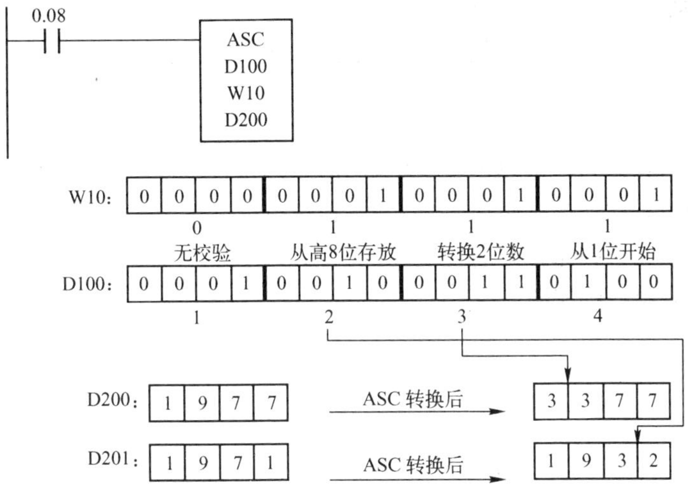

图 3-42　ASC 指令梯形图及执行结果

3.7.5　ASCII→HEX 转换指令 HEX

ASCII→HEX 转换指令 HEX 是将从源通道开始的 1～4 个字节 ASCII 码分别转换成 4 位十六进制数，并将其输出到目标通道的指定位上。HEX 具有上微分型指令的特性。其梯形图符号如下：

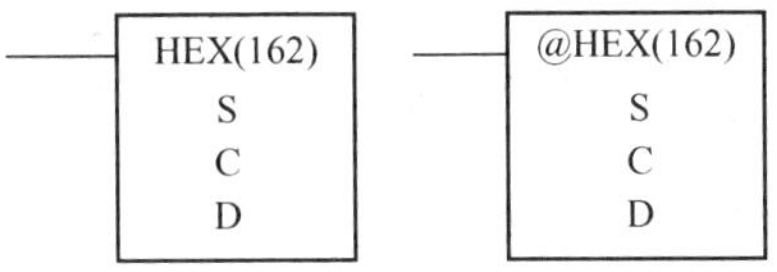

S：源通道
C：控制通道
D：转换输出的首通道

操作数区域：

S：CIO、W、H、A、T、C、D、＊D 或@ D。

C：CIO、W、H、A、T、C、D、＊D、@ D 或#。

D：CIO、W、H、A448～A959、T、C、D、＊D 或@ D。

源通道 S：

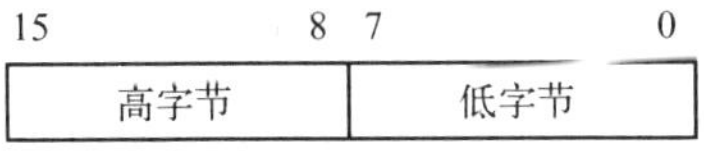

控制通道 C：

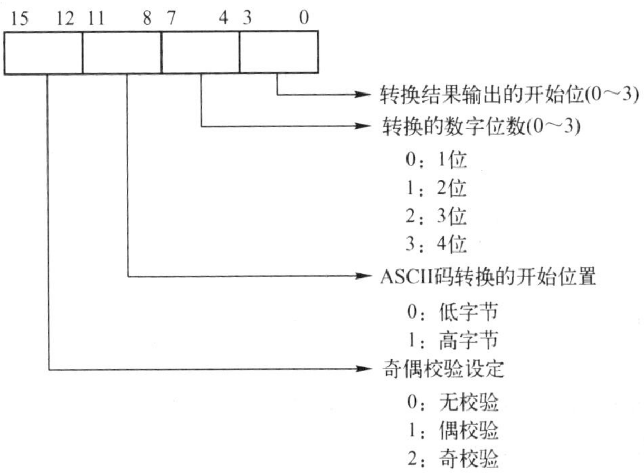

转换的目标通道 D：

15　12	11　8	7　4	3　0
3位	2位	1位	0位

注意：

① 源通道的 ASCII 码在奇偶校验时出错时，P_ER 置位。

② 源通道为不可转换的 ASCII 码时，P_ER 置位。

③ 控制通道值超出指定范围时，P_ER 置位。

HEX 指令的应用示例如图 3-43 所示。

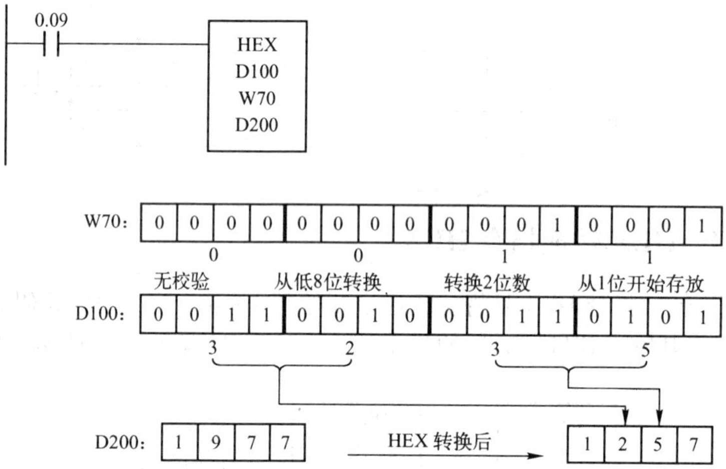

图 3-43　HEX 指令梯形图及执行结果

图 3-43 中，当 0.09 为 ON 时，由于控制通道 W70 的值为 0011H，表示从源通道 D100 的低字节开始连续将 2 个 ACSII 码转换为 2 位十六进制数（无奇偶校验），即分别将“$ 35”和“$ 32”转换为“5”和“2”，并按指定顺序依次存放在 D200 通道的 1 位和 2 位中，而 D200 通道其他数字位中的值保持不变。

CP1H PLC 的其他数据换算类指令参见相关手册，本书不赘述。

3.8　逻辑运算指令

3.8.1　位取反指令 COM/ 双字位取反指令 COML

位取反指令 COM 是将指定通道内的各位取逻辑反。COM 具有上微分型指令的特性。其梯形图符号如下：

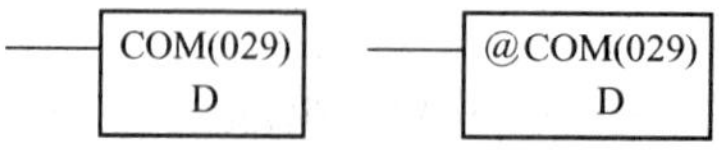

D：取反的源通道

操作数区域：CIO、W、H、A448 ~ A959、T、C、D、 * D 或@ D。

注意：

① 当输入条件满足时，每个周期执行一次指令。

② 当取反的结果是 0 时，P_EQ 置位。

③ 当运算的结果通道的 15 位为 1 时，P_N 置位。

	15															0
执行前D：	1	0	0	1	1	0	0	1	1	0	0	1	1	0	0	0
	15															0
执行后D：	0	1	1	0	0	1	1	0	0	1	1	0	0	1	1	1

双字位取反指令 COML 的功能是将 2 个连续通道内的各位取逻辑反。COML 与 COM 的用法相似，在此不赘述。

3.8.2 字逻辑与指令 ANDW/ 双字逻辑与指令 ANDL

字逻辑与指令 ANDW 是将 2 个通道值或 2 个 16 位二进制常数进行逻辑与运算，并将结果送到指定通道。ANDW 具有上微分型指令的特性。其梯形图符号如下：

ANDW(034)	@ANDW(034)	
S1	S1	S1：数据 1
S2	S2	S2：数据 2
D	D	D：结果通道

操作数区域：

S1 和 S2：CIO、W、H、A、T、C、D、＊D、@D 或#。

D：CIO、W、H、A448 ~ A959、T、C、D、＊D 或@D。

注意：

① 当字逻辑与的结果是 0 时，P_EQ 置位。

② 当运算的结果通道的 15 位为 1 时，P_N 置位。

	15															0
S1：	1	0	0	1	1	0	0	1	1	0	0	1	1	0	0	0
S2：	0	1	0	1	0	1	0	1	0	1	0	1	0	1	0	1
D：	0	0	0	1	0	0	0	1	0	0	0	1	0	0	0	0

双字逻辑与指令 ANDL 的功能是将由 2 个连续通道组成的 32 位二进制数或 2 个 32 位二进制常数进行逻辑与运算。ANDL 与 ANDW 的用法相似，在此不赘述。

3.8.3 字逻辑或指令 ORW/ 双字逻辑或指令 ORWL

字逻辑或指令 ORW 是将 2 个通道值或 2 个 16 位的二进制常数进行逻辑或运算，并将结果送到指定通道。ORW 具有上微分型指令的特性。其梯形图符号如下：

ORW(035)	@ORW(035)	
S1	S1	S1：数据 1
S2	S2	S2：数据 2
D	D	D：结果通道

操作数区域：

S1 和 S2：CIO、W、H、A、T、C、D、＊D、@D 或#。

D：CIO、W、H、A448 ~ A959、T、C、D、＊D 或@D。

注意：

① 当逻辑或的结果是 0 时，P_EQ 置位。

② 当运算的结果通道的 15 位为 1，P_N 置位。

	15															0
S1:	1	0	0	1	1	0	0	1	1	0	0	1	1	0	0	0
S2:	0	1	0	1	0	1	0	1	0	1	0	1	0	1	0	1
D:	1	1	0	1	1	1	0	1	1	1	0	1	1	1	0	1

双字逻辑或指令 ORWL 的功能是将由 2 个连续通道组成的 32 位二进制数或 2 个 32 位二进制常数进行逻辑或运算。ORWL 与 ORW 的用法相似，在此不赘述。

3.8.4 字异或指令 XORW/ 双字异或指令 XORL

字异或指令 XORW 是将 2 个通道值或 2 个 16 位二进制常数相异或，并将结果送到指定通道。XORW 具有上微分型指令的特性。其梯形图符号如下：

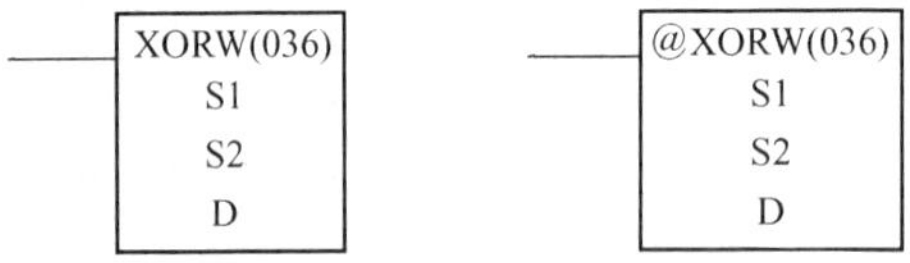

S1：数据 1
S2：数据 2
D：结果通道

只要输入通道或 16 位二进制数中对应的位不同时，输出通道中的一个对应位才置“1”。逻辑关系式为 $S1 \cdot \overline{S2} + \overline{S1} \cdot S2 \rightarrow D$。

S1	S2		D
1	1	→	0
1	0	→	1
0	1	→	1
0	0	→	0

操作数区域：

S1 和 S2：CIO、W、H、A、T、C、D、*D、@D 或#。

D：CIO、W、H、A448 ~ A959、T、C、D、*D 或@D。

注意：

① 当逻辑异或的结果是 0 时，P_EQ 置位。

② 当运算的结果通道的 15 位为 1 时，P_N 置位。

	15															0
S1:	1	0	0	1	1	0	0	1	1	0	0	1	1	0	0	0
S2:	0	1	0	1	0	1	0	1	0	1	0	1	0	1	0	1
D:	1	1	0	0	1	1	0	0	1	1	0	0	1	1	0	1

双字异或指令 XORL 的功能是将由 2 个连续通道组成的 32 位二进制数或 2 个 32 位二进制常数进行逻辑异或运算。XORL 与 XORW 的用法相似，在此不赘述。

3.9 四则运算指令

数据运算类指令包括递增与递减指令、BCD 码及二进制数的加、减、乘、除等指令和双字 BCD 码及二进制数的加、减、乘、除等指令。这些指令也都有相应的微分指令。

3.9.1 BCD 码递增指令 ++B/双字 BCD 码递增指令 ++BL

BCD 码递增指令 ++B 是将指定通道的 4 位 BCD 码内容加 1。++B 具有上微分型指令的特性。其梯形图符号如下：

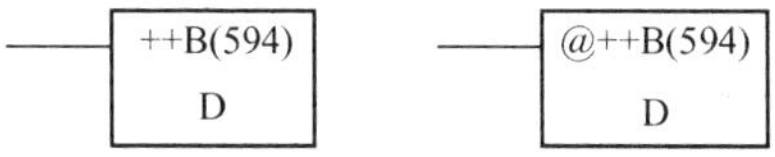

D：数据通道

操作数区域：CIO、W、H、A448～A959、T、C、D、＊D 或@D。

注意：

① 通道数据不是 BCD 码时，P_ER 置位。

② 当累加结果为 0000 时，P_EQ 置位。

③ 当运算有进位时，P_CY 置位。

④ 当通道内容为 9999，执行 ++B，通道内容将为 0000。

++B 指令的应用示例如图 3-44 所示。

图 3-44 中，当 0.10 为 ON 时，D10 的值每个扫描周期加 1；当 0.11 为 ON 时，D20 的值仅在导通后的第 1 个扫描周期加 1。

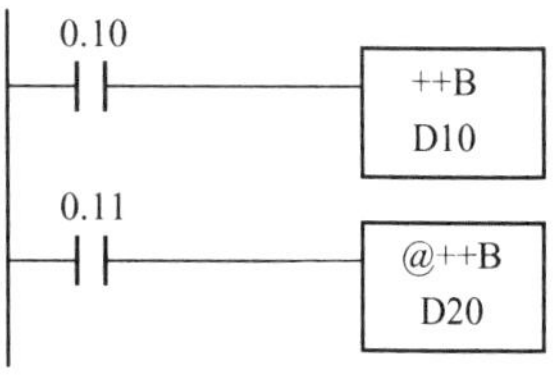

图 3-44 ++B 指令梯形图

双字 BCD 码递增指令 ++BL 的功能是将两个连续通道（即高字和低字）作为指定通道，实现 8 位 BCD 码加 1。其用法与 ++B 相似，在此不赘述。

3.9.2 BCD 码递减指令 --B/双字 BCD 码递减指令 --BL

BCD 码递减指令 --B 是将指定通道的 4 位 BCD 码内容减 1。当该 BCD 码为 0000 时，执行 --B 指令后，通道内的数据将变为 9999。--B 具有上微分型指令的特性。其梯形图符号如下：

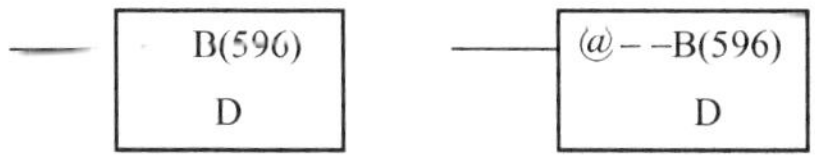

D：数据通道

操作数区域：CIO、W、H、A448～A959、T、C、D、＊D 或@D

注意：

① 通道数据不是 BCD 码时，P_ER 置位。

② 当递减结果为 0000 时，P_EQ 置位。

③ 当运算有借位时，P_CY 置位。

--B 指令的应用示例如图 3-45 所示。

图 3-45 中，当 0.12 为 ON 时，H100 的值每个扫描周期减 1；当 0.13 为 ON 时，H200 的值仅在导通后的第 1 个扫描周期减 1。

双字 BCD 码递减指令 --BL 的功能是将两个连续通道（即高字和低字）作为指定通道，实现 8 位 BCD 码减 1。其用法与 --B 相似，在此不赘述。与 BCD 码递增与递减指令类似的二进制递增指令 ++、二进制递减指令 --、双字二进制递增指令 ++L 和双字二进制递减指令 --L 的使用方法，读者可参阅资料自学。

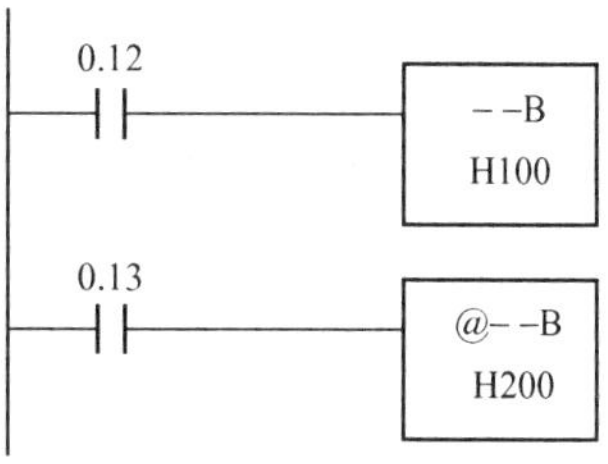

图 3-45 --B 指令梯形图

3.9.3 置进位指令 STC/清进位指令 CLC

置进位指令 STC 是将进位标志 P_CY 置为“1”；清进位指令 CLC 是将 P_CY 置为“0”。两指令都具有上微分型指令的特性。其梯形图符号如下：

STC(040)　　@STC(040)

CLC(041)　　@CLC(041)

对于使用 P_CY 或影响 P_CY 的指令，STC 和 CLC 都适用。如在执行加法或减法运算之前应执行 CLC，将 P_CY 置“0”，以免运算结果产生错误。与 P_CY 标志相关的指令见表 3-10。

表 3-10　与进位标志相关的指令表

指　　令	FUN	进位标志值的含义	
		1	0
+C/@ +C +CL/@ +CL +BC/@ +BC +BCL/@ +BCL	402 403 406 407	在加法操作中有进位	没有产生进位
-C/@ -C -CL/@ -CL -BC/@ -BC -BCL/@ -BCL	412 413 416 417	在减法操作中有借位	没有产生借位
ROL/@ ROL ROLL/@ ROLL	027 572	在移位以前，位 15 是 ON	在移位以前，位 15 是 OFF
ROR/@ ROR RORL/@ RORL	28 573	在移位以前，位 00 是 ON	在移位以前，位 00 是 OFF
SFTR/@ SFTR	084	如果向右移位：位 00 是 ON	位 00 是 OFF
		如果向左移位：位 15 是 ON	位 15 是 OFF
STC/@ STC	040	STC/@ STC 执行	—
CLC/@ CLC	041	—	CLC/@ CLC 执行
END	001	—	END 执行

3.9.4 无 CY BCD 码加法指令 +B/带 CY BCD 码加法指令 +BC

无 CY BCD 码加法指令 +B 是将 2 个通道内的 4 位 BCD 码或 2 个 4 位 BCD 码常数相加，并将和输出到结果通道中。结果超过 9999 时，产生进位将 P_CY 置 1。+B 具有上微分型指令的特性。其梯形图符号如下：

+B(404)	@+B(404)
S1	S1
S2	S2
D	D

S1：被加数通道
S2：加数通道
D：结果通道

操作数区域：
S1 和 S2：CIO、W、H、A、T、C、D、＊D、@D 或#。
D：CIO、W、H、A448～A959、T、C、D、＊D 或@D。
注意：
① 当相加的 2 个通道值有 1 个不是 BCD 码时，P_ER 置位。
② 当相加的结果产生进位时，P_CY 置位。
③ 当求和的结果是 0000 时，P_EQ 置位。
＋B 指令的应用示例如图 3-46 所示。

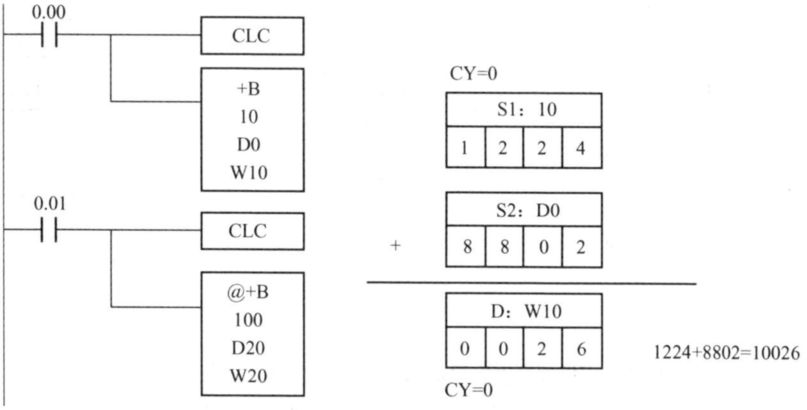

图 3-46　＋B 指令梯形图及执行结果

在图 3-46 中，当输入 0.00 为 ON 时，通道 10 和 D0 中的 BCD 码数据相加，并将计算结果 4 位 BCD 码输出到 W10。在求和的过程中若有进位，则进位标志 P_CY 置位为“1”。但 P_CY 本身不参与加法运算。

带 CY BCD 码加法指令＋BC 的功能是将 2 个通道内的 4 位 BCD 码或 2 个 4 位 BCD 码常数连同 P_CY 标志相加，并将和输出到结果通道中。＋BC 与＋B 的区别是 P_CY 本身参与加法运算，其他用法与＋B 相似，在此不赘述。

3.9.5　无 CY BCD 码减法指令－B/带 CY BCD 码减法指令－BC

无 CY BCD 码减法指令－B 是将 2 个通道内的 4 位 BCD 码或 2 个 4 位 BCD 码常数相减，所得差输出到结果通道。－B 具有上微分型指令的特性。其梯形图符号如下：

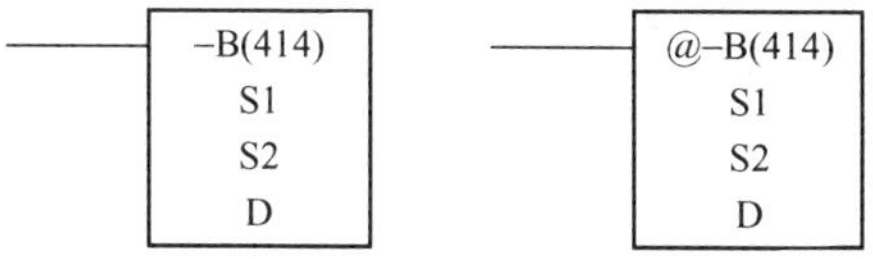

S1：被减数
S2：减数
D：结果通道

操作数区域：
S1 和 S2：CIO、W、H、A、T、C、D、＊D、@D 或#。
D：CIO、W、H、A448～A959、T、C、D、＊D 或@D。
注意：
① 相减的 2 个通道中有 1 个不是 BCD 码，P_ER 置位。

② 求差的结果是 0000 时，P_EQ 置位。

③ 相减的结果产生借位时，P_CY 置位。

④ 当相减的结果是负数时，P_CY 置位且结果通道的数值将是其十进制的补码形式。若希望得到真实值，可用常数“0000”减去结果通道的数据。

－B 指令的应用示例如图 3-47 所示。

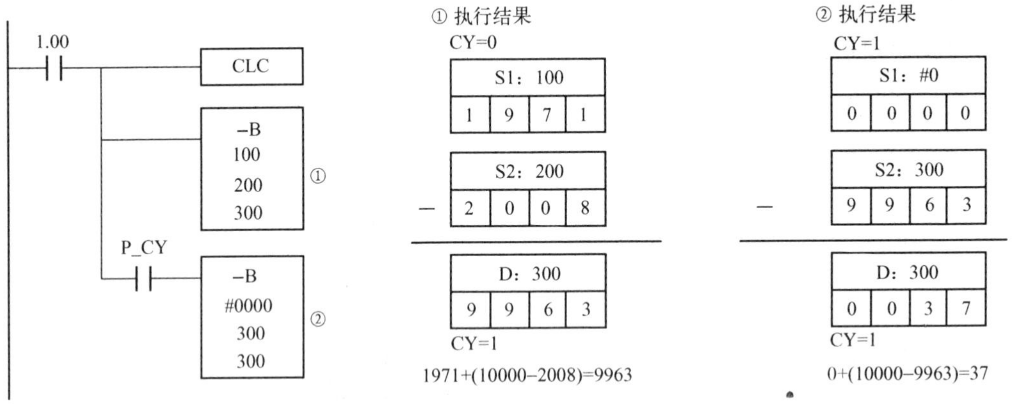

图 3-47　－B 指令梯形图及执行结果

带 CY BCD 码减法指令－BC 的功能是将 2 个通道内的 4 位 BCD 码或 2 个 4 位 BCD 码常数连同 P_CY 标志相减，并将差输出到结果通道中。结果是负数时，以十进制补码形式输出到结果通道。

－BC 与－B 的区别是 P_CY 本身参与减法运算，其他用法与－B 相似，在此不赘述。

3.9.6　BCD 码乘法指令＊B/双字 BCD 码乘法指令＊BL

BCD 码乘法指令＊B 是将 2 个 4 位的 BCD 码相乘，并将积输出到结果通道。结果需要占用 2 个通道。＊B 具有上微分型指令的特性。其梯形图符号如下：

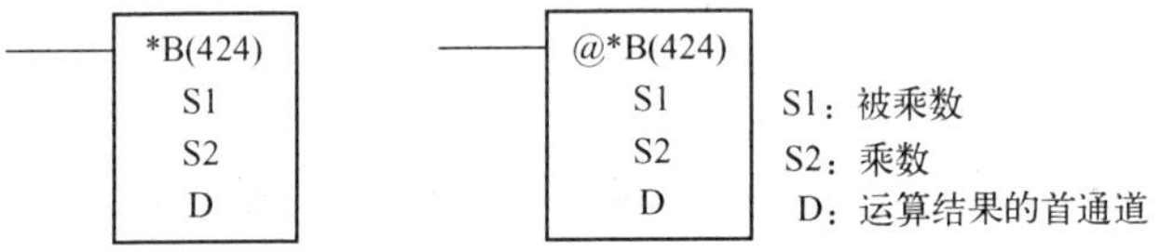

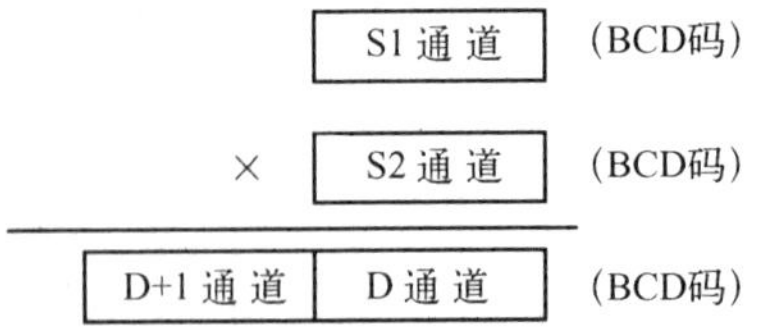

操作数区域：

S1 和 S2：CIO、W、H、A、T、C、D、＊D、@ D 或#。

D：CIO000～CIO6142、W000～W510、H000～H510、A448～A958、T0000～T4094、C0000～C4094、D00000～D32766、＊D 或@ D。

注意：

① S1 或 S2 的内容不是 BCD 码，P_ER 置位。

② 相乘的结果 D、D+1 通道值为 0 时，则 P_EQ 置位。

＊B 指令的应用示例如图 3-48 所示。

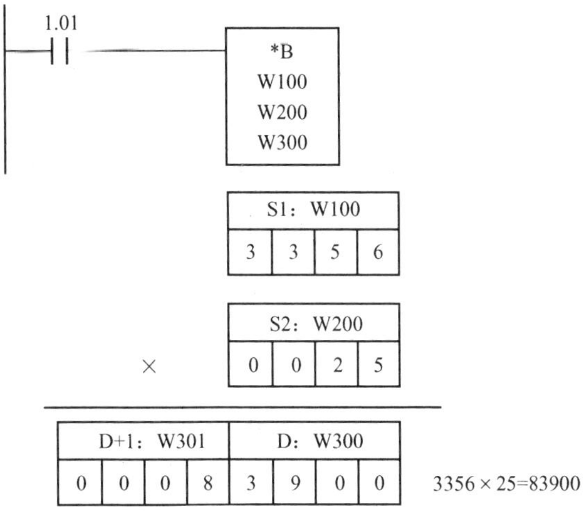

图 3-48　＊B 指令梯形图及执行结果

双字 BCD 码乘法指令＊BL 的功能是将 2 个由 2 个通道值组成的 8 位 BCD 码或 2 个 8 位 BCD 码常数相乘，并将积输出到 4 个结果通道中。＊BL 与＊B 的用法相似，在此不赘述。

3.9.7　BCD 码除法指令/B/双字 BCD 码除法指令/BL

BCD 码除法指令/B 是将 2 个通道内的 4 位 BCD 码或 2 个 4 位 BCD 码常数相除，所得商输出到结果通道。结果需占用 2 个通道，一个用于存储商，另一个用于存储余数。/B 具有上微分型指令的特性。其梯形图符号如下：

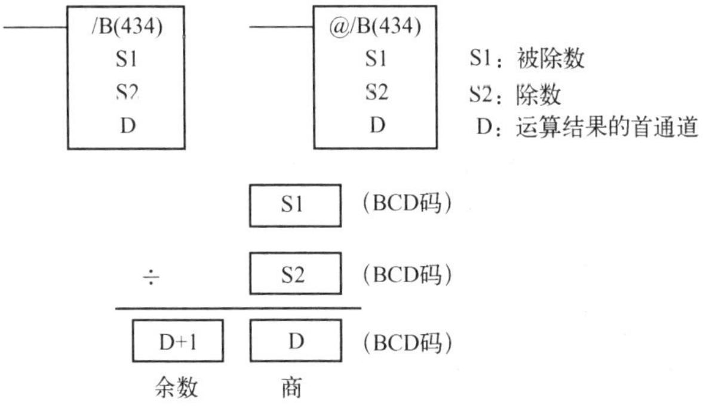

操作数区域：

S1 和 S2：CIO、W、H、A、T、C、D、＊D、@D 或#

D：CIO000～CIO6142、W000～W510、H000～H510、A448～A958、T0000～T4094、C0000～C4094、D00000～D32766、＊D 或@D。

注意：

① S1 或 S2 的内容不是 BCD 码，P_ER 置位。

② 相除的结果 D、D+1 通道值为 0 时，则 P_EQ 置位。

/B 指令的应用示例如图 3-49 所示。

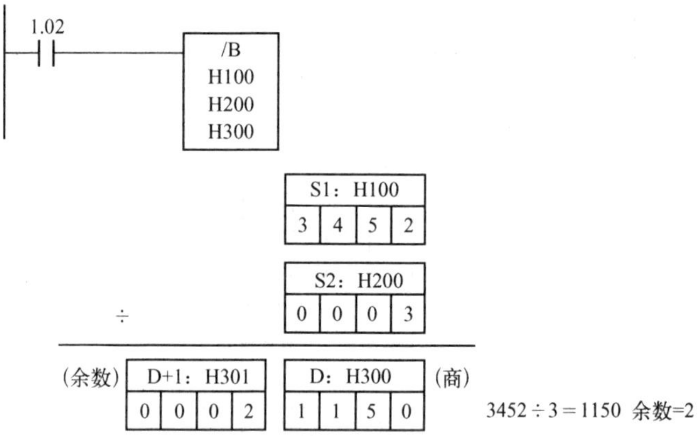

图 3-49 /B 指令的梯形图及执行结果

双字 BCD 码除法指令/BL 的功能是将 2 个由 2 个通道值组成的 8 位 BCD 码或 2 个 8 位 BCD 码常数相除，并将结果输出到 4 个结果通道中，其中 2 个用来存储商，另 2 个用来存储余数。/BL 与/B 的用法相似，在此不赘述。

3.9.8 带符号无 CY BIN 加法指令 +/ 带符号 CY BIN 加法指令 +C

带符号无 CY BIN 加法指令 + 是将 2 个通道值或 2 个 16 位的二进制常数相加，并将结果输出到指定通道。若和大于 FFFFH 时，进位标志 P_CY 置“1”。+具有上微分型指令的特性。其梯形图符号如下：

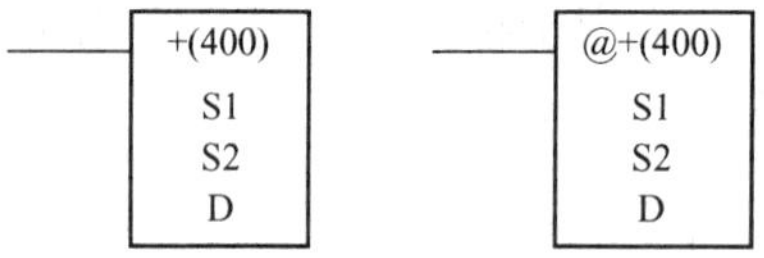

S1：被加数

S2：加数

R：运算结果的首通道

操作数区域：

S1 和 S2：CIO、W、H、A、T、C、D、*D、@D 或#。

D：CIO、W、H、A448～A959、T、C、D、*D 或@D。

注意：

① 当运算结果 > FFFFH 时，P_CY 置位。

② 当运算结果为 0 时，P_EQ 置位。

③ 当运算结果 > 32767（7FFF），P_OF 置位。

④ 当运算结果 < -32768（8000），P_UF 置位。

⑤ 当运算结果通道的 15 位置 1，P_N 置位。

+指令的应用示例如图 3-50 所示。

带符号 CY BIN 加法指令 +C 的功能是将 2 个通道值或 2 个的 16 位二进制常数连同 P_CY 标志位相加，并将和输出到结果通道中。+C 与 + 的区别是 P_CY 本身参与加法运算，其他用法与 + 相似，在此不赘述。

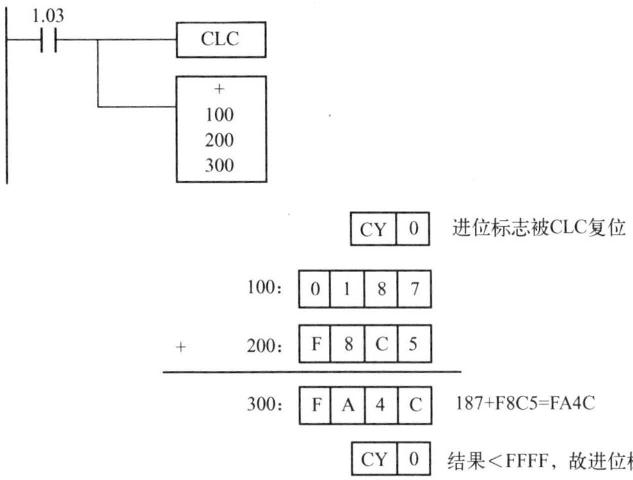

图 3-50　+指令的梯形图及执行结果

3.9.9　带符号无 CY BIN 减法指令 –/ 带符号 CY BIN 减法指令 – C

带符号无 CY BIN 减法指令 – 是将 2 个通道值或 2 个 16 位二进制常数相减，并将结果送至指定通道。当结果是负数时，P_CY 将置“1”，同时结果是二进制的补码形式。– 具有上微分型指令的特性。其梯形图符号如下：

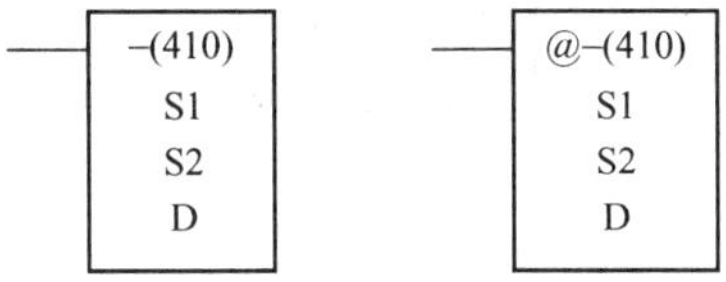

S1：被减数

S2：减数

D：运算结果的首通道

操作数区域：

S1 和 S2：CIO、W、H、A、T、C、D、＊D、@ D 或#。

D：CIO、W、H、A448 ~ A959、T、C、D、＊D 或@ D。

注意：

① 当运算结果为负数时，P_CY 置位。

② 当运算结果为 0 时，P_EQ 置位。

③ 当运算结果 >32767（7FFF），P_OF 置位。

④ 当运算结果 < –32768（8000），P_UF 置位。

⑤ 当运算结果通道的 15 位置 1，P_N 置位。

– 指令的应用示例如图 3-51 所示。

当相减的结果是负数时，CY 置位且结果通道的数值将是其二进制的补码形式，因此若希望得到真实值，可用常数“0000”减去结果通道的数据。

带符号 CY BIN 减法指令 – C 的功能是将 2 个通道值或 2 个的 16 位二进制常数连同 P_CY 标志位相减，并将差输出到结果通道中。– C 与 – 的区别是 P_CY 本身参与减法运算，其他用法与 – 相似，在此不赘述。

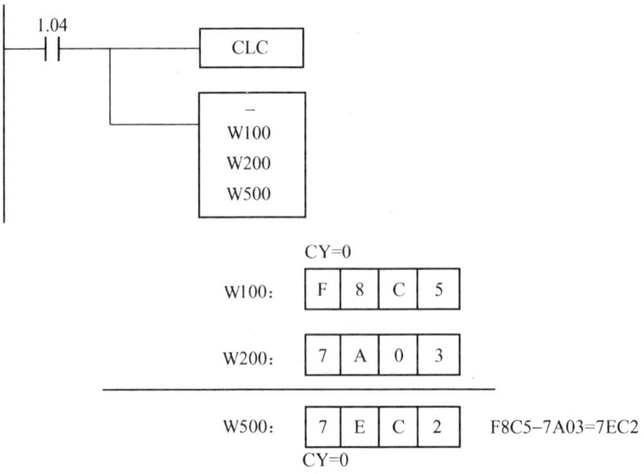

图 3–51　–指令的梯形图及执行结果

3.9.10　带符号 BIN 乘法指令＊/带符号双字 BIN 乘法指令＊L

带符号 BIN 乘法指令＊是将 2 个通道值或 2 个 16 位二进制常数相乘，结果为 32 位二进制数（占 2 个通道）送到指定通道。＊具有上微分型指令的特性。其梯形图符号如下：

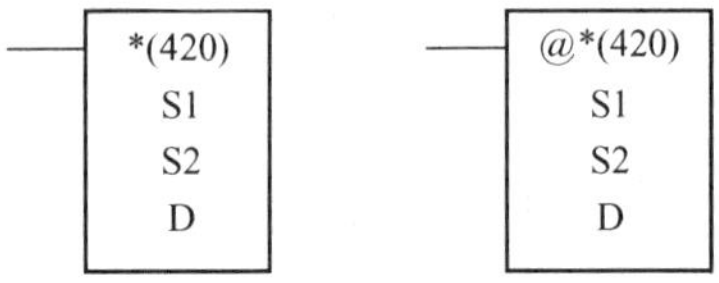

S1：被乘数

S2：乘数

DD：运算结果的首通道

操作数区域：

S1 和 S2：CIO、W、H、A、T、C、D、＊D、@D 或#。

D：CIO000～CIO6142、W000～W510、H000～H510、A448～A958、T0000～T4094、C0000～C4094、D00000～D32766、＊D 或@D。

注意：

① 当运算结果为 0 时，P_EQ 置位。

② 当 D+1 通道的 15 位为 1 时，P_N 置位。

＊指令的应用示例如图 3–52 所示。

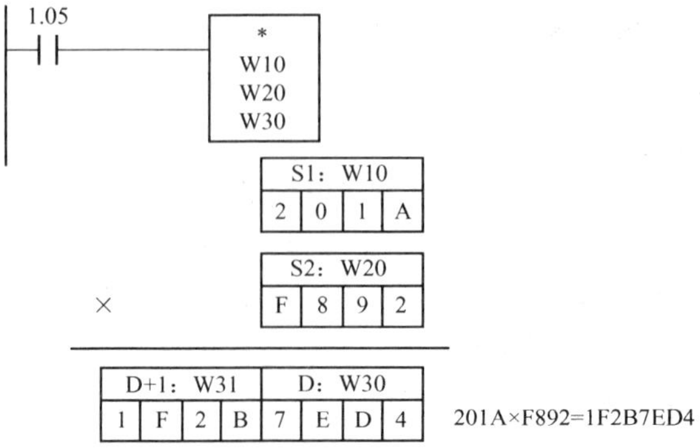

图 3–52　＊指令的梯形图及执行结果

带符号双字 BIN 乘法指令 *L 的功能是将 2 个由 2 个通道值组成的 32 位二进制数或 2 个 32 位二进制常数相乘，并将积输出到 4 个结果通道中。*L 与 * 的用法相似，在此不赘述。

3.9.11 带符号 BIN 除法指令//带符号双字 BIN 除法指令/L

带符号 BIN 除法指令/是将 2 个通道值或 2 个 16 位的二进制常数相除，并将结果送到指定的 2 个通道，分别存放商和余数，且二者均是 16 位二进制数。/具有上微分型指令的特性。其梯形图符号如下：

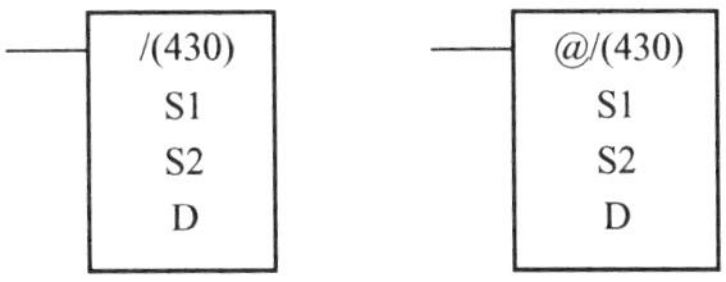

S1：被除数
S2：除数
D：运算结果的首通道

操作数区域：

S1 和 S2：CIO、W、H、A、T、C、D、*D、@D 或#。

D：CIO0000 ~ CIO6142、W000 ~ W510、H000 ~ H510、A448 ~ A958、T0000 ~ T4094、C0000 ~ C4094、D00000 ~ D32766、*D 或@D。

注意：

① 通道 S2 的值为 0 时，P_ER 置位。

② 当商为 0 时，P_EQ 置位。

③ 当通道 D 的 15 位为 1 时，P_N 置位。

/指令的应用示例如图 3-53 所示。

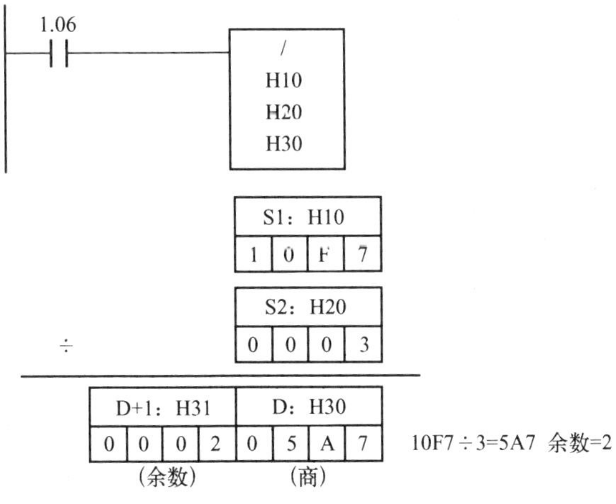

图 3-53 /指令的梯形图及执行结果

带符号双字 BIN 除法指令/L 的功能是将 2 个由 2 个通道值组成的 8 位二进制数或 2 个 8 位二进制常数相除，并将结果输出到 4 个结果通道中，其中 2 个用来存储商，另 2 个用来存储余数。/L 与/的用法相似，在此不赘述。

其他四则运算指令其用法请参见相关手册，本书不赘述。

3.10 思考题

1. 一个抽水泵的自动控制示意图如图 3-54 所示，它自动抽水到储水塔。其控制要求如下：

① 若液位传感器 YW1 检测到地上的蓄水池有水，并且 YW2 检测到储水塔未达到满水位时，抽水泵电动机运行，抽水到储水塔。

② 若 YW1 检测到蓄水池无水，电机停止运行，同时指示灯亮。

③ 若 YW3 检测到储水塔水满时（高于上限），电动机停止运转。

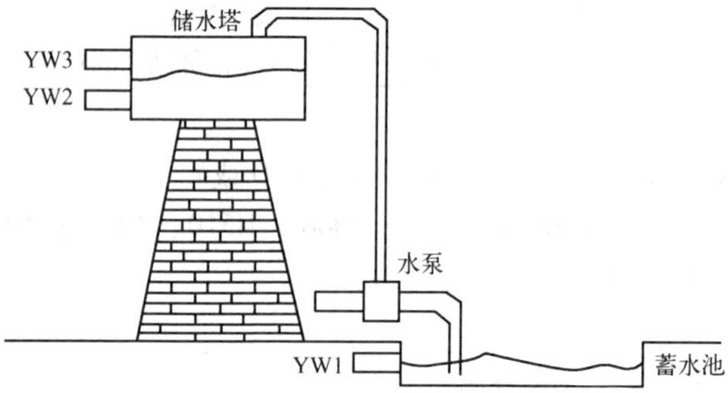

图 3-54　抽水泵自动控制示意图

2. 设计楼梯照明灯控制程序。

① 楼上、楼下各有一只开关共同控制一盏照明灯，要求两只开关均可对灯的状态（亮或熄）进行控制。

② 若在三个地点，分别各用一只开关共同控制一盏照明灯，要求三只开关均可对灯的状态（亮或熄）进行控制。

3. 某抢答比赛，儿童三人参赛且其中任一人按按钮就可以抢得，学生一人组队。教授二人参加比赛且二人同时按按钮才能抢得。主持人宣布开始后方可按抢答按钮。主持人台设复位按钮，抢答及违例由各分台灯指示。有人抢得时有幸运彩球转动，违例时有报警声。设计该抢答器程序。

4. 利用定时器指令编写产生连续方波信号发生器的控制程序。

控制要求：以 0 通道为输入信号通道，选取 1 个输入点作为方波信号发生器的启动开关；以 101 通道为输出信号通道，任意选取 1 个输出点作为方波信号发生器的输出。该方波的周期为 4 s，占空比为 5∶3。

5. 利用计数器指令编写 1 个按钮控制 3 个灯的控制程序。

控制要求：以 0 通道为输入信号通道，选取 1 个输入点作为按钮；以 101 通道为输出信号通道，选取 3 个输出点分别作为 1～3#灯。按钮按三下，1#灯亮，再按一下，2#灯亮且1#灯灭；再按两下，3#亮且 2#灯灭；再按一下，三个灯全亮，2s 后全部熄灭，如此循环反复。

6. 三台电机相隔 5 s 启动，各运行 5 s 停止，循环往复。

7. 设计多级传送带控制程序，其结构如图 3-55 所示。

控制要求：以 0 通道为输入信号通道，选取 4 个输入点分别作为 1#启动开关和 1～3#停止开关；101 通道为输出信号通道，选取 3 个输出点分别作为 1～3#传送带电动机运行启动信号。具体动作关系如下：

① 1#启动后 2 s，2#启动；2#启动后 3 s，3#启动。

② 1#停车，2 s 后 2#停车；2#停车后 6 s，3#停车。

③ 2#停车，1#立即停车；3 s 后 3#停车。

④ 3#停车，1#和 2#立即停车。

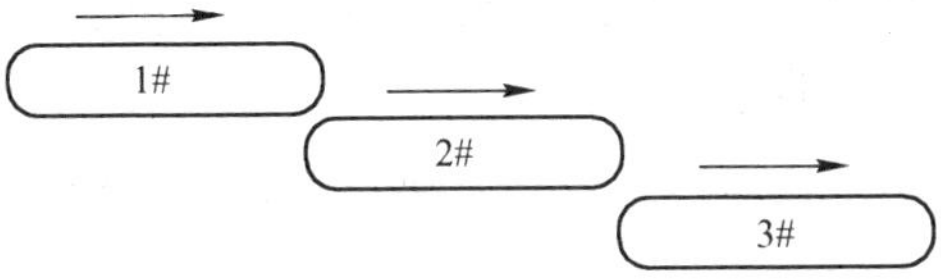

图 3-55　多级传送带示意图

8. 设计一个节日礼花弹引爆程序。礼花弹用电阻点火引爆器引爆，采用 PLC 控制，要求编制以下两种控制程序。

① 1～12 号礼花弹，每个引爆间隔为 0.1 s；13～14 号礼花弹，每个引爆间隔为 0.2 秒。

② 1～4 号礼花弹引爆间隔为 0.1 s，引爆完后停 10 s，接着 5～8 号礼花弹引爆，间隔 0.1 s，引爆完后又停 10 s，接着 9～12 号礼花弹引爆，间隔 0.1 s，引爆完后再停 10 s，接着 13～16 号礼花弹引爆，间隔 0.1 s。

9. 检测乒乓球的质量时，按下启动按钮将乒乓球从某一固定高度垂直释放，球每次落地弹起都可检测到一个输入脉冲，弹起 10 次者认定为合格品，检测到合格品灯亮；检测到次品蜂鸣器报警 2 s。按下停止按钮复位。当相邻两次反弹的时间间隔小于 0.5 s 时，认定测试结束，可做质量判断。编写控制梯形图。

10. 利用比较指令 CMP 编写全通全断叫响提示控制程序。

控制要求：用 3 个开关控制 1 个信号灯，实现 3 个开关全为 ON 时，信号灯亮；3 个开关全为 OFF 时，信号灯也亮。以 0 通道为输入信号通道；以 101 通道为输出信号通道。

11. 利用 7 段译码指令 SDEC 编写 1 位 BCD 码显示程序。

控制要求：用 10 个按钮控制一位 BCD 码显示。当按下 0 位按钮时，数码显示 0，按下 1 时，数码显示 1，……，按下 9 时，数码显示 9。以 0 通道为输入信号通道；以 101 通道为数码管显示通道。

12. 利用微分指令与运算指令编写会场人数统计程序。

控制要求：以 0 通道为输入信号通道；以 101～103 通道为数码管显示通道。会场布置如图 3-56 所示。该会场设出入口各一个，且分别安装了 1 个光电检测器 A 和 B，用以统计进出某会场的人数。将光电检测器 A、B 检测到的两路信号送入 PLC 的输入单元，当有人进出时就会遮住光信号，假设当光信号被遮挡时，PLC 输入信号为“1”，否则为“0”。若该会场总共可容纳 108 人，统计已到会场的宾客数，并实时显

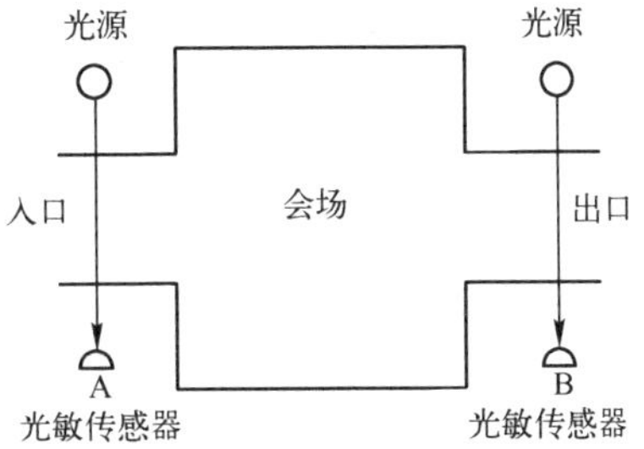

图 3-56　会场布置示意图

示会场中的空座位数。

13. 设计转速检测程序，要求按下启动按钮使圆盘转动，圆盘每旋转一周由光电开关产生 6 个输入脉冲，每转三周就停转 8 s，然后再次旋转，如此循环往复。若圆盘转速超过 60°/s，则产生蜂鸣器报警 2 s，圆盘停转。

14. 利用 PLC 对自动售货机进行控制，根据以下控制要求，编写梯形图程序。I/O 分配见表 3-11。

① 此售货机可投入 1 元、5 元、10 元钱币。

② 当投入的钱币总值超过 12 元时，汽水按钮指示灯亮；又当投入的钱币总值超过 15 元时，汽水及咖啡按钮指示灯都亮。

③ 当汽水按钮指示灯亮时，按汽水按钮，则汽水排出 7 s 后自动停止。这段时间内，汽水指示灯闪动。

④ 当咖啡按钮灯亮时，按咖啡按钮，则咖啡排出 7 s 后自动停止。这段时间内，咖啡指示灯闪动。

⑤ 若投入钱币总值超过按钮所需的钱数（汽水 12 元，咖啡 15 元）时，找钱指示灯亮，表示找钱动作，并退出多余的钱。

表 3-11　I/O 分配表

输入点		输出点	
地址	注释	地址	注释
0.00	1 元识别口	101.00	开启咖啡出口
0.01	5 元识别口	101.01	开启汽水出口
0.02	10 元识别口	101.02	咖啡指示灯亮
0.03	咖啡按钮	101.03	汽水指示灯亮
0.04	汽水按钮	101.04	找钱指示灯亮
0.05	计数手动复位		

第 4 章　CX – ONE 编程工具软件

4.1　CX – One 软件综述

4.1.1　CX – One 软件安装方法

CX – One 集成了 OMRON 的 PLC 和 Components 的支持软件，提供了一个基于 CPS（Component and Network Profile Sheet）的集成开发环境，可以在 IO 表内设定 CPU 总线单元和特殊单元，不需要手动设定和配置内存地址。CX – One 软件中的 CPU 总线单元和特殊单元设定可在线和实际 PLC 的 CPU 总线单元和特殊单元设定进行比较，将不符合的标出。软件支持的语言有英文和日文，CX – Programmer 组件支持中文。

CX – One 软件的安装环境说明见表 4–1。

表 4–1　CX – One 软件的安装环境一览表

CX – One 版本	安装环境说明
CX – One 1.0/2.0	Windows 98SE/ME/NT4.0（Service Pack6a）/2000（Service Pack3 以上）/XP
CX – One 3.0	Windows 2000（Service Pack4 以上）/XP/Vista 32 位
CX – One 4.0	Windows 2000（Service Pack4 以上）/XP/Vista/7 32 位
CX – One 4.1	Windows 2000（Service Pack4 以上）/XP/Vista/7 32 位/64 位

下面以 64 位 Windows 7 系统安装环境为例简述 CX – One 的安装过程，在其他许可安装环境下的安装方法与此类似。

CX – One 安装盘共有 3 张，首先将 Disk1 安装盘插入 CD – ROM 中，系统会自动弹出“请选择安装语言的种类”对话框，如图 4–1 所示，在下拉列表中选择“简体中文”后单击“确定”按钮，启动安装程序，进入检查操作系统版本界面，如图 4–2 所示。

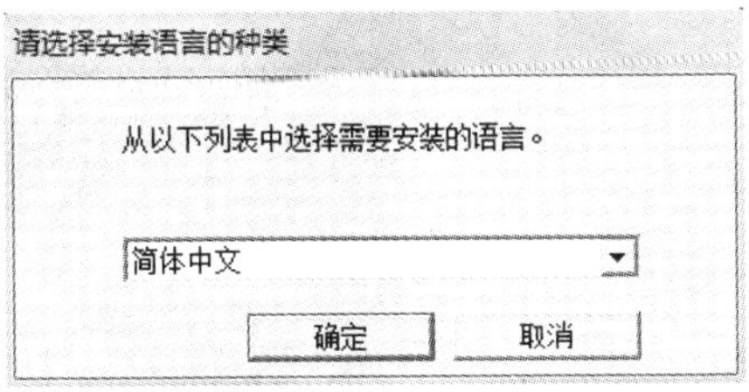

图 4–1　CX – One 安装语言对话框

该操作自动完成后进入如图 4–3 所示的画面，提示用户部分应用程序是英文环境。单击“确定”按钮进入软件安装向导，如图 4–4 所示。

单击“下一步（N）”按钮，出现“软件许可证协议”对话框，单击“我接受许可证协议中的条款（A）”选项，出现“用户信息”对话框，如图 4–5 所示。填写用户信息及 4 段共 16 位序列号后，再单击“下一步（N）”按钮，出现“地域信息”对话框，默认选择“中国”，单击“下一步（N）”按钮，则出现“选择目的地位置”对话框，如图 4–6 所示，软件安装在默认路径“C:\Program Files(x86)\OMRON\CX – One”下。用户可以单击“浏览（R）”按钮来更改安装路径。

图 4-2　检查操作系统版本

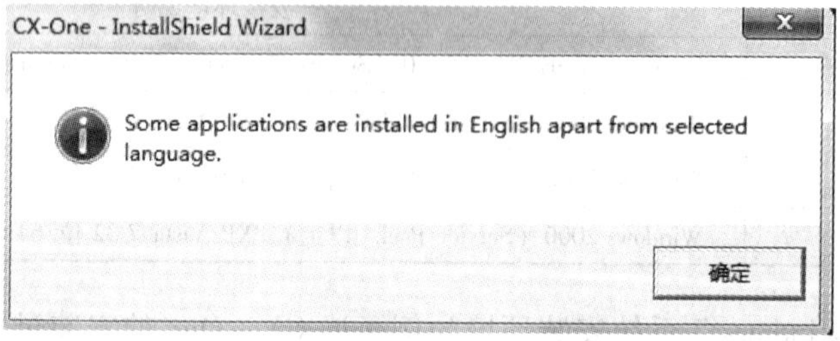

图 4-3　提示信息

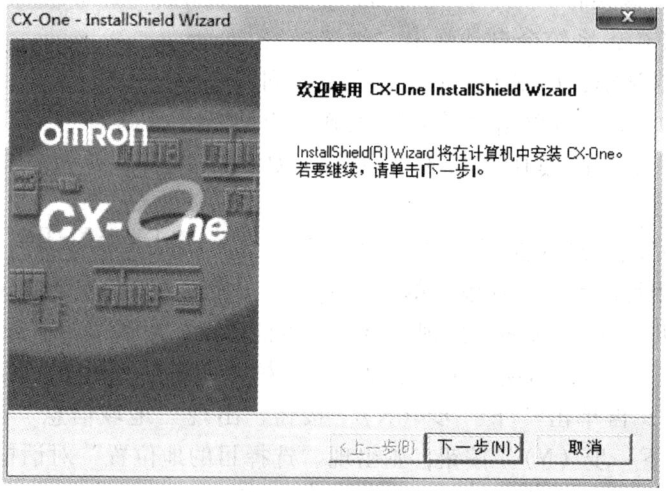

图 4-4　CX－One 安装向导

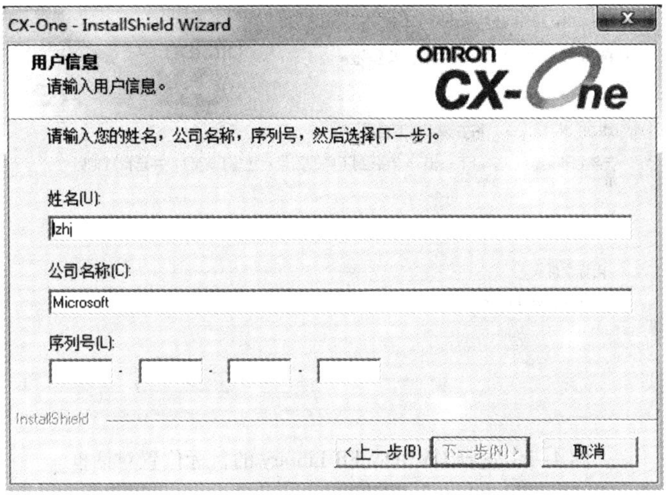

图 4-5　用户和许可信息对话框

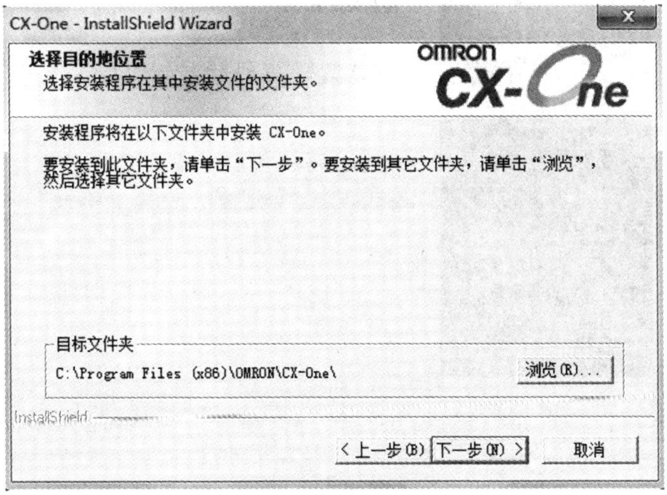

图 4-6　安装路径对话框

安装路径确定后，再单击“下一步（N)”按钮，出现“选择安装类型”对话框，默认选择“完全”安装，即所有的 CX - One 应用程序组件都将被安装。单击“下一步（N)”按钮，出现“选择 OMRON FB Library 的目标位置”对话框，如图 4-7 所示，用户决定选用默认安装路径或者改变安装路径后，单击“下一步（N)”按钮，并指定默认的安装文件夹后，出现“安装向导已就绪”对话框，单击“安装”按钮后开始安装软件，依次出现图 4-8a、b 所示画面。

Disk1 安装完毕后会出现如图 4-9 所示的对话框，此时从 CD - ROM 中取出 Disk1，将 Disk2 安装盘插入 CD - ROM 中，单击“确定”按钮，安装继续进行。当 Disk2 安装完毕后，出现如图 4-10 所示的对话框，此时从 CD - ROM 中取出 Disk2，放入 Disk3，单击“确定”按钮，安装继续进行，Disk3 安装完毕后，出现“在 CX-Programmer 中选择梯形图编程方式”对话框，如图 4-11 所示，默认选择“单键式输入”，单击“下一步（N)”按钮，出现如图 4-12 所示画面，单击“完成”按钮，至此完成 CX - One 软件的安装。

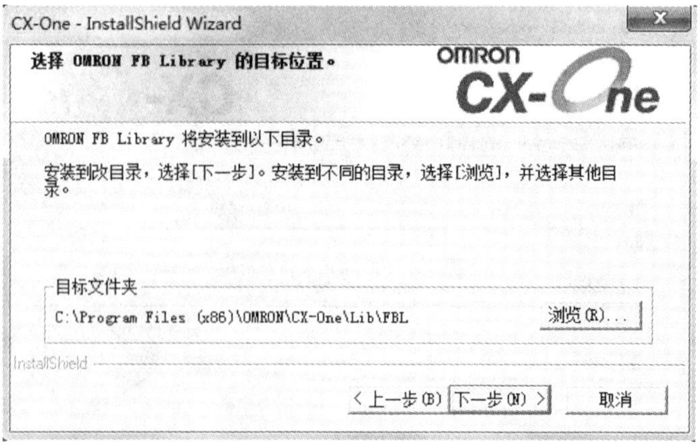

图 4-7　选择 OMRON FB Library 的目标位置对话框

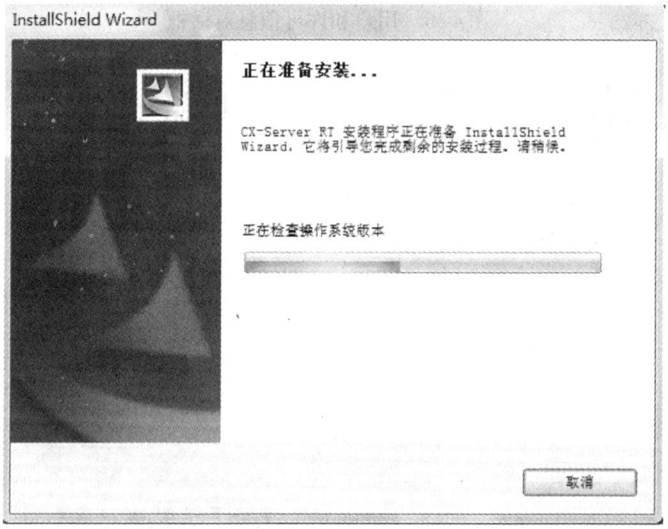

a)

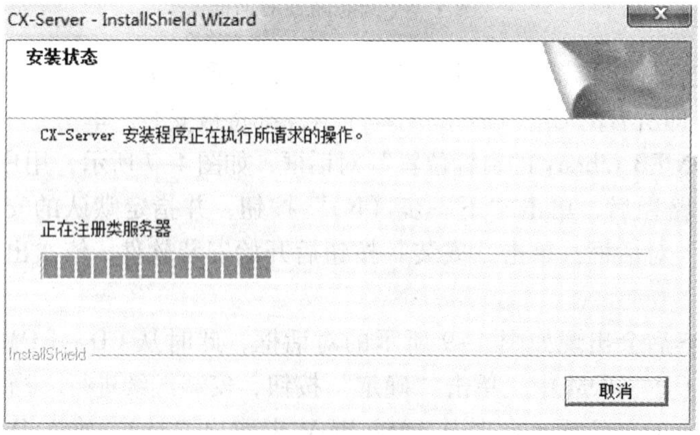

b)

图 4-8　CX－One 安装示意图

a）准备安装　b）安装状态

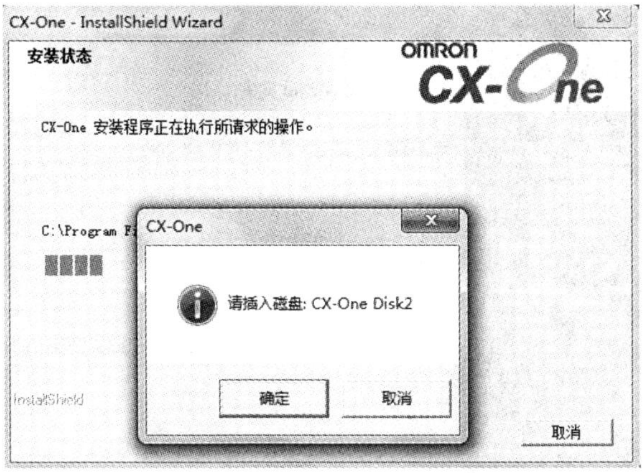

图 4-9　Disk1 安装完毕

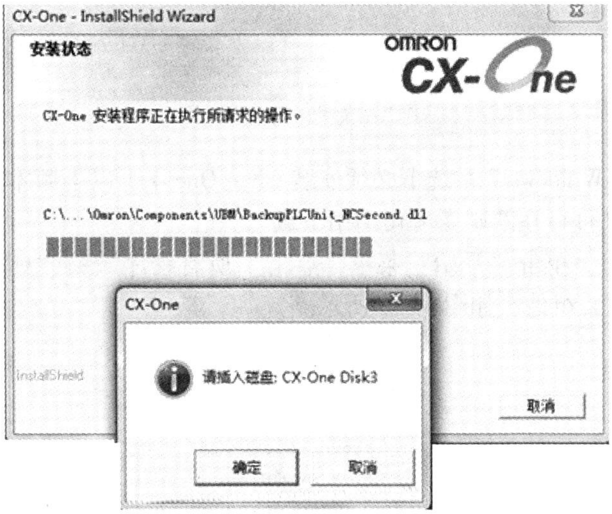

图 4-10　Disk2 安装完毕

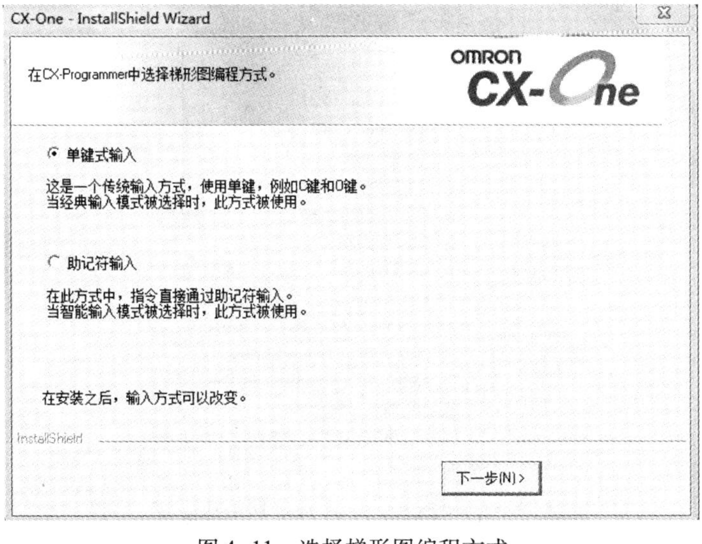

图 4-11　选择梯形图编程方式

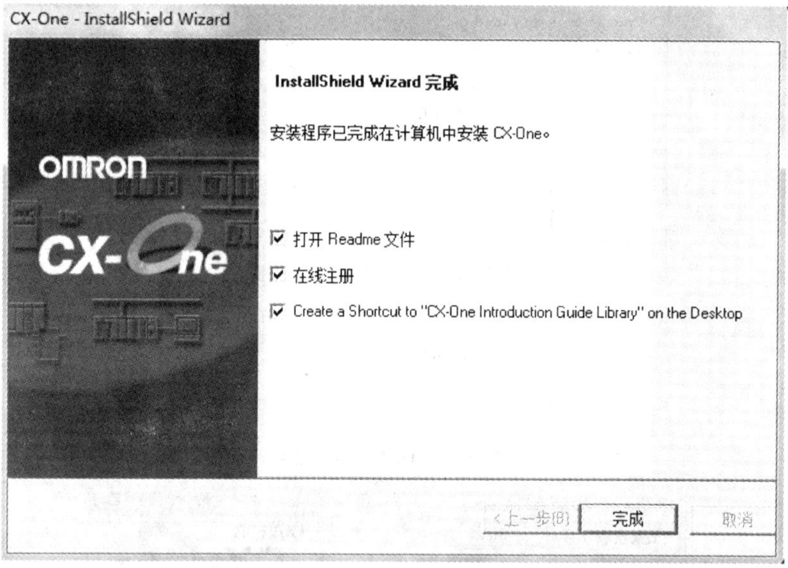

图 4-12　安装结束画面

注意：在 64 位 Windows 7 系统下必须安装 CX - One 4.1 以上版本，否则需要单独安装系统驱动文件，该文件可在欧姆龙公司网站下载。

软件安装完毕后，单击“开始”菜单，点击“所有程序”→“OMRON”，将显示所有 CX-One 软件中的主要组件，如图 4-13 所示。

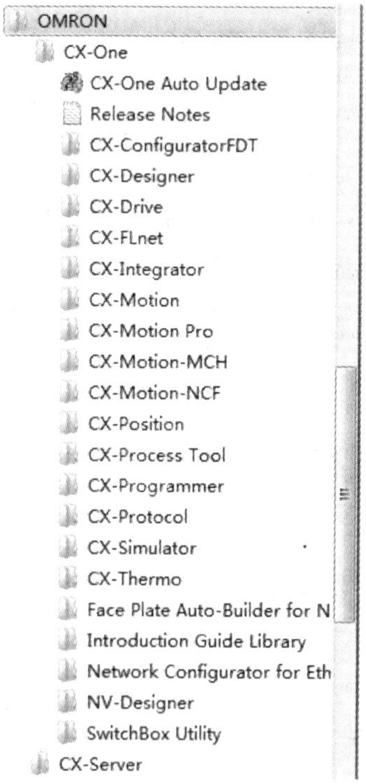

图 4-13　CX - One 软件中的组件概览

4.1.2 CX－One 组件功能

1. CX－Configurator FDT

FDT 是现场设备工具（Field Device Tool）的缩写，是一种开放、独立、公开的软件接口规范。任何一种通信协议都可以使用该技术。CX－ConfiguratorFDT 是欧姆龙公司基于 FDT 技术的高级多协议网络配置工具，可支持欧姆龙和第三方厂家的现场设备。基于 FDT 标准，来自不同制造商的 DTM（设备类型管理器）都能实现无缝集成。CX－Configurator FDT 主要完成的是 Profibus 网络和 CompoNet 网络的配置、设置和调试。

2. CX－Designer

支持 NS 系列可编程终端，主要功能是创建、传送欧姆龙 NS 系列触摸屏的参数、画面数据和接收屏幕数据。

3. CX－Drive

支持变频器/伺服驱动器，主要功能是编辑和设定变频器和伺服驱动器的参数。

4. CX－FLnet

支持欧姆龙 CS/CJ 系列 FL-net 单元，主要完成 FL-net 单元的参数编辑和传送、校验也可以监视该网络中的单元状态。

5. CX－Integrator

主要完成欧姆龙网络（包括以太网控制器网络现场总线 DeviceNet、CompNET）和串口通信的配置与调试工作。支持的网络有 Controller Link、以太网、Devicenet、Compoway/F、NTLink。

6. CX－Motion

主要针对运动控制单元 MC 进行系统参数的设定、编辑和监控，可以创建和编辑位置数据并进行 G 语言程序的编写。

7. CX－Motion Pro

CX－Motion Pro 是一个为运动控制设备的开发提供完整解决方案的软件工具。该软件提供的工具可以用来开发运动控制设备的应用程序、完成设备配置，还可以实现设备与监视器之间的通信，在线调试应用程序等。

8. CX－Motion－MCH

主要针对运动控制单元 MCH 进行系统参数的设定、编辑和监控，可以创建和编辑位置数据并进行 MCH 专用语句的编写。

9. CX－Motion－NCF

主要针对位置控制单元 NCF 进行系统参数的设定、编辑和监控，可以创建和编辑位置数据。

10. CX－Position

CX－Position 对位置控制单元 NC 的参数和数据进行设置、传送以及定位序列的编写，还可以监视显示当前位置、脉冲数、错误代码和 I/O 状态等。

11. CX－Process Tool

创建、传送、运行和调试回路控制板/单元的功能块。应用于回路控制板（LCB）和回路控制单元（LCU）的简易工程解决方案。

12. CX－Programmer

主要用来完成欧姆龙 PLC 单机系统应用程序的编写、调试、运行，以及 PLC 内存数据区的监控和设置、编辑等。

13. CX－Protocol

欧姆龙 PLC 通过协议宏单元（PMSU）以 RS－232C 或 RS－485/422 方式对外围设备发送或接收数据。CX－Protocol 用来实现 PLC 与第三方设备通信时协议序列的编写和调试。

14. CX－Simulator

配套 CX－Programmer 完成某些 PLC（CS、CJ、CP1H）的模拟仿真调试，允许实际系统组装之前，在单个 PLC 中进行调试。减少了系统开发所需的总时间。

15. CX－Thermo

完成对欧姆龙大多数温控器的参数的设置、读取、写入以及监视功能。

16. Face Plate Auto－builder for NS

根据 CX－Process 生成的 CSV 的标签文件自动为回路控制器创建出标准画面的 NS 项目。

17. Network Configurator for EtherNetIP

主要完成的是 EtherNet/IP 网络的配置、设置和调试。

18. NV_Designer

支持 NV 系列可编程终端，主要功能是创建、传送欧姆龙 NV 系列触摸屏的参数、画面数据和接收屏幕数据。

19. SwitchBox Utility

配套 PLC 模拟仿真调试时对 PLC 内部数据区的读取和修改。

4.2 梯形图编辑实例

本节以三相异步电动机的双向运转手动控制为例，介绍 CX－One 软件包中 CX－Programmer 梯形图编程工具软件的使用方法。

4.2.1 工作原理及 PLC 控制方案

三相异步电动机的双向运转手动控制电路图如图 4-14 所示，其中图 4-14a 是主回路，图 4-14b 是继电器—接触器控制电路。

图 4-14b 中，正向启动按钮 SB1、反向启动按钮 SB2、停止按钮 SB3 和热继电器 KH 动断辅助触点是输入元件，交流接触器 KM1、KM2 线圈是输出元件。输入、输出信号间的逻辑关系（即串联、并联关系）是由实际的布线来实现的，具体控制过程如下：

首先闭合主回路开关 QS，对主回路、控制电路供电；电动机停止时，按下正向启动按钮 SB1，线圈 KM1 得电，主回路中常开主触点 KM1 闭合，电动机 M 得电启动正向运转，同时，控制电路中的辅助触点 KM1 闭合，实现自锁；正向启动按钮 SB1 断开后，接触器 KM1 仍然保持接通状态；电动机停止时，按下反向启动按钮 SB2，线圈 KM2 得电，主回路中常开主触点 KM2 闭合，电动机 M 得电启动反向运转，同时，控制电路中的辅助触点 KM2 闭合，实现自锁；反向启动按钮 SB2 断开后，接触器 KM2 仍然保持接通状态。按下停止按钮

SB3，线圈 KM1 或者 KM2 失电，主回路中常开主触点 KM1 或者 KM2 断开，电动机 M 失电停止运转，控制电路中的辅助触点 KM1 或者 KM2 断开，解除自锁。

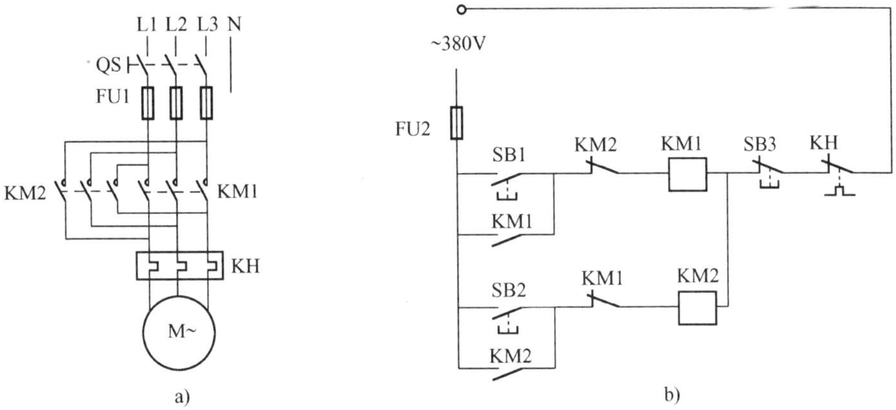

图 4-14　三相异步电动机双向运转起动/停止电路

a）主回路　b）控制电路

当电动机运行过程中电流过大时，控制电路中的动断辅助触点 KH 断开，线圈 KM1 或者 KM2 失电，主回路中常开主触点 KM1 或者 KM2 断开，电动机失电停止运转，以实现对电动机的过载保护。控制电路中有正、反转互锁，实现电路的保护。

图 4-14a 所示的主回路保持不变，由 PLC 来完成电动机的双向运转手动控制功能。选取欧姆龙小型机 CP1H－XA40DR－A 型 PLC 为控制器，其 I/O 分配过程如下：

在图 4-14b 所示的控制电路中，正向启动按钮 SB1、反向启动按钮 SB2、停止按钮 SB3 和热继电器 KH 动断辅助触点是输入元件，分别接入 CP1H PLC 的输入继电器 0.00、0.01、0.02、0.03；交流接触器线圈 KM1、KM2 是输出元件，分别接入 CP1H PLC 的输出继电器 100.00、100.01，地址分配表见表 4-2。

表 4-2　I/O 地址分配表

输入元件			输出元件		
名　称	地　址	注　释	名　称	地　址	注　释
SB1	0.00	正向起动按钮	KM1	100.00	电动机正转
SB2	0.01	反向起动按钮	KM2	100.01	电动机反转
SB3	0.02	停止按钮			
KH	0.03	热继电器			

根据表 4-2 中的 I/O 地址分配，确定 PLC 的外部接线图如图 4-15 所示。将图 4-14b 所示控制电路转换成 PLC 梯形图程序，转换后的梯形图如图 4-16 所示。需特别注意的是，由于此前是将停止按钮 SB3 和热继电器 KH 的动断型触点接入了 CP1H 的输入端，CP1H 一旦上电执行图 4-16 的梯形图程序，输入继电器 0.02 和 0.03 将立即接通，电动机则无法启动。因此，在图 4-16 的梯形图程序中应调用 0.02 和 0.03 的常开触点，控制逻辑才正确。更正后的梯形图如图 4-17 所示。

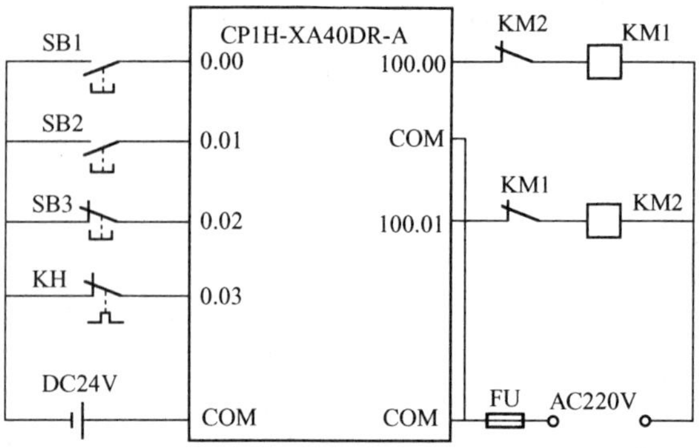

图 4-15　PLC I/O 接线图

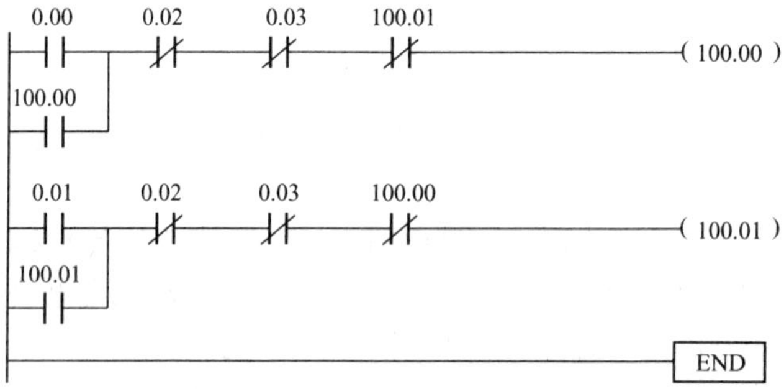

图 4-16　电动机双向运转手动控制梯形图（直接翻译）

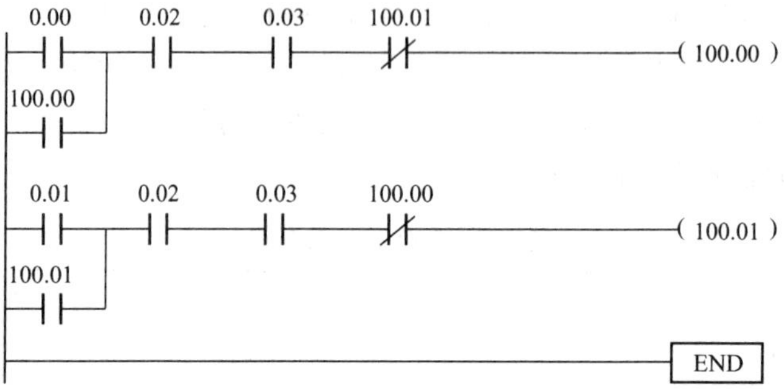

图 4-17　电动机双向运转手动控制梯形图（修改后）

4.2.2　CX－Programmer 编程工具使用方法

梯形图程序的编写、传送、运行和调试需要在 CX－One 软件中的 CX－Programmer 组件中进行，具体操作步骤如下：

第 1 步：启动 CX－Programmer 软件。

首先在 Windows 环境下启动 CX－Programmer 软件，进入 CX－Programmer 程序窗口，如图 4-18、图 4-19 所示。

单击工具栏中的“新建”图标，出现如图 4-20a 所示对话框。“设备名称”可以由用户自行定义，也可默认为“新 PLC1”。“设备类型”根据用户使用的 PLC 在下拉列表中选择，这里选择“CP1H”，单击列表右侧的“设定（S）”按钮，弹出如图 4-20b 所示对话框，选择 PLC 的 CPU 型号，如 CP1H 的 CPU 类型可以选“X”、“XA”或“Y”型，这里选择“XA”型。上位计算机和 PLC 通过 USB 端口通信，则“网络类型”选“USB”。单击右侧的“设定（E）”按钮，弹出如图 4-20c 所示对话框，选择“FINS 目标地址”（系统默认为网络“0”，节点“0”）。单击“确定”按钮后，进入到 CX－Programmer 编程环境，如图 4-21 所示。

图 4-18 启动 CX－Progrmmer 软件

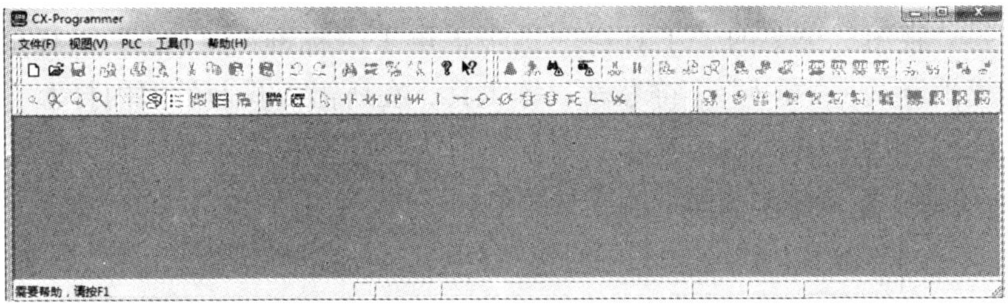

图 4-19 CX－Programmer 程序窗口

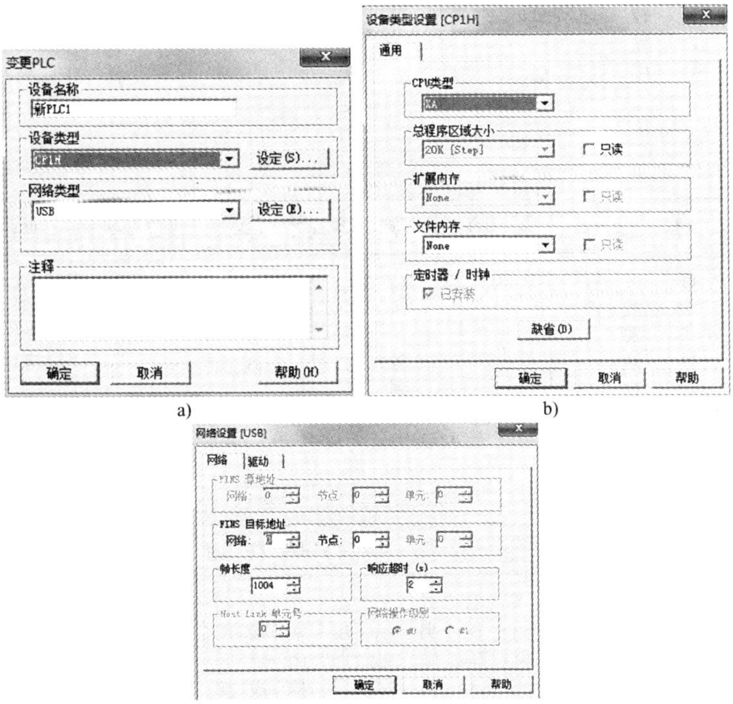

a）　　b）　　c）

图 4-20 配置 PLC 设备

a）变更 PLC 对话框　b）设备类型设置对话框　c）网络设置对话框

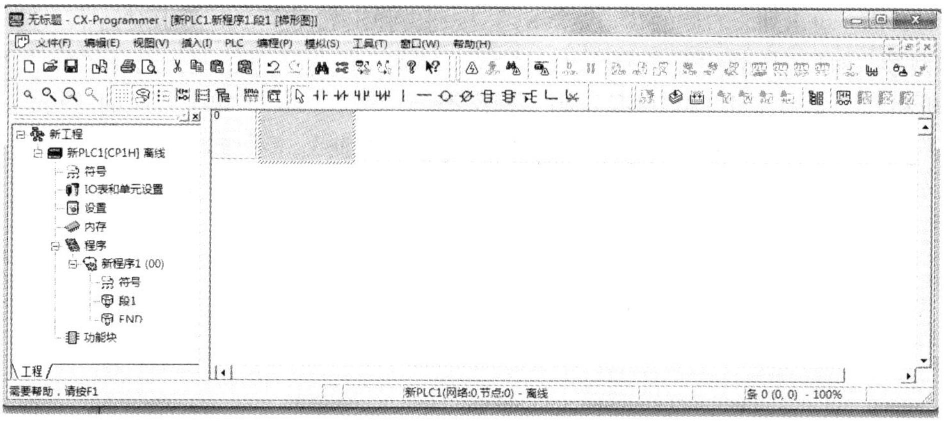

图 4-21　CX - Programmer 编程环境

“视图”菜单的“工具栏”选项提供了“标准”“PLC”“梯形图”“程序”“查看”“模拟调试”“插入”“符号表”等工具，在所需工具前的框内打上“√”，单击“确定”按钮后，相应的工具能被显示。当鼠标箭头移动到各工具图标时，会以中文形式显示相应图标的功能。各图标的功能如图 4-22 所示。

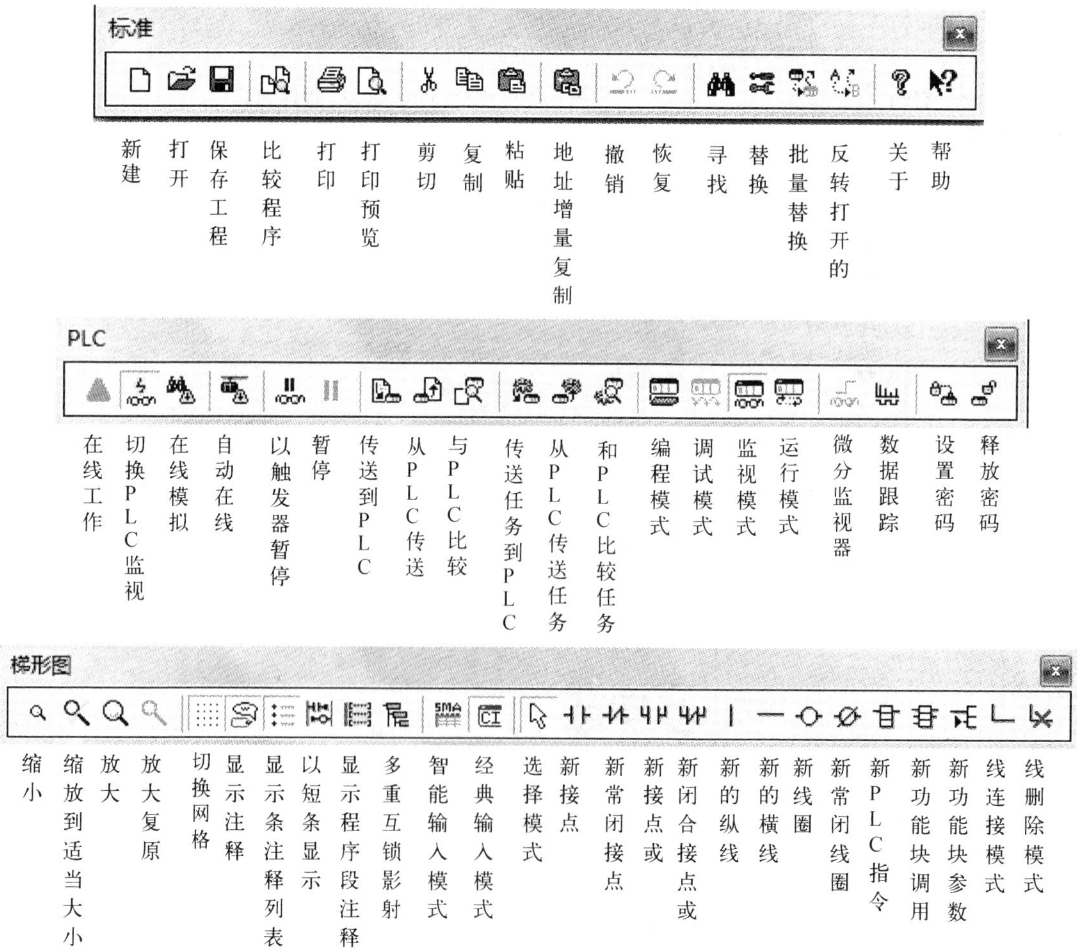

图 4-22　工具图标功能

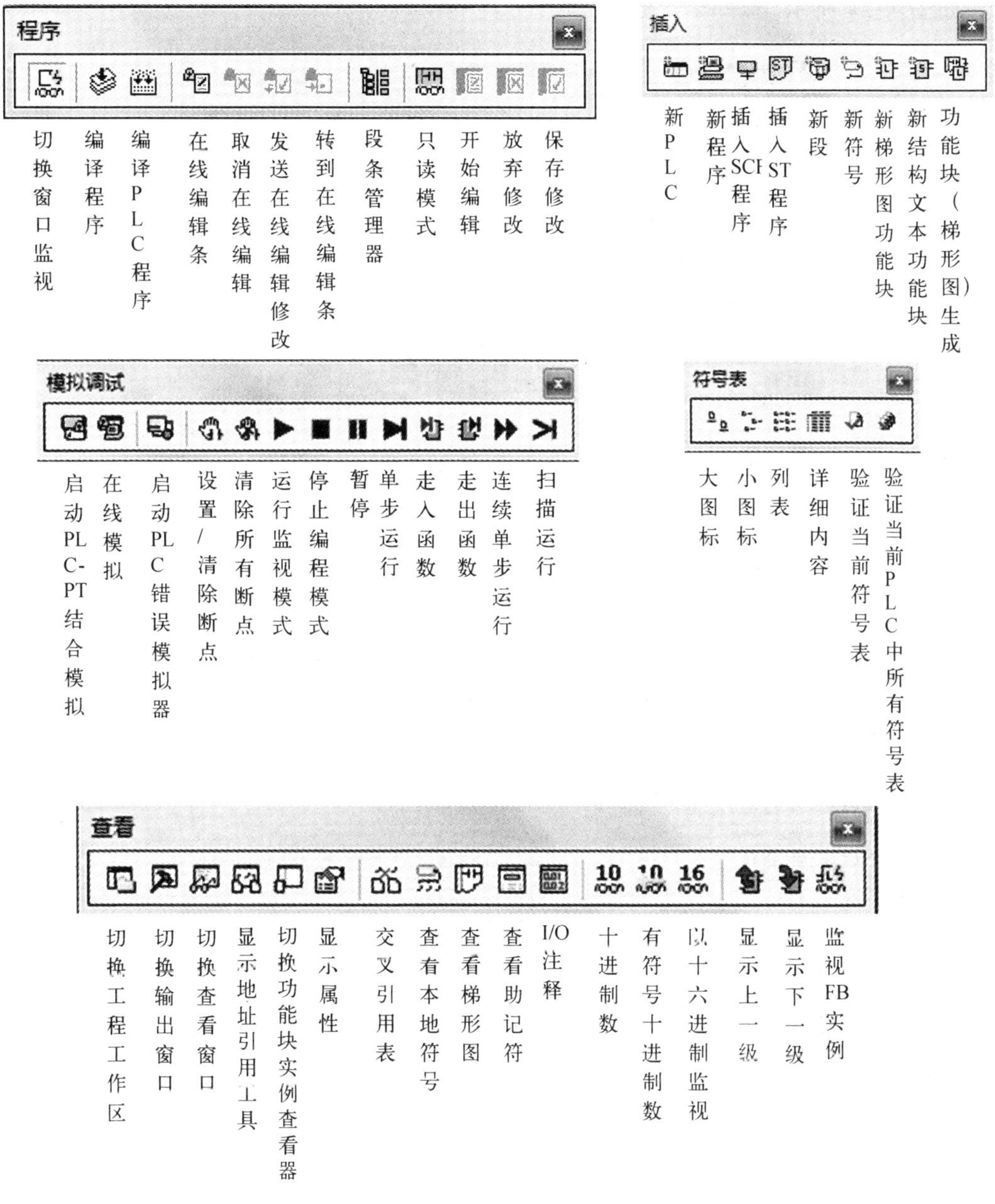

图 4-22　工具图标功能（续）

用户通过自定义视图来调整 CX－Programmer 的布局。在“视图”菜单中由提供的“窗口”选项来控制视图窗口，当全部打开时，如图 4-23 所示。编程时，一般除“工程工作区”“梯形图工作区”外，其余“窗口”都在隐藏状态。

在图 4-23 中，工程工作区主要是列出与编程相关的工程项目；梯形图工作区主要用于编辑梯形图；输出窗口主要是显示编辑结果及错误信息。查看窗口用于在线状态下监视梯形图中某继电器位的数值变化；地址引用工具用于检索大型梯形图中具有相同地址号的继电器位。在图 4-23 中的工程工作区是新工程的离线编程状态，它由符号、I/O 表、设置、内存、新程序和功能块等项组成。单击“符号”，则右侧窗口显示 PLC 中的状态标志，如图 4-24 所示。

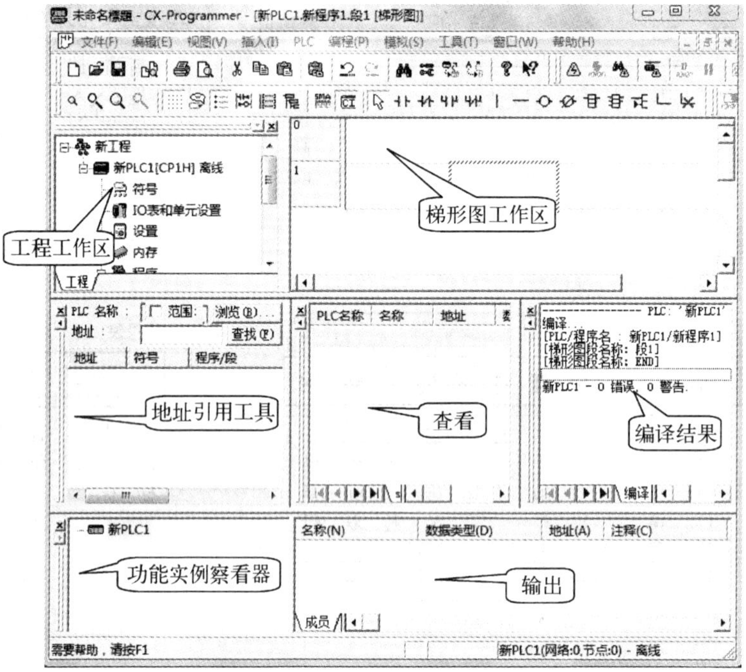

图 4-23　视图窗口

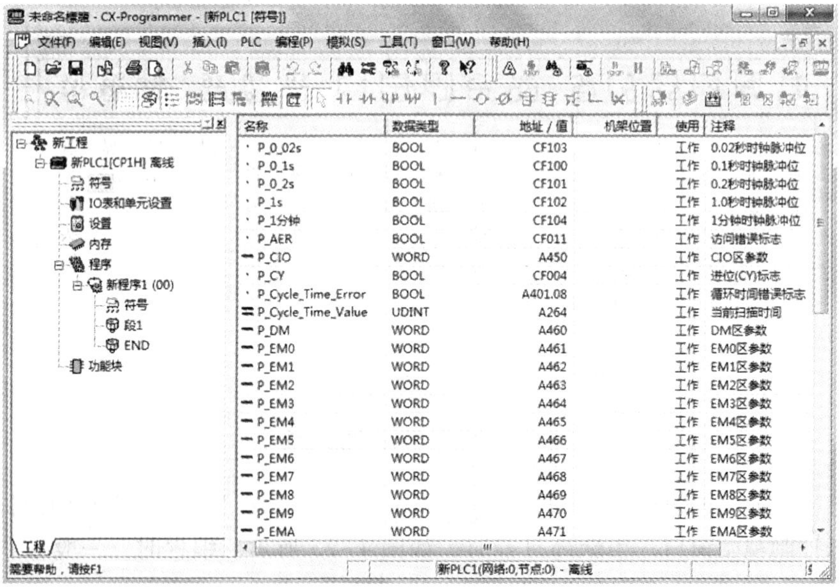

图 4-24　全局符号表

以上符号属于“全局符号”，某些型号 PLC 可以执行若干“新程序”，在每个“新程序”中都能使用的符号为全局符号；而只能在某一“新程序”中使用的符号称为本地符号。

双击工程工作区的“IO 表和单元设置”，打开 PLC 型号选择窗口。例如，选择 CP1H - XA40DR - A 型，如图 4-25 所示。根据所选用的 PLC 的型号进行选取，单击“确定”按钮。此时，进入了 I/O 表窗口，如图 4-26 所示。它显示 PLC 各母板上 I/O 单元的配置情况，可以根据实际安装的情况在 CPU 机架或扩展机架上配置相应的 I/O 单元型号。这相当于手持编程器的登记 I/O 表操作，CPU 上电后将校验 I/O 表。

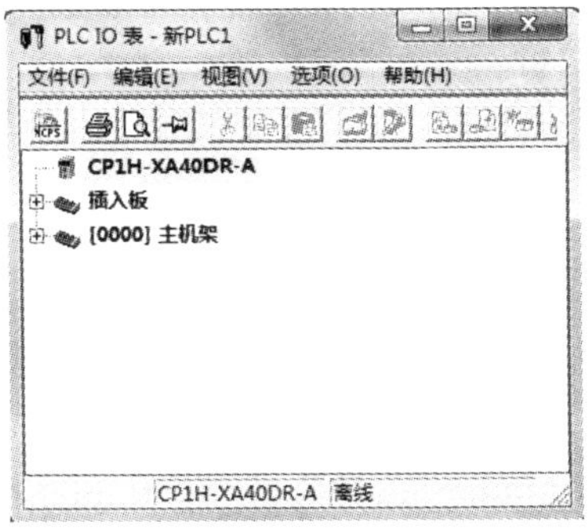

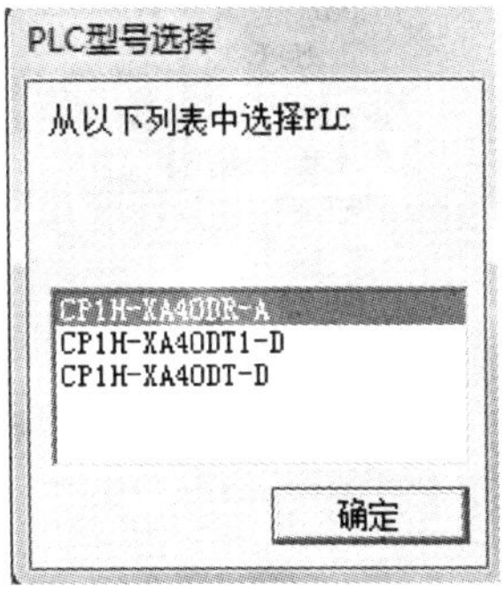

图 4-25　PLC 型号选择窗口　　　　图 4-26　I/O 表窗口

双击工程工作区的“设置”，打开“PLC 设定”窗口，如图 4-27 所示。根据用户所需功能的不同，可以做全面的系统设置，包括启动模式、循环时间、中断响应、高速计数器、脉冲输出、模拟输入输出、高速响应等。

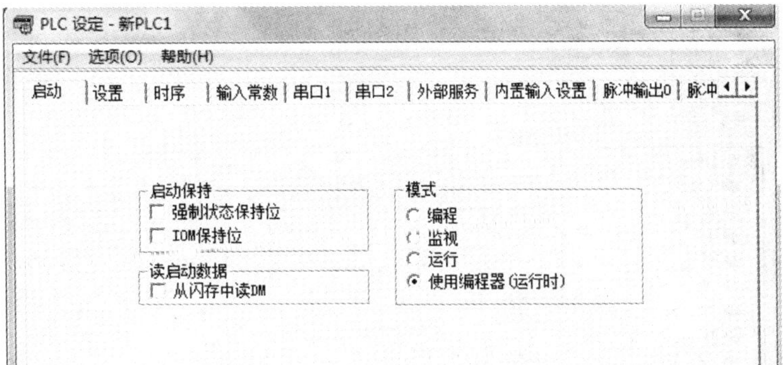

图 4-27　PLC 设定窗口

例如，进行模拟输入输出设置时，单击“内建 AD/DA”，打开相应窗口，可以选取 AD/DA 通道、分辨率或平均值等，如图 4-28 所示。

双击工程工作区的“内存”，打开“内存”界面，其左侧窗口显示了 PLC 存储器内的各数据区，若单击“D”区，如图 4-29 所示，右侧窗口即显示了 CP1H 的 D 区中各字的工作状态，它可以用数或文字方式表示。

双击工程工作区中“新程序 1（00）”项中的“符号”子项，可以填写用户程序“新程序 1（00）”中的 I/O 点名称、地址和注释等。

如图 4-30 所示，单击“新程序 1（00）”中的“段 1”子项，右侧窗口显示梯形图的编辑画面，从第一个逻辑行开始编写，在 CX - Programmer 组件中将梯形图的逻辑行或指令行，

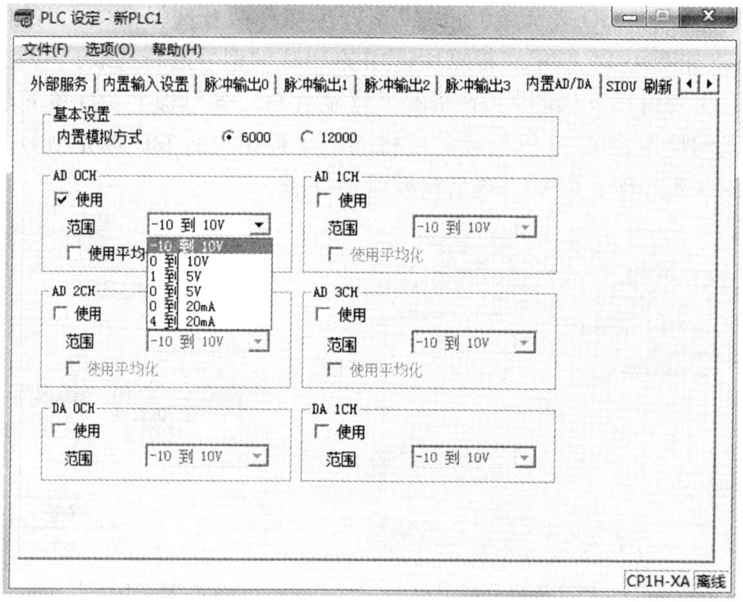

图 4-28 模拟输入输出设定窗口

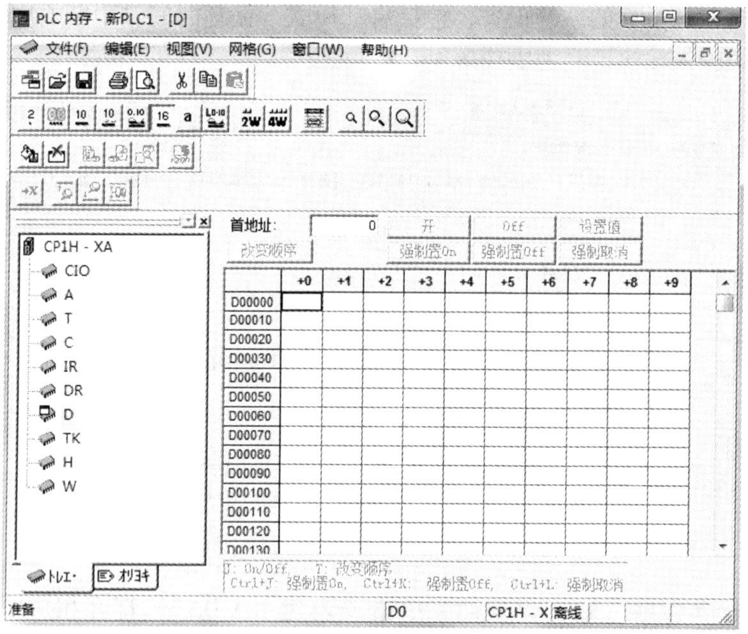

图 4-29 内存窗口

简称为“条”，它从“0”开始编号，显示在指令条首的左上角。此时，可以利用单击鼠标的方法从工具栏中选取所需元件，并置于指令条内相应位置即可。

对于大型程序往往需要分工、分段编写，CX - Programmer 软件提供了多段梯形图程序顺序循环扫描执行的功能。操作如图 4-31a 所示，鼠标右键单击“新程序 1（00）”，弹出一快捷菜单，选择“插入段”，则插入“段 2”，如图 4-31b 所示。

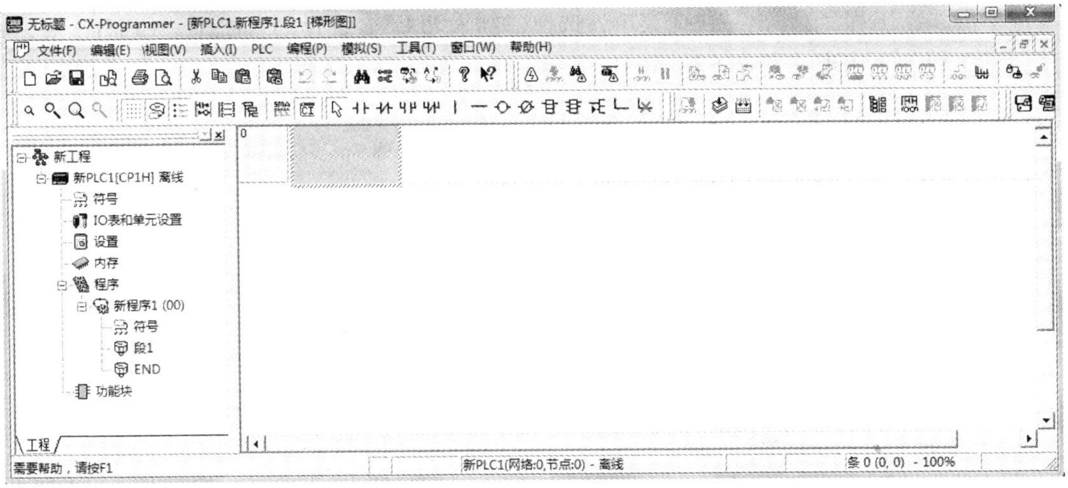

图 4-30　梯形图编程界面

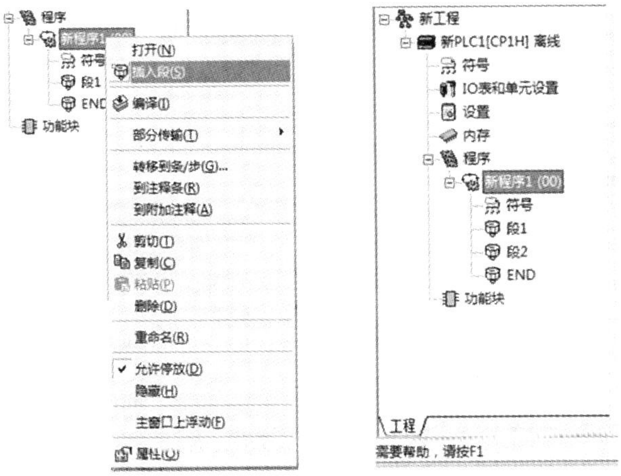

a)　　　　　　　　　　b)

图 4-31　插入新程序段

a）增加新程序段　b）插入程序段 2

对于较复杂的顺序控制过程可以采用多任务编程方法，由于 I/O 点不同，所以 CX - Programmer 软件提供了在同一台 PLC 上建立多段“新程序”的功能。如图 4-32a 所示，用鼠标右键单击“新 PLC1 ［CP1H］ 离线”，弹出一快捷菜单，选择“插入程序”，则插入“新程序 2”，如图 4-32b 所示。

由于未给“新程序 2”设置执行顺序，故在其图标上有“×”标记，设置循环型任务的操作如图 4-33a 所示，鼠标右键单击“新程序 2”，弹出一快捷菜单，选择“属性”，在图 4-33b中的“程序属性”对话框中的“任务类型”下拉菜单中选取除“循环任务 00”外的任意循环任务段，这是由于循环任务 00 已分配给了“新程序 1”。设置完成后“新程序 2”的图标将变为 新程序2 (01)，PLC 将按循环任务号顺序执行程序。需要注意的是，插入新程序的功能只有高级 PLC，如 CS、CJ、CP1 系列 PLC 等才具备。

此外，CX - Programmer 软件提供了多台 PLC 联控的功能，操作如图 4-34a 所示，鼠标右键单击“新工程”，弹出一快捷菜单，选择“插入 PLC”，选择 PLC 机型“CP1H”后，则在“新工程”下出现“新 PLC2[CP1H]离线”项，如图 4-34b 所示。

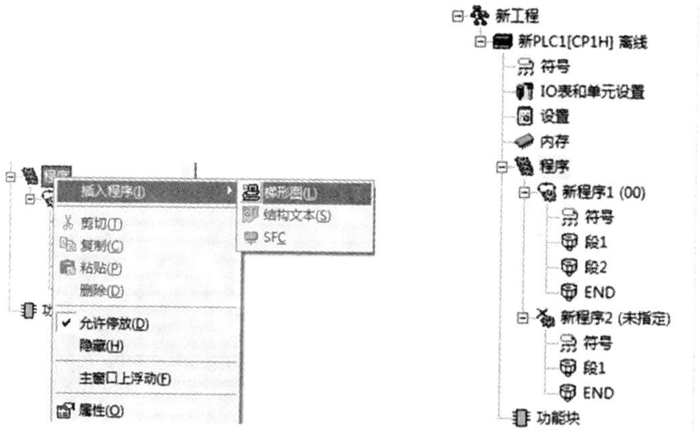

a)　　　　b)

图 4-32　插入新程序示例

a）增加新程序　b）插入程序 2

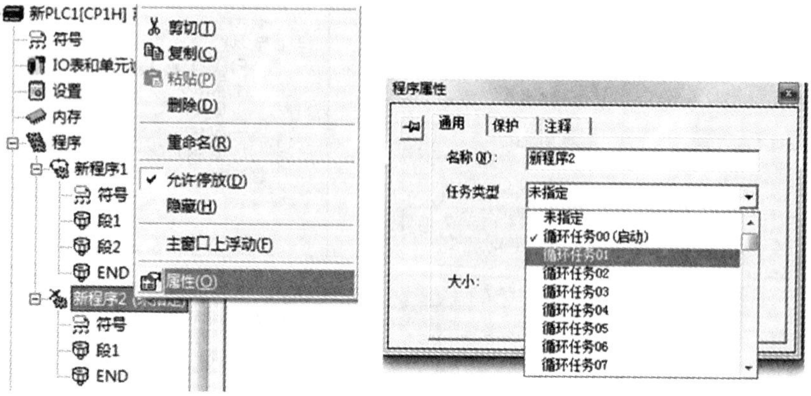

a)　　　　b)

图 4-33　设置新程序属性

a）设置新程序属性　b）设置新程序的循环任务类型

需要注意各种符号属性的设置，区分“全局符号”与“本地符号”。

第 2 步：定义符号。

双击工程工作区中“新程序 1（00）”项中的“符号”子项，右侧窗口显示空白表格，在上面单击鼠标右键弹出一快捷菜单，如图 4-35 所示。

单击“插入符号（I）”，打开新符号对话框，填入用户程序中新编的 I/O 点名称、地址和注释等，例如，名称为“SB1”，数据类型为“BOOL”（表示二进制值的一位），地址为“0.00”，注释为“正向启动”。如图 4-36 所示，编辑完 I/O 点，单击“确定”按钮，结果即显示在表格第一行中，依据表 4-2 中的 I/O 地址分配，按照刚才的操作方法，可以继续定义该程序的其余符号，如图 4-37 所示。插入“全局符号”的操作与此相同。

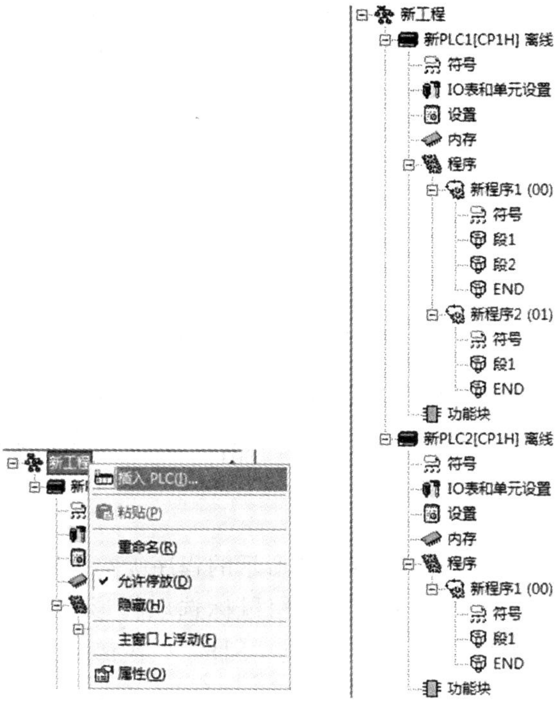

a)　　　　　　　　b)

图 4-34　插入新 PLC

a）增加新 PLC　b）插入新 PLC2

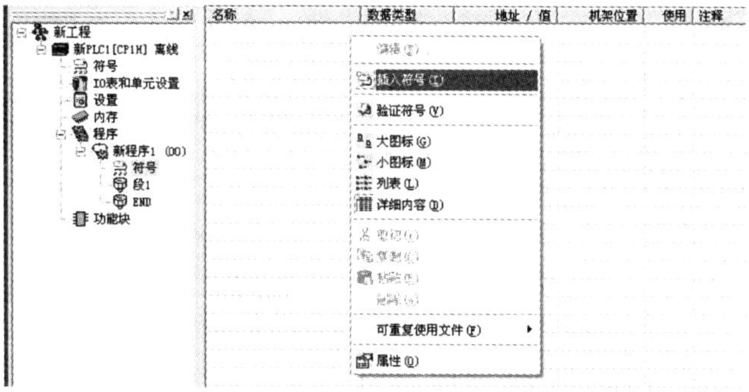

图 4-35　右键快捷菜单

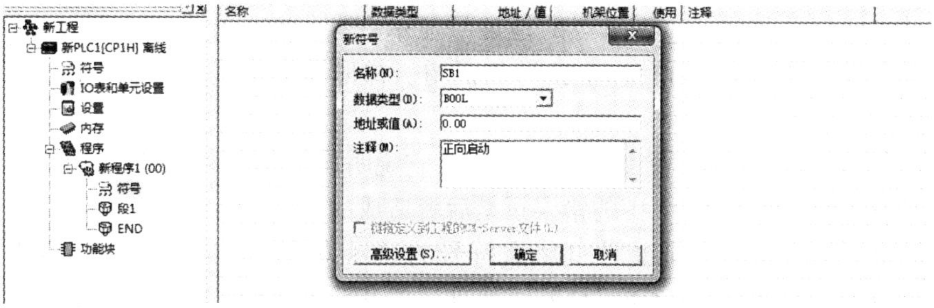

图 4-36　新符号对话框

图 4-37　成功配置新符号

此符号子项内容属于“本地符号”，是用户在“新程序 1”中调用的所有 I/O 点，区别于“全局符号”。建议在编写梯形图之前，先编辑好全部 I/O 点，这样在编程时就可以方便地调用了，能够提高编程效率。

第 3 步：编写程序。

在 CX－Programmer 中如何输入图 4-17 所示的程序呢？首先，双击“新程序 1（00）”中的“段 1”，进入图 4－30 所示的画面，用鼠标选取梯形图工具栏中的常开触点符号“┤├”，如图 4-38 所示，此时鼠标指针变成“┤├”，在梯形图编辑窗口的蓝色区域内单击鼠标左键，出现新接点窗口，如图 4-39 所示。在光标处输入该触点的地址，如图 4-40 所示，单击“确定”按钮。

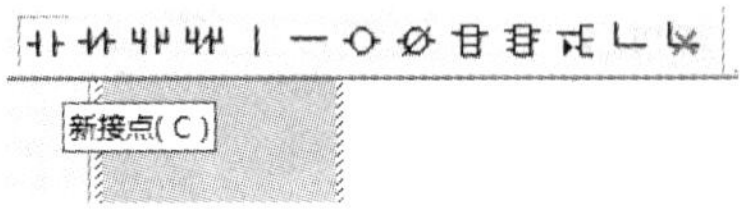

图 4-38　单击工具栏中的新接点

图 4-39　新接点对话框

图 4-40　输入地址

如图 4-41 所示，第一个触点已经输入到第一行的首位，常开触点的上方是该点的名称，下方是 I/O 地址和注释。该触点的地址号显示在该行首的中部，也是从“0”开始编号，勿与指令条编号（位于行首左上角）相混淆。梯形图工作区中的蓝色长方形为光标所在位置。

在第一个触点的左侧有一个红色条状标记，它说明该指令条中有逻辑性错误或者是该指令条没有输出线圈，而图 4-41 中的错误正是后者造成的。

如果 I/O 注释字数较多或想改变触点符号的显示方式，可以选择主菜单中的“工具（T）”，在下拉菜单中单击“选项（O）”，弹出“选项”对话框，如图 4-42 所示，根据用户的需要来调整梯形图的各种显示状态及参数等。

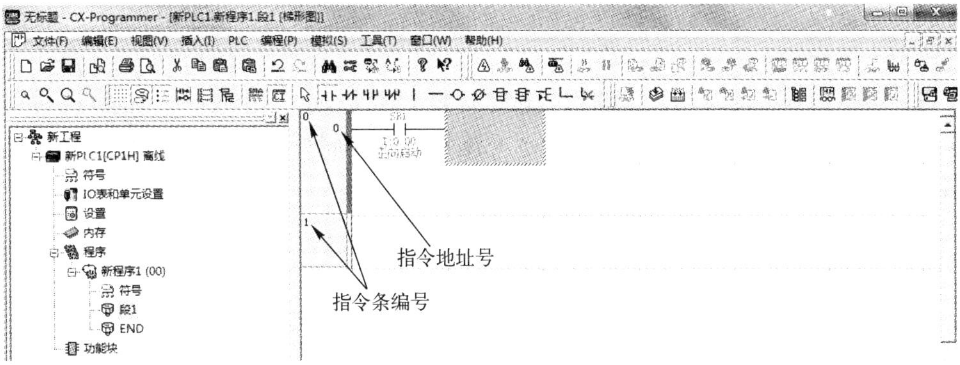

图 4-41　显示出第一条指令

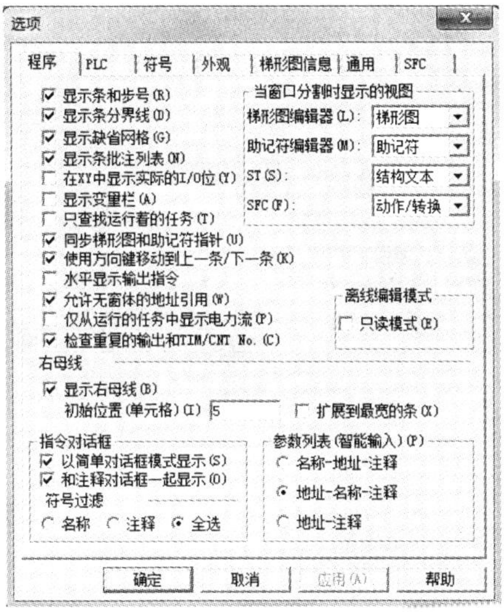

图 4-42　CX - Programmer 软件的工具选项

在第一个触点输入后，在光标所在的地方依次输入常开触点 0.02、0.03，用鼠标选取工具栏中的常闭触点符号“ ⊬ ”，在光标所在的地方输入常闭触点 100.01。紧接着用鼠标选取梯形图工具栏中的新横线符号“—”，在光标所在的地方输入直线，直线相当于继电器电路图中的导线。输入直线直到光标紧靠右母线，这时用鼠标选取工具栏中的新线圈符号“-○-”，在紧靠右母线的地方点击鼠标，输入地址 100.00，如图 4-43 所示，单击“确定”

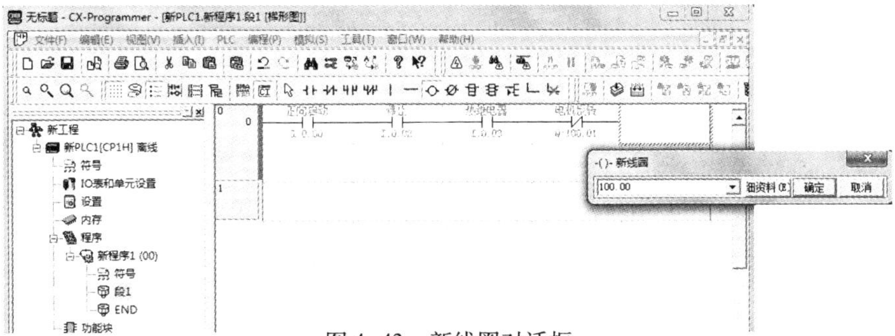

图 4-43　新线圈对话框

按钮完成输出指令。此时，行首的红色错误标记消失，说明该指令条逻辑正确。同时，第二指令条出现，等待输入指令。

在指令条空白处按回车键，可插入空行，重复上述步骤，再输入一个新触点，并用竖线与第一行第一个指令并联，如图 4-44 所示。该指令条编辑好后，将光标置于第二条首位。按照同样的方法输入第 2 行指令，如图 4-45 所示。

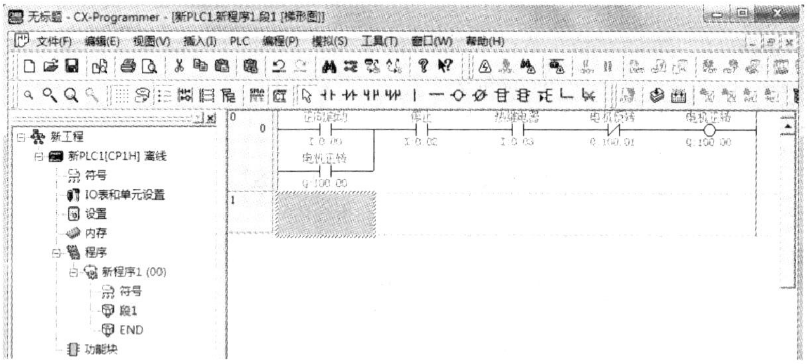

图 4-44　显示第 1 行指令

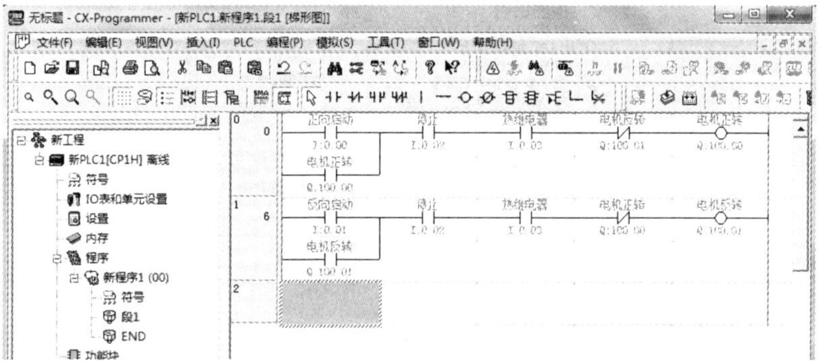

图 4-45　输入第 2 行指令后

用鼠标选取工具栏上的新指令图标“甘”，在右母线前单击，弹出“新指令”对话框，输入“END”，如图 4-46 所示。

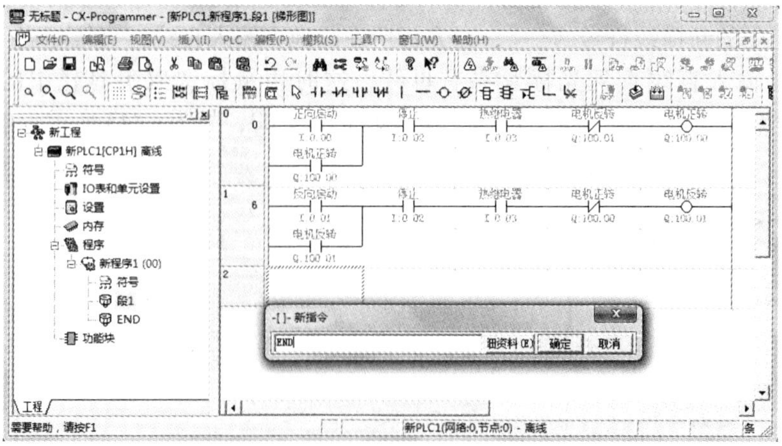

图 4-46　输入 END 指令

单击“确定”按钮完成结束指令的输入操作，用直线将 END 指令与左母线相连，如图 4-47 所示。至此，整个梯形图程序输入完毕。

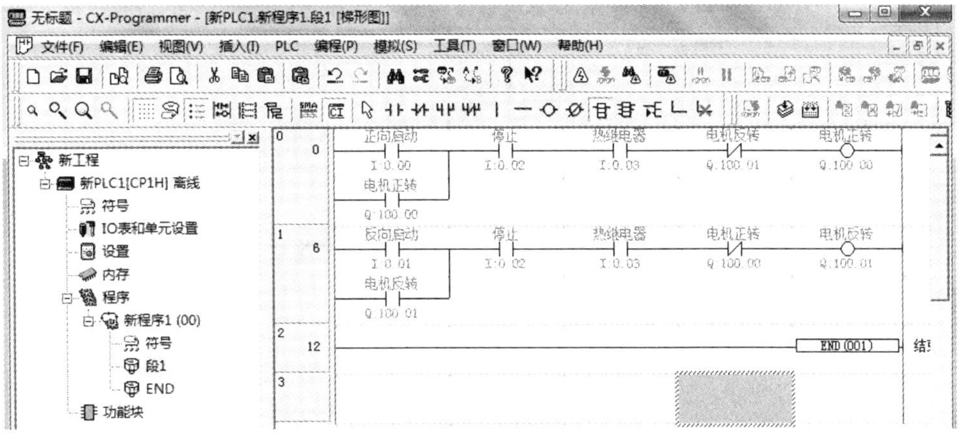

图 4-47 完整的梯形图程序

需要说明的是，为防止用户编程时遗漏 END 指令，CX - Programmer 5.0 以上版本均增加了 END 程序段（在程序工作区内，新程序 1（00）内），内含 END 指令，按照 PLC 串行扫描的工作方式，最后执行 END 程序段中的 END 结束指令。

梯形图的编辑方法比较简单，编辑操作包括指令条的复制、剪切和删除等，以及在指令条间加入条注释的操作。下面简要介绍其操作。

（1）指令条的复制

在编写梯形图程序时，经常会遇到相同结构的指令条，为了提高编程的效率，可以使用 CX - Programmer 中提供的复制命令。

继续引用上面的例子，如图 4-48 所示，欲复制第一个指令条到“END”之前，用鼠标单击第一个指令条的编号“0”，此时该指令条全部被选中，再单击鼠标右键，弹出快捷菜单，选取“复制（C）”命令，然后将鼠标移到“END”指令条，并选中该条，接着单击鼠标右键再次弹出快捷菜单，选取“粘贴（P）”命令，如图 4-49 所示。第一指令条复制到“END”之前的结果如图 4-50 所示。

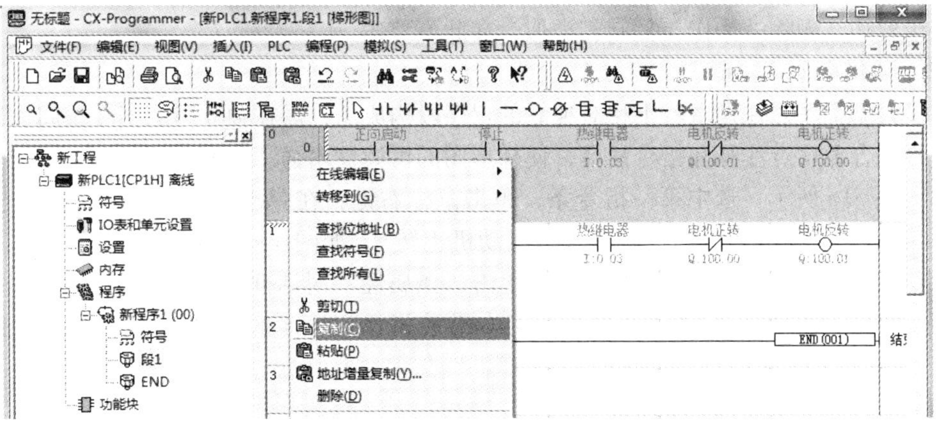

图 4-48 复制指令条

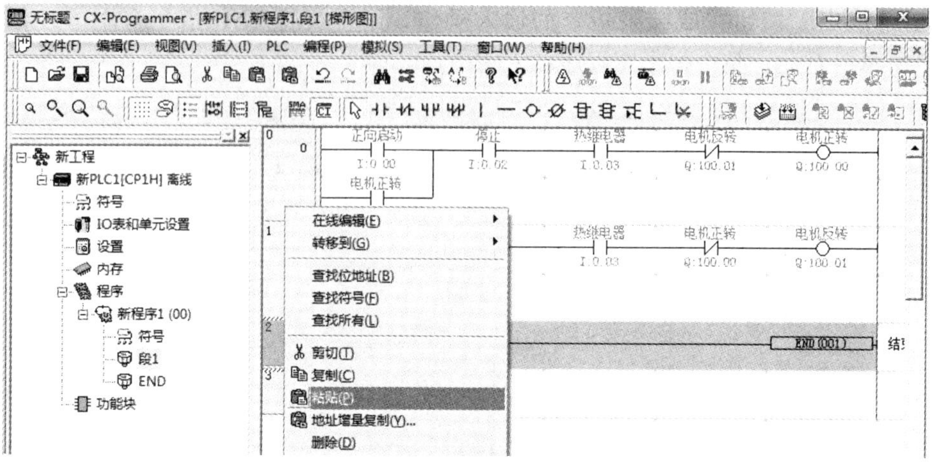

图 4-49　粘贴指令条

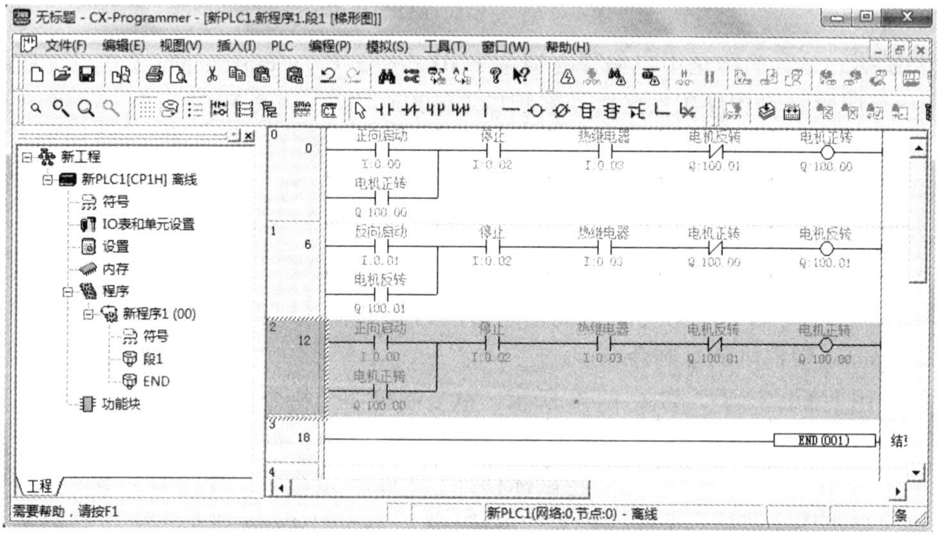

图 4-50　指令条复制成功

关于剪切、删除的操作与复制相类似，在此不赘述。

（2）创建指令条注释

由于大型程序往往是由若干相对独立的程序段构成的，需在独立段的指令条间加入条注释，这样配合 I/O 点注释和指令注释，使梯形图的可读性增强。下面举例说明。

如图 4-51a 所示，选中第一指令条，单击鼠标右键，在弹出的快捷菜单中选取“属性（O）”，出现“条属性”对话框，填入“电动机正转”，如图 4-51b 所示，条注释显示在了第一指令条上方。若要删除条注释，可以单击“条属性”对话框中的“删除（D）”按钮。

梯形图在离线状态下的其他操作，基本沿袭了 Windows 的标准操作模式，在此不再赘述。

第 4 步：检查程序和程序存盘

当程序编写完成后，应该自觉地对程序进行语法检查，即执行程序编译，这样做可以杜绝“低级”错误的发生，然后再保存程序或进行在线操作。操作方法如下：

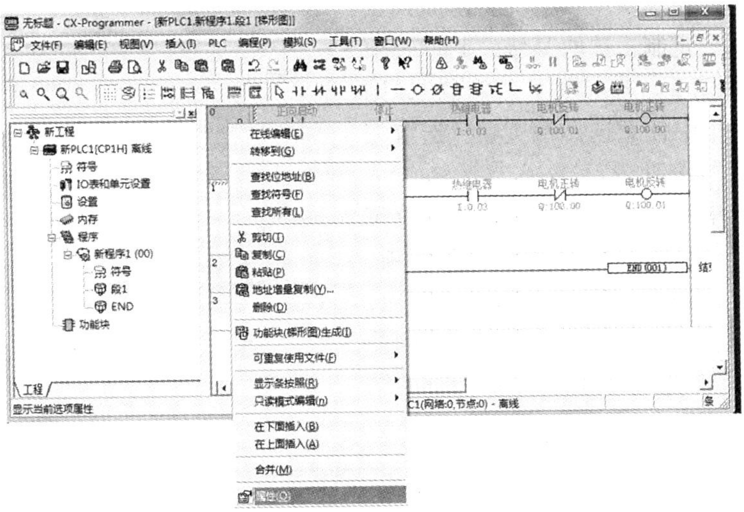

a)

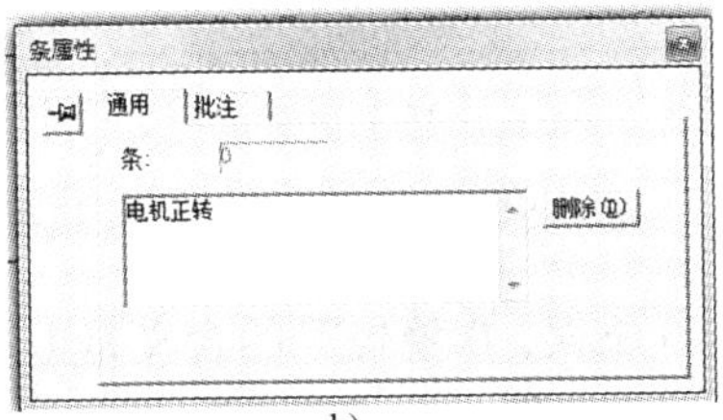

b)

图 4-51　创建指令条注释

a）设置指令条属性　b）指令条属性对话框

编写完程序后，选取主菜单中的“PLC”项，在其下拉菜单中单击“程序检查选项（K）”子项，如图 4-52 所示。

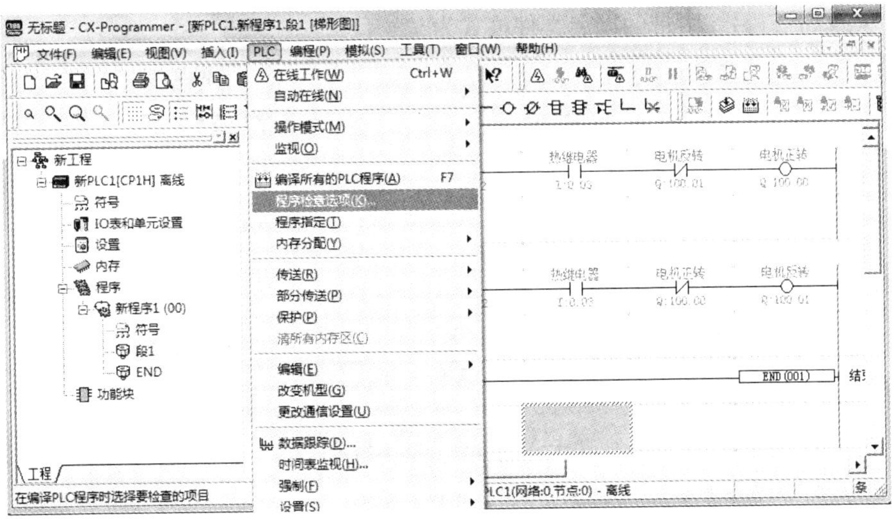

图 4-52　单击程序检查选项

此时弹出一个列表框，如图 4-53 所示，系统提供 4 种检查级别供用户选择，由高到低分别是 A、B、C、定制，选取某级，其检查项目即在列表框中显示。若选取了“定制”，则用户可以在列表框中任意选择检查项。选取完毕，单击“确定”按钮。

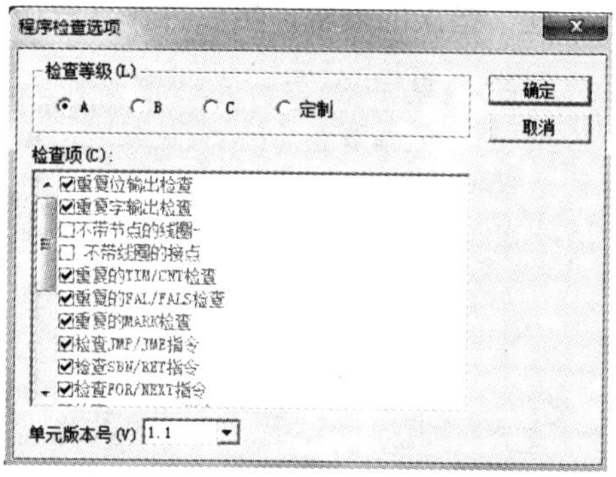

图 4-53　程序检查选项列表框

选取主菜单中的“PLC”项，在其下拉菜单中单击“编译所有的 PLC 程序（A）”子项，检查的结果将显示在输出窗口中的编译区内，单击工具栏中的“输出窗口”按钮，切换到输出窗口中的编译区，用户可查看系统检查的结果，如图 4-54 所示。

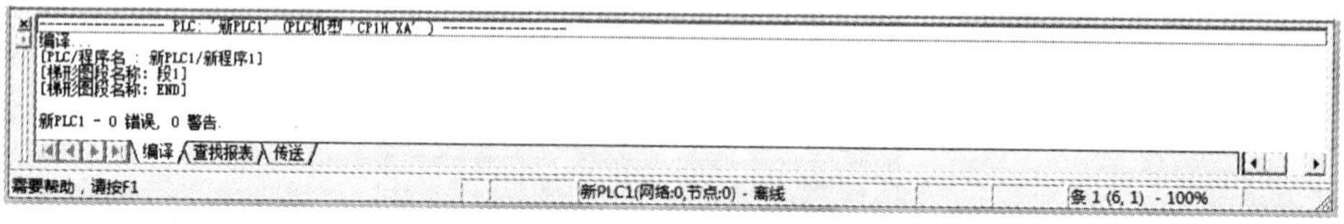

图 4-54　输出窗口显示编译结果

图 4-54 中“新程序 1 － 0 错误，0 警告”的含义是上面输入的梯形图语法正确，其中“错误”级别高，会导致程序不能运行；而“警告”级别相对较低，它不影响程序的执行。

此外，检查程序也可以选取主菜单中的“编程（P）”项，在其下拉菜单中单击“编译（C）”子项，结果同样显示在编译区中。如果用户忘记编译操作也无妨，当下载程序到 PLC 时，CX－Programmer 将自动地进行程序编译操作，检查程序的错误。

然后保存程序，单击主菜单中“保存”按钮，弹出保存文件对话框，如图 4-55 所示，填入保存路径和文件夹名，单击“保存（S）”按钮完成操作。CX－Programmer 工程文件的格式为“＊.cxp”，另一附带的同名文件格式为“＊.opt”。

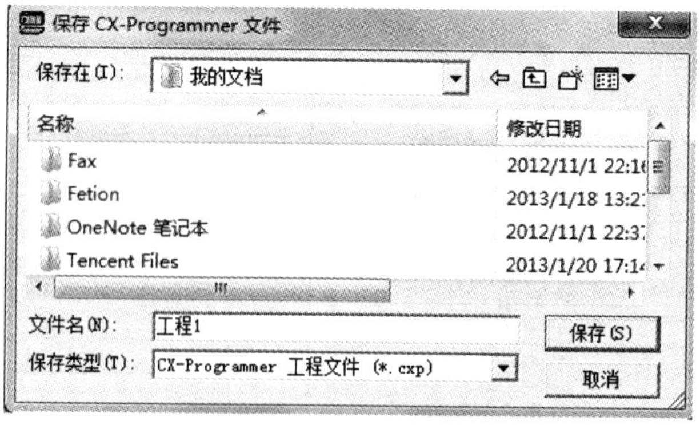

图 4-55　保存新建工程文件

第 5 步：在线操作

CX－Programmer 在线操作主要包括在线/离线状态切换、程序下载与上传，以及监视程序运行等项内容。

1. 在线连接准备工作

在进入在线状态之前，首先需连接上位计算机与PLC的传输电缆。CP1H型PLC的程序传送主要有两种方式。一种采用USB的传输模式，即用一根USB线将PLC的USB端口与上位计算机的USB端口相连（必须在断电时连接）；另一种采用串行通信接口RS－232的传输模式，即用RS－232C选件板与上位计算机的COM串口相连。

由于目前使用USB口较为广泛，因此以下主要介绍USB口的程序传输。如果是64位Windows 7以下系统则按以下步骤进行：

首先连接USB电缆，将CP1H PLC上电，计算机将检索到新硬件，弹出“找到新的硬件向导”对话框，如图4-56所示。选择“从列表或指定位置安装（高级）(S)”，单击“下一步（N)”按钮。

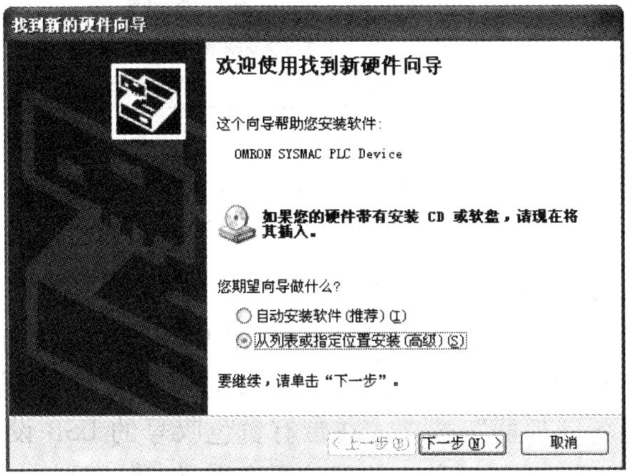

图4-56　新硬件向导对话框

在随后弹出的对话框中选择“在搜索中包括这个位置(O)”，单击“浏览(R)”按钮，如图4-57a所示。在弹出的“浏览文件夹”窗口中选择CP1H的USB口驱动程序路径及文件，如图4-57b所示。

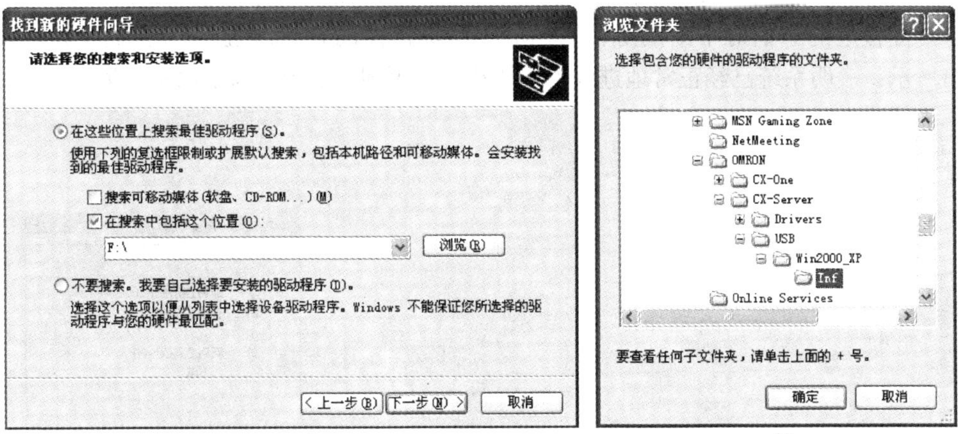

a)　　　　　　　　　　b)

图4-57　配置USB驱动程序

a）选择USB驱动程序搜索路径　b）选取USB驱动程序

单击图4-57b中的“确定”按钮后，返回图4-57a，再单击“下一步（N）”按钮，开始安装CP1H的USB驱动程序，进程如图4-58a所示，安装完成如图4-58b所示，单击“完成”按钮。

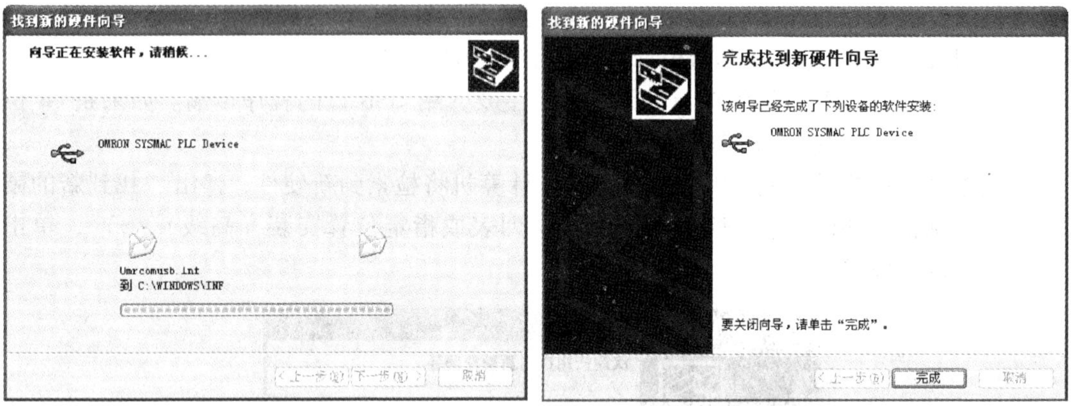

a)　　　　b)

图4-58　安装USB驱动程序

a）USB驱动程序安装进程　b）完成USB驱动程序安装

如果是64位Windows7系统安装了CX－One 4.1以下版本，则需要单独安装USB驱动程序补丁，安装方法较为简单，将电脑与PLC用专用USB线缆连接后，PLC上电，在“我的电脑”上单击鼠标右键，然后在弹出的快捷菜单中选择“管理”，进入“管理”窗口后，在左边列表中双击“设备管理器”选项，在带有黄色叹号的USB设备上单击右键后选择“更新驱动程序软件”选项，选择磁盘上的驱动程序进行安装即可。如果是64位Windows7系统安装了CX－One4.1以上版本，则直接连接即可。

2. 进入在线工作方式

准备工作完成后，选取主菜单中“PLC”项，在下拉菜单中单击“在线工作（W）”，如图4-59所示；或者直接用鼠标单击工具栏上“在线工作”图标，此时屏幕出现提示框，如图4-60所示，需确认与PLC连接，单击“是（Y）”按钮后，上位计算机与PLC开始通信，此时CPU面板上的通信灯不断闪烁，当梯形图编辑视窗的背景颜色由白色变为灰色时，如图4-61所示，表明系统已经正常地进入了在线状态；否则，会出现通信出错的提示。

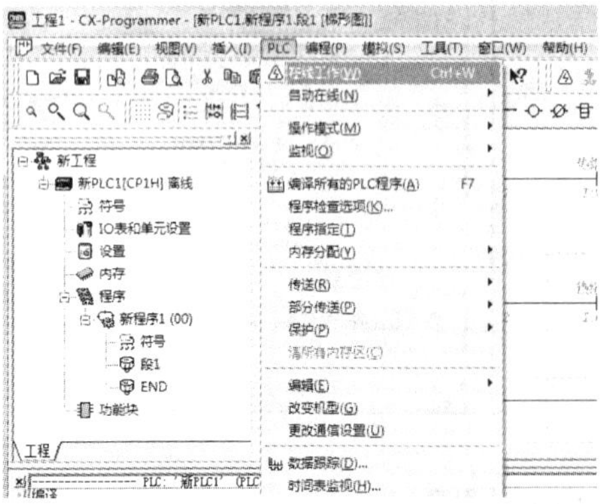

图4-59　单击在线工作

图4-60　在线连接提示

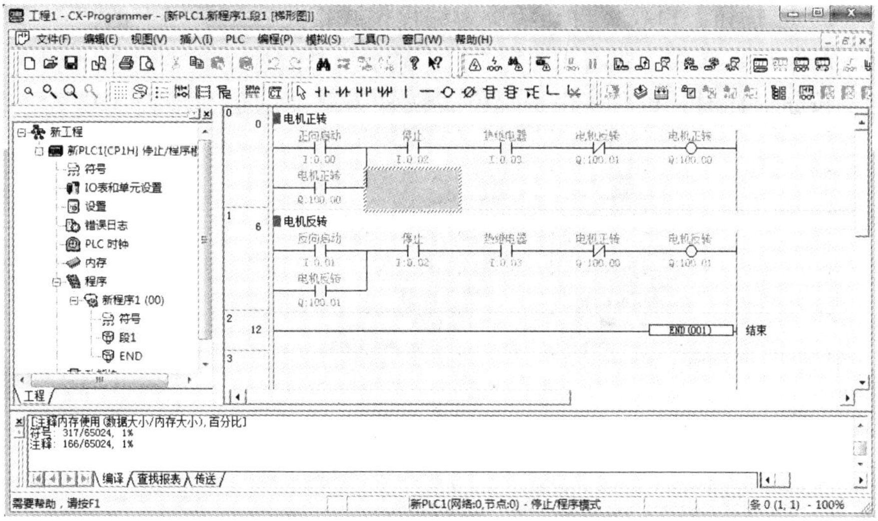

图 4-61　在线工作状态

上位计算机与 PLC 的在线状态与离线状态可以通过“在线工作”按钮灵活切换，只有当在线连接正常后，才能进行梯形图的传送及在线监控等其他在线操作。

3. 程序传送

程序传送操作可用于传送和比较上位计算机与 PLC 内存中的程序，是实现在线监视 PLC 程序运行和在线编辑程序的前提。将上位计算机内编辑的程序、I/O 表、设置等传送到 PLC 的用户存储器中，具体步骤如下：

1）进入在线状态，选取主菜单中的“PLC”项，在下拉菜单中单击“传送（R）”，弹出下级菜单，如图 4-62 所示，选中“到 PLC（T）”，或者直接用鼠标单击工具栏上“传送到 PLC”图标，弹出“下载选项”对话框，如图 4-63 所示。

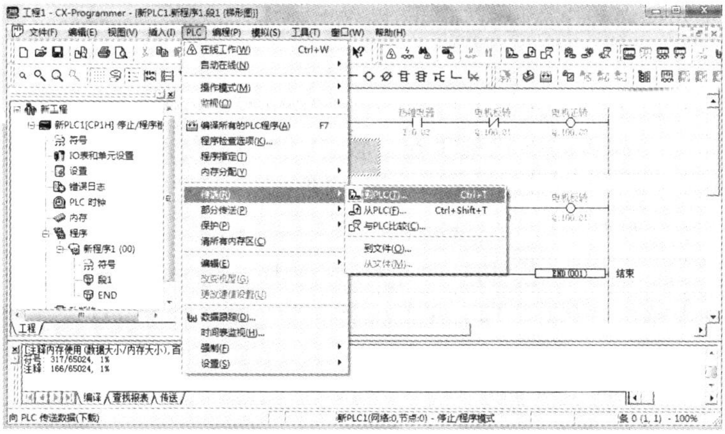

图 4-62　选中到 PLC（T）

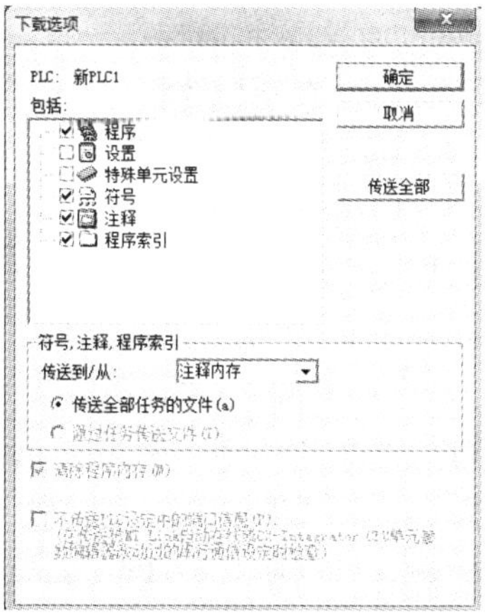

图 4-63　下载选项对话框

2）在“下载选项”对话框内的选项中选中“程序”“设置”“符号”“注释”“程序索引”，单击“确定”按钮。

3）如果此时 PLC 正处于运行模式或监视模式，将弹出一提示框，如图 4-64 所示，单击“是（Y）”按钮，PLC 将自动转换为编程模式，此时工具栏上的“编程模式”图标置位。程序开始下载，如图 4-65 所示，显示下载程序的进程。当下载成功后，单击“确定”按钮。此时，PLC 将由编程模式恢复为此前的运行或监视模式，开始运行新程序。

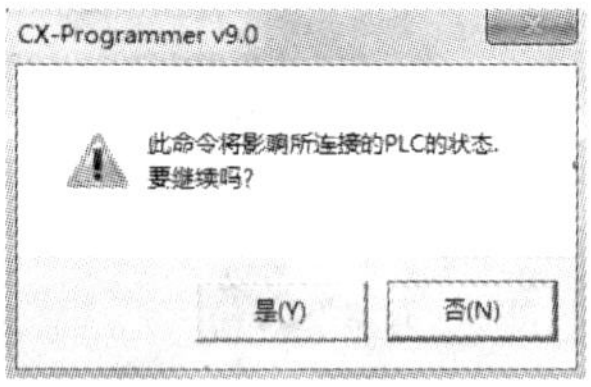

图 4-64　下载程序提示框

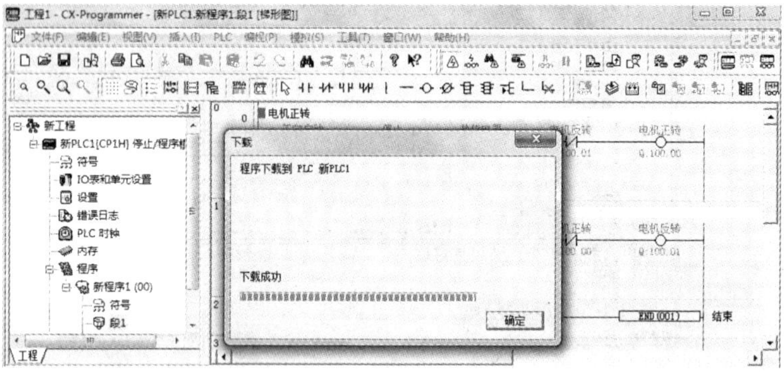

图 4-65　梯形图下载进程

将 PLC 中的程序、I/O 表、设置等传送到上位计算机中的操作称为上载，操作步骤与下载大同小异，在传送程序子菜单中选择“从 PLC（F）”，目的是将 PLC 中的程序、I/O 表和指令表等传送到上位机中进行修改和编辑，在此不赘述。

“传送”子菜单中的其他选项，如“与 PLC 比较（C）”“到文件（T）”和“从文件（M）”等操作比较简单，用户可以自学或参见相关手册。

4. 程序监控

CX－Programmer 软件在线状态下的程序监控是验证程序正确性的重要手段，其主要功能包括在上位机上检查程序，控制 I/O 位和其他位的状态，实现数据的跟踪、监控，在线调试 PLC 程序，以及可在现场直接修改程序等。需要注意的是 PLC 内的程序必须与 CX－Programmer 上编辑的程序一致，可采用传送程序或比较程序的操作来确认。

（1）在线监控程序

在线监控程序的具体操作步骤如下：

1）将程序传送至 PLC 后，CX－Programmer 已处于在线状态，此时应使 PLC 运行下载的程序，选取主菜单中“PLC”项，在下拉菜单中选取“操作模式（M）”，弹出下级菜单，如图 4-66 所示，在这一级菜单中，上位计算机可以设置 PLC 的工作模式。

2）单击“运行（R）”或“监视（M）”后，PLC 即开始运行程序，此时 CPU 面板上运行指示灯 RUN 亮。接着，选取主菜单中“PLC”项，在下拉菜单中选取“监视（O）”后，弹出下级菜单，单击“监视（M）”，如图 4-67 所示。或者直接单击工具栏上的“监视”图标，可以使 CX－Programmer 进入在线监视状态。

3）程序进入在线监视状态后，如图 4-68 所示，指令条中的绿色标记代表该处逻辑上是导通的，否则为断开状态。利用“监视”命令可以方便而直观地监控程序的运行状况，增强了 PLC 的人机交互性。

4）CX－Programmer 软件中的“强制”命令，可以方便地模拟真实控制过程，有效地验证了程序的正确性。例如，强制“正向启动”的常开触点为 ON，其操作是用鼠标选中“正向启动”，单击右键弹出快捷菜单，选取“强制（F)”子菜单中“为 ON”项，如图 4-69 所示。

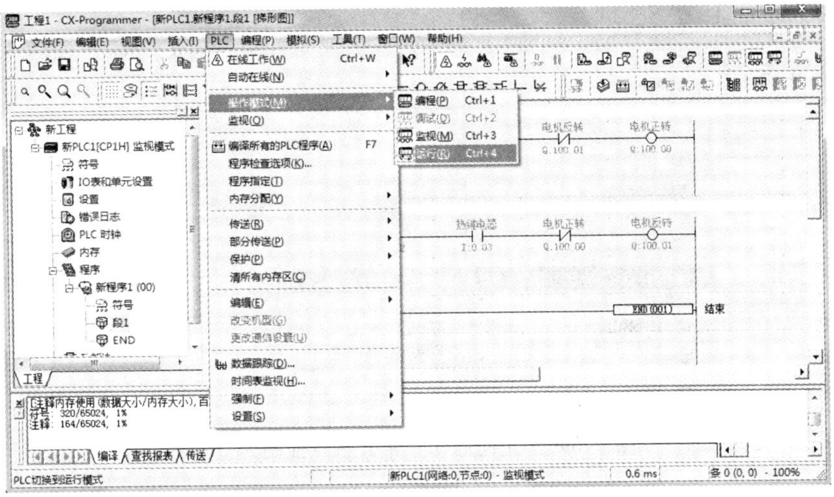

图 4-66　在线设置 PLC 工作模式

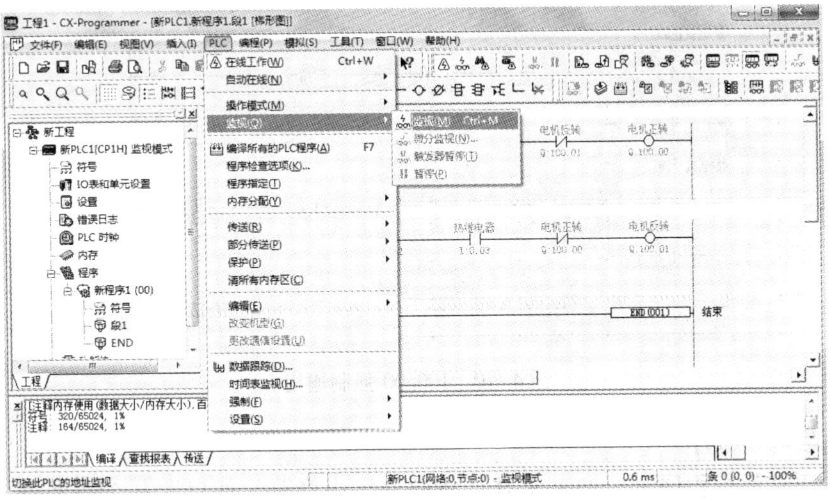

图 4-67　设置上位计算机在线监视 PLC

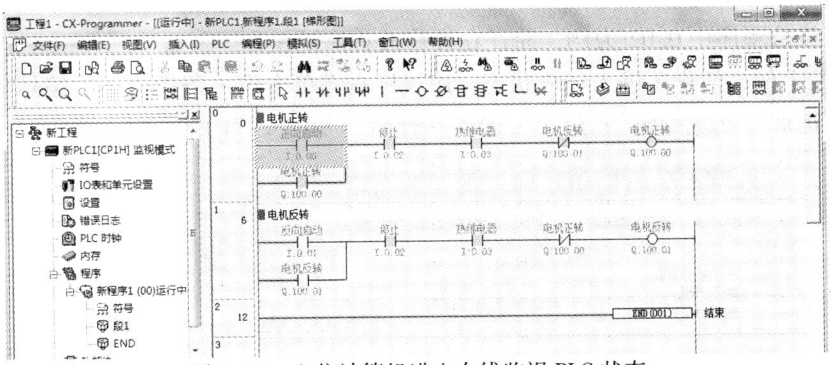

图 4-68　上位计算机进入在线监视 PLC 状态

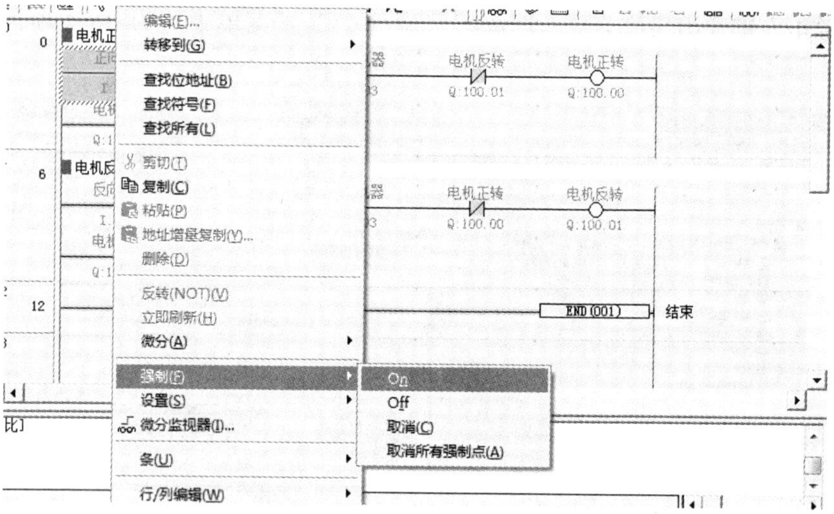

图 4-69 “正向启动”常开触点强制为 ON

5）此时，“正向启动”上出现强制标识，绿色标记表明第一指令条逻辑导通，电动机正转，如图 4-70 所示。其他“强制”子命令，不再赘述。

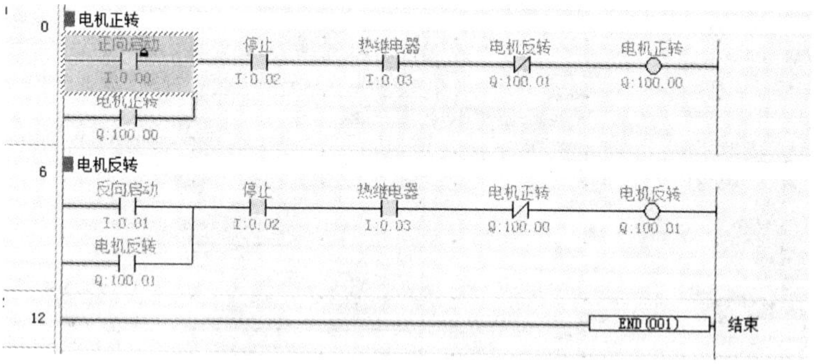

图 4-70 100.00 强制输出

（2）在线修改程序

当 PLC 正在运行程序时，如果要对某条指令作小修改，如更改某个参数等，可以采用“在线编辑”功能，这就避免了先离线修改程序，再传送到 PLC 中执行的过程，提高了编程效率。

下面以修改程序中 0.02 为例，简述在线修改程序的操作。

1）承接上例，使程序进入在线状态，用鼠标右键单击第一条指令条的编号“0”，弹出快捷菜单，选取“在线编辑”，进一步选取“开始”如图 4-71 所示。

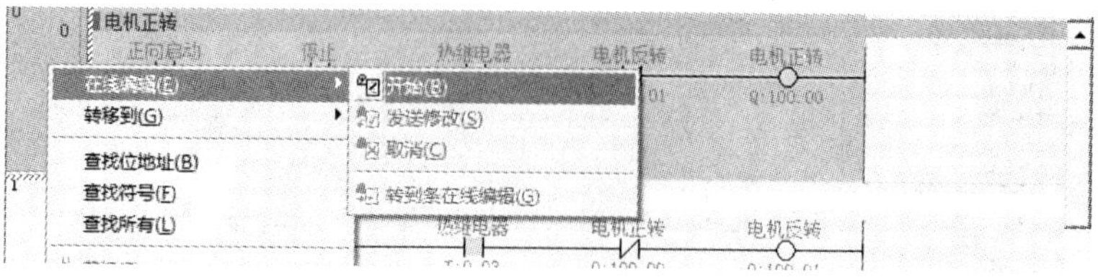

图 4-71 开始在线修改程序

2）此时，该指令条背景色由灰色变为白色，如图 4-72 所示。

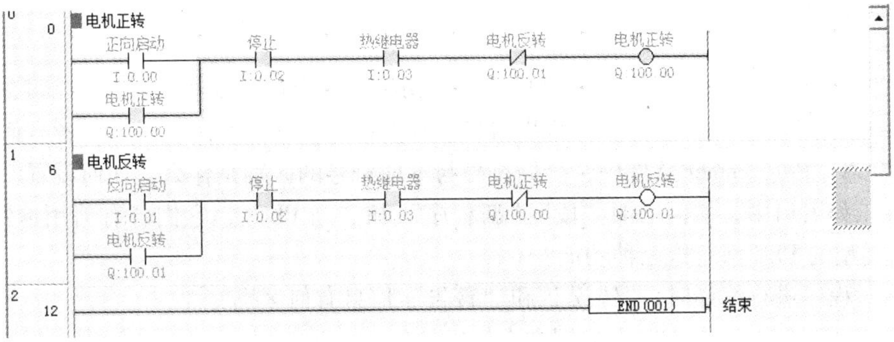

图 4-72　程序进入在线修改状态

3）修改后的程序还要发送到 PLC 中，用鼠标右键单击第一条指令条的编号“0”，弹出快捷菜单，选取“在线编辑”，进一步选取“发送修改”如图 4-73 所示。

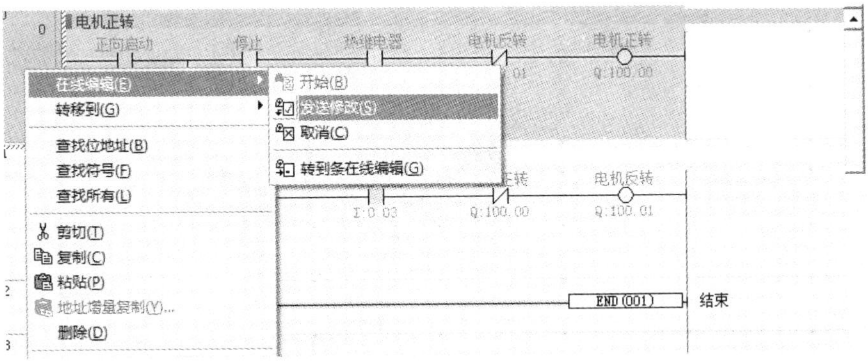

图 4-73　在线发送修改

4）修改值被发送后，该指令条的背景色又由白色恢复为灰色，如图 4-74 所示。

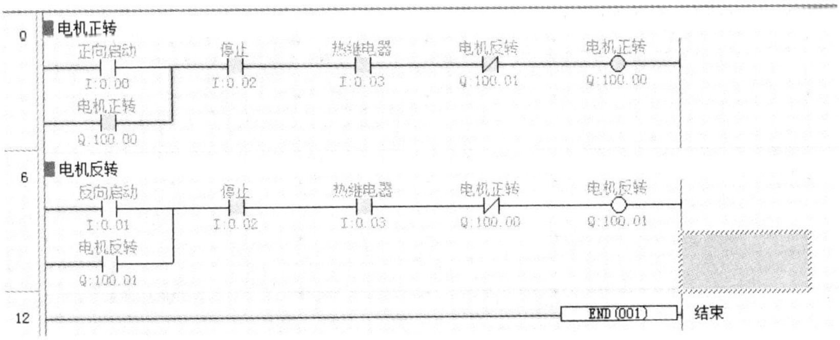

图 4-74　程序在线修改成功

限于篇幅，在线状态下的其他操作不做赘述，详细操作参见《OMRON CX - Programmer 操作手册》。

4.3 思考题

1. 在 CX – Programmer 软件中，对 PLC 进行初始设置应包括哪些内容？

2. 在 CX – Programmer 软件中，输出窗口、查看窗口和地址引用工具窗口各有何用途？

3. 在 CX – Programmer 软件中，全局符号与本地符号的区别是什么，如何设置？

4. 在工程窗口中，如何增加“段”“新程序”和“新 PLC”，它们各有何用途？是否 C 系列所有类型的 PLC 都有这三种功能？

5. 在对程序进行编译时，“错误”和“警告”信息有何区别？

6. 在线“强制”指令在实际应用中有何好处？

7. 在线修改程序的步骤是什么？

第5章　CP1系列PLC串行通信

随着工业技术的迅猛发展，现场工艺要求的不断提高，PLC的控制内容也远不局限于开关量控制，增加了远程控制，并由此发展出了PLC通信功能。

5.1　通信

5.1.1　串行通信概念

PLC主要采用串行通信方式与上位机或第三方厂家的智能仪表进行连接，实现数据交换。何为串行通信?

PLC或计算机等数字设备之间交换的信息是由“0”和“1”表示的数字信号。通常把具有一定的编码、格式和位长要求的数字信号称为数据信息。数据通信就是将数据信息通过适当的传送线路从一台机器传送到另一台机器。这里的机器可以是计算机、PLC或具有数据通信功能的其他数字设备。数据通信系统的任务是把地理位置不同的计算机和PLC及其他数字设备连接起来，高效率地完成数据的传送、信息交换和通信处理三项任务。数据通信系统一般由传送设备、传送控制设备和传送协议及通信软件等组成。若按照传输数据的时空顺序分类，数据通信的传输方式可以分为并行传输和串行传输两种。

（1）并行传输。数据在多个信道同时传输的方式称为并行传输。其特点是传输速度快，但由于一个并行数据有多少位二进制数，就需要有多少根传输线，因而成本较高。通常，并行传输适用于传输速率高的近距离传输。

（2）串行传输。数据在一个信道上按位（bit）顺序传输的方式称为串行传输，其特点是串行传输通常只需要1~2根传输线，在远距离传输时，通信线路简单，成本低，但与并行传输相比传输速度慢，故常用于远距离传输而速度要求不高的场合。PLC通常采用串行通信方式。

5.1.2　串行通信接线方式

串行通信的接线方式，就相当于在两个通信设备之间建立起一座通信桥梁，通过物理介质，将PLC与上位机或者其他设备连接起来。PLC的串行通信需通过PLC上的串口与第三方设备连接，PLC的串口通常分为RS－232或RS－422/485两种接线方式。其中RS－232方式是基于短距离1:1模式下的通信方式；RS－422/485方式是实现长距离1:*N*模式下的通信方式。

1. RS－232串行接口标准

RS－232C是1969年由美国电子工业协会（Electronic Industries Association，EIA）所公布的串行通信接口标准。“RS”是英文“推荐标准”一词的缩写，“232”是标识号，“C”表示此标准修改的次数。它既是一种协议标准，又是一种电气标准，它规定了终端设备

（DTE）和通信设备（DCE）之间信息交换的方式和功能。目前，几乎每台计算机和终端设备上都配备了 RS－232C 接口，PLC 与上位计算机之间的通信就可以通过 RS－232C 标准接口来实现。

（1）RS－232C 接口的电气特性。RS－232C 采用负逻辑，规定逻辑“1”电平在 －15～－5 V 范围内，逻辑“0”在 ＋5～＋15 V 范围内。这样在线路上传送的电平可高达 ±12 V，较之小于 ＋5 V 的 TTL 电平来说有更强的抗干扰性能。RS－232C 标准中还规定：最大传送距离为 15 m（实际上可达约 30 m），最高传输速率为 20 kbit/s。只能进行一对一通信。

（2）RS－232C 接口的机械特性。RS－232C 的标准接插件是 25 针的 D 型连接器，螺钉中心到螺钉中心为 47.04±0.13 mm 宽，所有其他尺寸也都做了规定。顶行针编号从左到右为 1～13，底行针编号从左到右为 14～25。尽管 RS－232C 规定的是 25 针连接器，但实际应用中并未将 25 个引脚全部用满，最简单的通信只需 3 根引线，最多的也不过用到 22 根。现在，在上位计算机与 PLC 的通信中普遍使用 9 针 D 型接口，下面以 IBM 计算机和欧姆龙 PLC 为例，列出其针脚定义如图 5-1 所示。

上位计算机IBM

脚号	信号
1	DCD
2	RXD
3	TXD
4	DTR
5	GND
6	DSR
7	RTS
8	CTS
9	CI

a)

欧姆龙 PLC

脚号	信号
1	FG
2	SD
3	RD
4	RS
5	CS
6	5V
7	DR
8	ER
9	SG

b)

图 5-1　RS－232C 接口引脚定义示意图

a）IBM 计算机端 RS－232C 接口引脚定义示意图　b）欧姆龙 PLC 端 RS－232C 接口引脚定义示意图

图 5-1 中的各引脚定义与功能见表 5-1。图中，TXD 和 RXD 引脚用来发送和接收数据，而其他引脚是为了正确传输信息而涉及的联络信号。要实现设备间的串行通信，需要根据引脚定义进行正确接线。

表 5-1　传输介质性能比较表

信　号	含　义	功　能
TXD（SD）	发送数据	由 DTE 向 DCE 发送信息
RXD（RD）	接收数据	接收 DTE 发送的信息
RTS（RS）	请求发送	为 1 时，表示 DTE 请求向 DCE 发送数据
CTS（CS）	清除发送	为 1 时，表示响应 DTE 的请求信号
DTR（ER）	数据终端就绪	为 1 时，表示 DTE 处于就绪状态，并通知 DCE
DSR（DR）	数据设备就绪	为 1 时，表示 DCE 处于就绪状态，可以与远程设备建立通信
GND（SG）	信号地	接地信号

（续）

信　号	含　义	功　能
FG	保护接线	保护地信号
DCD（CD）	载波检测	为1时，表示DCE收到远程设备的载波信号
CI（RI）	振铃指示	为1时，表示DCE收到远程设备的振铃信号

有了RS－232C接口，使PLC与上位计算机，PLC与PLC联网通信成为可能。欧姆龙PLC与IBM PC的RS－232C接口连接如图5-2所示。

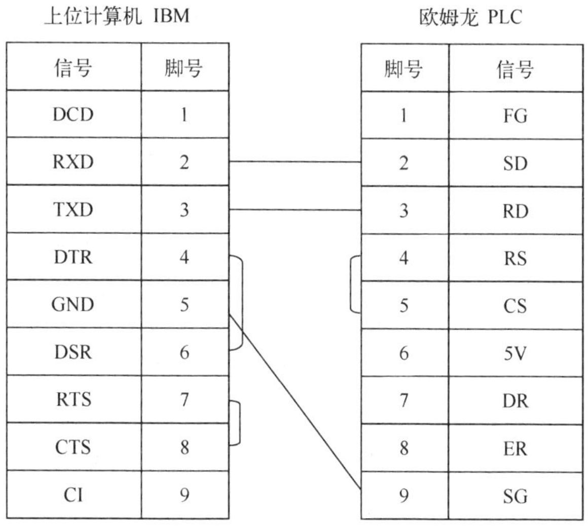

图5-2　PLC与PC的RS－232C接口连接示意图

（3）RS－232C接口的不足之处。尽管RS－232C是目前广泛应用的串行通信接口，但也存在着一些不足之处：①数据传输速率低，最高仅为20 kbit/s。②数据传输距离短，最远仅为15 m。③每根信号线只有一根导线、两个传送方向，仅有一根信号地线，发送器与接收器之间存在潜在的地线回流不平衡的问题，可能对信号产生干扰。

2. RS－449与RS－422A/423A串行接口标准

为了解决RS－232C标准之不足，EIA就需要建立一种与老标准兼容的新标准（技术上不是非常先进），还是建立一种新的具有技术前瞻性的不兼容的标准，进行了长期的辩论，最后对这两种意见进行了折中，于1977年制定了RS－499标准。其特点是：

① 支持较高的数据传输速率。

② 支持较远的传输距离。

③ 制定连接器的技术规范。

④ 提供平衡电路改进接口电气特性。

RS－449标准定义了RS－232C中所没有的10种电路功能，规定用37脚的连接器。实际上RS－449是将三种标准集于一身，在RS－449中给出了机械接口、功能接口和规程接口，但是电气接口却以两种不同的标准给出。其中一个就是RS－423A，它与RS－232C类似，它的所有线路都共享一根公用地线，这种技术称为不平衡传送（Unbalanced Transmission）。第二个电气标准为RS－422A，对应于平衡传送（Balanced Transmission）技术，这里的每条主要线路都用两条线，没有公共地线。图 5-3 给出了 RS－232C、RS－422A 的典型转换电路。

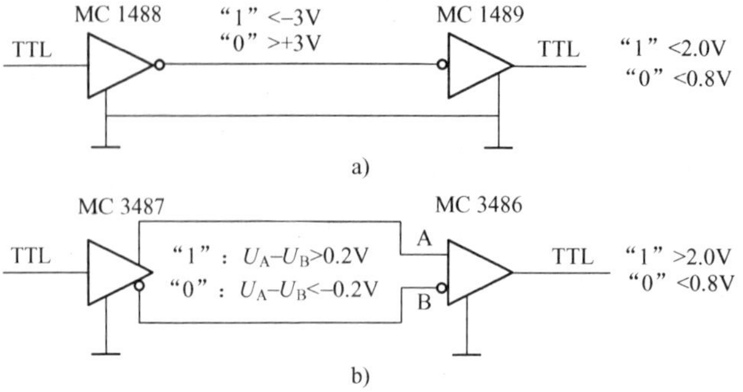

图 5-3 RS－232C、RS－422A 的驱动及接收电路

a）单端驱动单端接收电路（RS－232C） b）平衡驱动差分接收电路（RS－422A）

RS－422A 标准规定的电气接口是差分平衡式的，它能在较长的距离内明显地提高传输速率，例如，1200 m 的距离，速率可以达到 100 kbit/s，而在 12 m 等较短的距离内则可提高到 10 Mbit/s。如图 5-3 所示，平衡驱动和差分接收方法从根本上消除了信号地线，这种驱动相当于两个单端驱动器，它们的输入是同一个信号，而一个驱动器的输出正好与另一个的输出反相；当干扰信号作为共模信号出现时，接收器则接收差分输入电压。只要接收器具有足够的抗共模电压工作范围，它就能识别这两种信号而正确接收传送的信息。

这种性能的改善是由于平衡电气结构的优点而产生的，它能有效地从地线的干扰中分离出有效信号。差分接收器可以区分 0.2 V 以上的电位差，因此可以不受对地参考系统的地电位的波动和共模电磁的干扰。

在工程应用中，有时为把远距离（如数百米）的两台或多台带有 RS－232C 接口的设备连接起来进行通信或组成分散式系统，这时不能用 RS－232C 串口直接连接，但可以采用 RS－232C/422A 转换电路进行连接，即在现有的 RS－232C 串口上附加转换电路，两个转换电路之间采用 RS－422A 方式连接。

3. RS－485 串行接口标准

在许多工业环境中，要求用最少的信号连线来完成通信任务。目前广泛应用的 RS－485 串行接口总线正是适应这种需要而出现的，它几乎已经在所有新设计的装置或仪表中出现。RS－485 实际上是 RS－422A 的简化变形，它与 RS－422A 的不同之处在于 RS－422A 支持全双工通信，RS－485 仅支持半双工通信；RS－422A 采用两对信号线，分别用于发送和接收，RS－485 分时使用一对信号线发送或接收。在点对点远程通信时，它们的电路连接如图 5-4 所示。对于每个通信子站来说，RS－422A 和 RS－485 的驱动/接收电路性能没有太大区别。RS－485 串口在 PLC 局域网中的应用很普遍，如西门子 S7 系列 PLC 采用的就是 RS－485 串口。

在采用 RS－485 串口互联的网络中，某一时刻两个站中只有一个站可以发送数据，而另一个站只能接收数据，因此其发送电路是由使能端控制的。RS－485 用于多站互联十分方便，可以节省昂贵的信号线，同时，它可以高速远距离传输数据。许多智能仪表均配有 RS－485 总线接口，将它们联网构成分布式控制系统非常方便。

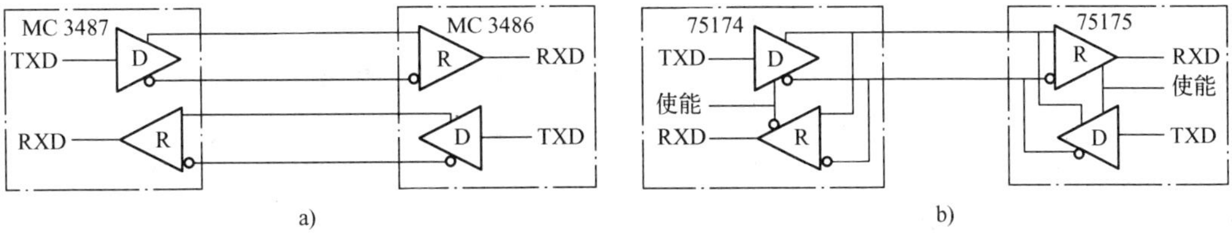

图 5-4　RS-422、RS-485 互联方案

a) RS-422A 点对点互联；b) RS-485 点对点互联

RS-422A/485 差分信号的传输线为双绞线，常用的 2 芯双绞线的 Z_0值为 100 Ω，因此，两根信号线之间连接的匹配电阻为 100Ω。更为常用的端接方法是在每根信号线与地之间连接 50Ω 的电阻，这种方法有助于两根信号线保持平衡。表 5-2 给出了三种串行通信接口的电气性能对比等。

表 5-2　串行通信接口 RS-232C、RS-422A 和 RS-485 的电气性能对比表

电气接口性能	RS-232C	RS-422A	RS-485
操作方式	单端	差分	差分
可连接的台数	1 台驱动器 1 台接收器	1 台驱动器 10 台接收器	32 台驱动器 32 台接收器
最大距离/m	15	1200	1200
最大速率/(bit/s)	20 k	10 M	10 M
驱动器输出电压，开路（最大)/V	±25	在输出之间为 6	在输出之间为 6
驱动器加载输出电压（最小)/V	-15 ~ -5, +5 ~ +15	在输出之间为 1.5	在输出之间为 2
驱动器断电输出阻抗（最小)/Ω	R_0 = 300 Ω	-6 V 与 +0.25 V 之间为 100 Ω	-6 V 与 +0.25 V 之间为 100 Ω
驱动器输出电路电流（最大)/mA	±500	±150	±150
驱动器输出摆动速率	30 V/μs	不必控制	不必控制
接收器输入阻抗/kΩ	3 ~ 7	≥4	≥4
接收器输入阈值（最大电压值)/V	-3 ~ 3	-0.2 ~ 0.2	-0.2 ~ 0.2
接收器输入电压（最大)/V	-25 ~ 25	-7 ~ 7	-7 ~ 12

5.2　CP1 系列 PLC 通信口配置

CP1 系列 PLC 需通过软件设定 PLC 上的串行通信端口。其中 CP1E 的 N 型 CPU 还有 1 个内置串行通信端口；除 N14、N20 型 CPU 以外的所有 N 型 CPU 都可以再扩展 1 个串行通信端口。CP1L、CP1H 型 PLC 均可以扩展 2 个串行通信端口。下面讲解 CP1E 的 N 型 CPU 串行通信设定。

进入 CX-Programmer 软件，设定好所连接的 PLC 型号，如图 5-5 所示，单击左侧菜单中的“设置”选项，在弹出的对话框中选择“内置 RS232C 端口”选项，需要注意的是，CP1E-N14 和 CP1E-NA20 PLC 只有“内置 RS232C 端口”选项，其他 CP1E-N 型 PLC 均有“串行选项端口”，即扩展 RS232C 端口选项。

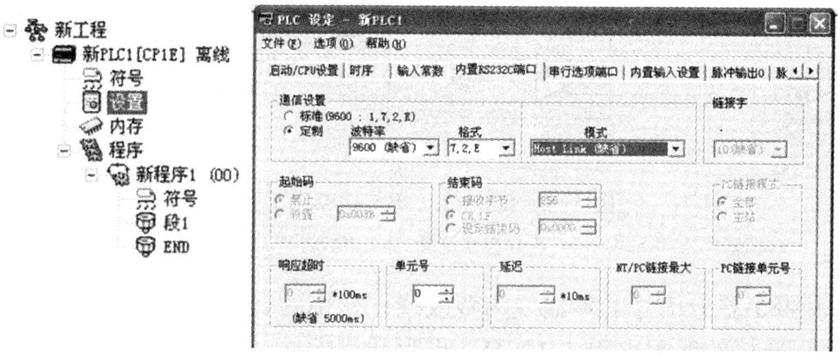

图 5-5　PLC 设定窗口

对于 CP1H 和 CP1L 型 PLC 而言，当用户单击左侧菜单中的“设置”选项，弹出的对话框将会显示选择“串口 1”和“串口 2”。由于 CP1 系列 PLC 串口设定方法相同，因此以 CP1E－N30 型 PLC 串口为例，介绍 CP1 系列 PLC 串口设定的内容。

（1）通信设置。如图 5-6 所示，在默认设定下，波特率设定为“9600；1，7，2，E”的格式，欧姆龙 PLC 标准的通信参数为：启动位 1 位，数据位 7 位，停止位 2 位，偶检验，波特率为 9600 bit/s。用户可以根据实际情况选择“定制”，就可以自由更改通信参数，如波特率可选项包括 300 bit/s、600 bit/s、1200 bit/s、2400 bit/s、4800 bit/s、9600 bit/s、19200 bit/s、38400 bit/s、57600 bit/s 和 115200 bit/s 等。数据帧的可选格式见表 5-3。但是需注意的是，PLC 与上位机应保证双方的通信参数设定一致。

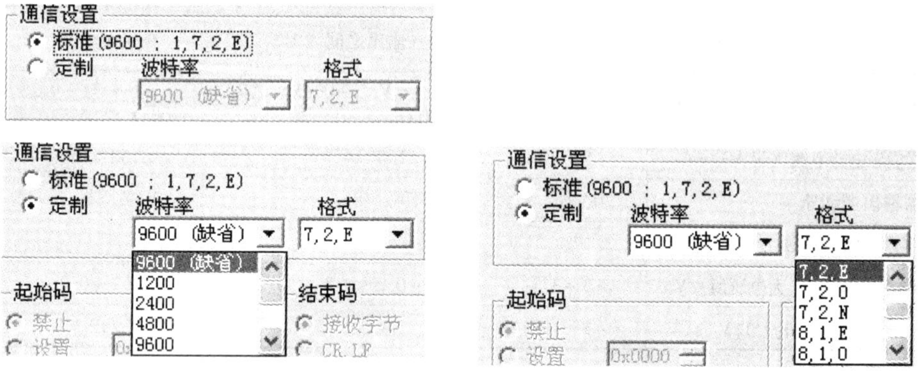

图 5-6　PLC 通信设置

（2）模式。如图 5-7 所示，“模式”选项选择的是串行通信端口的通信协议，用户需根据现场串口类型进行设置。

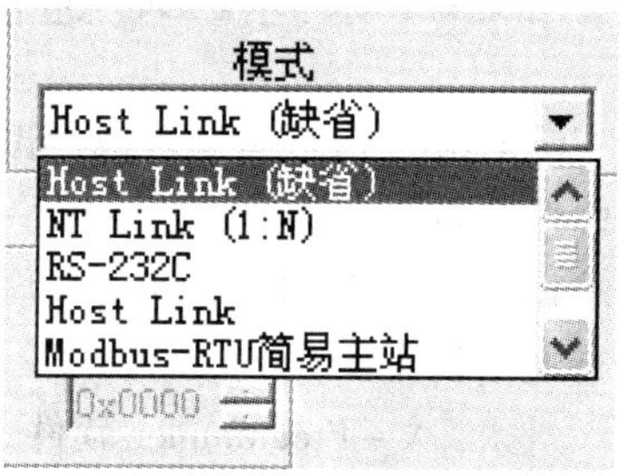

图 5-7　PLC 通信模式设置

（3）起始码与结束码。如图 5-8 所示，当“模式”选项为“RS－232C”时，即选择无协议通信方式时，才可以选择起始码和结束码两个选项。其中，起始码可以选择“禁止”，即没有起始码；也可以选择设置，即选择一定格式的起始码。结束码可以设定为三种类型，第一种为“接收字节”，选择接收字节后，PLC 将会按照无协议方式接受固定字节数后结束通信。第二种为“CR，LF”，即为回车换行方式，用户需以回车换行的方式作为结束码。第三种为“设定结束码”方式，即用户设定固定的结束码来表示发送的数据结束。

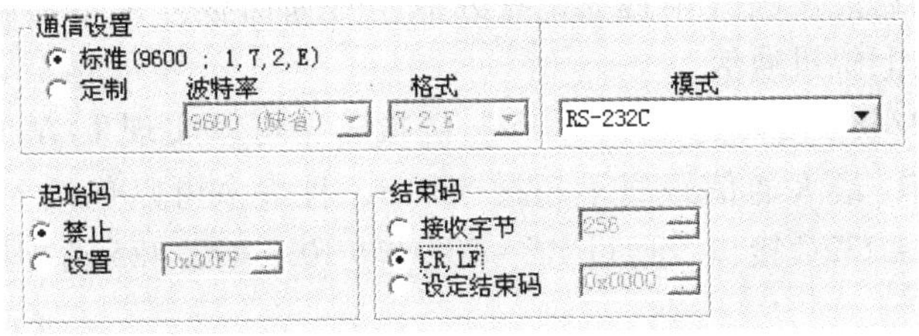

图 5-8　通信起始码与结束码设置

表 5-3　通信数据帧格式备选表

启动位	数据长度	停止位	奇偶校验（Parity Check）
1	7	1	偶（Even）
1	7	1	奇（Odd）
1	7	1	无（None）
1	7	2	偶（Even）
1	7	2	奇（Odd）
1	7	2	无（None）
1	8	1	偶（Even）
1	8	1	奇（Odd）
1	8	1	无（None）
1	8	2	偶（Even）
1	8	2	奇（Odd）
1	8	2	无（None）

（4）响应超时。如图 5-5 所示，当 CP1 系列 PLC 使用 MODBUS 简易主站方式进行通信时，该选项将会使能（CP1E 型 PLC 设定 MOSBUS 简易主站方式时，需要在“模式”栏将通信方式设定为“MODBUS - RTU 简易主站”；而在使用 CP1L 和 CP1H 型 PLC 时，用户需要在“模式”栏将通信方式设定为“串口网关”）。响应超时的作用是当 PLC 采用 MOSDBUS - RTU 简易主站方式与下位设备通信时，一旦超过所设定的时间，PLC 将会报警断线。

5.3　上位机链接协议 Host Link

上位机链接协议是欧姆龙 PLC 和上位机通信中使用的一种协议，也称为 Host Link 协议，该协议格式公开，由头代码、单元号、命令码、状态码、正文、校验码和终止码等组成，它是 CPM＊、C200Hα、CQM1 系列 PLC 的默认协议，欧姆龙的视觉产品也支持该协议。通过 Host Link 链接不仅可以链接欧姆龙产品，也可以链接其他支持 Host Link 协议的第三方厂家设备。此外，用户可通过 VB 或其他组态软件，根据 Host Link 格式编写通信程序，实现与

PLC 的数据交换。

通过 RS－232C 接口建立 Host Link 链接时，可以实现 1:1（一台上位机与一台 PLC 进行通信）通信，最大通信距离不超过 15 m。PLC 的 CPU 本身提供外设接口和 9 针 RS－232C 接口，也可以通过增加通信模块（串行通信单元或串行通信板）来增加串行通信接口。用户可以使用这些接口与上位机通信。

当通过 RS－422/485 接口建立 Host Link 链接时，可以实现 1:N（一台上位机与多台 PLC 进行通信）通信，最大通信距离不超过 500 m，且最多可以连接 32 台 PLC。利用 PLC 的 CPU 本身提供 RS－232C 接口，通过 RS－232C 转 RS－422/485 适配器，也可以实现 1:N 的 Host Link 链接。

5.3.1 Host Link 命令格式

如同语言需要固定的语法，串行通信也需要固定的收发命令格式，才可以完成两个设备之间的数据交换。Host Link 命令分为命令和响应，因此对应着命令格式与响应格式。如图 5-9 所示，命令格式分为起始符、单元号、功能码、正文、校验码、终止符 6 个部分。响应格式相比于命令格式，其在功能码后面多了一位结束码。

命令格式	起始符	单元号	功能码	正文	校验码	终止符	
响应格式	起始符	单元号	功能码	结束码	正文	校验码	终止符

图 5-9　Host Link 命令与响应格式

按照以上的固定格式，使用者需要以 ASCII 码的形式写入对应的命令数据。然后计算校验码，并以 ASCII 码形式输入终止符。

5.3.2 Host Link 命令内容

根据图 5-9 所示格式，下面介绍 Host Link 命令的具体含义。以下示例为上位机读取 PLC 的 W 区数据的命令及 PLC 在接收到上位机读取命令后返回的响应内容。

上位机到 PLC：

	起始符	单元号	功能码	起始地址	数据长度		终止符
命令格式	@	00	RW	0000	……	FCS	*↵

PLC 到上位机：

	起始符	单元号	功能码	结束码	数据			终止符
响应格式	@	00	RW	00	0000	……	FCS	*↵

（1）起始符。起始符固定为 ASCII 码形式“@”符号，由于本指令所有发送的内容均需要转换为 ASCII 码形式，用户需要根据下表将内容转换为相对应的数字。例如“@”符号，对应为 ASCII 码 40（顺序是高位→低位）

（2）单元号。由于 Host Link 协议支持多台 PLC 与上位机通信，因此为了防止出现 PLC 间通信数据的相互混淆，在多台 PLC 与上位机通信时，每台 PLC 都需设定网络内唯一的单元号，以区别于其他 PLC，实现上位机与每台 PLC 的准确通信。

Host Link 协议最多支持 0 ~ 31 共 32 个单元号。由于所有发送的指令都是 ASCII 码形式，因此当单元号为 00 时，需要参照表 5-4 将“00”转换为十六进制数“3030”后才能正确发送。

表 5-4　ASCII 码转换表

高位 / 低位	0	1	2	3	4	5	6	7
0	NUL	DLE	SPACE	0	@	P		p
1	SOH	DC_1	!	1	A	Q	a	q
2	STX	DC_2	“	2	B	R	b	r
3	ETX	DC_3	#	3	C	S	c	s
4	EOT	DC_4	$	4	D	T	d	t
5	ENQ	NAK	%	5	E	U	e	u
6	ACK	SYN	&	6	F	V	f	v
7	BEL	ETB	,	7	G	W	g	w
8	BS	CAN	(	8	H	X	h	x
9	HT	EM	)	9	I	Y	i	y
A	LF	SUB	*	:	J	Z	j	z
B	VT	ESC	+	;	K	[	k	{
C	FF	FS	,	<	L	\	l	|
D	CR	GS	-	=	M	]	m	}
E	S0	RS	.	>	N		n	
F	S1	US	/	?	O		o	

（3）功能码。功能码是决定发送何种功能指令。常用指令功能码见表 5-5。

表 5-5　功能码一览表

功能码	PC 方式			名　称
	运行	监视	编程	
RR	有效	有效	有效	读 IR/SR 区
RW	有效	有效	有效	读 WR 区
RH	有效	有效	有效	读 HR 区
RC	有效	有效	有效	读 TC 的当前值
RG	有效	有效	有效	读 TC 状态
RD	有效	有效	有效	读 DM 区
RJ	有效	有效	有效	读 AR 区
WR	无效	有效	有效	写 IR/SR 区
WW	无效	有效	有效	写 WR 区
WH	无效	有效	有效	写 HR 区

（续）

功能码	PC 方式			名　　称
	运行	监视	编程	
WC	无效	有效	有效	写 TC 的当前值
WG	无效	有效	有效	写 TC 状态
WD	无效	有效	有效	写 DM 区
WJ	无效	有效	有效	写 AR 区
SC	有效	有效	有效	写 PLC 的运行状态
MM	有效	有效	有效	读 PLC 的类型
KS	无效	有效	有效	强制置位
KR	无效	有效	有效	强制复位

与起始符、单元号相同，功能码也需按照 ASCII 转换表转换为十六进制数后发送。例如功能码“RD”，转换为十六进制数为“5244”。

（4）结束码。结束码只出现在 Host Link 响应格式中，其作用是反映发送指令的回馈情况。如果正常完成，响应码将会为“00”；如果有问题，将会按照表 5-6 的内容响应。用户可根据不同的响应码判断发送失败的原因。

表 5-6　结束码一览表

结束码	内　　容	可能的原因	改 正 措 施
00	正常完成	——	——
01	运行方式下不执行	PLC 在运行方式下，不能执行发送命令	检查命令和 PLC 方式之间的关系
02	监控方式下不执行	PLC 在监控方式下，不能执行发送命令	
03	UM 写保护	PLC 的 UM 处于写保护	PLC 上 DIP 开关 1 脚置 OFF
04	地址超出区域	在 SV 读命令或 SV 修改命令中的程序地址超出 65535 最大值	修改程序的地址设置，再传送命令
13	FCS 错误	FCS 错误，或是 FCS 计算错误，或是噪声干扰	检查 FCS 计算方法，如是噪声干扰，再传送命令
14	格式错误	命令格式错误或者不可分割的命令被分隔	检查格式，再传送命令
15	入口码数据错误	数据超出规定的范围或太长	修改数据，再传送命令
16	命令不支持	程序中不存在 SV 读命令或 SV 修改命令中指定的操作数	改正命令和程序
18	帧长度错误	超过最大的帧长度 132 字节（如帧超过 280 字节，接受溢出标志变 ON，不再返回应答）	检查命令，必要时分成若干个帧
19	不执行	读的项没有用组合命令（QQ）登记过	在批形式读之前，执行 QQ 命令登记的项
20	不能生成 I/O 表	无法辨别的远程 I/O 字太多，或远程 I/O 单元结点号重复	检查远程 I/O 系统和 I/O 字数

（续）

结束码	内　容	可能的原因	改 正 措 施
A3	传送数据时因 FCS 错误引起中止	在第二或后面的帧中出现 FCS 错误	检查 FCS 计算方法。如果噪声干扰，再传送命令
A4	传送数据时因格式错误而中止	命令格式与第二或后面的帧中字节数不匹配	检查数据，再传送命令
A5	传送数据时因入口码数据错误而中止	在第二或后面的帧中有入口码数据错误	检查数据，再传送命令
A8	传送数据时因帧长度错误而引起中止	第二或后面的帧的长度超过最大值 132 字节	保持帧不超过 132 字节

通过串口调试精灵，用户可以在计算机上模拟 Host Link 指令访问 PLC 的内存数据。使用者可以编写 VB 程序达到计算机实时监测 PLC 数据的目的。

5.4　NT Link 链接协议

NT Link 协议是欧姆龙 PLC 与其人机界面通信产品之间通信的专用协议。当使用欧姆龙的 NS 或 NT 系列触摸屏时，可将 PLC 的串行通信端口设定为 NT Link 方式。该通信协议为欧姆龙公司内部协议，协议内容不公开。NT Link 协议分为 1:N 和 1:1 两种类型，CP1H 和 CP1E 型 PLC 只支持 1:N 方式；而 CP1L 型 PLC 既支持 1:N 方式，也支持 1:1 方式，连接方式如图 5-10 所示，NT Link 的 1:N 方式既可连接 1 台触摸屏，也可最多连接 8 台。

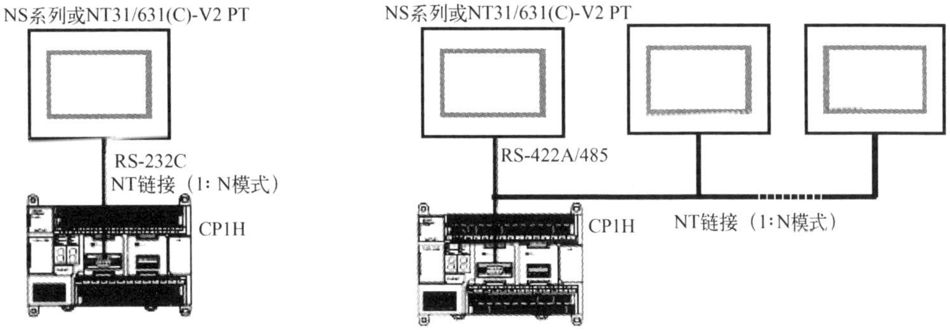

图 5-10　NT Link 链接方式示意图

NT Link 的设定如图 5-11 所示，CP1H 和 CP1E-N 型 PLC 需要将串口模式设定为“NT Link(1:N)”。而 CP1L-M 型 PLC 的模式设定，除可以设定为“NT Link(1:N)”模式外，还可以设定为“NT Link(1:1)”。由于 NT Link 有高速和标准两种速率，高速为 115200，标准为 38400，因此在设定好通信模式后，需在“定制”选项中选择“115200”或者“38400”波特率，且通信格式只可为 172E。如果设定为其他选项，软件将提示设定错误。

需要注意的是，当 PLC 端设定为 NT Link 1:1 或 NT Link 1:N 后，触摸屏端对应串口也须相应地设定为 NT Link 1:1 或 NT Link 1:N。PLC 与触摸屏端的端口设定完成后，只需用数据电缆将触摸屏和 PLC 连接，即可交换数据。

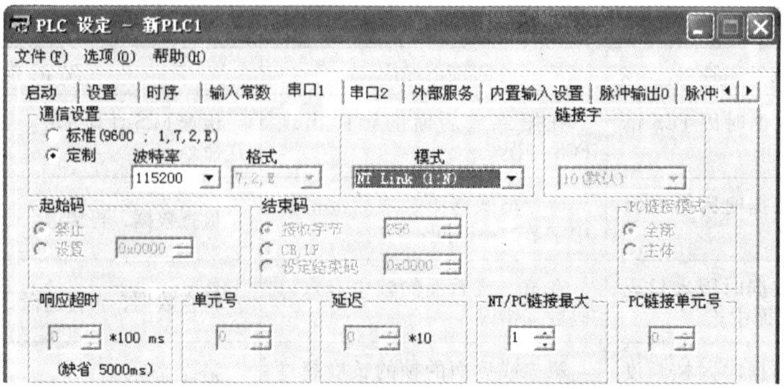

图 5-11　NT Link 设定窗口

5.5　MODBUS - RTU 简易主站

随着工业自动化的发展，工厂中使用的二次仪表均具有了通信功能，但是由于不同厂家的通信格式不尽相同，因此导致了现场不同的二次仪表与 PLC 连接变得复杂。各厂家为保证各自产品与 PLC 等主控设备的通信标准化和简便化，推出了 MODBUS 协议。目前市场上的二次仪表多具备 MODBUS - RTU 功能。

5.5.1　MODBUS - RTU 简易主站概述

欧姆龙 PLC 内置的 MODBUS - RTU 简易主站功能就是为了满足与第三方的二次仪表实现简易通信的需要而开发的。用户可以按照 MODBUS - RTU 格式向程序指定的内存区输入数据；二次仪表响应的数据也会按照 MODBUS - RTU 格式反馈到特定的内存区。由于不同厂家的二次仪表所支持的 MODBUS - RTU 协议格式相同，因此，相同的通信读写程序可以写入到不同设备中，从而大大减少了编程工作量。

5.5.2　MODBUS - RTU 协议格式

一般 MODBUS - RTU 通信方式包含请求、响应和错误响应三种格式，每种格式都有不同的通信帧。下面分别介绍通信格式和通信帧的含义。

MODBUS - RTU 发送格式如下：

从站地址	功能码	数据通信起始位	通信数据字节数	CRC 校验位

通信数据

MODBUS - RTU 响应格式如下：

从站地址	功能码	接收数据字节数	接收数据	CRC 校验位

接收数据

MODBUS - RTU 错误响应格式如下：

从站地址	功能码	错误代码	CRC 校验位

1）从站地址。从站地址是指所连接设备的地址号，从站地址是所连接设备内部设定的十进制数，在通信时，需保证通信设备的从站地址与所发送指令的从站地址相一致，否则将无响应。

2）功能码。功能码是定义所发送指令功能的命令码，不同的命令码使连接的设备执行不同工作。通常用户需要查询所连接设备的使用手册来选择对应的功能码。

3）通信起始位。在发送指令帧中所连接设备目标数据区的起始地址。

4）通信字节数。在发送指令帧中所连接设备目标数据区的字节数。

5）接受字节数。在响应指令帧中所连接设备响应的数据字节数。

6）接收数据。在响应指令帧中所连接设备响应的数据。

7）错误代码。错误响应帧中的错误代码。具体代码的含义需查阅相关设备的使用手册。

5.5.3 简易主站功能设定

如图 5-12 所示，将 CP1E - N 型 PLC 需要将串口模式设定为“Modbus - RTU 简易主站”。而 CP1H 和 CP1L - M 型 PLC 设定为“串口网关”，如图 5-13 所示。若需改变波特率和数据格式，选择“定制”选项，设定所需要的波特率和数据格式。通信设定的作用是使 PLC 和所连接设备建立统一的通信格式。

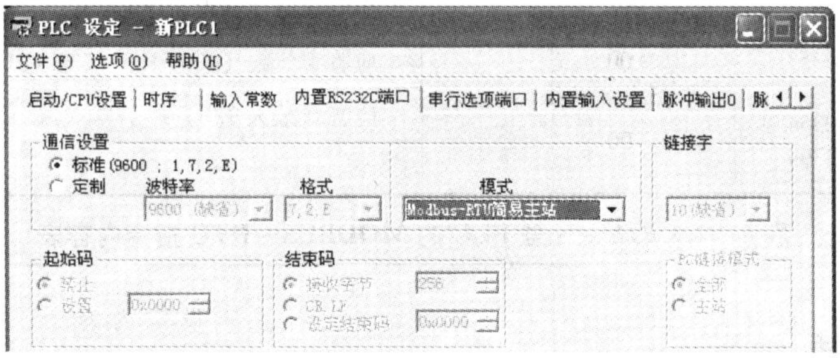

图 5-12　CP1E - N 型 CPU 简易主站功能设置图

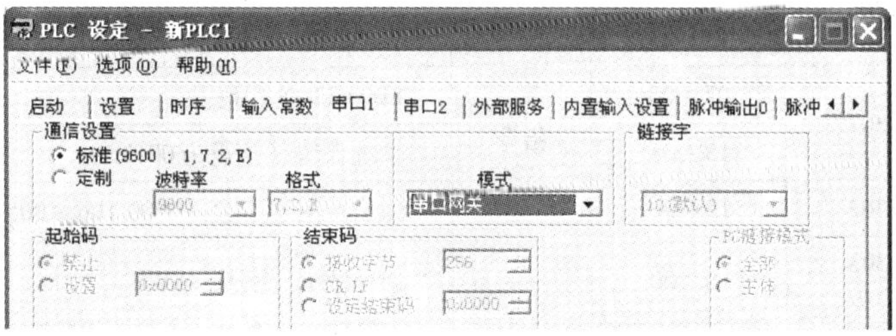

图 5-13　CP1H 型 CPU 简易主站功能设置图

5.5.4 简易主站功能

设定好串口后，需在软件中编写一段通信程序。在编写 MODBUS - RTU 程序时，用户需在 PLC 的 DM 区中保存 MODBUS - RTU 命令，然后通过固定的指令位将编写的 MODBUS - RTU 命令发送出去。CP1H 与 CP1L - M 型 PLC 的 MOSBUS - RTU 指令内存地址见表 5-7。由于 CP1E - N 型 PLC 与前者的 DM 区分配不同，因此 CP1E - N 型 PLC 的 MOSBUS - RTU 指令内存地址见表 5-8。其中 CP1E - N14 和 CP1E - N20 型 CPU 只有内置 RS232 串口；而 CP1E - N20、NA20、N30、N40 与 N60 型 CPU 有内置 RS232 串口和串行选项端口，用户需注意 PLC 型号。

表 5-7　CP1H 与 CP1L－M 型 PLC MOSBUS－RTU 指令内存表

通道		位		设定内容
串口 1	串口 2			
D32200	D32300	07～00	指令	从站地址（00 Hex～F7 Hex）
		15～08		系统保留（请设为 00Hex）
D32201	D32301	07～00		FUNCTION 代码
		15～08		系统保留（请设为 00Hex）
D32202	D32302	15～00		通信数据字节数（0000 Hex～005E Hex）
D32203 D32249	D32303 D32349	15～00		通信数据（最大 94B）
D32250	D32350	07～00	响应	从站地址（01 Hex～F7 Hex）
		15～08		系统保留（请设为 00Hex）
D32251	D32351	07～00		FUNCTION 代码
		15～08		系统保留（请设为 00Hex）
D32252	D32352	07～00		出借代码
		15～08		系统保留（请设为 00Hex）
D32253	D32353	15～00		应答字节数（0000 Hex～03EA Hex）
D32254 D32299	D32354 D32399	15～00		应答（最大 92B）

表 5-8　CP1E－N 型 PLC 的 MODBUS－RTU 指令内存表

通道		位		设定内容
内置 232 串口	串行选项端口			
D1200	D1300	07～00	指令	从站地址（00 Hex～F7 Hex）
		15～08		系统保留（请设为 00Hex）
D1201	D1301	07～00		FUNCTION 代码
		15～08		系统保留（请设为 00Hex）
D1202	D1302	15～00		通信数据字节数（0000 Hex～005E Hex）
D1203 D1249	D1303 D1349	15～00		通信数据（最大 94 B）
D1250	D1350	07～00	响应	从站地址（01 Hex～F7 Hex）
		15～08		系统保留（请设为 00Hex）
D1251	D1351	07～00		FUNCTION 代码
		15～08		系统保留（请设为 00Hex）
D1252	D1352	07～00		出借代码
		15～08		系统保留（请设为 00Hex）
D1253	D1353	15～00		应答字节数（0000 Hex～03EA Hex）
D1254 D1299	D1354 D1399	15～00		应答（最大 92B）

用户按照上表将数据以十六进制数的形式写入到对应 DM 通道中，然后驱动特殊辅助继

电器区（AR 区）的相关控制位使能来实现数据从指定端口发出。CP1 系列 PLC 的 MODBUS - RTU 简易主站特殊辅助继电器区的控制位见表 5-9。

表 5-9　CP1 系列 PLC 的 MODBUS - RTU 主站 AR 区控制位一览表

辅助位	功　能	对 应 端 口
A640.00	简易主站功能执行开关	CP1H CP1L 系列：串口 1 CP1E - N 系列：内置 232 端口
A640.01	简易主站功能执行正常结束标志	
A640.02	简易主站功能执行出错结束标志	
A641.00	简易主站功能执行开关	CP1H CP1L 系列：串口 2 CP1E - N30 N40 N60 系列：串行选项端口
A641.01	简易主站功能执行正常结束标志	
A641.02	简易主站功能执行出错结束标志	

5.5.5　山武温控器通信实例

由于 MODBUS - RTU 协议是一种标准协议，所有支持 MODBUS - RTU 协议的二次仪表所用的指令格式均相同。因此，用户仅需要掌握设备的连接步骤，当连接不同设备时，仅改变功能码或内存地址，就可以便捷地与不同厂家的二次仪表通信。

山武系列温度控制器（以下简称温控器）是市场上有一定占有率的温控器，它支持 MODBUS - RTU 协议。当用户需要时可使用欧姆龙 CP1H 型 PLC 与山武 C15MTV0RA0300 型温控器实时通信，采集温控器上的温度当前值，并利用 PLC 写入温度设定值。

1. 读取温控器数据

（1）查询温控表参数

通过山武厂家提供的温控器使用手册查得编写 MODBUS - RTU 通信指令所需参数如下：

读取数据功能码：03（十六进制数）。

温度当前值寄存器号：238D（十六进制数）。

（2）系统配置

1）山武 C15M 系列温控器的设定。通过查询山武温控器手册，查得相关通信设定数据见表 5-10。

表 5-10　山武 C15M 系列温控器通信设定表

项目（库）	显　示	内　容	初 始 值
通信种类 （设置设定/设置库）	C 64	0：CPL 1：MODBUS ASCII 形式 2：MODBUS RTU 形式	0
机器地址 （同上）	C 65	0：不通信 1 ~ 127	0
传送速度 （同上）	C 66	0：4800 bit/s 1：9600 bit/s 2：19200 bit/s 3：38400 bit/s	2
数据形式（数据长） （同上）	C 67	1：8 位	1
数据形式（校验） （同上）	C 68	0：偶数校验 1：奇数校验 2：无校验	0

（续）

项目（库）	显 示	内 容	初 始 值
数据形式 （停止位） （同上）	C 69	0：1 停止位 1：2 停止位	0
通信最小应答时间	C 70	1 ~ 250 ms	3

由于采用 MODBUS - RTU 方式与温控器通信，因此 C64 选项应设定为“2”。机器地址即温控器的从站地址，C65 选项设定为“1”。C66 选项设定为“1”，即波特率为 9600 bit/s。由于 C15M 系列温控器只支持 8 位数据长度，因此 C67 选项无需设定。C68、C69 和 C70 选项采用默认值，即数据校验位为偶校验，数据停止位为 1 位，通信最小应答时间为 3 ms。

2）CP1H 通信设定。如图 5-14 所示，为了与温控器有效连接，对 PLC 串口 1 进行如下设定：通信设置选择“定制”，波特率设定为“9600 bit/s”，格式设定为“8,1,E”，即 8 位数据长度，停止位为 1 位，偶校验。这些参数必须与温控器的设定相一致。设定完毕，下载设置到 PLC，并将其断电重启，以保证设置生效。

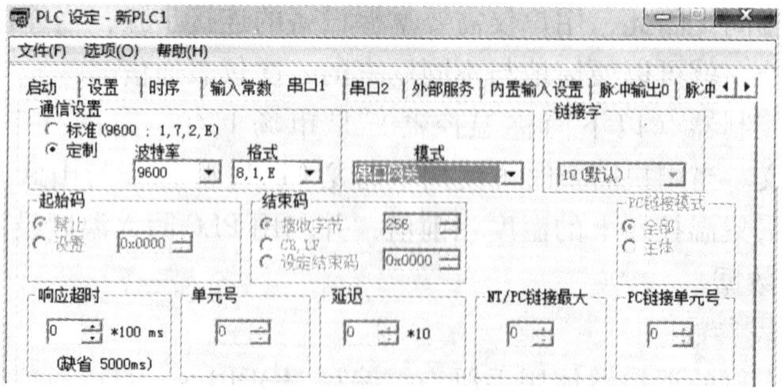

图 5-14 CP1H 通信设定示意图

（3）硬件配置

为了实现 PLC 与温控器的通信，需设定其硬件。根据表 5-11 设定 CP1H 的选件板 CP1W - CIF11 背面的 DIP 开关，配置 RS485 扩展串口。

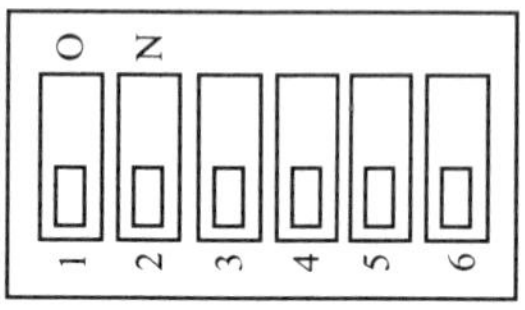

表 5-11 CP1W - CIF11 选件板 DIP 开关设定表

针脚	设 定		
1	ON	有	有无终端电阻
	OFF	无	
2、3	ON	2 线制	选择接线方式是 2 线制或 4 线制
	OFF	4 线制	
4	未使用		
5	ON	启用 RS 控制	用于 RD 的 RS 控制选择
	OFF	禁用 RS（总接收数据）	
6	ON	启用 RS 控制	用于 SD 的 RS 控制选择
	OFF	禁用 RS（总发送数据）	

注：禁止回声功能 5 置 ON；
4 线方式按 1∶N 方式连接设备时 6 置 ON；
2 线方式 6 置 ON。

由于与山武温控表通信需选择2线制，因此 CP1W - CIF11 的 DIP 开关2、3、6 脚均设定为 ON。查询温控器使用手册得到通信接线图，如图5-15所示。温控器的16号端子连接主站的通信正，17号端子连接主站的通信负。这里需要注意，通常各厂家产品的 DA 和 DB 端子定义不尽相同。山武温控器定义 DA 连接通信正，DB 连接通信负；而欧姆龙 E5CC 系列温控器定义 DA 连接通信负，DB 连接通信正。其他的传感器、变频器或二次仪表等也存在类似问题，因此用户在进行通信接线时，一定要按照所连接产品的使用手册中通信定义来接线。CP1H 型 PLC 通信扩展端子 CP1W - CIF11 和山武 C15M 系列温控器接线，如图5-16所示。

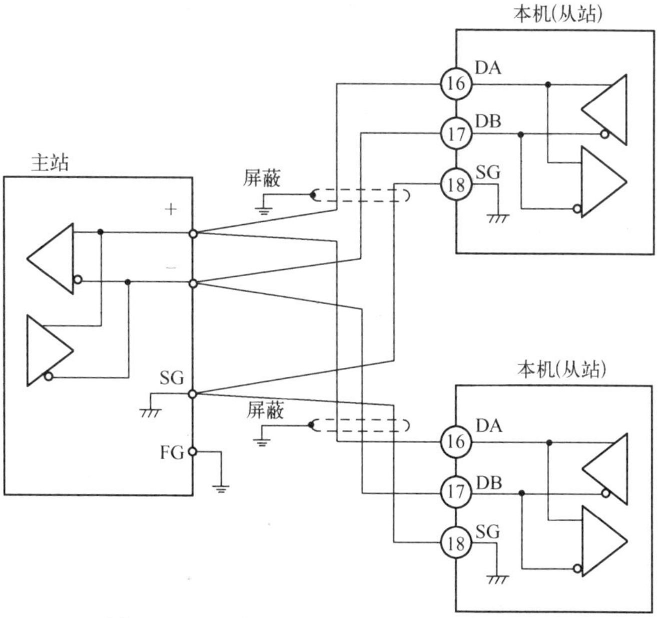

图5-15　山武 C15M 系列温控器通信接线图

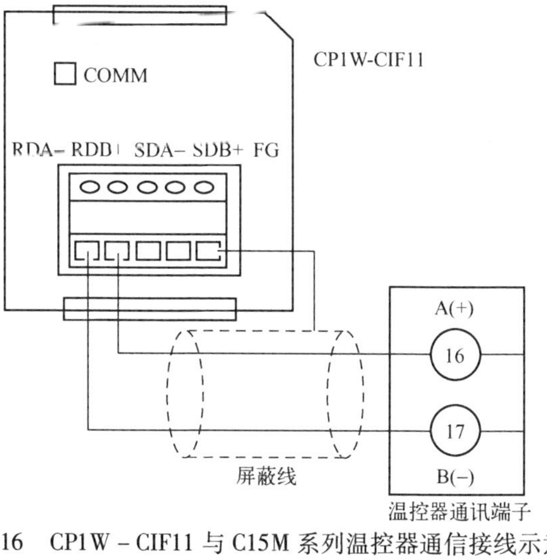

图5-16　CP1W - CIF11 与 C15M 系列温控器通信接线示意图

（4）读取温控器数据

本实例中，使用 CP1H 的串口2与山武 C15M 温控器建立实时通信。通过 MODBUS - RTU 指令格式和 CP1H 的 MODBUS - RTU 简易主站指令内存表，可以得到表5-12所示的对应关系。若使用串口 1，只需将串口 2 的通信程序地址更改为串口 1 即可。

表 5-12　CP1H 的 MODBUS - RTU 简易主站指令内存地址表

PLC 内存地址	D32300	D32301	D32302	D32303 开始	
PLC 设定内容	从站地址	功能码	通信字节数	通信数据	
MODBUS 指令帧	从站地址	功能码		数据通信起始位	通信数据字节数

由上表可知，相对于标准的 MODBUS - RTU 指令帧而言，在简易主站通信功能中多了一项通信字节数。由于 CP1 系列 PLC 简易主站功能将校验码添加在发送的报文后，如果没有通信字数这一项目，将会出现通信内容和校验码混淆的情况。而有了通信字节数这一项后，用户能够简便地区分出通信数据和校验码，示例如下：

通过以上硬件及软件设定，可以得到使用 CP1H 发送给温控器的报文：01 03 04 238D 0002。其含义是对 01 号从站温控器读取 238D 开始的 2 个字数据。具体写入地址的内容见表 5-13。

表 5-13　CP1H 发送报文设定表

PLC 内存地址	D32300	D32301	D32302	D32303	D32304
PLC 设定内容	0001	0003	0004	238D	0002

编写 PLC 读取温控器数据的梯形图程序，如图 5-17 所示。

将表 5-13 中的数据分别用 MOV 指令赋值给相应通道，连接 PLC 在线下载程序，当查看 DM 区通道数据时，如图 5-18 所示，即写入数据成功。当验证写入数据格式正确后，使用串口 1 将数据发送给温控器，需使 A640.00 位为 ON 时，串口 1 发送 D32300 通道开始的后面通道数据。需要注意的是，由于 MODBUS - RTU 属于串行通信，需要按一发一收的顺序进行通信；若使用一般的脉冲指令，在短时间内 PLC 将会在脉冲为 ON 的时间内发送上百次该指令，如此高的频率会使通信端口无法响应而造成通信失败。因此，应使用微分指令来发送通信数据。凭经验以 0.2 s 频率发送数据，不会造成通信端口不响应，且具有较好的实时性。参考程序段如图 5-19 所示。

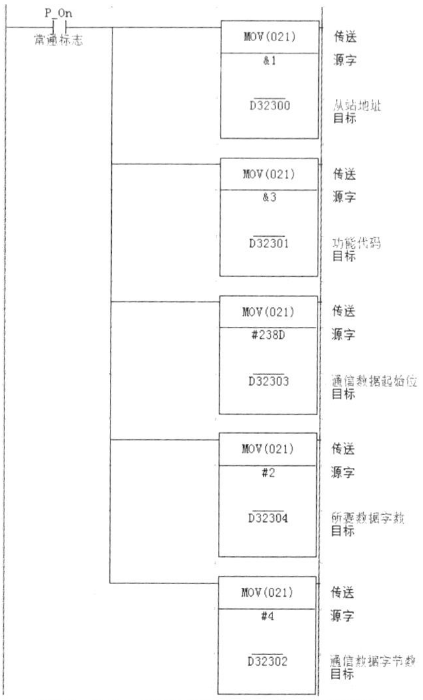

图 5-17　读取温控器数据程序段

编写好通信程序后，下载并运行，CP1W - CIF11

上的指示灯将会闪烁，表明通信正确。若无反应，需检查 PLC 与温控器的接线，以及 CP1W－CIF11 的 DIP 开关设定是否正确。查看 DM 区内存，将得到如图 5-20 所示的通信返回数据。

	+0	+1	+2	+3	+4	+5	+6	+7	+8	+9
D32300	0001	0003	0004	238D	0002	0000	0000	0000	0000	0000

图 5-18　DM 区通道赋值显示

图 5-19　通信使能程序段

	+0	+1	+2	+3	+4	+5
D32350	0001	0003	0000	0003	0201	1500

图 5-20　DM 区通信返回值显示

根据上图的数据响应，接收数据 01，03，00，03，0201，15 的含义为：01 号从站温控器，按照 03 指令，接收了 3 个字节的数据，3 个字节数据为 020115，其中 02 表示温控器返回了 2 个字节数据“0115”。由于 0115 为十六进制数，转换为十进制数为 277，即温控器当前温度为 27.7℃。但是，由于温控器返回值 0115 的“01”写入 D32354 的低字节，“15”写入 D32355 的高字节，分散在不同通道中不便于后续的数据处理。因此，可以使用 XFRB 指令将“01”传送到某通道的高字节，“15”传送到该通道的低字节，实现在一个通道内完整保存“0115”。此后再使用 BCD 指令，将该通道值内的十六进制数换算为十进制数。

2. 写入温控器数据

（1）查询温控表参数

通过山武厂家提供的温控器使用手册查得编写 MODBUS－RTU 通信指令所需参数如下：

写入数据功能码：10（十六进制数）

温度设定值寄存器号：238E（十六进制数）

（2）写入温控器数据

本实例中，使用 CP1H 的串口 1 与山武 C15M 温控器建立实时通信。通过 MODBUS－RTU 指令格式和 CP1H 的 MODBUS－RTU 简易主站指令内存表，可以得到表 5-14 所示的对应关系。若使用串口 2，只需将串口 1 的通信程序地址更改为串口 2 即可。

表 5-14　CP1H 的 MODBUS－RTU 简易主站指令内存地址表

PLC 内存地址	D32300	D32301	D32302	D32303	D32304
PLC 设定内容	从站地址	功能码	通信字节数	通信数据起始地址	通信数据字节数
MODBUS 指令帧	从站地址	功能码		通信数据起始位	通信数据字节数
PLC 内存地址	D32305	D32306			
PLC 设定内容	写入数据字节数（通道高 8 位）	写入数高 8 位（通道低 8 位）	写入数据低 8 位（通道高 8 位）		
MODBUS 指令帧	写入数据				

由上表可知，相对于标准的 MODBUS - RTU 指令帧而言，在 PLC 写入的设定内容中，写入数据部分又细分为 PLC 写入数据的字节数和 PLC 写入数据值。由于读取与写入温控器数据的软件及硬件配置相同，可以得到使用 CP1H 发送给温控器的报文：0001 0010 0007 238E 0001 0203 E800。其含义是对01 号从站温控器写入其内存地址 238E 开始的 1 个字数据，写入的数据位占 2 字节，内容为 03E8，具体写入地址的内容见表 5-15。

表 5-15　CP1H 发送报文设定表

PLC 内存地址	D32300	D32301	D32302	D32303	D32304	D32305	D32306
PLC 设定内容	0001	0010	0007	2310	0001	0203	E800

编写 PLC 写入温控器数据的梯形图程序，如图 5-21 所示。

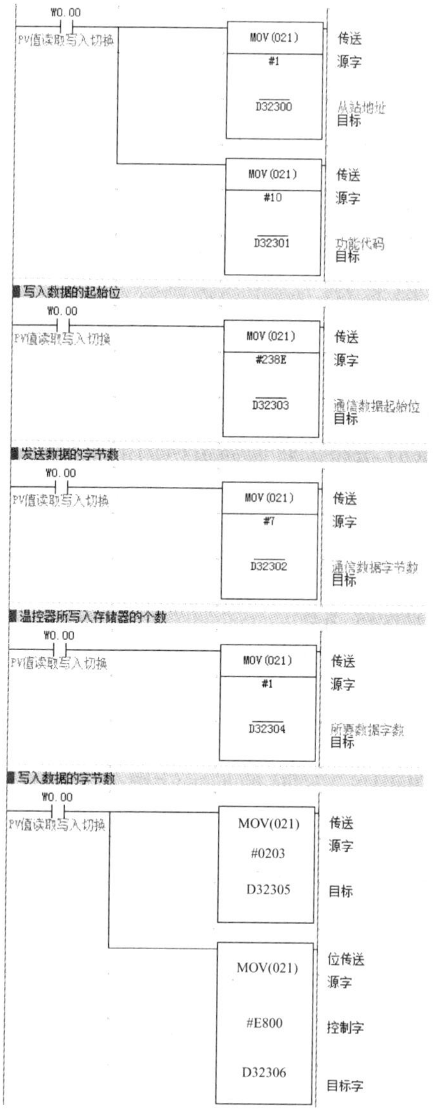

图 5-21　写入温控器数据程序段

按照程序，将表 5-15 中的数据分别用 MOV 指令赋值给相应通道，连接 PLC 在线下载程序，当查看 DM 区通道数据时，与表 5-15 中对应通道数据相同，即写入数据成功。

当验证写入数据格式正确后，使用串口 1 将数据发送给温控器，使 A640.00 位为 ON 时，串口 1 发送 D32300 通道开始的后面通道数据。需要注意的是，由于串行通信的特点，PLC 不能做到同时收发，所以需要在软件上做到“写时不能发，发时不能写”。

同样发现，温控器返回值 0115 的“01”写入 D32354 的低字节，“15”写入 D32355 的高字节，分散在不同通道中不便于后续的数据处理。因此，可以使用 XFRB 指令将“01”传送到某通道的高字节，“15”传送到该通道的低字节，实现在一个通道内完整保存“0115”。此后再使用 BCD 指令，将该通道值内的十六进制数换算为十进制数。

5.6 PC Link 协议

PC Link 协议是欧姆龙 PLC 之间实现数据交换所使用的专用协议，且协议格式不公开。当两台 PLC 通过各自的 RS－232C 接口互连构成最简单的 1∶1 链接，二者无需编程即可相互自行交换数据，实现数据共享。共享的数据区为 LR 区的 00～63 字（适用于 CPM＊、C200Hα、CQM1 系列 PLC）或 CIO 区的 3100～3189 字（适用于 CP1H、CJ1M PLC）。

本节以 1 台欧姆龙 PLC 对另外 2 台相距数百米的欧姆龙 PLC 上的输出点实施控制为例，说明 PC Link 协议的串行通信方法。

5.6.1 PC Link 线路连接

使用安装在 CP1H 型 PLC 上的 RS－422A/485 选件板（型号：CP1W－CIF11）可实现通过 RS－422A/485 通信总线进行 1∶N 的链接通信，即在 CP1H CPU 单元之间或 CP1H CPU 单元与 CJ1M CPU 单元间，进行无程序的数据交换，其线路连接如图 5-22 所示。或者安装 RS－232C 选件板（型号：CP1W－CIF01）按照 1∶1 进行链接通信，其线路连接如图 5-22 所示。

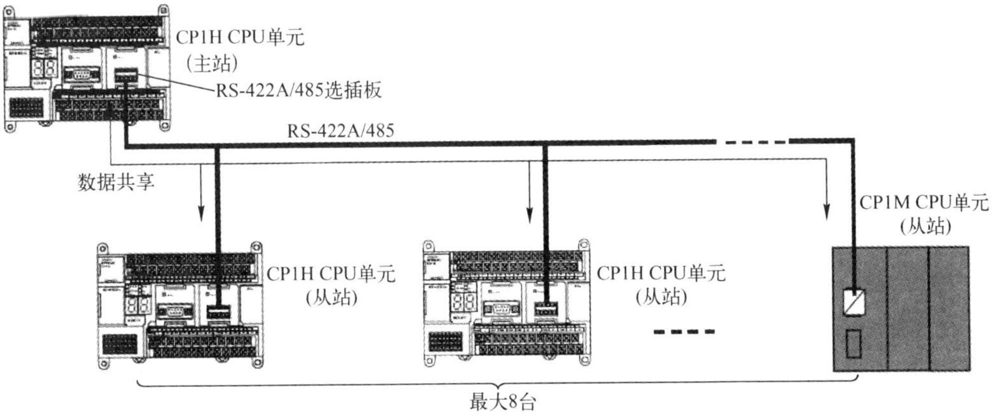

图 5-22　CP1H∶CP1H（或 CJ1M）＝1∶N（最大 8）连接图

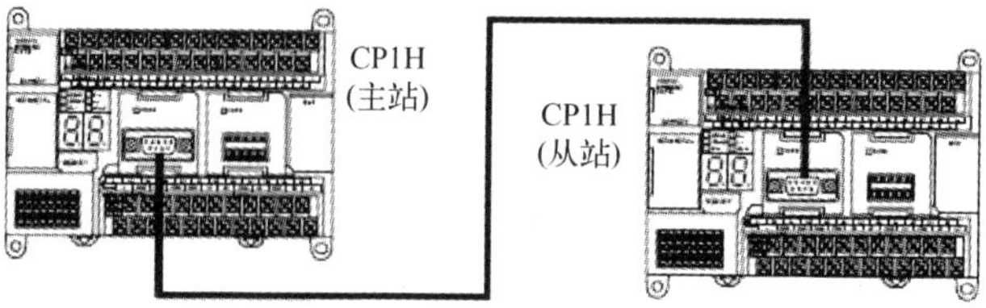

图 5-23　CP1H:CP1H = 1:1 连接图

5.6.2　PC Link 通信规格及方式

1. 链接通信规格

1:N 和 1:1 链接通信规格见表 5-16。

表 5-16　链接通信规格表

项　　目	含　　义
对应串行端口	串行端口 1 或串行端口 2 但若都设定为「串行 PLC 链接主站」或「串行 PLC 链接从站」，则会出现 PLC 系统设定异常（运行继续异常），使 A402.10 位（PLC 系统设定异常标志）置为 1
连接方式	使用 RS－422A/485 选件板（或 RS－232C 选件板）的 RS－422A/485（或 RS－232C）连接。
分配继电器区域	串行 PLC 链接继电器：3100～3189 CH（每台最大 10 CH）
最大连接数	9 台（主站 1 台，从站 8 台）
链接方式	全站链接方式或主站链接方式

2. 链接方式

作为数据的更新方式，分为全站链接方式和主站链接方式两种。

（1）全站链接方式

全站链接方式是主站、从站都反映所有的其他站的数据的方式。其串行链接继电器的地址分配如图 5-24 所示。

链接CH数	1 CH	2 CH	3 CH	…	10 CH
主站	3100	3100～3101	3100～3102		3100～3109
从站No.0	3101	3102～3103	3103～3105		3110～3119
从站No.1	3102	3104～3105	3106～3108		3120～3129
从站No.2	3103	3106～3107	3109～3111		3130～3139
从站No.3	3104	3108～3109	3112～3114		3140～3149
从站No.4	3105	3100～3111	3115～3117		3150～3159
从站No.5	3106	3112～3113	3118～3120		3160～3169
从站No.6	3107	3114～3115	3121～3123		3170～3179
从站No.7	3108	3116～3117	3124～3126		3180～3189
空区域	3109～3199	3118～3199	3127～3199		3190～3199

图 5-24　全站链接方式继电器区域分配示意图

上图中反映了各站在分配了不同的继电器区域时所对应的通道地址，串行 PLC 链接继电器地址为 3100～3189 通道（每台最多分配 10 个通道）。如果设定链接通道数为最大值 10，则全站链接方式链接继电器的地址分配如图 5-25 所示。

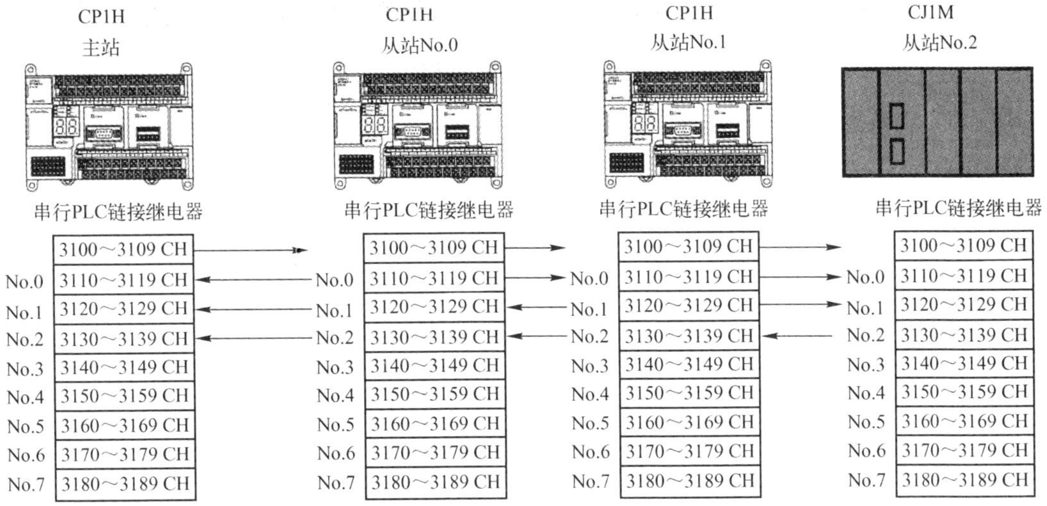

图 5-25　全站连链 10 通道时链接继电器的地址分配示例

（2）主站链接方式

主站链接方式是仅主站可反映所有的从站的数据，而从站仅反映主站的数据的方式。由于从站区域的地址都相同，因而具有参照数据的梯形图程序可以通用的优点。其串行链接继电器的地址分配如图 5-26 所示。

地址
3100 CH
串行PLC
链接继电器
3199 CH

链接CH数	1 CH	2 CH	3 CH	…	10 CH
主站	3100	3100～3101	3100～3102		3100～3109
从站No.0	3101	3102～3103	3103～3105		3110～3119
从站No.1	3101	3102～3103	3103～3105		3110～3119
从站No.2	3101	3102～3103	3103～3105		3110～3119
从站No.3	3101	3102～3103	3103～3105		3110～3119
从站No.4	3101	3102～3103	3103～3105		3110～3119
从站No.5	3101	3102～3103	3103～3105		3110～3119
从站No.6	3101	3102～3103	3103～3105		3110～3119
从站No.7	3101	3102～3103	3103～3105		3110～3119
空区域	3102～3199	3104～3199	3106～3199		3120～3129

图 5-26　主站链接方式继电器区域分配示意图

如果设定链接通道数为最大值 10，如图 5-27 所示。

上图中，主站 CP1H CPU 单元将其自身的 3100～3109 通道，以同时多址的形态，向所有从站 CP1H CPU 单元（或 CJ1M CPU 单元）的 3100～3109 通道发送数据；各从站 CP1H CPU 单元（或 CJ1M CPU 单元）将自身的 3110～3119 通道，按从站号的顺序，每次 10 个通道向主站依次发送数据。

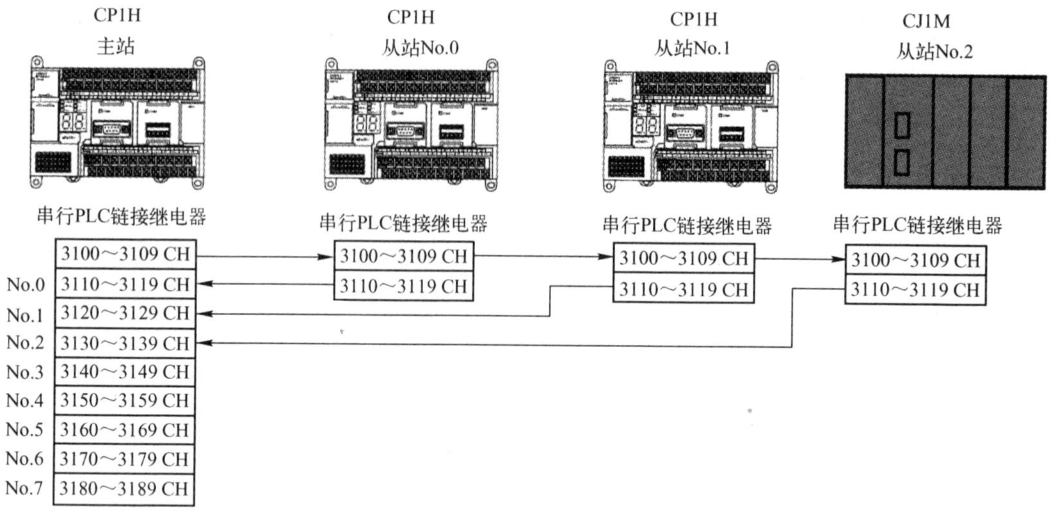

图 5-27　主站链接继电器的地址分配示例

5.6.3　PC Link 主/从站设定方法

对于主站/从站的各个 CPU 单元，串行 PC Link 时要进行下述 PLC 系统设定。

1. 主站侧的设定

主站侧的设定如图 5-28 所示。

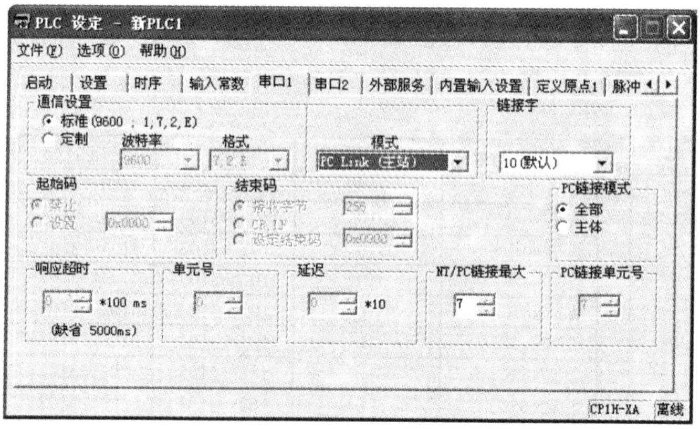

图 5-28　主站侧的设定示例

1）将“串口 1 - 模式”或“串口 2 - 模式”中设定为“PC Link（主站）”。

2）将“PC 链接模式”设定为“全部”或“主体”。

3）在 1 ~ 10 范围内设定“链接字”。

4）在 0 ~ 7 范围内设定“NT/PC 链接最大”为链接最大号机的 No. 。

2. 从站侧的设定

从站侧的设定如图 5-29 所示。

1）将“串口 1 - 模式”或“串 2 - 模式”设定为“PC Link（从站）”。

2）在 0 ~ 7 范围内设定“PC 链接单元号”，即该从站 PLC 的机号 No. 。

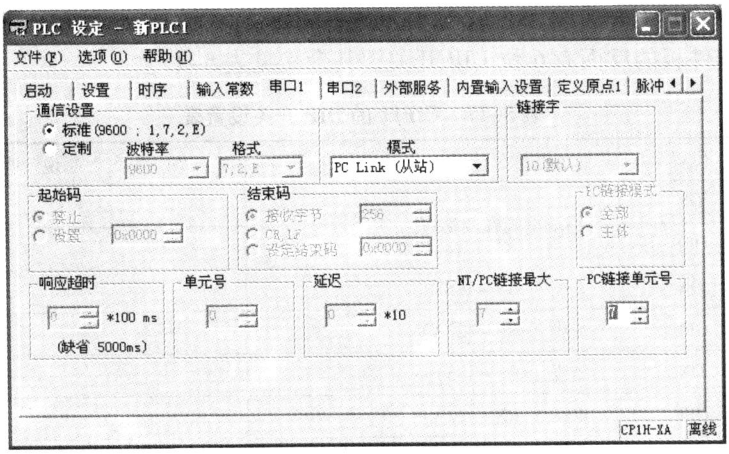

图 5-29 从站侧的设定示例

5.6.4 PC Link 控制实例

如果一台 CP1H PLC（A）和另 2 台 PLC（B、C）相距 200 m，控制要求如下：

1）PLC（A）的启动输入点 0.00 为 ON 时，在 PLC（A）的输出点 100.00 立即为 ON，延时 2 s 后 PLC（B）的输出点 100.01 为 ON，再延时 2 s 后 PLC（C）的输出点 100.02 为 ON；当 PLC（A）的停止输入点 0.01 为 ON 时，三个 PLC 的输出点同时为 OFF。

2）PLC（B）的启动输入点 0.00 为 ON 时，PLC（B）的输出点 100.01 立即为 ON，延时 2 s 后 PLC（C）的输出点 100.02 为 ON；当 PLC（B）的停止输入点 0.01 为 ON 时，PLC（B）的 100.01 点和 PLC（C）的 100.02 点立即同时为 OFF。

3）PLC（C）的启动输入点 0.00 为 ON 时，PLC（C）的输出点 100.02 立即为 ON，当 PLC（C）的停止输入点 0.01 为 ON 时，PLC（C）的 100.02 点立即为 OFF。

1. 通信线路连接

RS－422A 通信线路连接为如图 5-30a 所示的连接，接线端子外观如图 5-30b 所示。如果采用 RS－485 连接方式，则在 CIF11 板上找一组正负对接即可，例如主站 RDA－接从站 RDA－；RDB＋接 RDB＋，从站和从站之间也是如此连接。

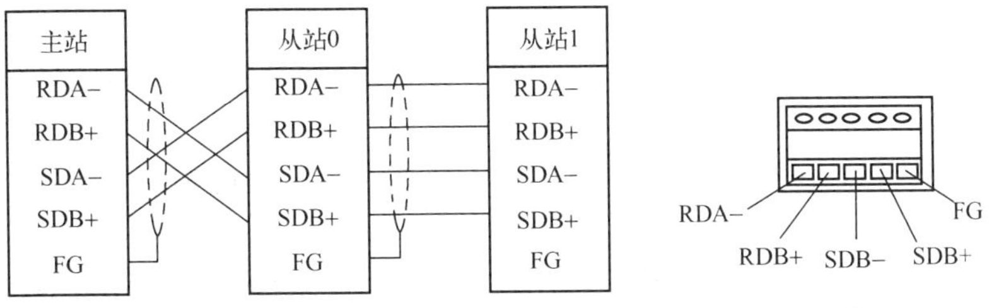

a) b)

图 5-30 主站与从站 RS－422 通信线路连接

a）接线连接 b）接线端子

2. CP1W - CIF11 开关设定

在 CIF11 选件板的反面有 6 位 DIP 开关，其含义见表 5-17。

表 5-17　CIF11 的 DIP 开关设置表

Pin No.	位置	含　义	说　明
1	ON	终端电阻在两端时为 ON	
	OFF		
2	ON	2 线（RS - 485）	
	OFF	4 线（RS - 422A）	
3	ON	2 线（RS - 485）	
	OFF	4 线（RS - 422A）	
4	—	—	空
5	ON	RD：RTS 流控	RS - 485 无回响设定，所以 No. 5 = ON
	OFF	RD：无 RTS 流控	一直接收
6	ON	SD：RTS 流控	4 线(RS - 422A) 1:N 连接，多从站时一定为 ON 2 线（RS - 485）设置 ON
	OFF	SD：无 RTS 流控	一直发送

因此，当采用 RS - 422A 通信方式时，DIP 开关设定如下：

主 站：1 = ON；2、3 = OFF；5 = ON；6 = ON。

从站 0：1 = OFF；2、3 = OFF；5 = ON；6 = ON。

从站 1：1 = ON；2、3 = OFF；5 = ON；6 = ON。

3. 设置

（1）主站设置

1）将“串口 1 - 模式”或“串口 2 - 模式”中设定为“PC Link（主站）”。

2）将“PC 链接模式”设定为“全部”。

3）设定“链接字”为“10”。

4）设定“NT/PC 链接最大”为“1”。

（2）从站设置

1）将“串口 1 - 模式”或“串 2 - 模式”设定为“PC Link（从站）”。

2）设定从站 0“PC 链接单元号”为“0”，设定从站 1“PC 链接单元号”为“1”。

4. 控制程序编写

PLC（主站）、PLC（从站 0）和 PLC（从站 1）上的梯形图分别如图 5-31a、b、c 所示。

在图 5-31a 中 PLC（主站）的定时器 T0001 导通，使链接继电器 3100. 00 置位，该位将启动信号“传递”给了 PLC（从站 0），使 100. 01 位输出并导通定时器 TIM0001，后者到时使链接继电器 3110. 00 置位，该位再将启动信号“传递”给了 PLC（从站 1），使 100. 02 位输出。同理，停止信号也通过链接继电器 3100. 00 和 3110. 00“传递”。

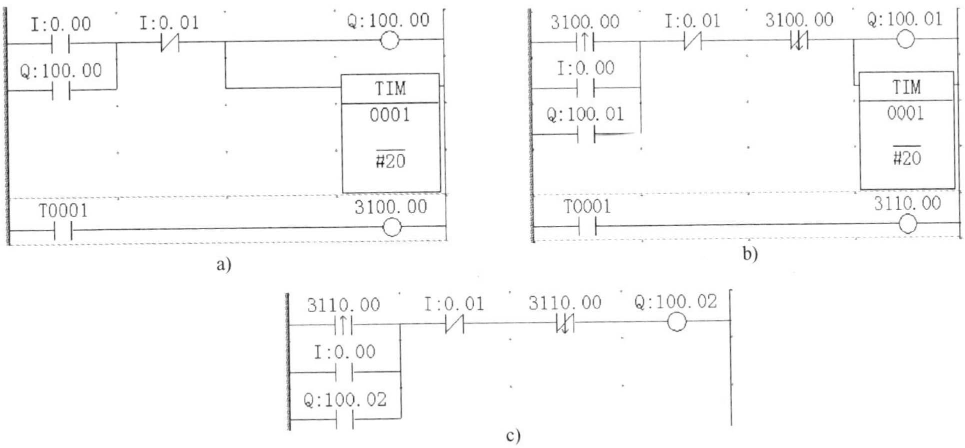

图 5-31　三个 PLC 的梯形图程序示例

a）PLC（主站）的梯形图　b）PLC（从站 0）的梯形图　c）PLC（从站 1）的梯形图

5.7　协议宏通信

协议宏通信是用来控制欧姆龙 PLC 与第三方设备进行数据交换的一种通信方式。PLC 需配备串行通信单元（或串行通信板），可以通过该单元上的 RS－232C 接口实现 1∶1（1 台 PLC 对应连接 1 台 RS－232C 串口设备）的串行通信方式；也可以通过该单元上的 RS－422A/485 接口实现 1∶*N*（1 台 PLC 并联多台 RS－485 串口设备）的串行通信。

用户需要使用协议宏开发软件 CX－Protocol，按照各种设备自带的串行通信协议格式编写通用化协议，并可以按照通信要求对协议进行时序调整。此外，CX－Protocol 软件本身内嵌了欧姆龙 PLC 与其典型外围设备通信的标准序列，有了这些通信序列，简化了其与外围设备通信时繁杂的设置步骤，仅需编写简单的梯形图程序即可实现调用。创建协议宏和调用协议宏程序的案例详见第 8 章。

第6章　PLC程序设计方法与典型案例

本章重点介绍PLC程序设计方法，包括经验法、顺控图法、时序图法与步进顺控法等，以及典型案例。

6.1　继电器-接触器电路图/梯形图转换设计法

6.1.1　转换原理及步骤

PLC的梯形图是由继电器-接触器电路图演化而来的，若用PLC改造继电器控制系统，根据继电器电路图来设计梯形图是一种简单易行的设计方法。对于采用继电器-接触器控制电路的设备，经过长期的实际生产考验，证明其电气控制电路的设计是合理的，能够满足工艺要求。而继电器电路图又与梯形图有诸多相似之处，因此可将继电器电路图"翻译"为梯形图，即用PLC的外部硬件接线图和梯形图程序实现继电器系统的功能，这种设计方法一般无需改动控制面板，保持了系统原有的外部特性和操作风格。

以某继电器控制系统为例，其控制设备包括交流异步电动机和机械变速装置，还采用了机械凸轮装置，在主轴的每一转的转动过程中分别完成相应的动作。将该控制系统的继电器-接触器电路图转换为功能相同的PLC外部接线图和梯形图的步骤如下。

1）了解和熟悉被控设备的工作原理、工艺过程和机械动作情况，根据继电器-接触器电气控制图分析和掌握控制系统的工作原理。

2）确定PLC的输入信号和输出负载。

① 统计按钮、钮子开关、组合开关、行程开关、接近开关，以及限位开关的常开和常闭接点数量，从而确定了PLC开关量输入信号的点数。如果还有模拟量传感器，要了解其输出信号的类型和范围，确定模拟量输入的点数。

② 统计原电气控制电路中的需改由PLC控制的接触器和电磁阀等执行机构的数量，以确定PLC开关量输出信号的点数，它们的线圈接到PLC的输出端。原电气控制电路中的中间继电器和时间继电器等原则上都可以取消，由PLC内部存储器的工作位和定时器及其他PLC元件取代来实现其顺序控制和逻辑控制功能。

3）选择PLC机型，根据系统所需的功能和规模选择CPU单元、电源单元开关量输入/输出单元、模拟量输入/输出单元及其他特殊单元等并进行系统组装，确定I/O分配地址。例如，原系统采用机械凸轮装置，不便于改变工艺，为此取消该装置，代之以旋转编码器，并利用PLC的"块比较指令BCMP"就可以实现电子凸轮控制。若经济条件允许的话，也可以选用PLC的凸轮控制单元。又如，可以取消原有的机械变速器，选用PLC的模拟量输出单元，采用变频器和变频调速专用电动机，构成变频调速系统。若仍要保留原有的交流异步电动机，应该采用它冷方式保护电动机，防止交流异步电动机在低速时过热。

4）确定PLC的I/O地址并画出外部接线图，各输入/输出点在梯形图中的地址由对应单元所在通道和接线端子号决定。

5）确定与继电器－接触器电路图的中间继电器、时间继电器对应的梯形图中的存储器工作位和定时器/计数器的地址。

6）根据以上的地址对应关系，编制梯形图程序。

总之，采用 PLC 控制的目的绝不仅仅是取代旧控制器，而是增加了新功能，提升了控制系统的安全性和可靠性。

6.1.2 星形—三角形启动控制案例

对于运行的定子绕组为三角形（△）接法的三相异步电动机。为了减少启动电流，可以采用星形—三角形减压启动方式。其控制要求是启动时将定子三相绕组接成星形（Y），启动完毕再将定子绕组改接为三角形。三相异步电动机星形—三角形减压启动主电路与控制电路如图 6-1 所示。

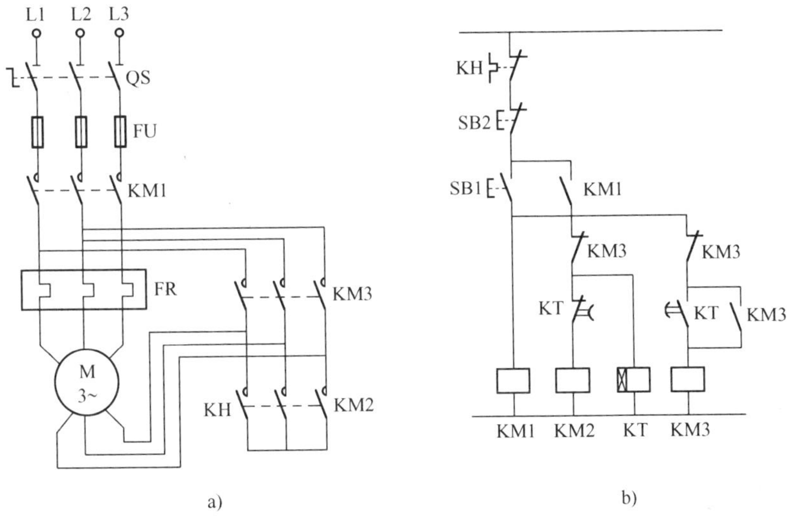

图 6-1　三相异步电动机星形—三角形减压启动控制电路
a）主电路　b）控制电路

具体控制功能为：

1）按下启动按钮 SB1，接触器线圈 KM1、KM2 得电吸合，主回路电动机 M 呈星形接法，开始启动，同时开始定时；定时时间到，接触器线圈 KM2 失电断开，KM3 得电吸合，电动机 M 呈三角形接法，进入正常运转。

2）按下停止按钮 SB2，所有接触器线圈均失电断开，主回路电动机 M 停止。

3）若电动机过载时，KH 动断触点断开，所有接触器线圈均失电断开，电动机 M 停止。

由于星形—三角形减压启动的继电器控制电路在实际应用中已很成熟，因此使用 PLC 替代继电器实现星形—三角形减压启动控制时翻译法最适合。图 6-1b 中的启动按钮 SB1、停止按钮 SB2 和热继电器 KH 是输入元件；KM1、KM2、KM3 为输出元件；KT 为时间继电器，采用 PLC 系统中的定时器即可。

本例选取欧姆龙小型机 CP1H－XA40DR－A 型 PLC 为控制器，其 I/O 分配见表 6-1。

表 6-1　I/O 分配表

输入点			输出点		
符号	地址	注释	符号	地址	注释
SB1	0.00	启动按钮	KM1	101.00	接通三相电
SB2	0.01	停止按钮	KM2	101.01	Y 形启动
KH	0.02	过载保护	KM3	101.02	△形启动

将继电器—接触器控制原理图"翻译"为梯形图，即用 PLC 的外部硬件接线和梯形图实现图 6-1b 的控制功能，CP1H PLC 的 I/O 接线如图 6-2 所示，采用翻译法编写的控制梯形图如图 6-3 所示。图 6-3 中输出继电器 KM2（Y）和 KM3（△）的常闭触点实现电器互锁，以防星形—三角形换接时的相间短路。

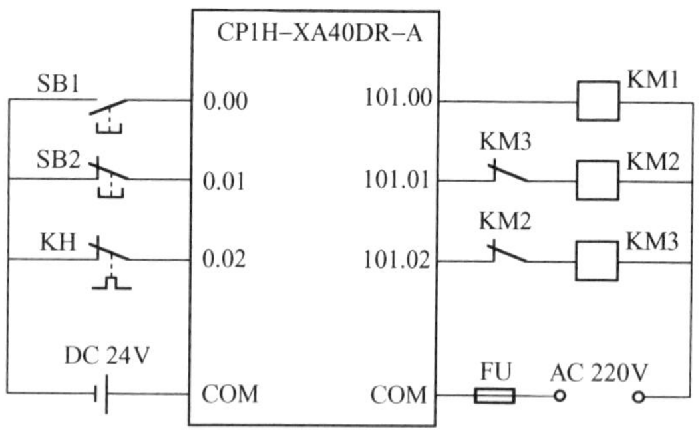

图 6-2　PLC I/O 接线图

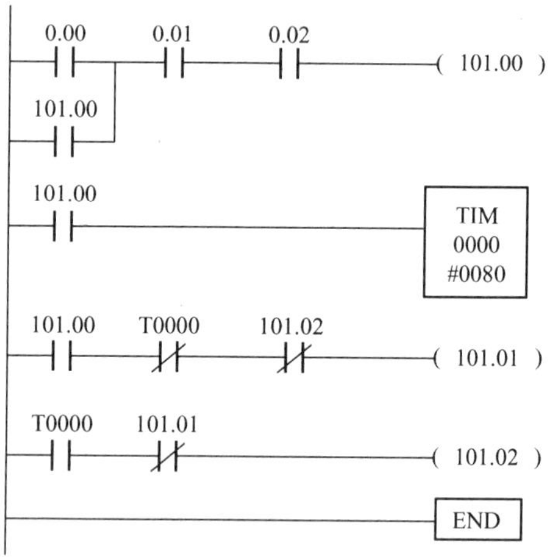

图 6-3　PLC 控制梯形图

完成 PLC 硬件接线后，首先根据表 6-1 中的 I/O 地址分配来定义 CX－Programmer 的工程工作区中"新程序 1（00）"的符号，接着将图 6-3 所示的梯形图写入梯形图工作区中，其中定时器的输入方法如下：首先用鼠标选取梯形图工具栏中的"新的 PLC 指令（I）"符号，如图 6-4 所示。然后，在常开触点 101.00 的后面单击鼠标左键，出现新指令对话框，在对话框里依次输入"TIM 0000 #0080"，如图 6-5 所示，"TIM"代表定时器指令，"0000"表示定时器的编号，"#0080"立即数表示定时时间为 8 s，单击"确定"按钮，完成定时器指令的输入。输入完成后的梯形图如图 6-6 所示。

图 6-4　选取新的 PLC 指令

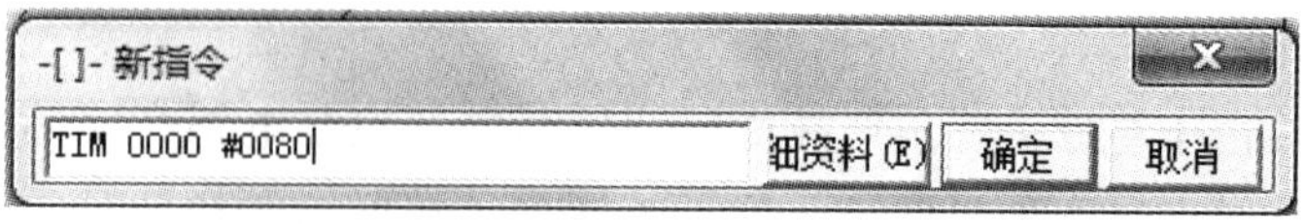

图 6-5　定时器指令输入

继电器控制与 PLC 控制的具体区别如下：

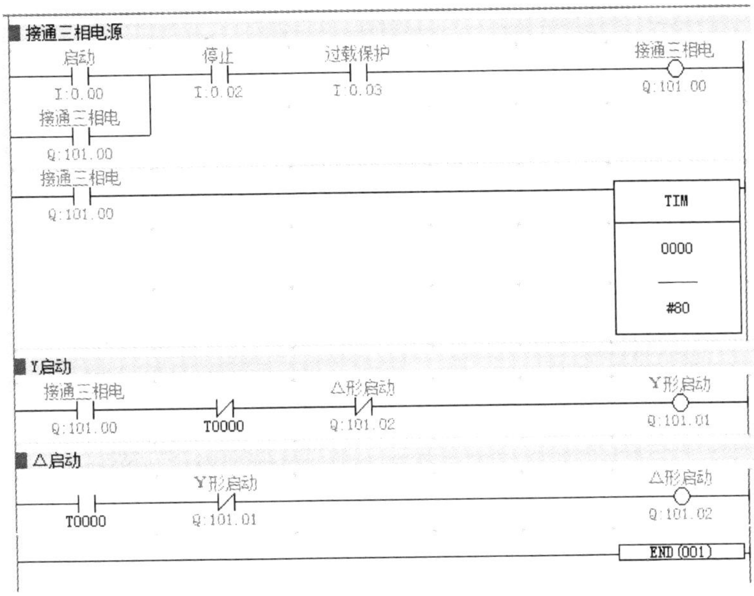

图 6-6　完整的星形—三角形减压启动梯形图

（1）组成器件不同

继电器控制电路中的继电器是真实的，是由硬件构成的；而 PLC 中的继电器，则是虚拟的，是由软件构成的，每个继电器其实是 PLC 内部存储单元中的一位，故称为“软继电器”。

（2）触点情况不同

继电器控制电路中的动合、动断触点由其实际的硬件结构决定；而 PLC 中常开、常闭触点则由软件决定，即由存储器中相应位的状态 1 或 0 来决定。因此，继电器控制电路中每个继电器的触点数量是有限的，而 PLC 中每个软继电器的触点数量则是无限的。

（3）工作电流不同

继电器控制线路中有实际电流存在，可用电流表直接测量；而 PLC 梯形图中的工作电流是一种信息流，其实质是程序的运算过程，可称之为“软电流”或称“能流”。

（4）接线方式不同

继电器控制电路图的所有接线都必须逐根连接，缺一不可；PLC 中的接线，除输入、输出端需实际接线外，内部的所谓接线都是通过程序的编制来完成的，可称为“软接线”。由于接线方式不同，在改变控制顺序时，继电器控制线路必须改变其实际的接线；而 PLC 则仅需修改程序，通过软件加以改接，其灵活性和高效率是继电器控制无法相比的。

（5）工作方式不同

继电器控制线路中，当电源接通时，各继电器都处于受约状态，该吸合的都吸合，不该吸合的因受某种条件限制而不吸合；PLC 则采用扫描循环执行方式，即从梯形图第一逻辑行开始运算，依次执行至最后一行，再从第一行开始继续往下执行，周而复始。因此从激励到响应有一个扫描周期时间的滞后。

6.2 经验设计法

6.2.1 原理及步骤

经验设计法又可称作试凑法，长期工作在现场的电气技术人员和电工都熟悉继电器—接触器控制电路，具备一定的设计和维护电气控制电路的经验和能力。他们在 PLC 的学习和实践中能够较深入地理解并掌握 PLC 各种指令的功能，以及大量的典型电路，在掌握了这些典型电路的基础上，充分理解实际的控制问题，将实际控制问题分解为各典型控制电路所能解决的子任务，然后将这些经过修改和补充的典型电路进行拼凑而设计出梯形图。这就如同小学生学习写作文，首先须从熟读优秀范文入手，过渡到模仿范文写作，最终达到独立写作的目的。学习 PLC 编程也如出一辙，可以先尽可能多地从资料上提取现成的典型小程序加以学习，然后模仿编写或对典型程序稍加改动后“拼接”到自己的程序中，最后才可能达到自己“创作”应用程序的“境界”。国外很多大公司也都是采用此法来培养自己的计算机软件人才的。

经验设计法的核心是抓住输出线圈控制这一关键问题，因为 PLC 的一切动作均是由线圈输出的，所以也可以称之为输出条件法，其设计步骤如下：

（1）解析实际控制问题

将实际控制问题分解为典型控制电路所能实现的子任务。如“启保停”电路、互锁电路、定时/计数电路、分频电路、单/双稳态电路、报警消声电路等等。

（2）在梯形图中画出线圈的逻辑行

以输出线圈为核心画梯形图，将所有输出线圈全部一次性地列在梯形图的右母线上，这样可有效地防止“双线圈输出”的错误。然后，逐一分析各个输出线圈的置位和复位条件，并将对应的常开或常闭的触点连接到左母线与线圈之间。属于多点共同触发的，需采用串联方式连接各触点；而当多路信号均能独立触发时，则应采用并联方式连接各触点。在编写过程中特别注意考虑是否自锁。

（3）利用工作位组合逻辑条件

如果不能直接使用实际输入点来逻辑组合成输出线圈的置位与复位条件，则需要利用 PLC 内部存储器的工作位帮助建立起输出线圈的置位与复位条件，例如使用 CP1H 的工作区（W 区）中的通道或位。

（4）使用定时器和计数器

如果输出线圈的置位与复位条件中需要定时或计数条件，则需要使用定时器或计数器指令建立起输出线圈的置位与复位条件。

（5）使用高级指令

如果输出线圈的置位与复位条件中需要高级指令的执行结果作为条件，则需要编写高级指令逻辑行来建立起输出线圈的置位与复位条件。

（6）画互锁条件

画出各输出线圈之间的互锁条件，它可以有效地避免同时发生相互冲突的动作。

（7）画保护条件

保护条件可以在系统出现异常时使输出线圈的动作保护系统和生产过程。

在设计梯形图程序时，应先画基本梯形图程序，当基本程序的功能满足要求后，再增加其他功能。在使用输入条件时，注意输入条件是电平、脉冲或是上升/下降沿。

6.2.2 送料小车控制案例

送料小车的工作过程示意图如图 6-7 所示。控制要求是当按下左行启动按钮后，小车左行，到达行程开关 SQ1 处装料，20 s 后装料完毕，启动小车右行；当小车右行到达行程开关 SQ2 处卸料，12 s 后卸料完毕，再次启动左行到 SQ1 处装料，此装卸过程如此反复循环，直至按下停止按钮结束工作过程。若先按下右行启动按钮后，小车右行，先卸料再装料。

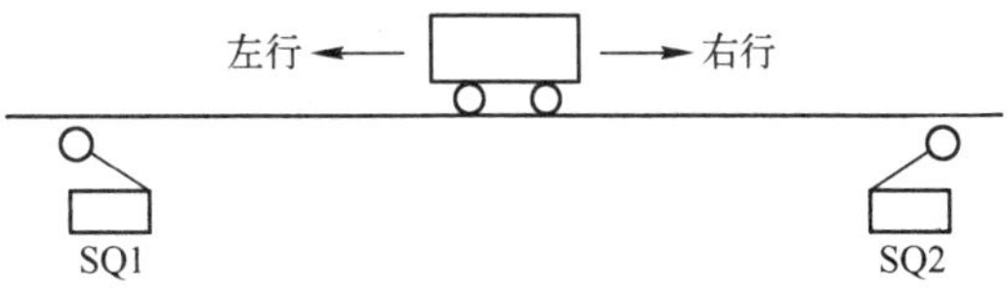

图 6-7　送料小车工作过程示意图

本例选用欧姆龙小型机 CP1H PLC 为控制器，编制 I/O 分配表见表 6-2。

表 6-2　I/O 分配表

输入点			输出点		
符　号	地　址	注　释	符　号	地　址	注　释
SB1	0.00	左行启动按钮	ZX	100.00	小车左行
SB2	0.01	右行启动按钮	YX	100.01	小车右行
SB3	0.02	停车按钮	ZL	100.02	装料
SQ1	0.03	左行程开关	XL	100.03	卸料
SQ2	0.04	右行程开关			

分析控制要求得出，送料小车控制程序的基本框架为“启保停”电路。“启保停”电路是电动机等电气设备控制中常用的控制回路，PLC 可以方便地实现对电动机的启动、保持和停止的控制，经典程序段如图 6-8 所示。

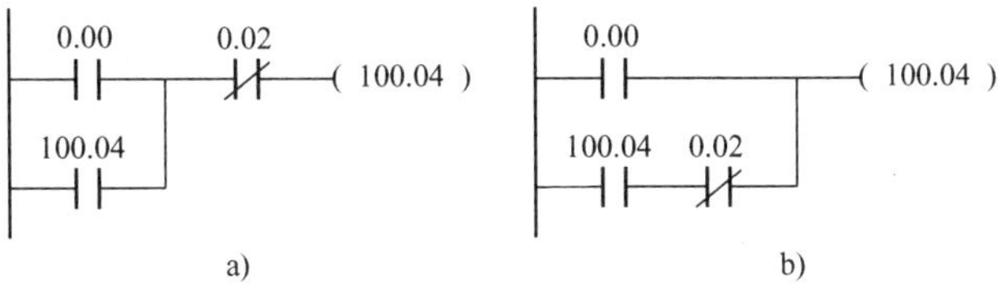

图 6-8　“启保停”梯形图示例

a）停止优先梯形图　b）开启优先梯形图

借鉴“启保停”电路，小车送料控制的梯形图如图 6-9 所示。

程序说明：

1）利用“启保停”电路实现小车单方向的运行，将左行和右行输出线圈的常闭触点分别串联在右行和左行输出控制逻辑行上，实现互锁。

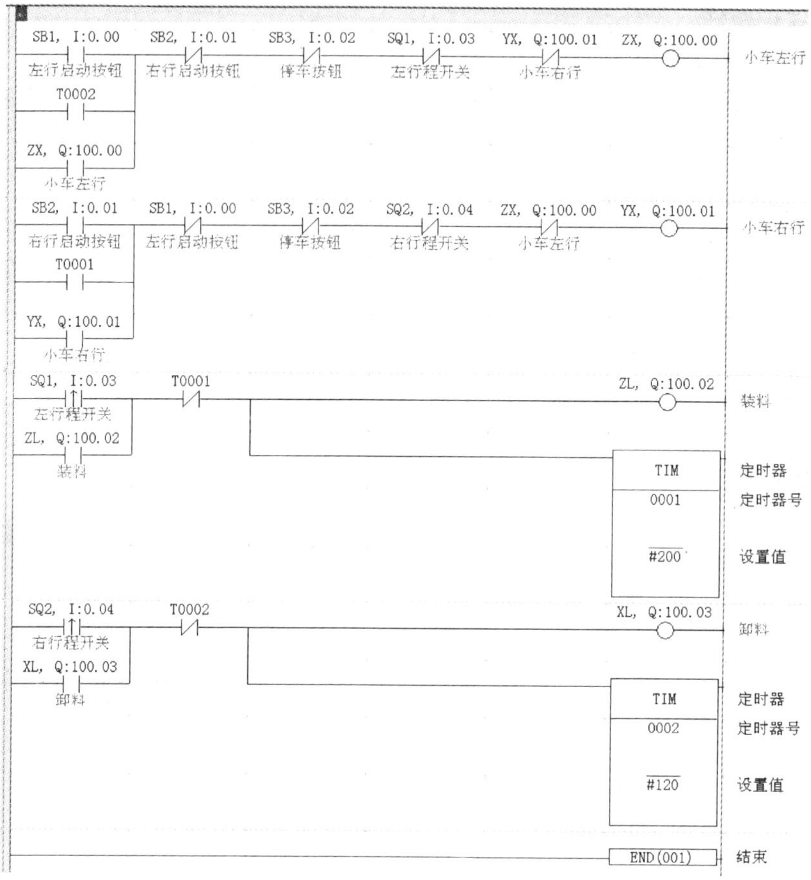

图 6-9　送料小车控制梯形图

2）利用“启保停”电路实现装料与卸料控制，二者启动条件分别是左行程开关 0.03 和右行程开关 0.04，注意此处利用了上微分型输入，旨在瞬间置位使 100.02 或 100.03 保持输出；而定时器 T1 和 T2 分别为装料和卸料操作计时，到时后分别驱动小车右行或左行，同时作为复位条件结束当前的装料或卸料操作。

3）为使小车能自动停止，将行程开关 0.03 和 0.04 的常闭触点分别串联到左行与右行逻辑行。

这种凭经验设计梯形图的方法在解决简单控制问题时具有设计速度快、程序简捷的优点。但是，在设计复杂程序时，则需要对逻辑关系解析透彻、全面，执行条件考虑周到，程序前后呼应，特别是在进行连续动作的控制中需要在两个动作间考虑加入定时器以确保动作完成。

6.3　顺控图设计法

6.3.1　原理及步骤

若一个控制任务可以分解成几个独立的控制动作，且这些动作严格地按照先后次序执行才能使生产过程正常实施，这种控制称为顺序控制或步进控制。在工业控制系统中，顺序控制的应用最为广泛，特别在机械行业中，几乎都是利用顺序控制来实现加工的自动循环。顺序控制程序设计的方法很多，其中顺序功能图（SFC，以下简称顺控图）设计法是当前顺序控制设计中最常用的设计方法之一。

采用顺控图设计法来设计 PLC 应用程序时主要分为两大步骤：第一步，根据被控对象的生产工艺流程绘制顺控图；第二步，依据顺控图编写 PLC 应用程序。

顺控图是描述控制系统的控制过程、功能及特性的一种图形，也是设计 PLC 控制程序的有效辅助工具。顺控图主要由步、有向连线、转换与转换条件、动作（命令）组成。顺控图的一般形式如图 6-10 所示。

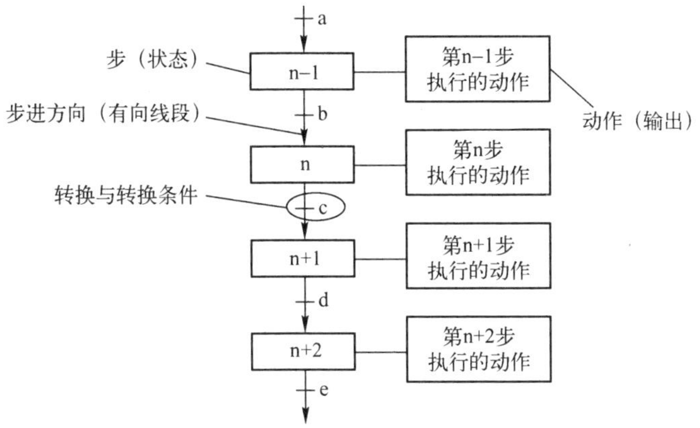

图 6-10　顺控图一般形式示例

1. 步

顺控图是将系统的一个工作周期划分为若干个顺序相连的阶段，这些阶段称为“步”，步是顺控图的最基本组成部分，它是某一特定控制功能的程序段。用矩形框表示步，框内的数字是步的编号，如图 6-10 所示的 n－1、n、n＋1、n＋2。在编写梯形图时，一般用某一 PLC 内部继电器地址来表示某步的编号（如图 6-11 中的“W10.00”），这样根据顺控图设计梯形图时更为简便。

步是根据输出量的 ON/OFF 状态的变化来划分的，在任何一步之内，各输出量的状态不变，但是相邻两步输出量总的状态是不同的，步的这种划分方法使代表各步的编程元件的状态与各输出量的状态之间存在着极为简单的逻辑关系。

与系统的初始状态相对应的步称为“初始步”，初始状态一般是系统等待启动命令的相对静止的状态。初始步用双线方框表示，每一个顺控图至少应该有一个初始步。

当系统正处于某一步所在的阶段时，该步处于活动状态，称该步为“活动步”。步处于活动状态时，相应的动作被执行；处于非活动状态时，相应的非存储型动作被停止执行。

2. 动作

步既然是某一控制功能的程序段，就要执行相应的动作，用另一个矩形框中的文字或符号来表示与该步相对应的动作，该矩形框应与对应步的矩形框相连，代表步的方框之间用有向连线连接，如果有向连线的方向是从上至下或从左至右，则可以省略表示方向的箭头。

若某一步包含几个动作，可以选用图 6-11 中的两种画法之一来表示，但是并不表示这些动作之间存在着执行顺序关系。说明命令的语句应清楚地表明该命令是存储型还是非存储型。例如某步的存储型命令“启动 1 号泵并保持”，是指该步活动时开启 1 号泵，该步不活动时 1 号泵继续保持开状态；而非存储型命令“打开 2 号阀”，是指该步活动时开启，不活动时关闭。

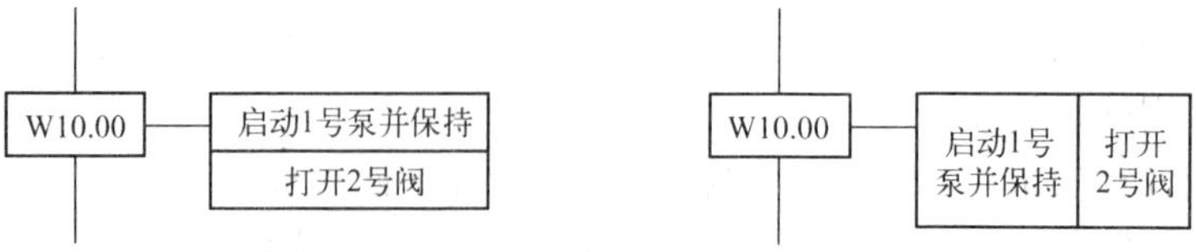

a)　　　　b)

图 6-11　单步多动作的两种画法示例

a）示例1　b）示例2

3. 转换与转换条件

“转换”是某一步操作完成启动下一步的条件，当条件满足时执行下一步控制程序。转换在图中用短线表示，短线位于有向连线上并与之垂直。“转换”旁边标注的是转换条件，转换条件是使系统由当前步进入下一步的信号，转换条件可以是外部的输入信号，如按钮、开关、限位开关的通/断等；也可以是 PLC 内部产生的信号，如定时器、计数器触点提供的信号；转换条件还可能是若干个信号的与、或、非逻辑组合，可以用文字、布尔代数表达式及图形符号来表述。如转换条件 a 和$\bar{a}$分别表示转换信号为 ON 或 OFF 时条件成立；转换条件 a↑和 a↓分别表示转换信号从 OFF 变为 ON 时或从 ON 变为 OFF 时条件成立。

利用顺控图设计梯形图就是用转换条件控制代表各步的编程元件，让它们的状态按一定的顺序变化，然后用代表各步的编程元件去控制 PLC 的各输出位。

4. 顺控图结构

顺控图的结构可分为单序列、选择序列、并行序列、跳转序列和循环序列等结构，如图 6-12所示。

图 6-12a 为单序列结构，没有分支，每个步后只有一个步，步与步之间只有一个转换条件。

图 6-12b 为选择序列结构，选择序列的开始称为分支，转换符号只能标在水平连线之下。步 1 之后有两个分支，各选择分支不能同时执行，当步 1 正在执行（即活动步）且转换条件 a 满足时（a=1），则转向步 2。当步 1 为活动步且转换条件 b 满足时（b=1）则转向步 3。当步 2 或步 3 成为活动步时，步 1 自动变成不活动步。为了防止两个分支序列同时执行，应使两个分支序列互锁。选择序列的结束称为合并，转换符号要标在水平连线之上。

图 6-12c 为并行序列结构，并行序列的开始也称为分支。为了与选择序列结构相区别，用双线表示并行序列分支的开始，转换符号放在双线之上。当步 1 为活动步且转换条件 a 满足时，步 2、3、4 同时变为活动步，而步 1 变为不活动步。步 2 与步 5、步 3 与步 6、步 4 与步 7 是三个并行的单序列，表示系统的三个独立工作部分。并行序列的结束也称为合并，用双线表示并行序列的合并，转换符号放在双线之下。当各并行序列的最后一步即步 5、6、7 均为活动步且转换条件 e 满足时，将同时转向步 8，且步 5、6、7 同时变为不活动步。

图 6-12d 为跳转序列结构。当步 1 为活动步且转换条件 a 满足时，则转向步 2。若此时转换条件 d 满足，则序列跳过步 2 和步 3，直接将步 4 变为活动步。跳转序列可以视为选择序列的一个特例。

图 6-12e 为循环序列结构，它是用于将某段程序多次重复执行。

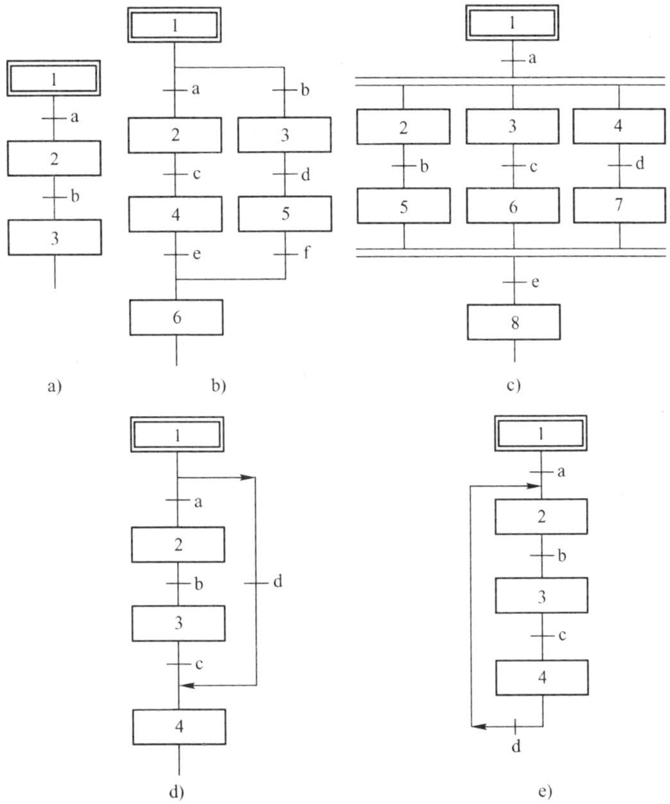

图 6-12　顺控图结构示意图

a）单序列　b）选择序列　c）并列序列　d）跳转序列　e）循环序列

5. 顺控图绘制要点

1）两个步之间不能直接相连，必须用一个转换将其隔开。

2）两个转换之间不能直接相连，必须用一个步将其隔开。

3）顺控图中的初始步一般对应于系统等待启动的初始状态，这一步可能没有任何输出处于 ON 状态，因此在顺控图中易遗漏该步。初始步是必不可少的，一方面因为该步与它的相邻步相比，从总体上说输出变量的状态各不相同；另一方面如果没有该步，无法表示初始状态，系统也无法返回停止状态。

4）自动控制系统应能多次重复执行同一工艺过程，因此在顺控图中一般应有由步和有向连线组成的闭环，即在完成一次工艺过程的全部操作之后，应从最后一步返回初始步，系统停留在初始状态。在连续循环工作方式时，将从最后一步返回下一工作周期开始运行的第一步。

5）如果选取有断电保持功能的存储器位来代表顺控图中的各位，在电源突然断电时，可以保存当时的活动步对应的存储器位的地址。系统重新上电后，可以使系统从断电瞬时的状态开始继续运行。如果未使用断电保持功能的存储器位代表各步，则当 PLC 进入运行工作模式时，它们均处于 OFF 状态，从而使顺控图中没有活动步，系统将无法工作。如果系统有自动、手动两种工作方式，顺控图是用来描述自动工作过程的，此时还应注意在由手动模式切入自动模式时，用一个适当的信号将初始步置为活动步，并将非初始步置为不活动步。

总之，顺控图是编程的主要依据，绘制需尽可能详细。某些控制系统的应用软件已经模块化了，那只需对相应程序模块进行定义，规定其功能，确定各模块之间的连接关系，然后再对各模块内部进一步细化，画出更详细的顺控图。

顺控图画好后，就可以根据顺控图编写梯形图程序了，在此介绍一种最简便常用的方法——基本逻辑指令编程法，其实质是根据顺控图使用基本逻辑指令编写梯形图程序，模板如图 6-13 所示。一般使用内部工作位代表步，此工作位则作为该步的状态标志位。当某步为活动步（激活下一步的第一个条件）时，它的标志位为 ON 且自锁，如图 6-13b 中的线圈“n”；同时执行与该步对应的动作，如图 6-13b 中的线圈“Y”和“Z”。

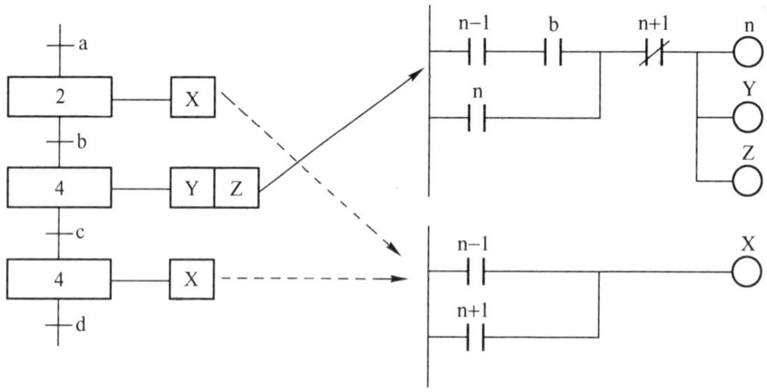

图 6-13　基本指令编程转换顺控图模板
a）顺控图　b）第 n 步转换模板　c）组合输出模板

当前步为活动步且其向下一步的转换条件满足时（激活下一步的第二个条件），则下一步的状态标志位为 ON 且自锁，并将上一步的标志位自锁程序复位，如图 6-13b 中常闭触点“n＋1”，即停止执行上一步的程序，实现步的向下转换。因此，只要在顺序上相邻的标志位之间联锁，就可以实现步进控制。

当一个动作在不同的步中被执行时，应按照图 6-13c 的组合模板做统一输出处理，旨在防止多线圈输出。

基本指令编程法仅使用基本逻辑指令且模板套用简便，任何一款 PLC 均可适用，它是一种最基本的由顺控图编写梯形图的方法。

依据图 6-13 中的基本指令编程转换顺控图模板，下面列出图 6-12 中 5 种顺控图结构对应的梯形图，如图 6-14～图 6-18 所示。

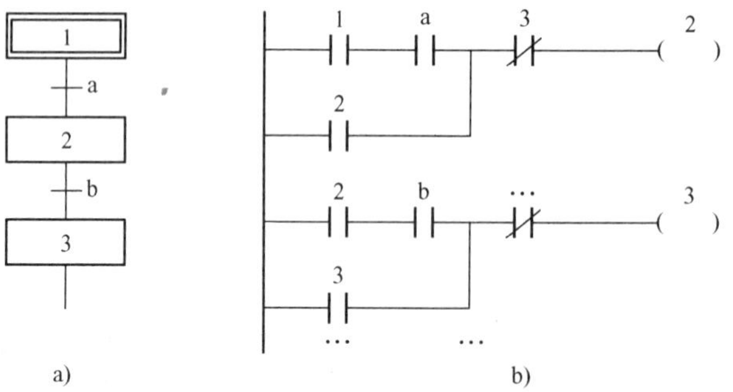

图 6-14　单序列结构顺控图及梯形图
a）单序列结构顺控图　b）单序列结构梯形图

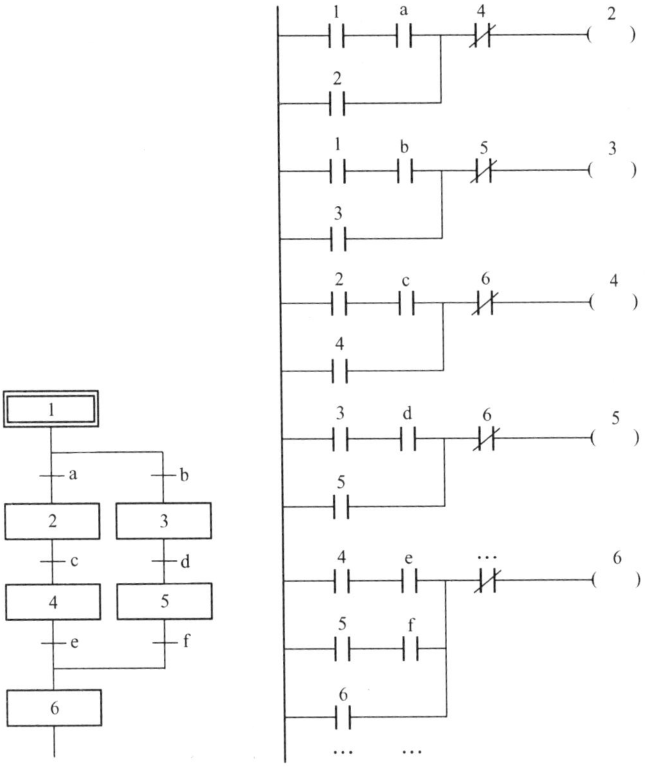

a)　　　　　　　　b)

图 6-15　选择结构顺控图及梯形图

a）选择结构顺控图　b）选择结构梯形图

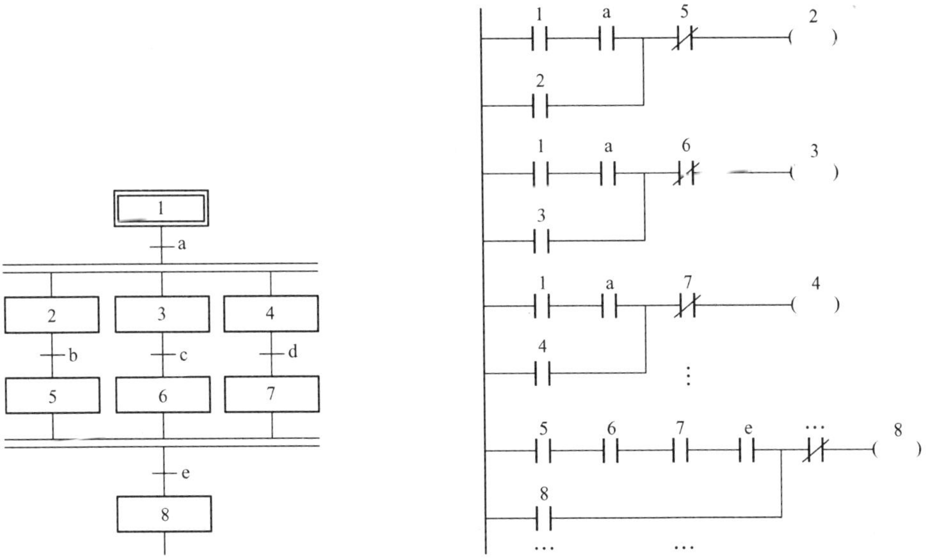

a)　　　　　　　　b)

图 6-16　并列结构顺控图及梯形图

a）并列结构顺控图　b）并列结构梯形图

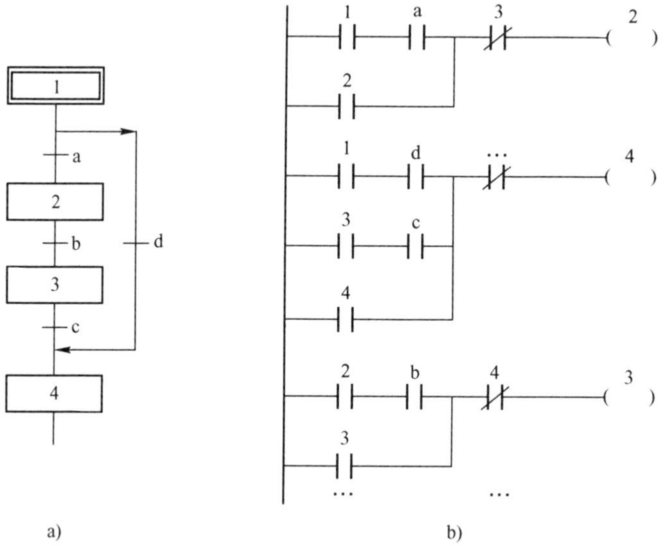

图 6-17　跳转结构顺控图及梯形图

a）跳转结构顺控图　b）跳转结构梯形图

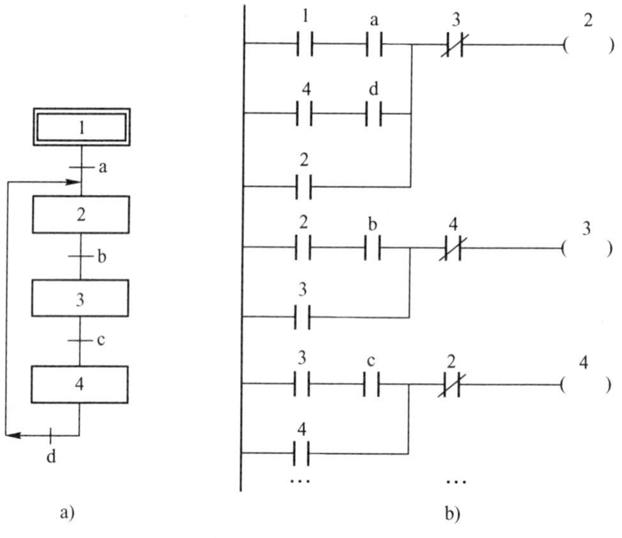

图 6-18　循环结构顺控图及梯形图

a）循环结构顺控图　b）循环结构梯形图

与前面介绍的经验设计法相比较而言，顺控图设计法是一种较先进的设计方法，简单易学，提高了编程的效率，程序的调试与修改更加方便，而且可读性也大为改善。

6.3.2　动力头钻孔控制案例

某动力头进给运动并钻孔过程的示意图如图 6-19 所示。

1. 控制要求

动力头进给运动并钻孔过程的具体控制要求如下。

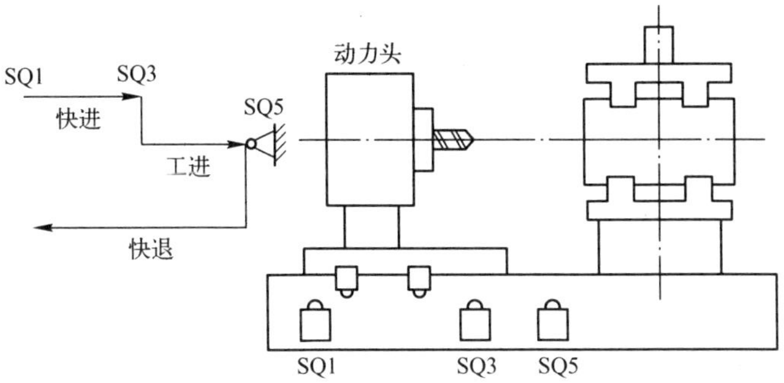

图 6-19　动力头进给运动并钻孔过程示意图

1）在图 6-19 中，动力头主轴电动机为 M1，进给运动由液压驱动，液压泵电动机为 M2，动力头的一个工作周期为：初始状态时动力头停在 SQ1 处，各电磁阀及电动机不工作。按启动按钮后，启动液压泵带动动力头从 SQ1 处快进，同时启动主轴电动机，到达 SQ3 处动力头转入工进，到达 SQ5 处动力头停留 10 s 并钻孔。10 s 到时后转入快退并停主轴电动机，返回到 SQ1 处停液压泵电动机。

2）动力头的工作模式分为自动循环和单周期工作两种，需配备一个模式选择开关。当动力头运动时，对应的电磁阀与电动机的实际通断情况见表 6-3。

表 6-3　电磁阀与电动机工况运行表

工况＼设备	YV1	YV2	YV3	M1	M2
初始	—	—	—	—	—
快进	+	—	—	+	+
工进	+	+	-	+	+
停留	—	—	—	+	+
快退	—	—	+	—	+

注：表中“＋”代表导通，“—”代表关闭。

2. 系统配置

本例选取欧姆龙小型机 CP1H－XA40DR－A 型 PLC 为控制器，其 I/O 分配见表 6-4。I/O 接线图略。

表 6-4　动力头进给控制 I/O 分配表

输　入		输　出	
名　称	地　址	名　称	地　址
启动按钮	0.00	YV1	101.01
SQ1	0.01	YV2	101.02
循环模式选择开关	0.02	YV3	101.03
SQ3	0.03	M1	101.04
SQ5	0.05	M2	101.05

3. 动力头 PLC 控制程序设计

分析控制要求得出，本例是一个典型的顺序控制问题，对于这类问题适合采用“顺控图设计法”。采用顺控图法编程需在项目分析的基础上画出正确的顺控图。本实例中根据分析动力头的整个工作过程来绘制出顺控图，如图 6-20 所示。

图 6-20a 是顺控图的文字表达形式，图 6-20b 是顺控图的符号表达形式。针对图 6-20b 需做以下几点说明。

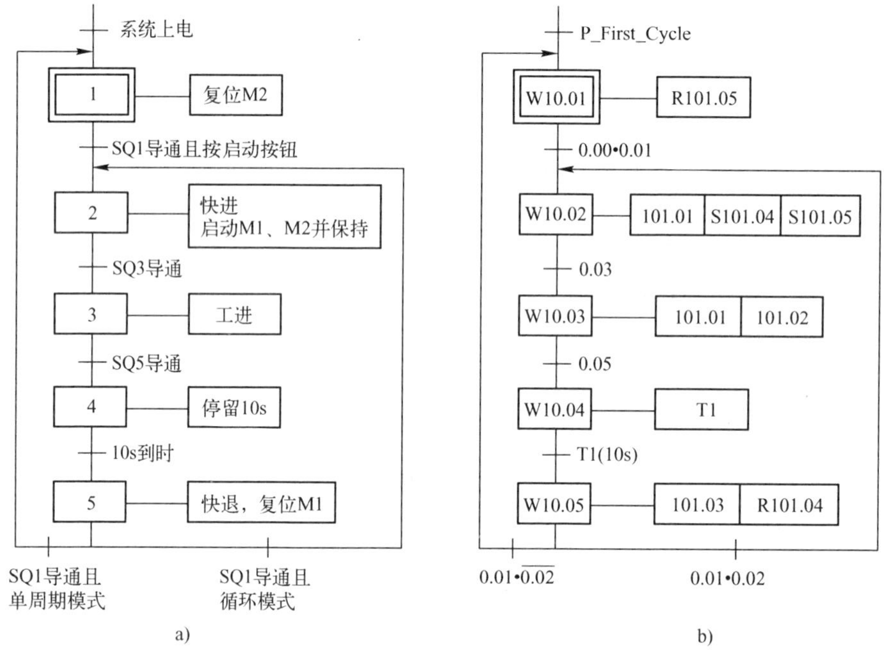

图 6-20　动力头进给控制顺控图

a）顺控图 1　b）顺控图 2

1）激活初始步 1 的转换条件有两个，一个是 PLC 上电第一个扫描周期为 ON 的标志位（P_First_Cycle），它的作用是使 PLC 开机运行时就无条件地进入到初始步 1；另一个来自于 5 步的转换条件是行程开关 SQ1（0.01）和循环模式开关 0.02“非”的逻辑与组合。

2）激活 2 步的转换条件也有两个，一个来自于初始步 1 的转换条件是 SQ1（0.01）和启动按钮 0.00 的逻辑与组合，以防动力头偏离了初始位置；另一个来自于 5 步的转换条件是行程开关 SQ1（0.01）与循环模式开关 0.02 的逻辑与组合。因此，如果选择循环工作模式，则当转换条件满足时，5 步将直接转入到 2 步，无需再按启动按钮了。

3）在 2 步的动作中，启动电动机 M1 和 M2 且保持，因此在图 6-20b 中的 2 步对应动作框中画“S 101.04”和“S 101.05”，符号 S 表示置位保持；在 5 步和 1 步中分别关闭 M1 和 M2，在对应的动作框中内画“R 101.04”和“R 101.05”，符号 R 表示复位停止。

4）在 5 步的动作中，由于存在 2 个出口（激活初始步 1 或激活步 2），因此 5 步的复位条件也相应有 2 个，即图 6-20b 中的 W10.01 和 W10.02，切勿遗漏。

根据表 6-4 定义程序符号，根据图 6-20b，使用基本逻辑指令编程法编写的动力头进给控制梯形图如图 6-21 所示。

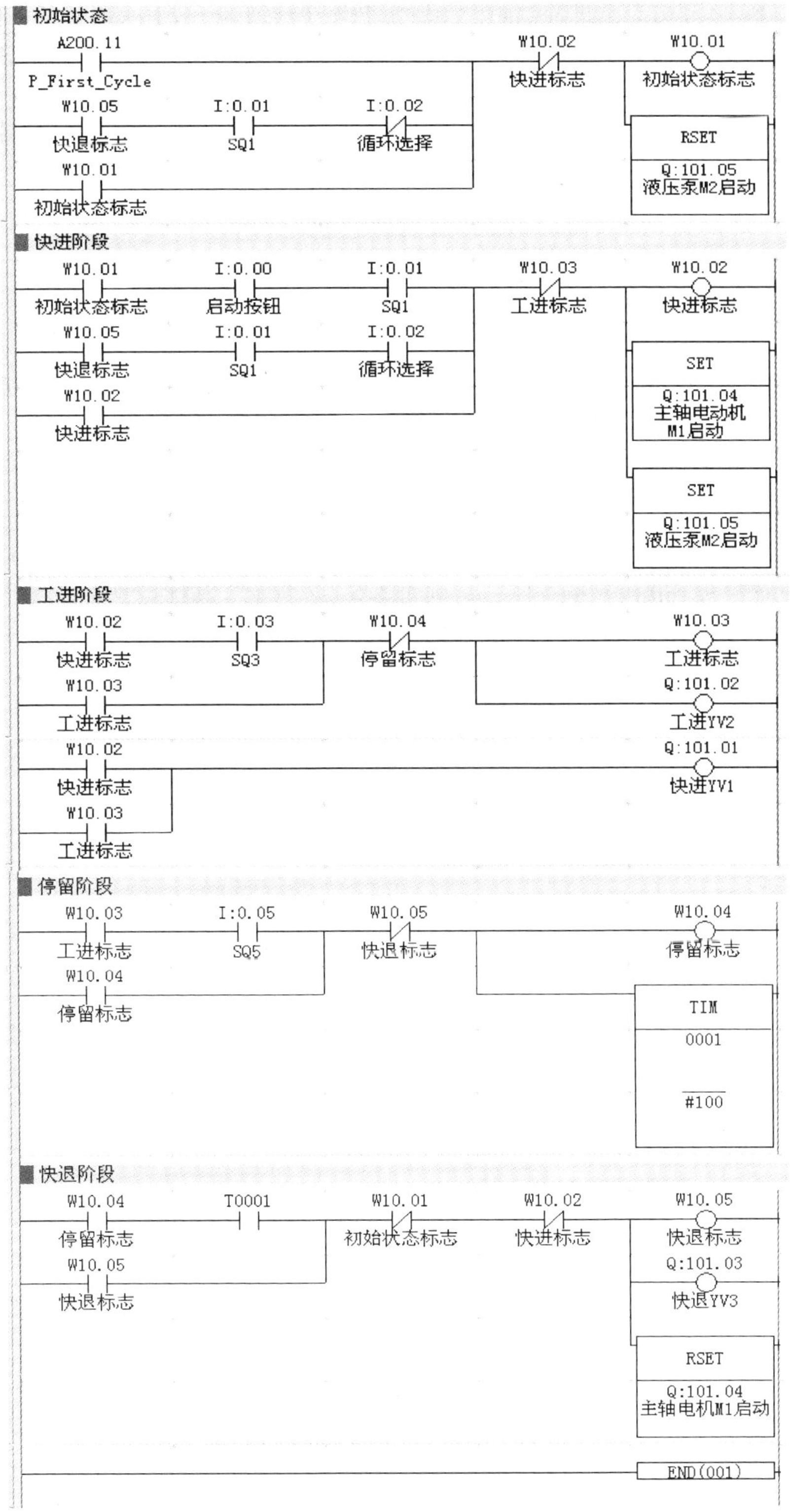

图 6-21　动力头进给控制梯形图

注意：图 6-20 动力头给进控制顺控图属于循环序列结构，使用 CP1H 的工作位 W10.01 ~W10.05 作为各步标志位。按照基本指令法编写配料车系统梯形图程序时需要注意以下几点：

① W10.05 步存在两个出口 W10.01 和 W10.02，所以 W10.05 的复位条件有两个，即 W10.01 和 W10.02。

② W10.01 步的激活条件有两个，一个是 P_First_Cycle；另一个是由 W10.05 步在满足条件时激活。

③ W10.02 步的激活条件有两个，一个是由 W10.01 步在满足条件时激活；另一个是由 W10.05 步在满足条件时激活。

④ 快进 101.01 在 W10.02 步和 W10.03 步都有输出，所以使用图 6-13c 所示的组合输出方法来避免多线圈输出问题。

总之，采用基本指令编程法，指令简单，条理清晰，易于掌握，但必须考虑清楚所有互锁与自锁关系。

此外，对于欧姆龙 CJ 系列 PLC 的用户可以在 CX - Programmer 编程软件中直接插入顺控图模块，借助该模板直接编写顺控图，示例如图 6-22 所示。其优点是直接将顺控图的绘制和梯形图编程合并完成，提高了编程效率。该模块的具体使用方法用户可自学，在此不赘述。

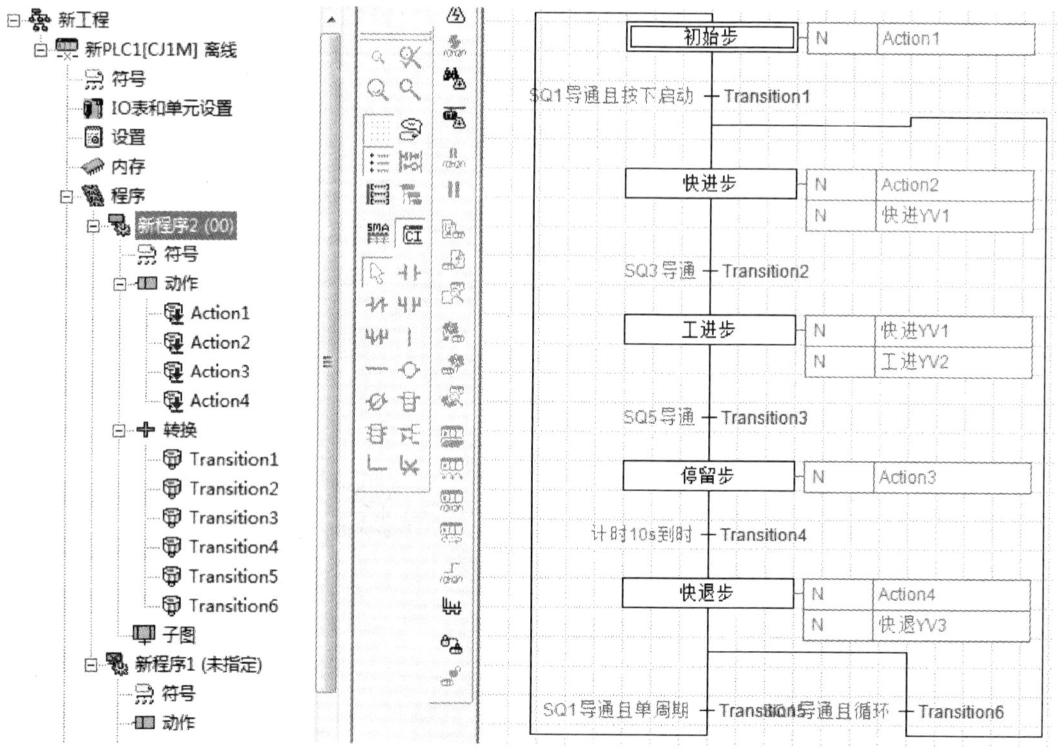

图 6-22　顺控图模块示例

6.4 步进顺控设计法

许多 PLC 的指令系统中都配备了步进类指令，例如欧姆龙 PLC 的步定义指令 STEP 和步启动指令 SNXT；三菱 PLC 的步进梯形指令 STL 和步进复位指令 RET；西门子 PLC 的顺控继电器指令 SCR、顺控继电器转换指令 SCRT 和顺控继电器结束指令 SCRE 等。所谓步进顺控设计法就是利用步进类指令借鉴类似于顺控图法设计程序，由于使用了专用指令，所以该设计法更加容易掌握，可以方便、快捷地设计出复杂控制程序。下面以欧姆龙 PLC 为例简要介绍步进顺控设计法。

欧姆龙 CP1 系列 PLC 的步进类指令主要有步定义指令 STEP 和步启动指令 SNXT，它们用于在大型程序中设置程序段的连接点，特别适合于顺序控制，一般是将大型程序划分为一系列的程序段，每个程序段对应一个工艺过程。用步指令可以按指定的顺序去执行各个步程序段。

1. 步定义指令 STEP 与步起动指令 SNXT 使用方法

（1）步起动指令 SNXT

SNXT 指令置于 STEP 指令之前，它的功能是将控制某一步程序段运行的控制位置“1”，从而使该步程序段运行。当在 SNXT 之前已存在某一步程序时，它会将当前步程序的控制位置“0”，终止该步程序执行，转而置下一步程序的控制位为“1”，执行另一步程序。其梯形图符号如下：

——[SNXT(009) B]　009：SNXT 指令号
B：步程序控制位

操作数区域：W0.00～W511.15

注意：操作数不在 W 区或 SNXT 用于中断程序中时，错误标志 P_ER 置位。

（2）步定义指令 STEP

STEP 指令置于 SNXT 指令之后而在步程序之前，它是定义某一步程序的起点并指定该步程序的控制位。当它置于步程序结束的最后一个 SNXT 指令之后时，表示这一系列步程序块终止，此时 STEP 指令不带任何控制位。其梯形图符号如下：

定义步程序起点需带指定控制位：——[STEP(008) B]　008：STEP 指令号
B：步程序控制位

定义步程序终点不带指定控制位：——[STEP(008)]

操作数区域：W0.00～W511.15

注意：

① 数据不在 W 区或 STEP 用于中断程序中时，错误标志 P_ER 置位。

② 当 STEP 启动某一步程序段时，单步启动标志 A200.12 置位一个扫描周期。A200.12 常被用作复位定时器、计数器或其他程序段。

③ 在不同的步程序段中可以使用同名双线圈，不会出现双线圈输出引起的问题。

每个步程序段必须由“SNXT B”指令开头，且紧跟一条“STEP B”指令，其中控制位 B 相同。这两条指令后面是该步程序段。每一步的程序段作为一个单元来执行，并在执行完毕后复位。一步完成时，该步中所有的继电器都为 OFF，所有定时器复位，但是计数器、移位寄存器及 KEEP 指令中使用的继电器都保持其状态。由于 SNXT 和 STEP 指令不能置于子程序、中断程序或块程序段中，因此诸如 IL、ILC、JMP、JME、CJP、CJPN、JMP0、JME0、SBN、RET 和 END 等指令均不能在步程序段中使用。

在一系列的步程序段都编写完毕后，需再加一条“SNXT X”指令（该 X 位无特定意义，可用任何未被系统使用过的 W 区工作位号），并在其后紧跟一条不带控制位的“STEP”指令，标志着这一系列步进程序段的结束。

CPU 执行到每个步程序段开头的“SNXT B”指令时，先复位前面程序使用过的定时器，并对前面程序使用过的数据区清零。“STEP B”则标志着以 B 为开头的程序段的开始。如果步指令所用过的位号在程序的其他地方调用过，则会产生重复错误。步指令的使用示例见例 6-1。

【**例 6-1**】步指令梯形图及指令表示例如图 6-23 所示。

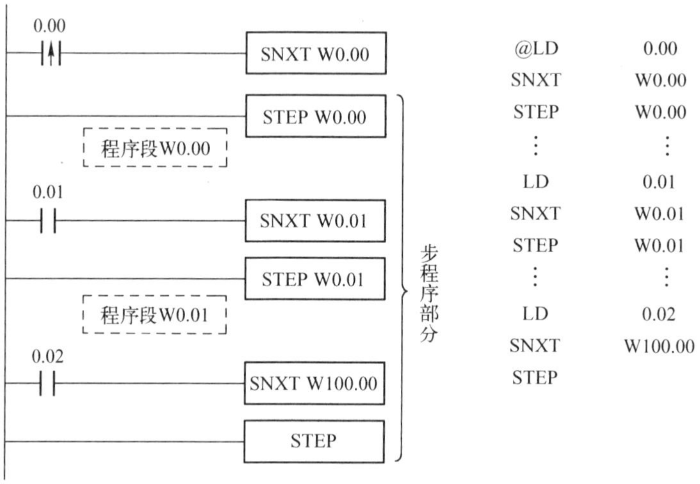

图 6-23　步指令梯形图及指令表示例

在图 6-23 中，当 0. 00 为 ON 时，执行 W0. 00 程序段；当 0. 01 为 ON 时，执行 W0. 01 程序段，而被 W0. 00 程序段使用过的数据区的状态见表 6-5。

表 6-5　复位状态表

指令使用的位或通道		状　态
OUT 或 OUT NOT 指令使用的位		OFF
定时器指令（TIM、TIMX、TIMH、TIMHX、TMHH、TMHHX、TIML、TIMLX 等）	当前值 PV	0000
	结束标志位	OFF
其他指令使用的位或通道		保持原状态

由于 CPU 执行在执行“STEP W0. 00”指令时，单步启动标志位 A200. 12 在一个扫描周期内置“1”，可以利用此位来复位计数器，如图 6-24 所示。

2. 步进顺控设计法

直接使用步进指令编写顺控图对应的梯形图程序，改写图 6-13b 的模板如图 6-25

所示。

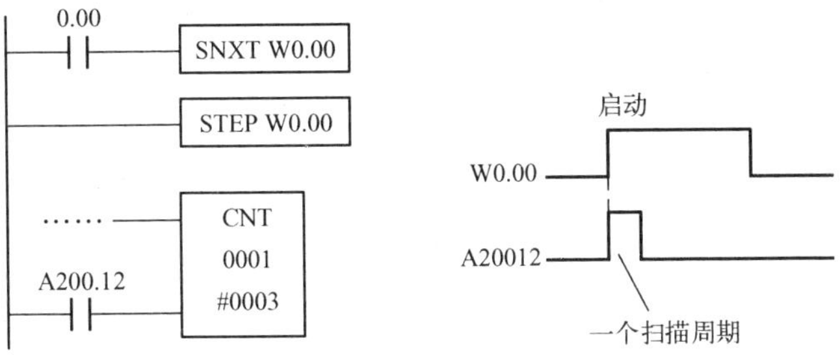

图 6-24　标志位 A200. 12 使用示例

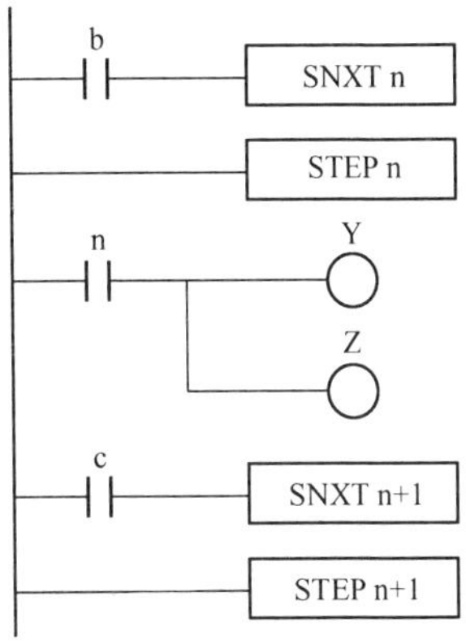

图 6-25　步进指令编程
转换顺控图模板

步进指令编程法的主要功能有 2 个：一是驱动活动步中的动作输出；二是当状态转移条件满足时，转移到下一步，同时复位上一步。按照步进指令法编写动力头给进控制程序，结果如图 6-26 所示。

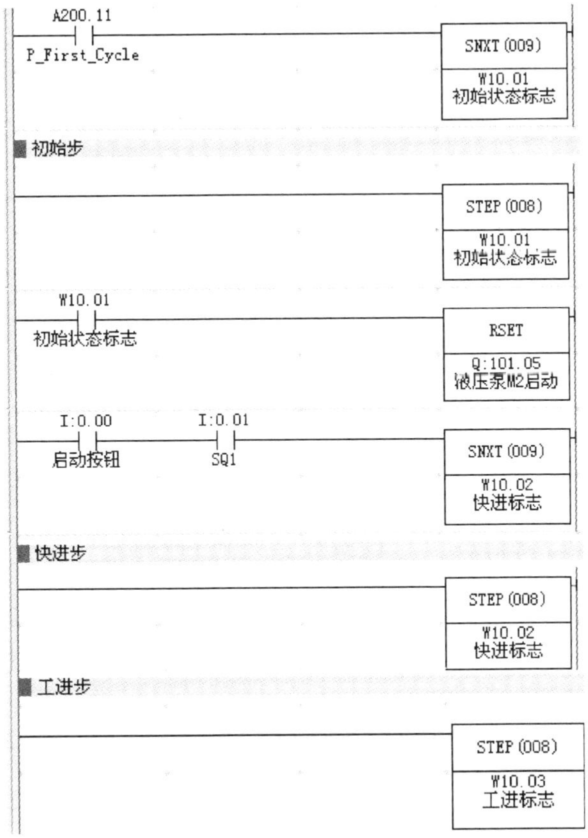

图 6-26　动力头进给控制步进指令梯形图程序

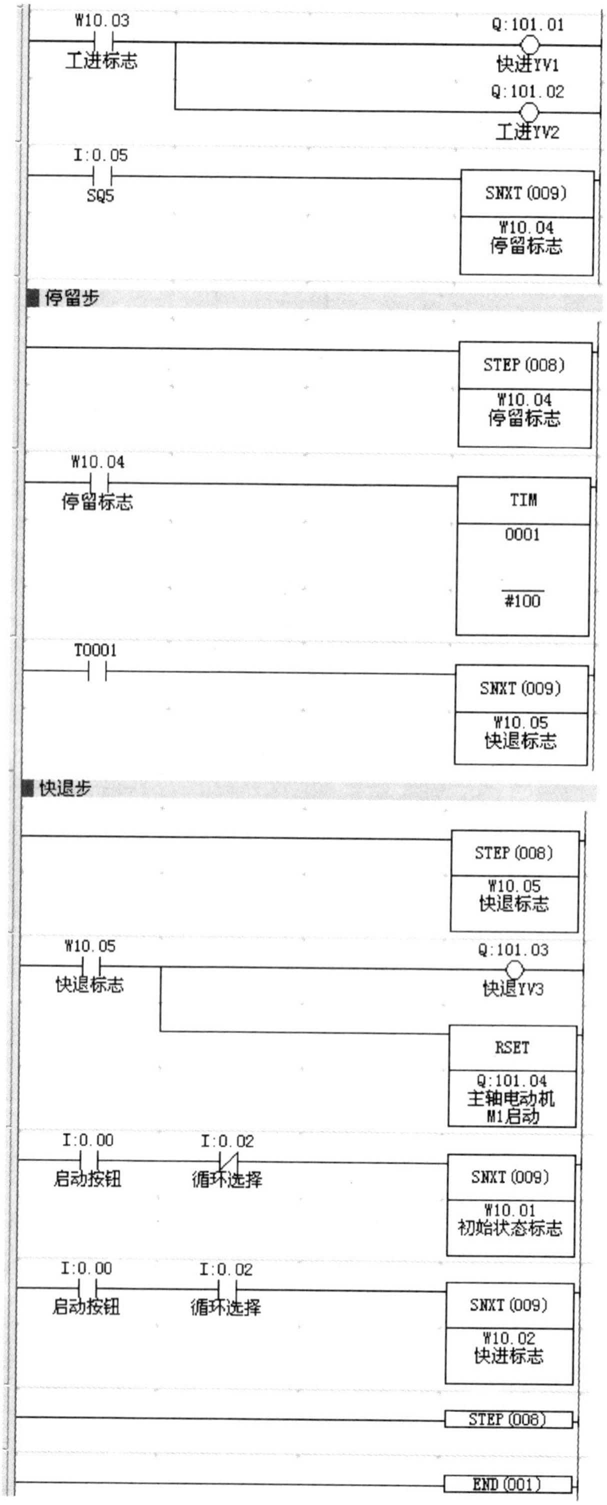

图6-26　动力头进给控制步进指令梯形图程序（续）

编程时需要注意以下几点：

图 6-26 中，使用步指令的梯形图主要由初始、快进、工进、停留和快退五部分组成，每一部分对应一步，在每一步中又由两部分组成：一是本步的输出，驱动或自锁继电器线圈，但无需考虑双线圈输出的问题；二是对下一步的触发（SNXT），其中快退步有两个出口。最后一定要用不带步编号的 STEP 指令结束。

采用步进顺控设计法，虽然作为专用指令，梯形图结构简单，各步转换关系清晰，编程量小；但对于“分支”与“合并”结构的处理较为复杂，容易出错。

6.5 时序图设计法

6.5.1 原理及步骤

时序图（Timing Diagram）是信号随时间变化的图形。横坐标为时间轴，纵坐标为信号值，其值为 0 或 1。以这种图形为基础进行 PLC 程序设计的方法称为时序图法。时序图是从使用示波器分析电器硬件的工作中引申出来的，借用它可以分析与确定相关的逻辑量间的时序关系。采用时序图法设计 PLC 程序的一般步骤如下：

1）画时序图。根据要求画输入、输出信号的时序图，建立起准确的时间对应关系。

2）确定时间区间。找出时间的变化临界点，即输出信号应出现变化的时间点，并以这些点为界限，把时段划分为若干时间区间。

3）设计定时逻辑。可以使用多个定时器建立各个时间区间。

4）确定动作关系。根据各动作与时间区间的对应关系，建立相应的动作逻辑，列出各输出变量的逻辑表达式。

5）画梯形图。依定时逻辑与输出逻辑的表达式画梯形图。

使用时序图法的前提是输入与输出间存在着对应的时间顺序关系，其各自的变化是按时间顺序展开的。因此，若不满足该前提，则无法画时序图，更谈不上运用此方法了。

6.5.2 人行道信号灯控制案例

某人行横道设有红、绿两盏信号灯，一般情况下是红灯亮，路边设有按钮，行人欲横穿道路时，需按下按钮，4 s 后红灯灭，绿灯亮，行人可穿行；过 5 s 后，绿灯闪烁 5 次（0.5 s 亮，0.5 s 灭），随后红灯又亮，禁止行人通过。从行人按下按钮到下一次红灯亮之前的时间段内，按钮不再起作用。编写人行横道交通信号灯控制程序。

根据 I/O 容量选取欧姆龙 CP1H－XA40DR－A 型 PLC 为控制器，其 I/O 地址分配见表 6-6，I/O 接线图如图 6-27 所示。

表 6-6 I/O 分配表

输入点（0 通道）			输出点（101 通道）		
符　号	地　址	注　释	符　号	地　址	注　释
SB1	0.00	行人按钮	HR	101.00	红灯亮
			HG	101.01	绿灯亮

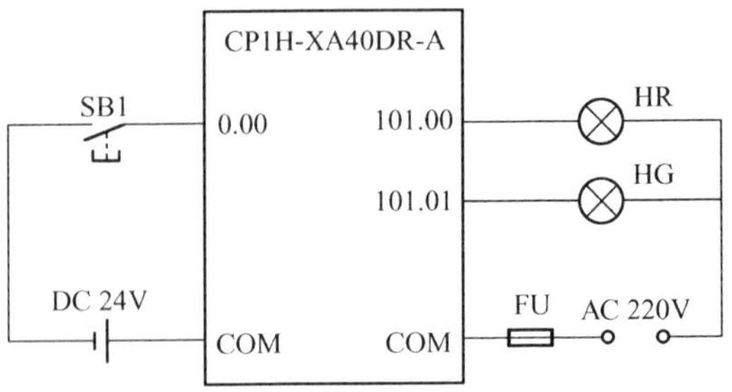

图 6-27　人行道交通信号灯 I/O 接线图

采用时序图法编程序。首先画出人行横道交通信号灯变化规律图，如图 6-28 所示。

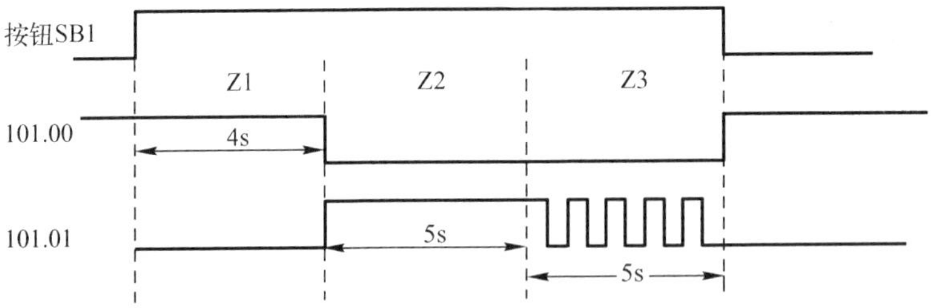

图 6-28　人行横道交通信号灯变化规律图

按照控制要求画出输出时序图，该时序图与图 6-28 相同，其中绿灯闪烁 5 次，每次 1 s，可以视为一个 5 s 的输出附加闪烁效果。从图 6-28 中可以分析得出 4 个临界点，划分出 3 个时间区间（Z1 ~ Z3）。根据定时逻辑，选取 3 个定时器，构建时间区间。这 3 个定时器（TIM0000 ~ TIM0002）的工作时序如图 6-29 所示。

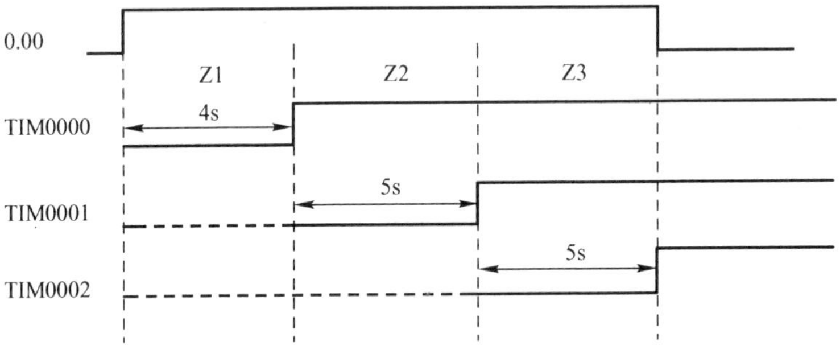

图 6-29　人行横道交通信号灯控制时序图

在图 6-29 中，当 0.00 为 ON 时，定时器 TIM0000 开始定时，延时 4 s 后，定时器 TIM0000 产生输出，此时 TIM0001 开始定时，延时 5 s 后，定时器 TIM0001 产生输出，此时 TIM0002 开始定时，延时 5 s 后，定时器 TIM0002 产生输出。

从按下按钮 SB1 到下一次红灯亮之前的时间段内，按钮不再起作用。为了实现这个控制要求，用“启保停”（自锁）电路来编写一段程序，如图 6-30 所示。启动条件是按钮 SB1 按下，复位条件是“下次红灯亮”的条件，由图 6-29 可知此条件为 TIM0002 产生输出。

这里编写定时器控制部分的梯形图时可以采用“接力”方式，由前一个定时器的输出作为后一个定时器的启动条件，如图 6-31 所示。

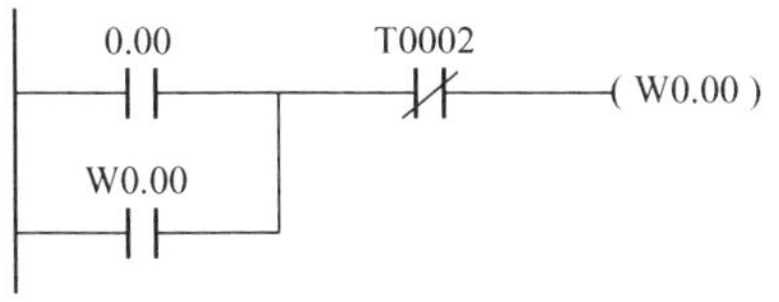

图 6-30　人行横道交通信号灯控制梯形图程序段 1

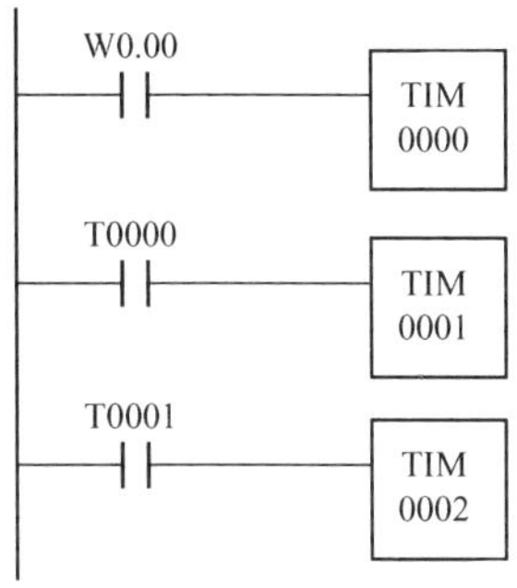

图 6-31　人行横道交通信号灯控制梯形图程序段 2

最后，分析并确定各输出的动作关系。三个时间区间及其逻辑条件如下：

区间 Z1 的逻辑条件：$\overline{\mathrm{TIM0000}}$

区间 Z2 的逻辑条件：$\mathrm{TIM0000} \cdot \overline{\mathrm{TIM0001}}$

区间 Z3 的逻辑条件：$\mathrm{TIM0001} \cdot \overline{\mathrm{TIM0002}}$

在这三个区间中，输出点 101.00～101.01 对应图 6-28 中的红灯、绿灯输出，结合区间逻辑条件分析得出它们的逻辑表达式如下：

$101.00 = \overline{\mathrm{TIM0000}}$

$101.01 = \mathrm{TIM0000} \cdot \overline{\mathrm{TIM0001}}$（常亮）或 $101.01 = \mathrm{TIM0001} \cdot \overline{\mathrm{TIM0002}}$（闪烁）

按照以上逻辑表达式编写交通信号灯控制梯形图程序段如图 6-32 所示。

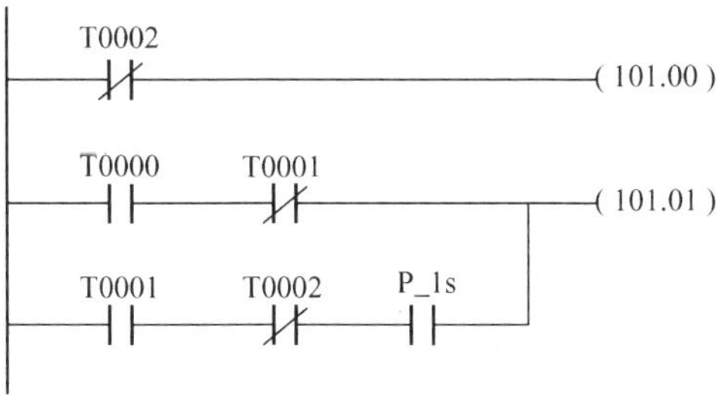

图 6-32　人行横道交通控制梯形图程序段 3

这里有两点需要注意：①采用时序图法编写程序时，如果一个输出变量在两个或两个以上的区间有输出，那么这几个区间的逻辑表达式应该并联作为该输出变量的输入条件；②闪烁效果可以通过在输出变量的输入条件中串联系统提供的时钟脉冲信号来实现（见表 2-43）。

将图 6-30～图 6-32 合并构成本例的完整控制程序，如图 6-33 所示。

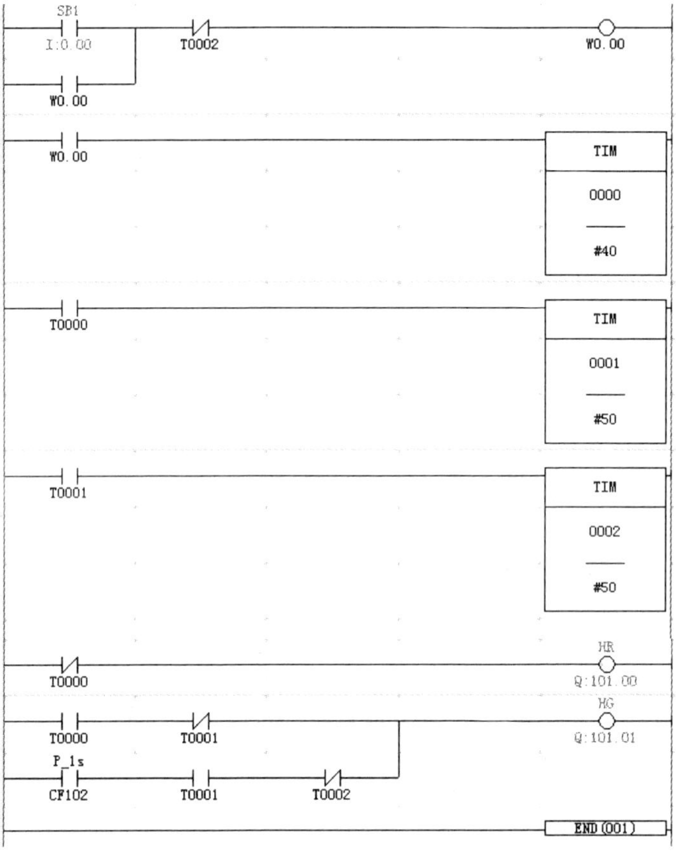

图 6-33　人行横道交通信号灯控制梯形图（一）

绿灯闪烁 5 次的效果也可由系统时钟信号配合计数器来实现，梯形如图 6-34 所示。

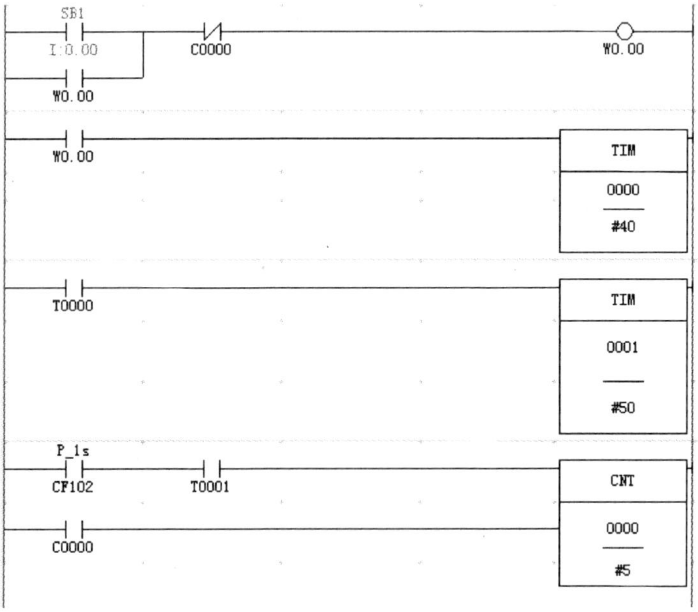

图 6-34　人行横道交通信号灯控制梯形图（二）

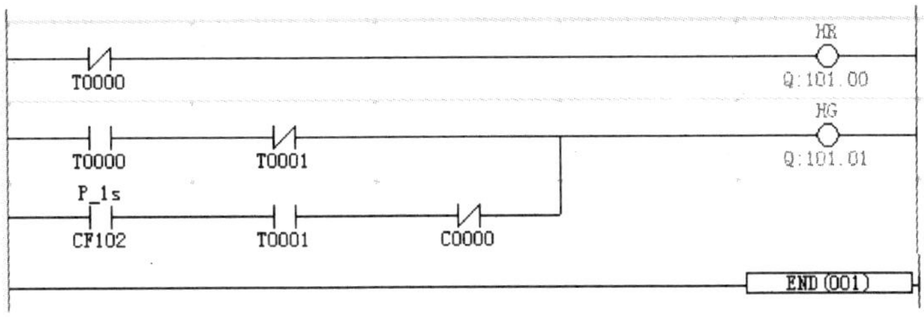

图 6-34　人行横道交通信号灯控制梯形图（二）（续）

6.6　思考题

1. 根据图 6-35 所示顺序功能图编写梯形图程序。

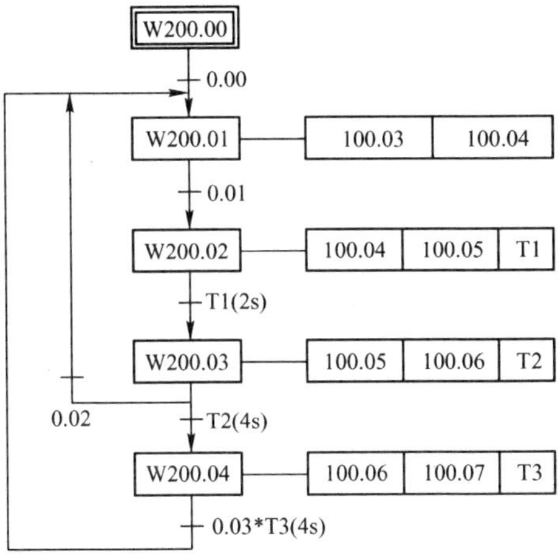

图 6-35　循环顺序功能图

2. 根据图 6-36 所示顺序功能图编写梯形图程序。

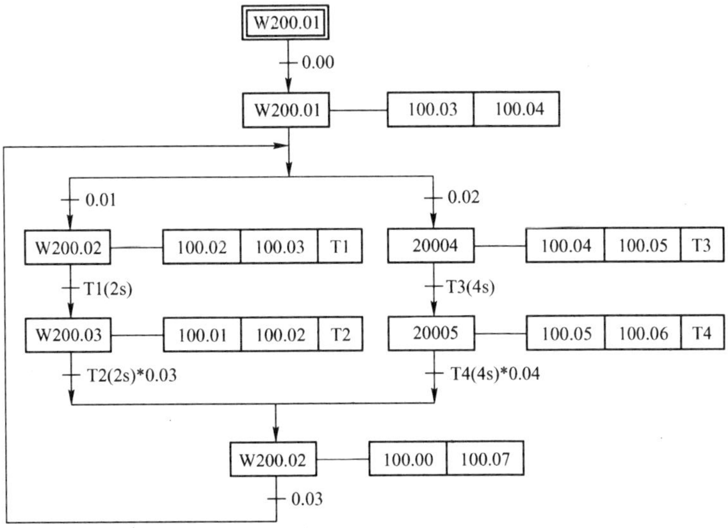

图 6-36　分支顺序功能图

3. 根据图 6-37 所示顺序功能图编制梯形图。

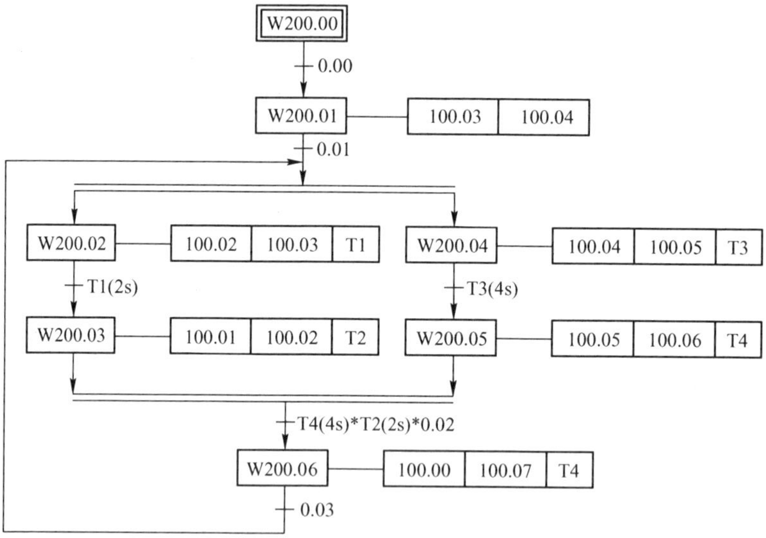

图 6-37　并行顺序功能图

4. 4 台电动机动作时序如图 6-38 所示，M1 的循环动作周期为 34 s，M1 动作 10 s 后 M2、M3 启动，M1 动作 15 s 后，M4 动作，M2、M3、M4 的循环动作周期均为 34 s。编制 I/O地址分配表，画出其顺序功能图，并用步进顺控法或时序图法编程。

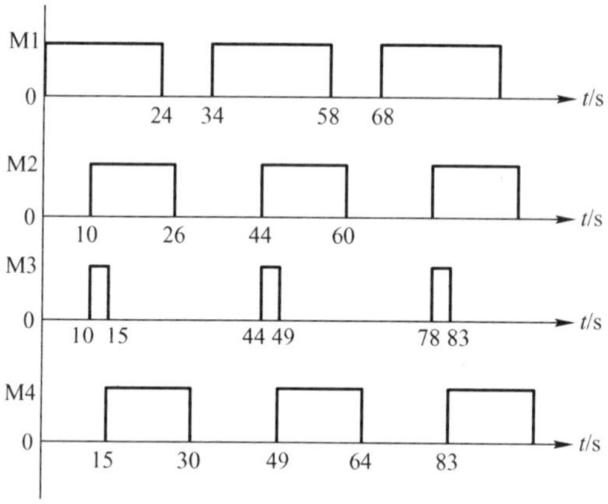

图 6-38　电动机动作时序图

5. 在氯碱生产中，碱液的蒸发、浓缩过程往往伴有盐的结晶，因此，要采取措施对盐碱进行分离。分离过程为一个顺序循环工作过程，共分 6 步，靠进料阀、洗盐阀、化盐阀、升刀阀、母液阀、熟盐水阀 6 个电磁阀完成上述过程，各阀的动作见表 6-7。当系统启动时，首先进料，5 s 后甩料，延时 5 s 后洗盐，5 s 后升刀，再延时 5 s 后间歇，间歇时间为5 s，之后重复进料、甩料、洗盐、升刀、间歇工序，重复 8 次后进行洗盐，20 s 后再进料，这样为一个周期。画顺控图，设计梯形图。

表 6-7　电磁阀动作表

步　号	电　磁　阀	动　作					
		进　料	甩　料	洗　盐	升　刀	间　歇	清　洗
1	进料阀	+	-	-	-	-	-
2	洗盐阀	-	-	+	-	-	+
3	化盐阀	-	-	-	+	-	-
4	升刀阀	-	-	-	+	-	-
5	母液阀	+	+	+	+	+	-
6	熟盐水阀	-	-	-	-	-	+

注：表中“+”代表开启，“-”代表关闭。

6. 采用 PLC 控制的机械手运动示意图如图 6-39 所示。机械原点设在可动部分左上方，即压下左限开关和上限开关，并且工作钳处于放松状态；上升、下降和左、右移动由驱动气缸来实现；当工件处于工作台 B 上方准备下放时，为确保安全，用光电开关检测工作台 B 有无工件，只在无工件时才发出下放信号；机械手工作循环为：启动→下降→夹紧→上升→右行→下降→放松→上升→左行→原点。(电磁阀用输出继电器。) 控制要求如下：

(1) 工作方式可设置为自动循环或单周期；

(2) 需考虑必要的电气保护和联锁，以及急停处理；

(3) 自动循环时应按上述顺序动作。

根据上述要求画顺控图，设计梯形图程序。

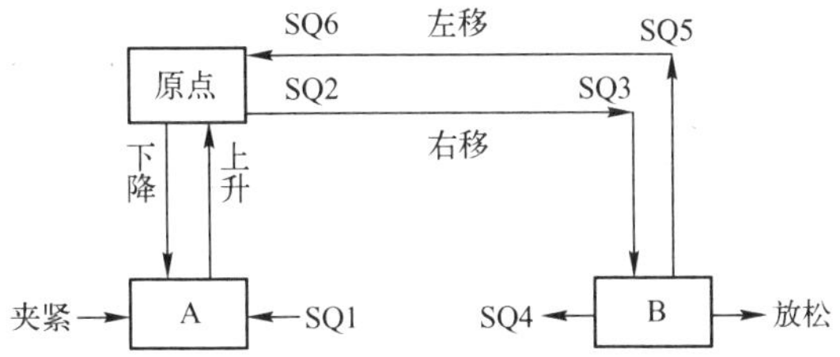

图 6-39　机械手运动控制示意图

7. 编写物料混合的顺序控制程序。

控制要求：以 0 通道为输入信号通道；以 101 通道为输出信号通道。混合釜及其控制装置如图 6-40 所示。图中 H、I、L 为液面传感器，且液面淹没时为 ON。X1、X2、X3 为电磁阀，M 为搅拌电动机。具体要求如下：

(1) 初始状态

混合釜是空的，各个阀门关闭，即 X1 ~ X3 为 OFF，传感器 H、I 和 L 均为 OFF，搅拌电动机 M 为 OFF。

(2) 启动操作

按一下“启动”按钮，混合釜开始按下列规律运行。

① 电磁阀 X1 打开，液体 A 流入容器。当液面到达 I 时，液位传感器 I 导通，此时关闭电磁阀 X1，同时打开电磁阀 X2，即停止注入液体 A，开始注入液体 B。

② 当液面到达 H 时，液位传感器 H 导通，此时关闭电磁阀 X2，停止注入液体 B，同时

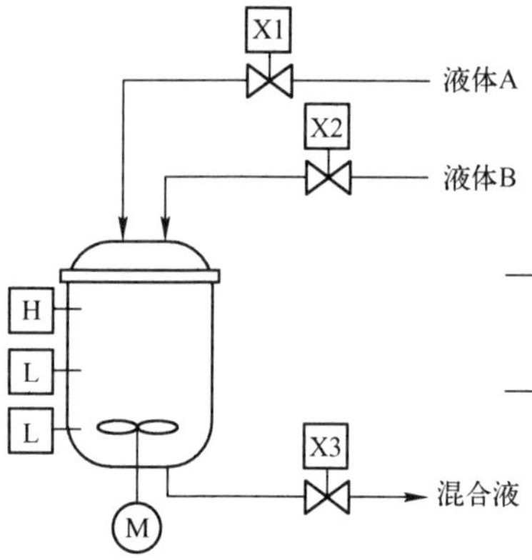

图 6-40　混合釜装置示意图

启动电动机 M 搅拌，开始混合过程。

③ 5 min 后停止搅拌，此时接通电磁阀 X3，开始排放混合液体。

④ 当液体到达 L 时（液位传感器 L 的状态从 ON 转 OFF），再经过 10 s 后，容器放空，此时关闭电磁阀 X3。重新开始下一个周期。

（3）停止操作

按一下“停止”按钮后，在当前的混合操作处理完毕后，才停止操作，即停在初始状态上。

8. 编写十字路口交通信号灯的时序控制程序。

交通信号灯的控制模式可以概括为 5 种，参见表 6-8。模式 4 是日常生活中最常见的三灯定时顺序控制，其工作时序如图 6-41 所示。

表 6-8　双车道信号灯控制功能表

交通模式			执行元件					
			GX	YX	RX	GY	YY	RY
M1	X、Y 禁行				●			●
M2	X 通行，Y 禁行		●					●
M3	Y 通行，X 禁行				●	●		
M4	定时交替	S1	●					●
		S2	◎					●
		S3		●			●	●
		S4			●	●		
		S5			●	◎		
		S6		●	●		●	
M5	夜间黄灯闪烁			◎			◎	

符号说明：M1——第一种交通模式；

S1——在某一模式下的第一种状态；

GX——G：绿灯；X：X 方向；

●——信号灯亮；

◎——信号灯闪烁。

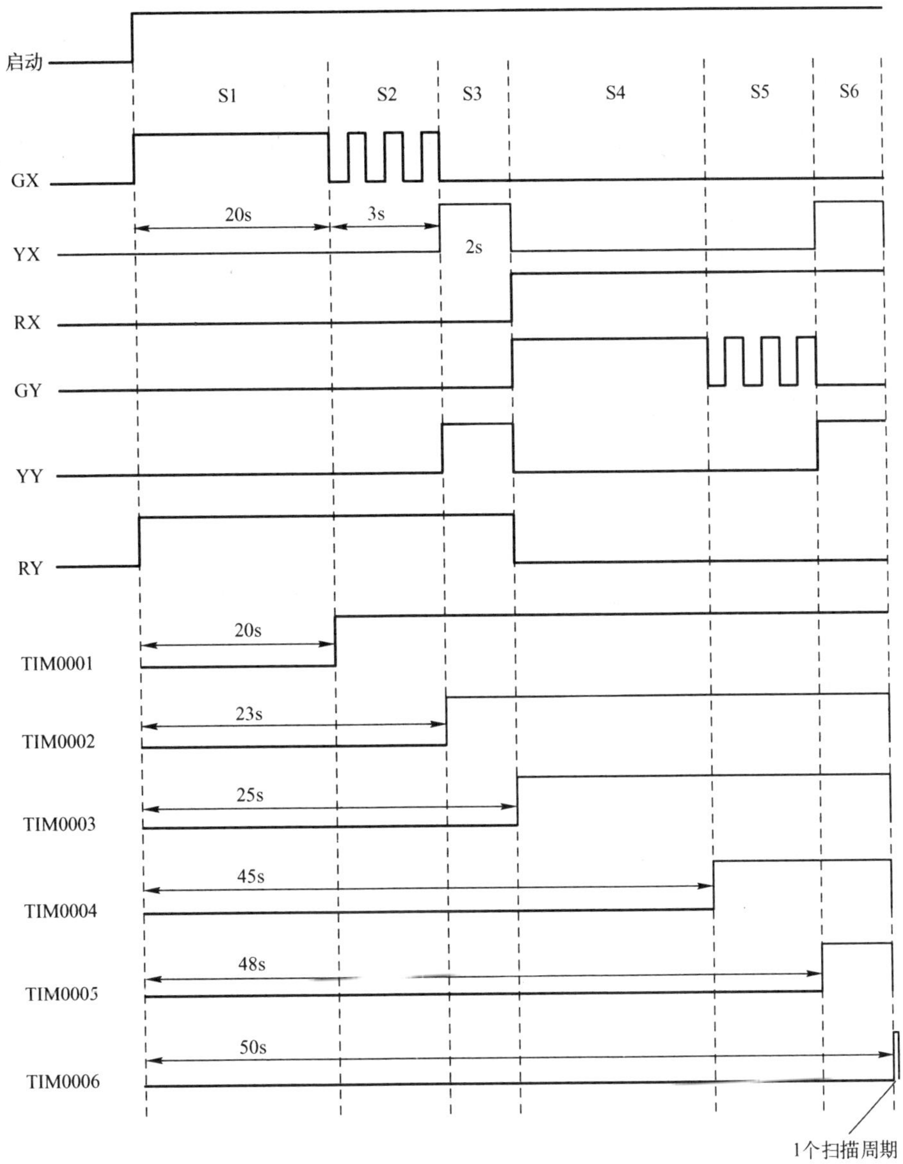

图 6-41　M4 模式下信号灯工作时序图

第7章　冲压车间空调机组控制系统设计实例

本章以天津某汽车厂冲压车间空调机组的 PLC 控制项目为例，着重介绍项目分析与控制方案设计方法、PLC 硬件系统选型、I/O 点与内存地址分配、PID 回路控制程序设计，以及模拟量输入/输出扩展模块的使用方法。

7.1　冲压车间空调机组系统设计

7.1.1　冲压车间空调机组项目分析

1. 冲压车间空调机组控制要求

天津某汽车厂冲压车间、焊接车间与总装车间的空调系统共包含了 32 台空调机组，厂方要求采用欧姆龙 PLC 控制各空调机组，其控制要求与模式基本相同，现以冲压车间为对象，其具体控制要求如下：

（1）一台 PLC 控制一台空调机组，控制方式全部为就地控制，无需联网。通过连接在 PLC 端口上的一台触摸式可编程终端（Programmable Terminal，PT，俗称触摸屏）对空调机组的各项参数实施监视、设定及调整。

（2）PLC 不控制风机的启动和停止（启/停由动力柜完成），只监视风机的运行状态，当收到风机运行的信号后，代表空调机组开始工作运行；在风机没有运行时，应关闭所有的水阀，全关新风阀门，全开回风阀门；此时，防冻程序应运行。

（3）在 PT 上可以切换冬季，夏季和过渡季工况，各季节的控制要求如下：

1）冬季工况

根据送风/回风温度与设定值，经过比例积分算法（简称 PI）运算来调节水阀（冬季管道内为热水），温度越低，阀门开度越大。

防冻报警的温度设定值有 2 个，当防冻温度检测点处的温度低于第 1 段设定值（设为 6℃）时，全开热水阀；若检测点温度仍然低，并低于第 2 段设定值（设为 3℃）时，发出防冻强切风机命令。同时，新风阀全关，回风阀全开，并发出报警。

关于快速制热功能：在风机启动后一定时间内，全关新风阀，全开回风阀，让室内迅速升温；等温度达到设定值后，恢复正常工作模式（新风阀最大开度，回风阀最小开度）。

2）夏季工况

根据送风/回风温度与设定值比较，经过 PI 运算调节水阀（夏季管道内为冷水），温度越高，阀门开度越大。

3）过渡季工况

关闭冷/热水阀，通过 PI 运算调节新/回风阀开度比例进行温度控制。另外，提供一种全新风模式，即在过渡季节下，全开新风，全关回风。这两种工作模式可在 PT 上进行切换。

4）在夏季或冬季工况下，当风机停止时，新风阀全关，回风阀全开；当风机运行时，新风阀开至最大开度，回风阀关至最小开度，冬季/夏季应可以设定两个不同的最大开度，新风阀的最大开度应可以通过 PT 进行设定。

（4）提供给厂区的中央控制系统（中央 PLC）的综合异常报警信号，包括多种异常报警信号，只要属于这几种异常报警之一的，本地 PLC 必须向中央 PLC 发出开关量的报警信号；中央 PLC 虽知道空调机组出现异常报警，但具体的报警情况，需到现场的 PT 上查看详情。

冲压车间的工艺流程图如图 7-1 所示。设定好冲压车间的四季适宜温度后，根据检测的送风温度或回风温度通过调节回风阀（或新风阀）的开度和冷/热水盘管水阀的开度使车间的温度达到设定温度。

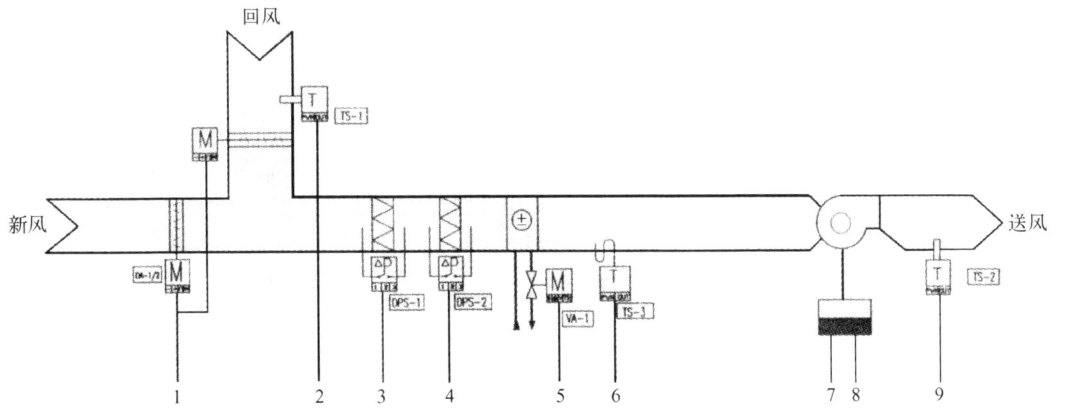

1—回风阀模出点及新风阀位反馈模入点　2—回风温度模入点　3—初效过滤报警开入点
4—中效过滤报警开入点　5—冷/热水阀模出点　6—防冻温度模入点
7—风机运行状态开入点　8—风机故障开入点　9—送风温度模入点

图 7-1　冲压车间空调系统流程图

在图 7-1 中的新风阀与回风阀采用机械反向装置，即控制回风阀输出（量程 4～20 mA）同时也就控制了新风阀的开度，并通过新风阀的反馈输入信号（量程 2～10 V）实现闭环控制。新风阀与回风阀的作用关系如图 7-2 所示。

新风阀的开度从“全关”（开度为 0%）到“最大开度”（在 PT 中设定最大开度），对应回风阀的开度则从“全开”（开度为 100%）到“最小开度”（最小开度 = 100% - 新风阀最大开度）。

2. 冲压车间空调机组项目分析

对冲压车间空调机组进行项目分析，该机组属于连续型控制对象并以车间温度定值控制为主要目的，且仅有自动控制模式。分析图 7-1 并按照厂方要求最终归纳出冲压车间空调机组包含了 5 个开关量输入点（风机运行状态位、风机故障位、初效过滤报警位、中初效过滤报警位和消防报警位）和 6 个开关量输出点（综合异常报警位、防冻报警至 PLC 位、防冻报警至强电位、新风阀全开位、新风阀全关位和新风阀开 50% 位），以及 4 个模拟量输入点（送风温度、回风温度、防冻温度和新风阀位反馈开度）和 2 个模拟量输出点（回风阀开度和冷/热水阀开度），除新风阀位反馈模入点的量程为非标准量程 2～10 V 外，其他

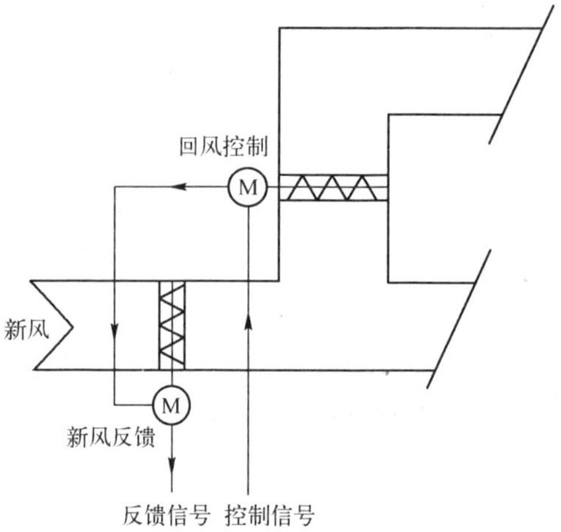

图 7-2　新/回风阀控制示意图

AD/DA 点的量程均为 4 ~ 20 mA。

此外，本项目还需要为每台空调机组配备一台 PT 外设，实现对全部空调机组各项参数的监视、设定及调整功能。

7.1.2　冲压车间空调机组控制方案设计

按照厂方要求必须选用欧姆龙 PLC 控制冲压车间的空调机组，实现对车间温度的连续定值控制。20 世纪 80 年代至 90 年代中期是 PLC 发展最快的时期，PLC 的处理模拟量能力、数字运算能力、人机接口能力和网络能力得到大幅度提高，并逐步进入到过程控制领域，由于它与在过程控制领域占统治地位的 DCS 相比具有价格、结构和组态方式上的优势，因此颇具市场竞争力，基本上取代了小型 DCS 的市场位置。

欧姆龙 PLC 解决过程控制问题的常见控制方案主要有以下四种：

(1) 在梯形图程序中调用 PID 指令实现过程控制

该控制方案的系统结构如图 7-3 所示，其优点是只用软件就可以实现 PID 控制，无需单独配备 PID 控制单元，并且引入了二自由度 PID 算法，编程简便。

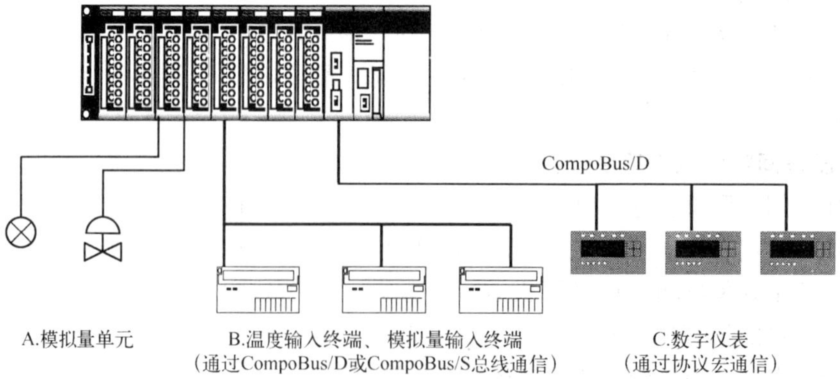

图 7-3　PID 指令控制方案结构图

但该控制方案的缺点是 PID 算法将占用 PLC 的系统扫描时间。对于多回路控制系统而言，由于运算 PID 指令占用系统扫描时间较长，会导致控制动作迟缓。

（2）利用智能单元实现过程控制

该控制方案的系统结构如图 7-4 所示。智能单元主要包括 PID 控制单元、温度控制单元、加热/冷却控制单元等，该控制方式的优点在于 PID 单元与 CPU 单元各自相对独立，易于操控；无需编写旨在 PID 控制的梯形图程序。另外，PID 单元不占用 PLC 的系统扫描时间。

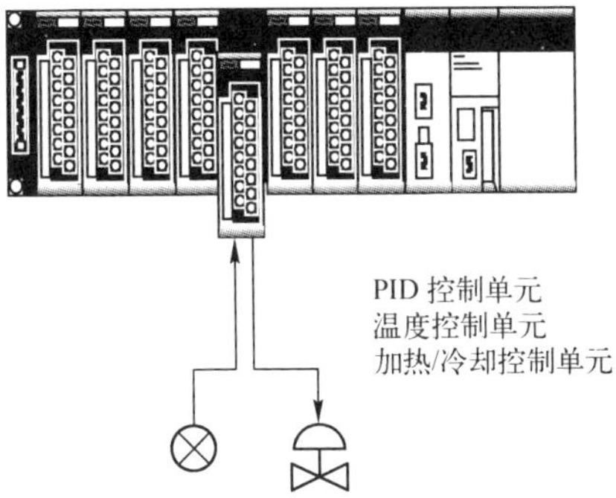

图 7-4　智能单元构成的控制方案结构图

但该控制方式的缺点是每个 PID 单元只能控制 2 个回路；PID 功能受到设置参数的限制。另外要增加硬件投资。

（3）利用单回路控制器与 PLC 配合实现过程控制

该控制方案的系统结构如图 7-5 所示。该控制方式的优点是可以不受 PLC 工作条件的制约；由于应用了 CompoBus/D 总线，使 PLC 与其他单元的操控更加容易。

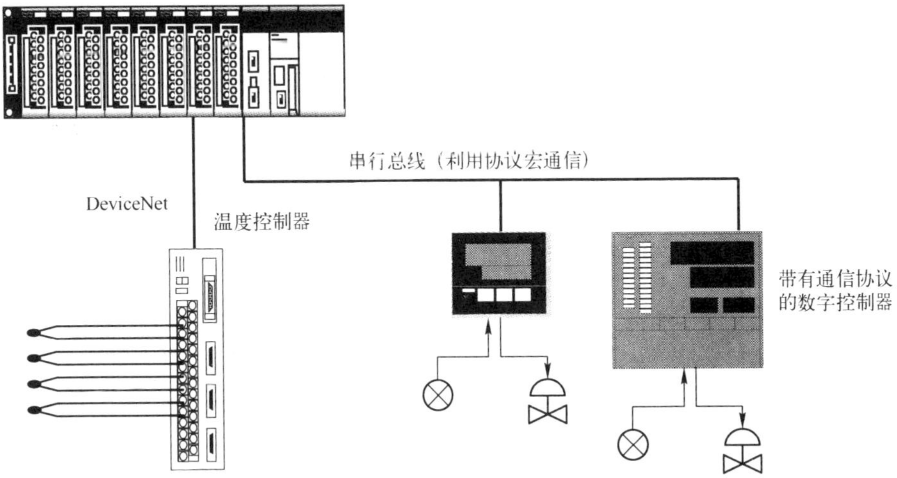

图 7-5　单回路控制器 + PLC 的控制系统结构图

但该控制方式的缺点是需要用梯形图编写通信程序实现 PLC 与各单元回路控制器之间的数据交换，不适用于复杂控制系统；如果新增控制任务，则需额外增配单回路控制器，系统扩展性差。

（4）利用基于 PLC 的回路控制器实现过程控制

近年来研发的功能更加先进，操控更加灵活，编程更加简便，维护更加便利的基于 PLC 的回路控制器或回路控制板适用于多回路复杂控制。以欧姆龙公司的 CS 系统为例，其系统结构如图 7-6 所示。该系统的结构特点是在 PLC 硬件系统上增加了过程模拟量 I/O 单元和回路控制器（或回路控制板），前者是将生产现场的各种标准模拟量信号直接接入相应单元进行 A/D、D/A 转换，并与 CPU 之间实现数据交换；后者独立于 CPU，按照用户编写的流程图式的组态程序与模拟量单元配合实现 PID 回路控制功能。

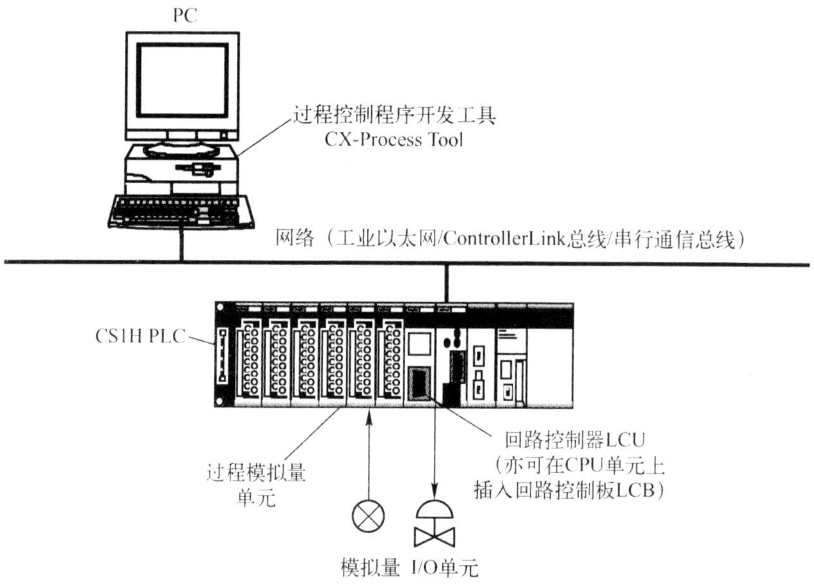

图 7-6　基于 PLC 的回路控制系统结构图

通过对上述 4 个控制方案的综合比较和论证，结合本项目 I/O 容量较小、仅涉及 2 个控制回路且功能较简单的特点，最终确定第 1 方案最为适宜，并以此实施控制器硬件系统的选型工作。

利用 PLC 的 PID 指令实施单回路调节策略，冲压车间夏季/冬季的温度调节框图如图 7-7a 所示，过渡季的温度调节框图如图 7-7b 所示。

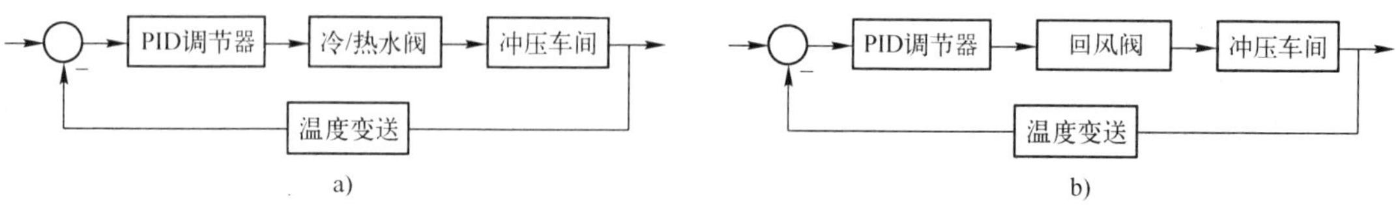

图 7-7　冲压车间温度调节框图
a）夏季/冬季温度调节框图　b）过渡季温度调节框图

冲压车间空调机组的控制流程如图 7-8 所示。

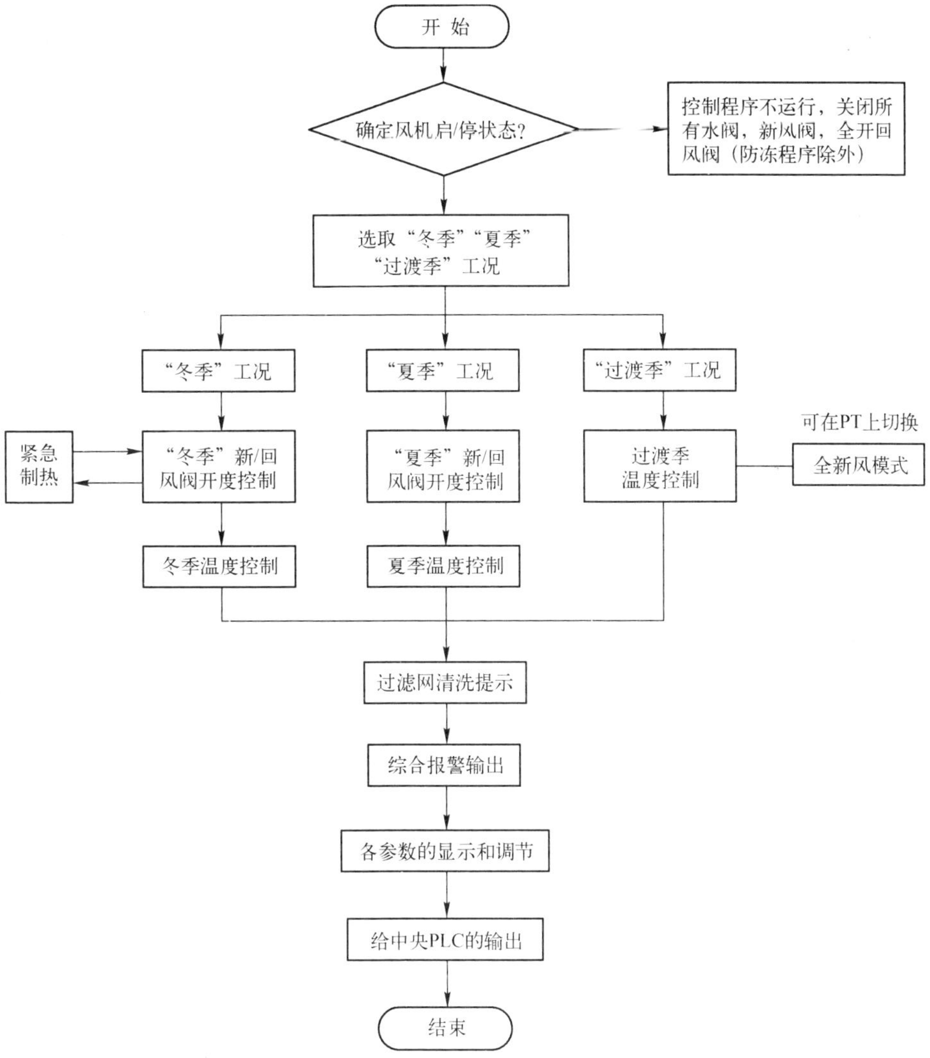

图 7-8　冲压车间空调机组控制流程图

7.2　PLC 系统配置与地址分配

7.2.1　PLC 系统硬件配置

本项目的控制方案是采用 PID 控制算法对冲压车间的空调机组实施自动控温，根据项目分析得到的 I/O 容量，选取欧姆龙 CP1H 小型 PLC 作为控制器，它本身带 24 个开关量输入点和 16 个开关量输出点，另有 4 路模拟量输入和 2 路模拟量输出信号，完全符合本项目的要求，且配备了高级指令系统，可以采用 PID 指令有效地对空调机组的温度（冷/热水阀）和风量（加风阀开度）实施连续控制。所选取的 PLC 具体型号为 CP1H – XA40DR – A，其开关量输入/输出点和模拟量输入/输出点的通道分配及系统配置如图 7-9 所示。

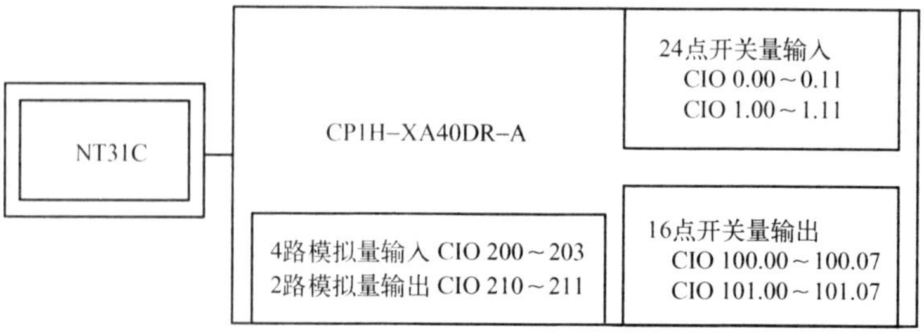

图 7-9　冲压车间空调机组 PLC 控制系统配置图

在图 7-9 中，从性能价格比的角度考虑，选取欧姆龙 PT 型号为 NT31C，NT31C 的控制板采用 STN 彩色 LCD 屏，画面分辨率为 320×240 像素点，外观如图 7-10 所示。将其连接在 CP1H 的 RS-232C 串口上。

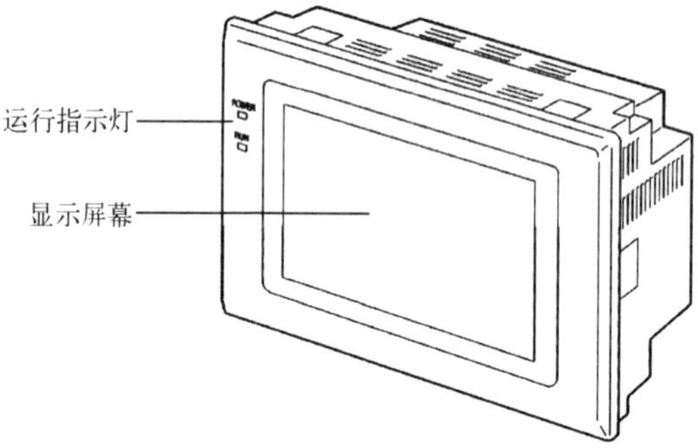

图 7-10　NT31C 外观图

7.2.2　PT 使用流程与画面功能设定

PT 是一种新型的人机接口设备，将它与生产设备中的 PLC 联机通信后，就可以对 PLC 进行监视和控制。PT 具有显示和输入数据的功能，在屏幕的画面上可以采用数据、字符串、灯、图形等多种形式显示 PLC 的内部数据，通过轻触按键或屏幕上设置的触摸开关就可以向 PLC 中输入数据（也包括控制命令）。PT 可进行多画面显示，画面数多达几百甚至上千，既可以自动切换，也可以手动切换。使用 PT 可以为 PLC 节约大量 I/O 点，同时简化了控制柜中的仪表、按钮和指示灯的配置。

PT 有两种产品，一种是显示屏幕与按键分开，屏幕仅作为显示用，而操作则通过按键输入，这种 PT 俗称为字符板。另一种是基于点阵的触摸式 PT，其屏幕既可作为显示用，也可以用于输入操作，通过在屏幕上设置的图形触摸按键就可以向 PLC 输入数据，这种触摸式 PT 俗称触摸屏。

触摸屏对环境要求低，信息交流清晰，操作简便且对操作员的专业知识要求不高，其主要特点如下。

1）界面友好。触摸屏显示色彩丰富，操作提示明晰，图形动画直观，使用者可根据屏幕提示的信息、指令即可操作。

2）操作简便。仅由手指轻触即可实现设备或过程的程控或参数信息的调用与监视。

3）信息丰富。触摸屏可以处理包括英文、中文、数据、图形、表格、图像等各种复杂的数据信息，输入与显示操作简单。

4）安全可靠。作为工业级产品的触摸屏可以长时间连续运行，稳定可靠，正确操作一般不会出现错误和死机，易于维护。

5）动态联网。根据用户需要可以方便地与各种网络互联，如通过工业以太网连接到中控室；通过 RS－232C 端口连接到 PLC 等。

6）接线方便。传统设备的操作面板上有众多的开关、按钮和指示灯等，需要用大量的导线连接到控制柜中，接线量大导致错误率高。而触摸屏仅需一条三芯屏蔽电缆即可将输入和输出信号涵盖，接线方便且正确率高。

正是由于触摸屏具有以上突出特点，它才得以广泛应用于现代工业自动化控制中。本项目所选取的 NT31C 触摸屏是一款欧姆龙的彩色低端触摸屏，使用方法相对简单，能够满足对空调机组各项参数的监视、设定及调整等功能。在使用 NT31C 之前需进行必要的设置，具体流程如图 7－11 所示。关于 NT31C 的具体使用方法，读者可以参见《OMRON NT31/NT31C 可编程终端操作手册》，本章不做重点介绍。

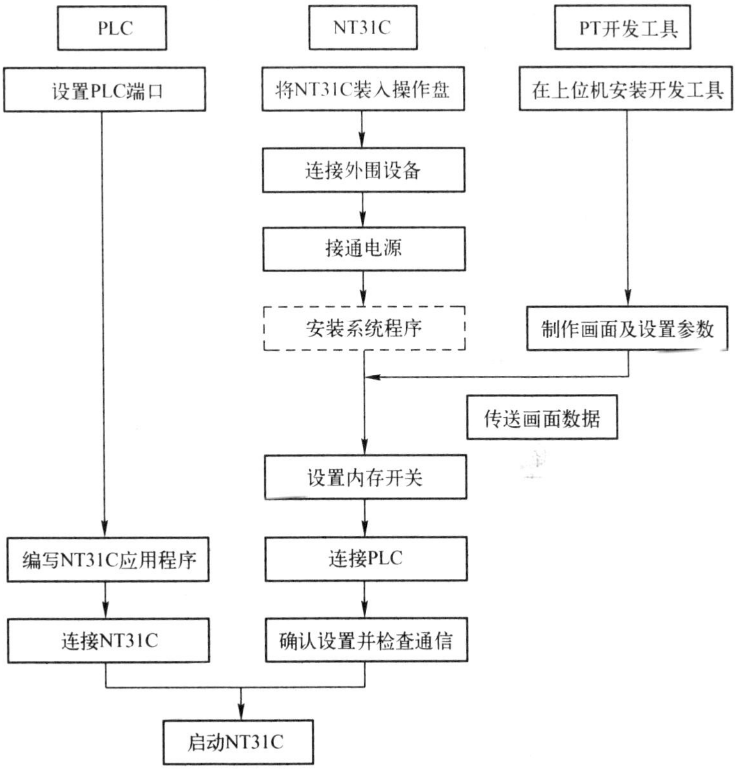

图 7－11　NT31C 使用流程图

根据厂方的控制要求，需要在 NT31C 中运行多幅画面以显示和设定冲压车间各季节的相关参数，所有画面的内容与调用关系如图 7－12 所示。

下面结合图 7－12，举例说明 NT31C 上各画面设定的主要内容与功能。

当系统上电，PLC 运行触摸屏调用程序，此时 NT31 处于默认的自动模式，将自动调出

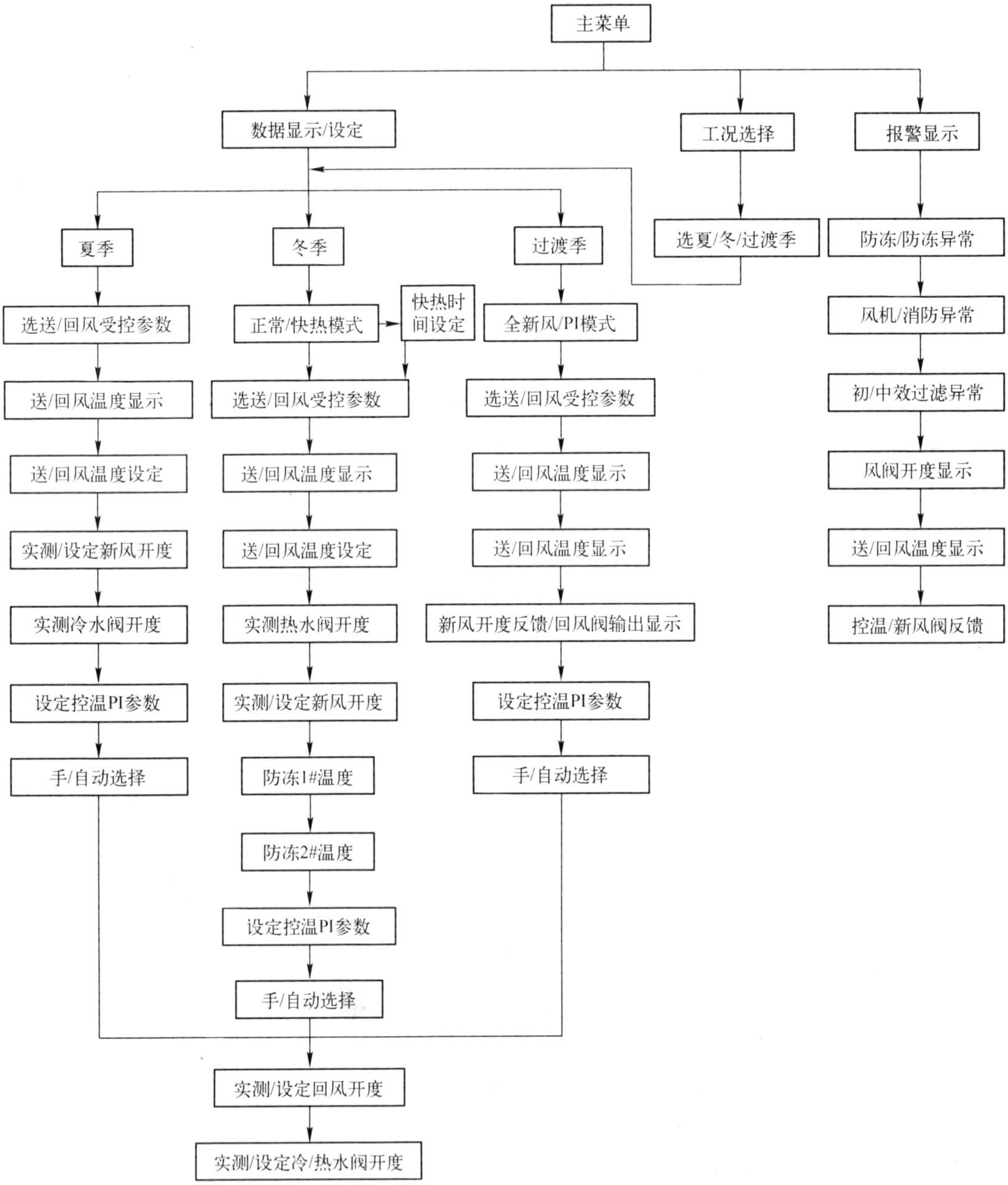

图 7-12　NT31C 的画面操作流程图

“主菜单”，如图 7-13 所示。按“数据显示/设定”触摸开关进入“季节选择菜单”，如图 7-14所示。按各季度的触摸开关可以进入对应的季度画面。

在图 7-13 的主菜单画面中按“工况选择”开关进入其菜单，如图 7-15 所示。右上角显示当前所处季节为“夏季”。按各季度的触摸开关可以切换为当前季节，同时进入设定季节的系列画面，连续按面画上的翻页键可以进入其他画面。

在图 7-13 的主菜单画面中按“报警显示”开关进入其菜单，如图 7-16 所示。上方显示当前所处季节为“夏季”。“防冻报警”和“防冻温度异常”报警状态值均为“0”，表示状态正常，无报警。连续按翻页键可以向下查询其他报警信息。当系统产生报警时，会自动弹出报警画面，同时相对应的报警项的值置为“1”。

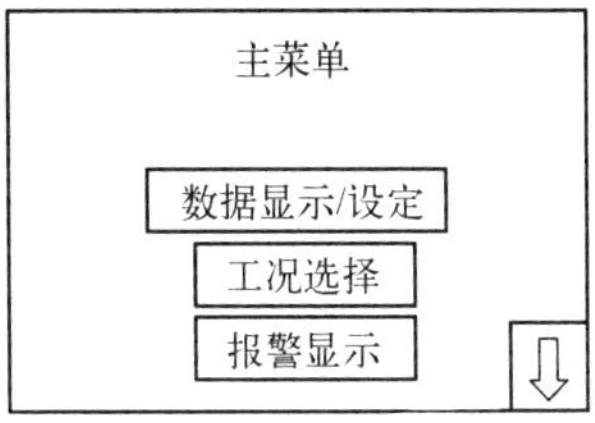

图 7-13　主菜单画面

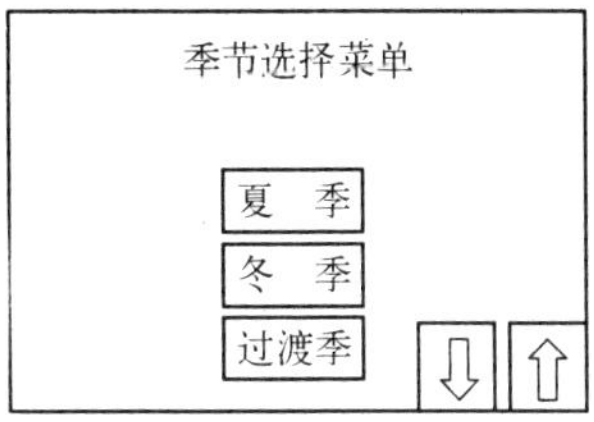

图 7-14　季节选择菜单画面

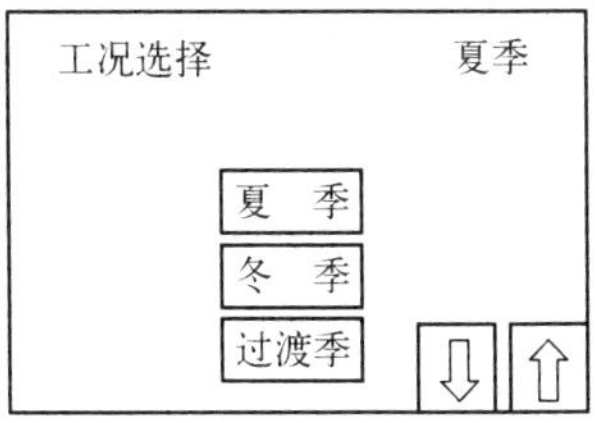

图 7-15　工况选择画面

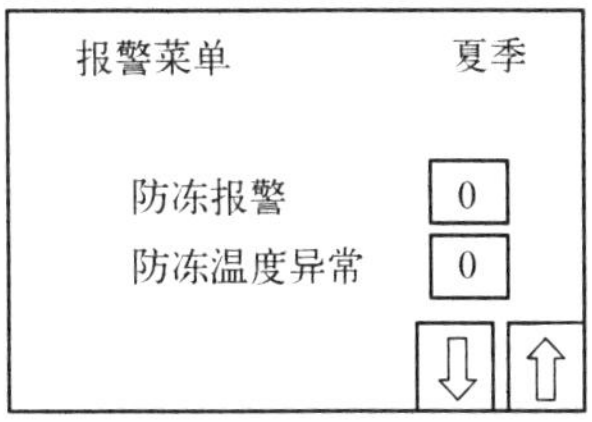

图 7-16　报警信息画面

假设在图 7-15 中选择夏季后进入夏季“送/回风受控参数”的选择画面，如图 7-17 所示。按“送风为受控参数”或按“回风温度为受控参数”触摸开关，将决定是送风温度还是回风温度作为 PID 调节的实测温度。按翻页键可以进入“送/回风温度”显示画面，如图 7-18所示。

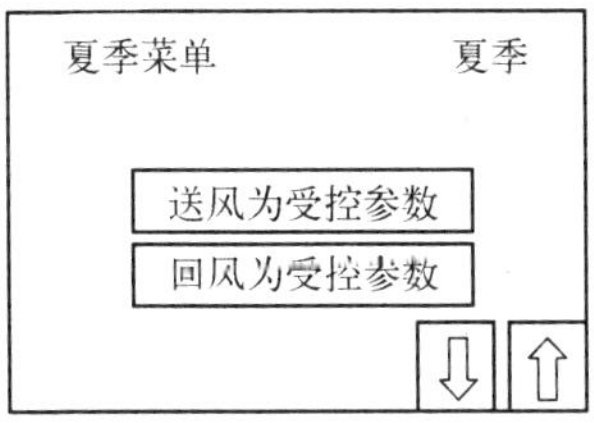

图 7-17　受控参数选择画面

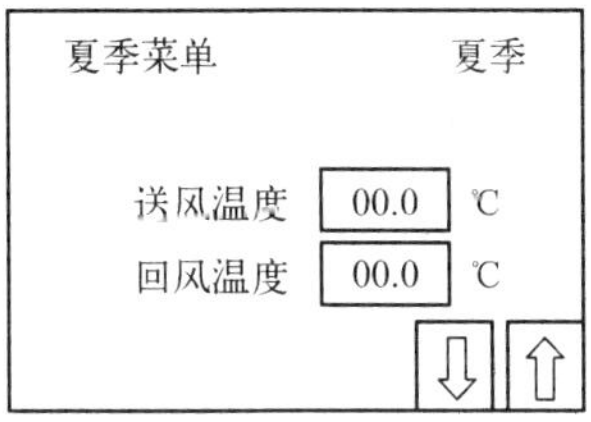

图 7-18　送/回风温度显示画面

按翻页键下翻一页进入“被控温度设定”画面，如图 7-19 所示。显示被控温度的当前值，使用软键盘输入新的设定值。再按翻页键进入下一页“新风阀开度设定”画面，如图 7-20所示。在此画面设定新风阀开度的最大值，由于回风阀与新风阀存在机械联动，则新风阀开度最大设定值与回风阀开度值（最小设定值）的和应为 100% 。

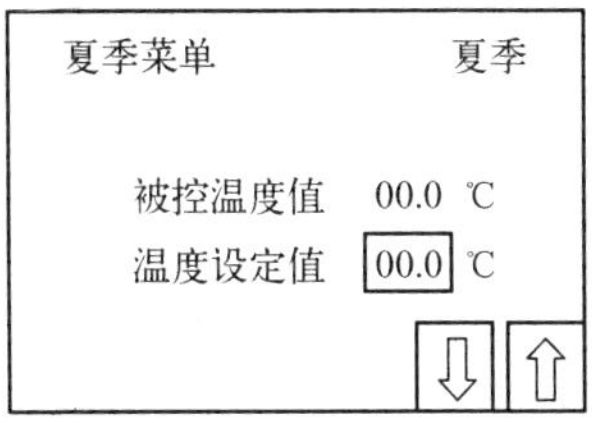

图 7-19　被控温度显示与设定画面

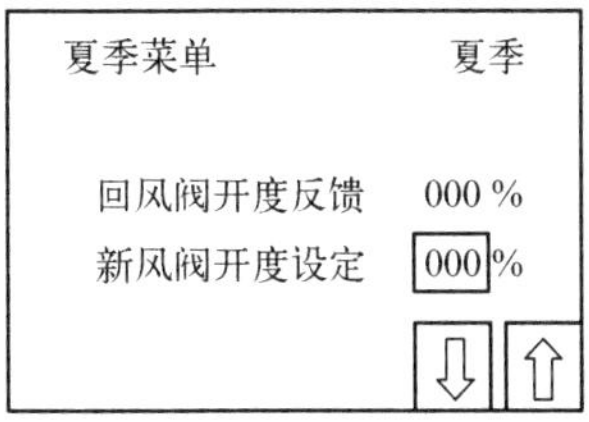

图 7-20　新风阀最大开度设定画面

按翻页键下翻一页进入“冷水阀开度显示”画面，如图 7-21 所示。夏季管道中走冷水，冬季走热水。再下翻一页进入 PID 参数的“P 值设定”画面，如图 7-22 如示。输入修正值后即显示为当前新值。同样，继续翻页可设定 I 值和 D 值，分别如图 7-23、图 7-24 所示。

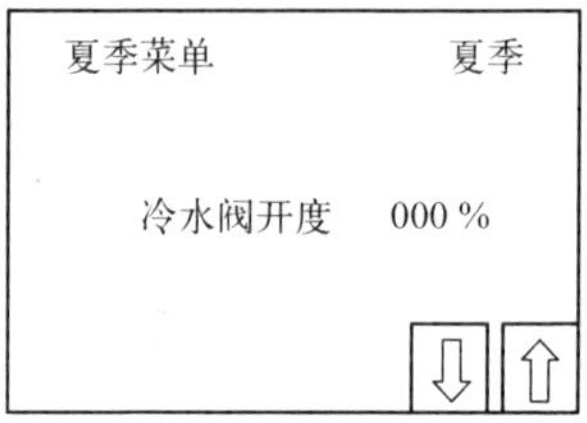

图 7-21　冷水阀开度显示画面

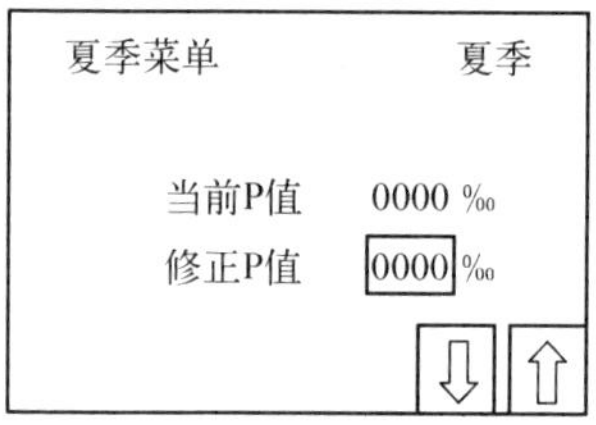

图 7-22　P 值设定画面

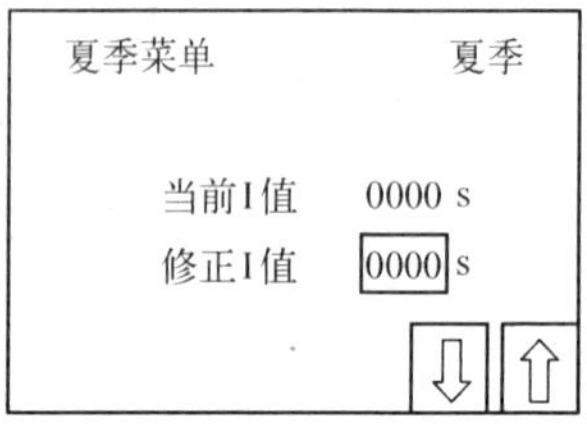

图 7-23　I 值设定画面

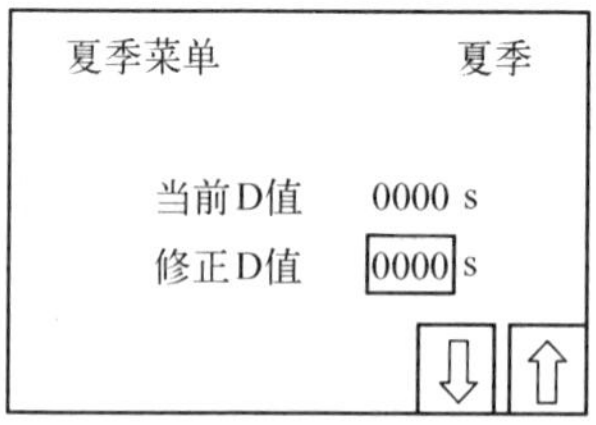

图 7-24　D 值设定画面

按翻页键下翻一页进入“手/自动模式切换”画面，如图 7-25 所示。本系统默认自动模式，因此“自动选择”触摸开关亮，而“手动选择”触摸开关灭。若选择手动模式则按“手动选择”触摸开关进行切换。下翻一页进入“手自模式菜单”画面，如图 7-26 所示，可以手动设定回风阀的开度。

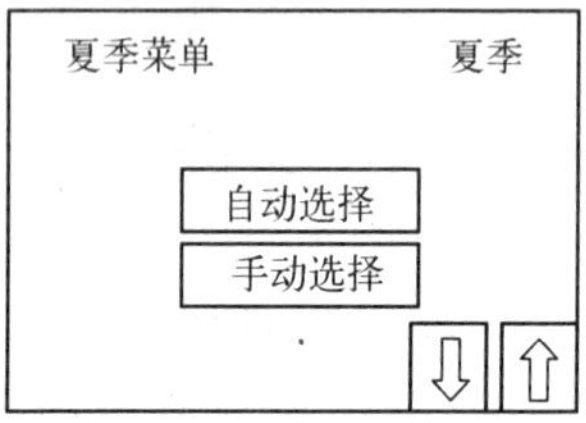

图 7-25　手/自动模式切换画面

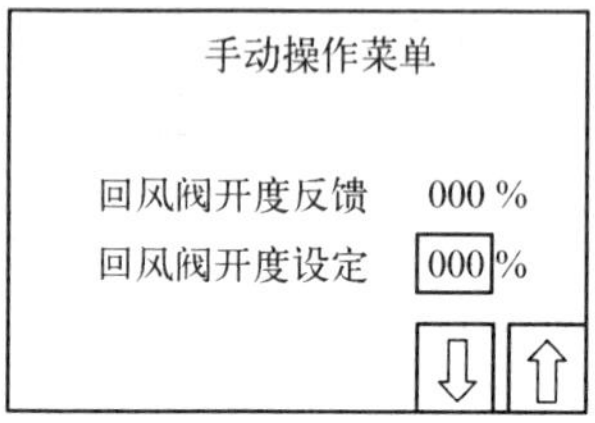

图 7-26　手动设定回风阀开度画面

同样，再按翻页键进入“手动冷/热水阀开度设定”画面，如图 7-27 所示。夏季时设定的是冷水阀开度。输入设定值后即显示新值。连续按上翻页键实现逐页上翻浏览的功能，或按返回键直接回到主菜单，可以重新选择季度并进入相应设定/显示画面，操作与夏季相似，在此不再赘述。

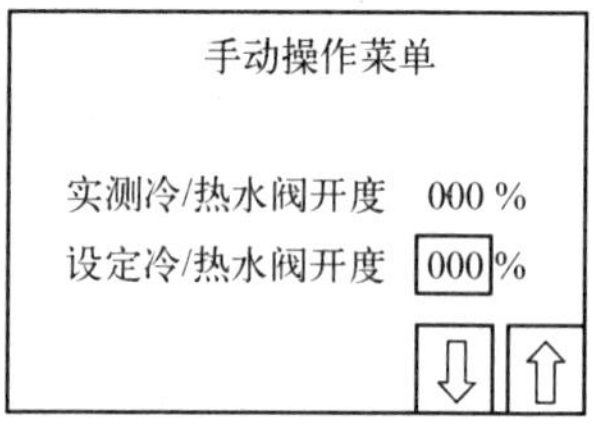

图 7-27　手动设定冷/热水阀开度画面

7.2.3　I/O 与内存地址分配

根据图 7-9 所示 CP1H PLC 系统配置图进行开关量 I/O 地址分配，见表 7-1；模拟量

I/O点分配见表 7-2；NT31C 上各幅画面的显示与设定数据所占位或通道，以及编程中使用的内部点地址分配见表 7-3。

表 7-1　冲压车间空调系统开关量 I/O 表

输　入			输　出		
名　称	地　址	注　释	名　称	地　址	注　释
DI_FJyunxing	0.00	风机运行位	DO_Azonghe	100.00	综合异常报警
DI_FJguzhang	0.01	风机故障位	DO_Afangdong_PLC	100.01	防冻报警至 PLC
DI_Axiaofang	0.02	消防报警	DO_Afangdong_QD	100.02	防冻报警至强电
DI_Achuxiao	0.03	初效过滤报警	DO_xinfengON	100.03	新风阀全开
DI_Azhongxiao	0.04	中效过滤报警	DO_xinfengOFF	100.04	新风阀全关
			DO_xinfeng50	100.05	新风阀开 50%

表 7-2　冲压车间空调系统模拟量 I/O 表

输　入　点			输　出点		
名　称	字　号	注　释	名　称	字　号	注　释
AI_T_songfeng	200	送风温度	AO_V_huifeng	210	回风阀开度
AI_T_huifeng	201	回风温度	AO_V_heat_cool	211	冷/热水阀开度
AI_T_fangdong	202	防冻温度			
AI_V_fankui	203	新风阀位反馈			

表 7-3　冲压车间空调系统内存表

CIO 区	DM 区	H 区
7.00：主菜单	D1：送风温度显示 BCD 值	H0.00：夏季设定
7.01：加页	D2：回风温度显示 BCD 值	H0.01：冬季设定
7.02：减页	D3：防冻温度显示 BCD 值	H0.02：过渡季设定
7.03：温度画面	D5：新风阀开度显示 BCD 值	H1.00：送风温度受控
7.04：返回主菜单	D6：冷/热水阀开度显示 BCD 值	H1.01：回风温度受控
8.01：送风温度异常报警	D9：快速制热时间设定 BCD 值	H2：被控温度设定 BCD 值
8.02：回风温度异常报警	D10：快速制冷时间设定 BCD 值	H3：新风阀最大开度设定 BCD 值
8.03：防冻温度异常报警	D11：被控温度显示 BCD 值	H4：防冻温度 1 设定 BCD 值
8.05：风阀开度异常报警	D12：新风阀开度 HEX 值	H5：快速制热模式
8.06：控温失灵异常报警	D13：回风阀最小开度 BCD 值	H5.00：快速制热标志
8.07：新风阀位反馈报警	D14：回风阀开度输出 BCD 值	H6：全新风模式
	D15：新风阀开度输出 BCD 值	H6.00：过渡季全新风标志
		H6.01：过渡季 PI 标志
		H8：防冻温度 2 设定 BCD 值
		H10.00：手动状态
		H11：防冻温度 1_HEX 值
		H12：防冻温度 2_HEX 值
		H13：被控温度设定 HEX 值
		H14：被控温度实测值 HEX 值
		H15：手动回风阀开度设定 BCD 值
		H16：手动冷热水阀开度设定 BCD 值

7.3 冲压车间空调机组控制程序设计

冲压车间空调机组采用 CP1H PLC 实施过程控制，根据 7.2.2 节所列 NT31C 显示与设定画面的信息，可以将控制程序设计的主要内容归纳为模拟量信号的设置、温度与阀门开度的显示与设定、非标准模拟输入信号的量程转换、各季节 PID 回路控制和报警处理等。下面简要介绍各部分程序的设计思路。

7.3.1 模拟量信号的软件设置

1. 模拟量输入信号的软件设置

冲压车间的 4 路模拟量输入信号分别是送风温度、回风温度、防冻温度及新风阀位反馈值，其中前 3 路信号对应的标准量程均为 4 ~ 20 mA，第 4 路信号对应的标准量程为 0 ~ 10 V（因反馈输入信号的范围是 2 ~ 10 V），按顺序接入图 2-8 所示的 CP1H 模拟量输入单元 0 ~ 3 路，同时将图 2-10 中的第 1 ~ 3 号输入切换开关设置为 ON，即电流输入信号；将第 4 号开关设置为 OFF，即电压输入信号。

进入 CX - Programmer 编程软件的设置项，单击“内建 AD/DA”，首先设置分辨率为“6000”，然后分别设置 4 路模拟输入信号的使用通道、量程及均值处理功能等，如图 7-28 所示。

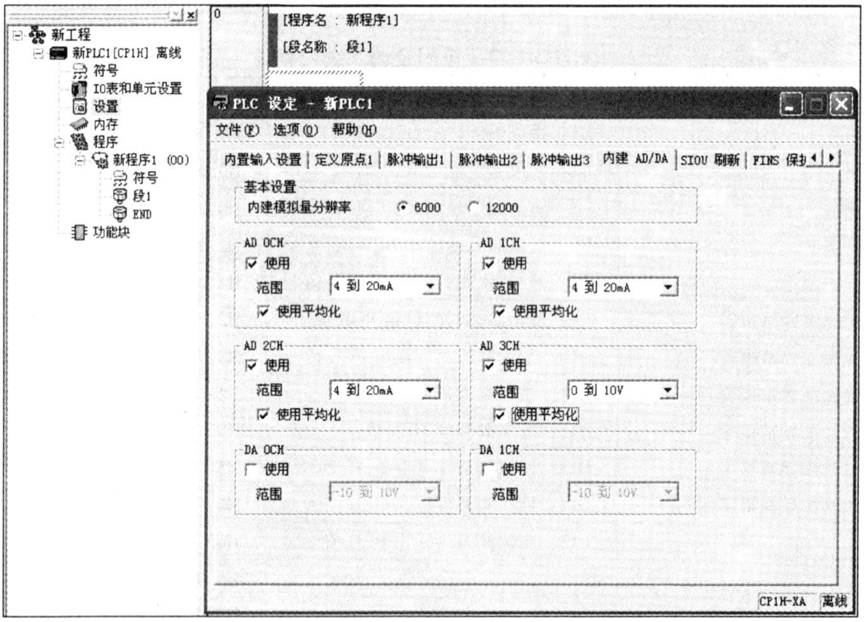

图 7-28 模拟量输入信号软件设置图

2. 模拟量输出信号的软件设置

冲压车间的两路模拟量输出信号分别是回风阀开度和冷/热水阀开度，量程均为 4 ~ 20 mA，按顺序接入图 2-8 所示的 CP1H 模拟量输出单元 0 ~ 1 路，注意接电流正极。

进入 CX - Programmer 编程软件的设置项，在图 7-28 的下部分别设置 2 路模拟输出信号的使用通道及量程，如图 7-29 所示。将 PLC 上电，在线下载设置到 CP1H 中，接着将 CP1H 断电并重新上电，此时模拟量设置才能生效。

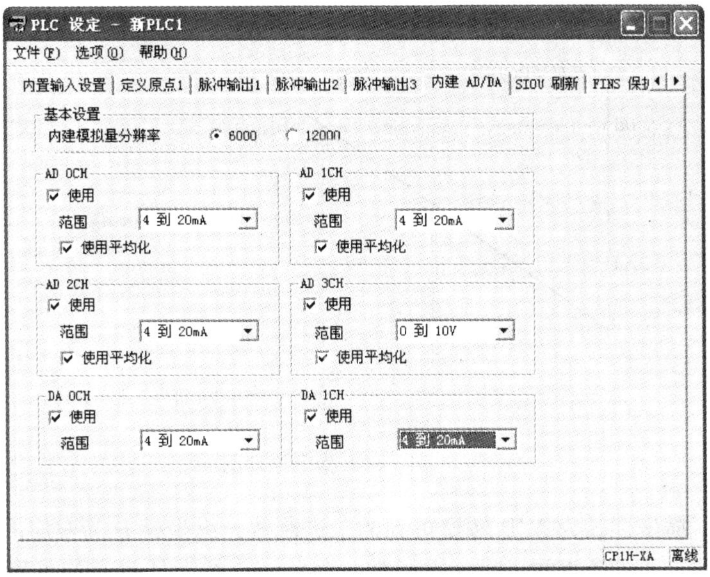

图 7-29　模拟量输出信号软件设置图

7.3.2　工程量显示

1. 显示工程值

在本项目中，NT31C 需显示温度、风阀开度等必要的信息，显示的单位为工程单位，因此需进行量程变换。如以显示冷/热水阀开度值的量程转换为例，CP1H 的第 2 路模拟输出——冷/热水阀开度输出信号为 4～20 mA，满量程为十六进制数 0000～1770；对应于冷/热水阀开度的实际工程值范围是 0%～100%，利用标度指令 SCL 进行量程转换，参数值存于 D1020～D1023 中，显示的工程值存储在 D6 通道中。程序段如图 7-30 所示。

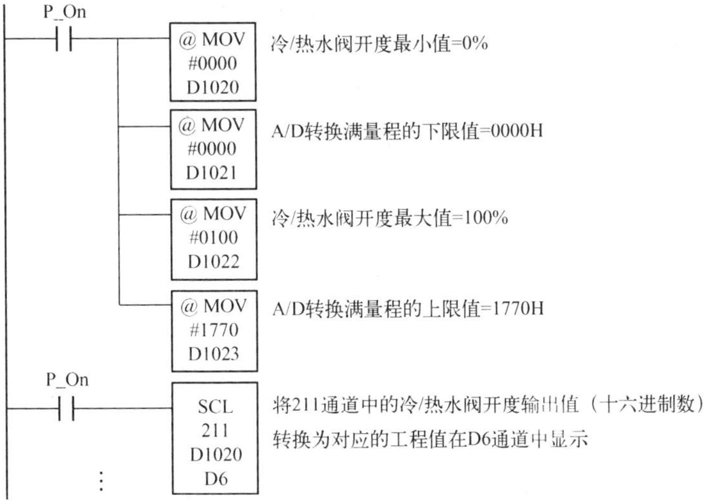

图 7-30　冷/热水阀开度显示程序段

下面介绍标度指令 SCL（194）的工作原理。

标度指令 SCL 是将无符号的二进制数按照控制数据设定的一次函数转换为对应的无符

号十进制数（BCD 码），并将结果输出到指定通道内。其工作原理如图 7-31 所示。

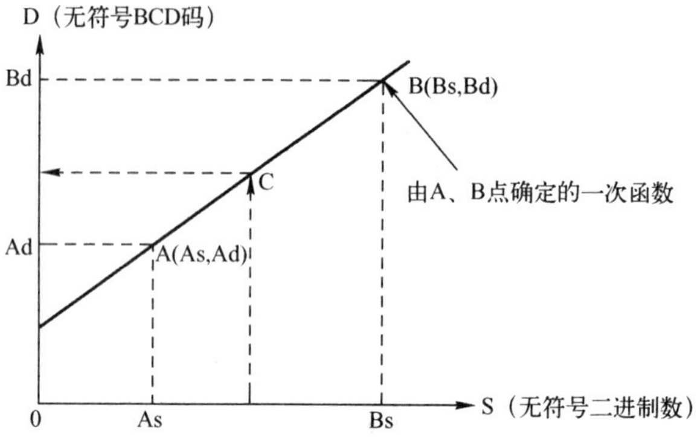

图 7-31　SCL 指令原理图

图 7-31 中，横坐标 S 为 A/D 转换得到的二进制数，纵坐标 D 为对应的实际工程值，由 A、B 两点坐标确定了一条直线，即一次函数，因此该直线上任意点均可以由其横坐标 S 求得对应的工程值 D，SCL 指令实现了转换运算，计算公式如下：

$$D = B_d - (B_d - A_d) \times (Bs - S) / (Bs - As)$$

SCL 具有上微分型指令的特性。其梯形图符号如下：

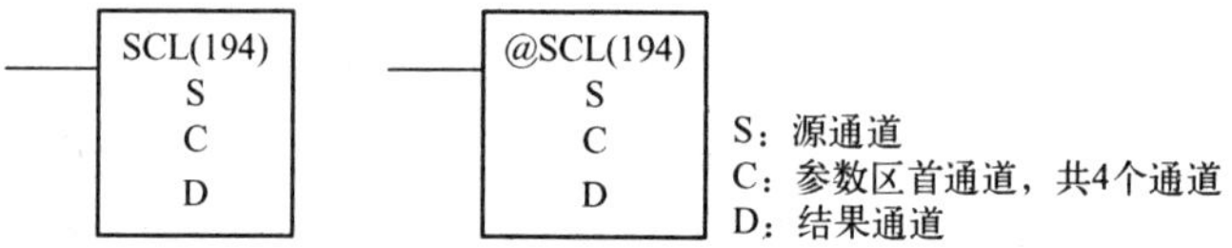

在 CP1H PLC 中操作数可选取的存储器区域如下：

S：CIO、W、H、A、T、C、D、＊D、@ D 或 DR。

C：CIO 0000 ~ CIO 6140、W000 ~ W508、H000 ~ H508、A000 ~ A956、T0000 ~ T4092、C0000 ~ C4092、D00000 ~ D32764、＊D 或@ D。

D：CIO、W、H、A448 ~ A959、T、C、D、＊D、@ D 或 DR。

SCL 指令中 4 个参数通道的含义及设置值范围如下：

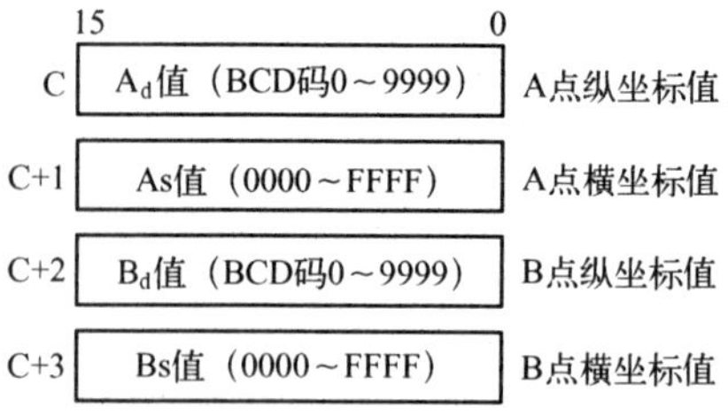

在使用 SCL 指令时需要特别注意以下两点：

① 当 $C(A_d)$ 和 $C+2(B_d)$ 的值不是 BCD 码时，或 C + 1(As) 和 C + 3(Bs) 的值相等时，错误标志 P_ER 将置位，SCL 指令不能正常运行。

② 当结果通道的值为 0 时，等于标志 P_EQ 置位。

2. 显示带有负值的工程值

本项目选用的温度传感器的测量范围 -50 ~ 50℃，考虑到产生负值的情况，需使用标度 2 指令 SCL2 进行量程变换。以防冻温度的量程转换为例，CP1H 的第 3 路模拟输入——防冻温度输入信号为 4 ~ 20 mA，A/D 转换后为十六进制数 0000 ~ 1770，对应的实际工程值防冻温度的范围是 -50.0 ~ 50.0℃，利用标度 2 指令 SCL2 进行量程转换，参数值存于 D1000 ~ D1002 中，其中 D1000 = BB8（X 轴截取值，对应 BCD 码 3000），D1001 = 1770（X 的变化量，十六进制数），D1002 = 1000（Y 的变化量，BCD 码，精确到小数点后 1 位），程序段如图 7-32 所示。

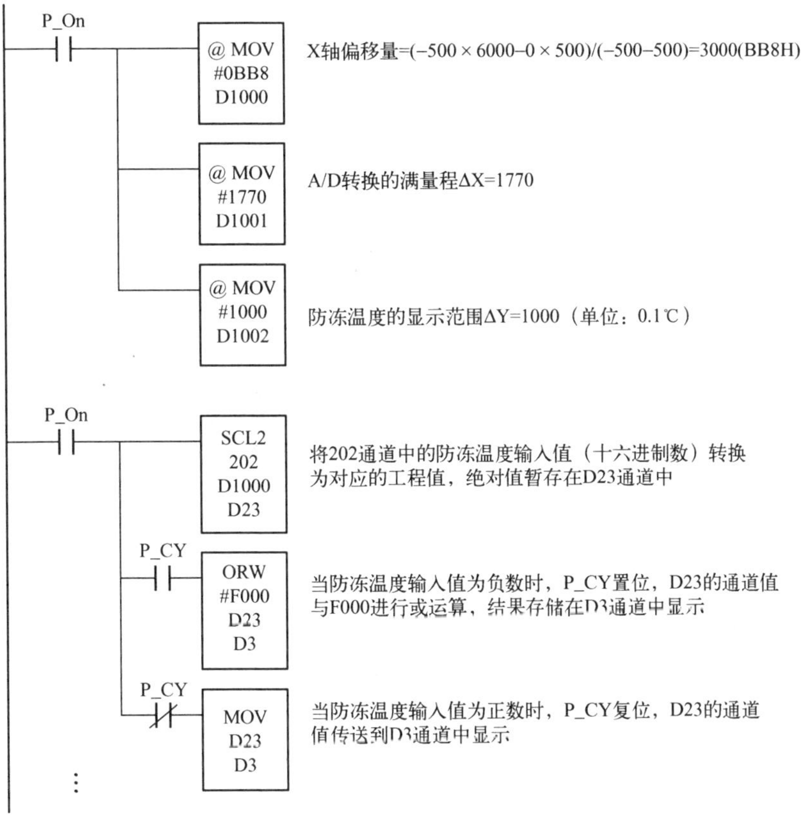

图 7-32　防冻温度显示程序段

当温度处于“零下”时，即 -50 ~ 0℃时，进位标志 P_CY 置位，将换算值与立即数 F000 进行或运算，使转换值的最高位为“F”，此时 NT31C 上将会显示负号“ - ”，显示的绝对值存储在 D3 通道中。

下面介绍标度 2 指令 SCL2（486）的工作原理。

标度 2 指令 SCL2 是将带符号的二进制数按照设定偏移量的一次函数转换为对应的带符号 BCD 码（BCD 数据为绝对值，P_CY 标志表示正负数，ON 为负数，OFF 为正数），并将结果输出到指定通道。其工作原理如图 7-33 所示。

图 7-33 中，横坐标 S 为 A/D 转换得到的二进制数，纵坐标 D 为对应带符号的实际工程值，由 A、B 两点坐标确定了一条直线，即一次函数，由于该直线与纵坐标轴的负半轴相

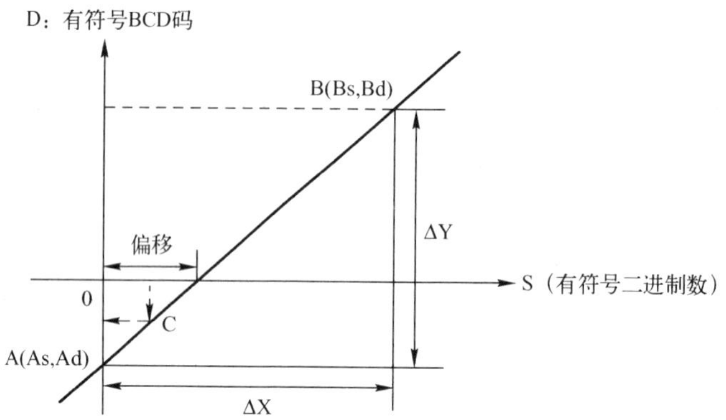

图 7-33　SCL2 指令原理图

交，因此在横坐标上产生偏移，该偏移量是指纵坐标为 0 时对应横坐标的二进制值，计算公式如下：

$$偏移量 = (A_d \times Bs - As \times B_d)/(Ad - B_d)$$

该直线上任意点均可以由其横坐标 S 求得对应的工程值 D，SCL2 指令实现了转换负值的运算，SCL2 具有上微分型指令的特性。其梯形图符号如下：

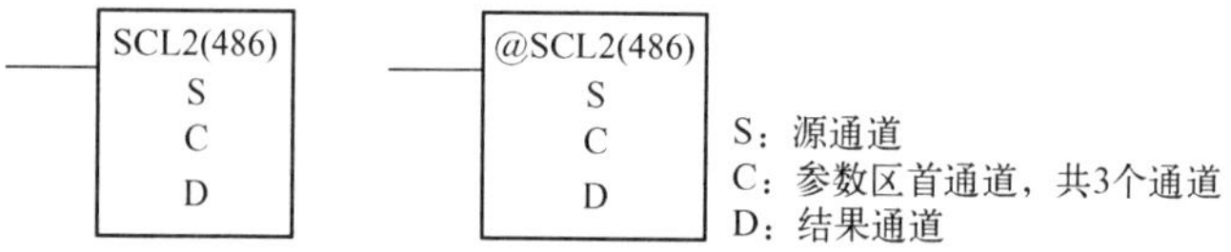

在 CP1H PLC 中操作数可选取的存储器区域如下：

S：CIO、W、H、A、T、C、D、＊D、@D 或 DR。

C：CIO 0000～CIO 6141、W000～W509、H000～H509、A000～A957、T0000～T4093、C0000～C4093、D00000～D32765、＊D 或@D。

D：CIO、W、H、A448～A959、T、C、D、＊D、@D 或 DR。

SCL2 指令中 3 个参数通道的含义及设置值范围如下：

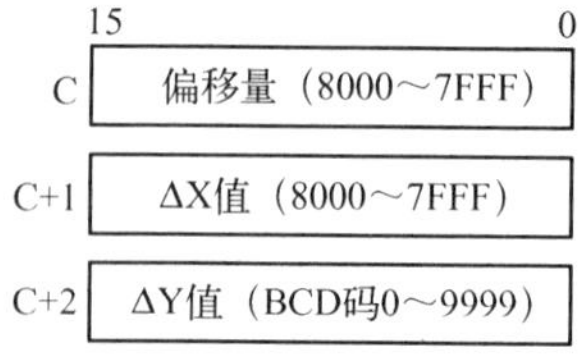

在使用 SCL2 指令时需要特别注意以下三点：

① 当 C+1(ΔX)的值为 0 或 C+2(ΔY)的值不是 BCD 码时，错误标志 P_ER 置位。

② 当结果通道的值为 0 时，等于标志 P_EQ 置位。

③ 当转换的结果为负数时，进行标志 P_CY 置位。

7.3.3　工程量设定

本项目中，NT31C 的作用不仅是显示过程信息，而且还可以手动设置温度、阀门开度的设定值，因此可以使用标度 3 指令 SCL3 进行量程逆变换。

以手动回风阀开度设定值的量程转换为例，由用户设置的回风阀开度实际工程值是 0 ~ 100%，转换为十六进制数 0000 ~ 1770，利用标度 3 指令 SCL3 进行转换，参数值存于 D1010 ~ D1014 中，其中 D1010 = 0（Y 轴截取值），D1011 = 100（X 的变化量，即最大开度 100%），D1012 = 1770（Y 的变化量，满量程 1770），D1013 = 1770（上限值），D1014 = 0（下限值），程序段如图 7-34 所示。

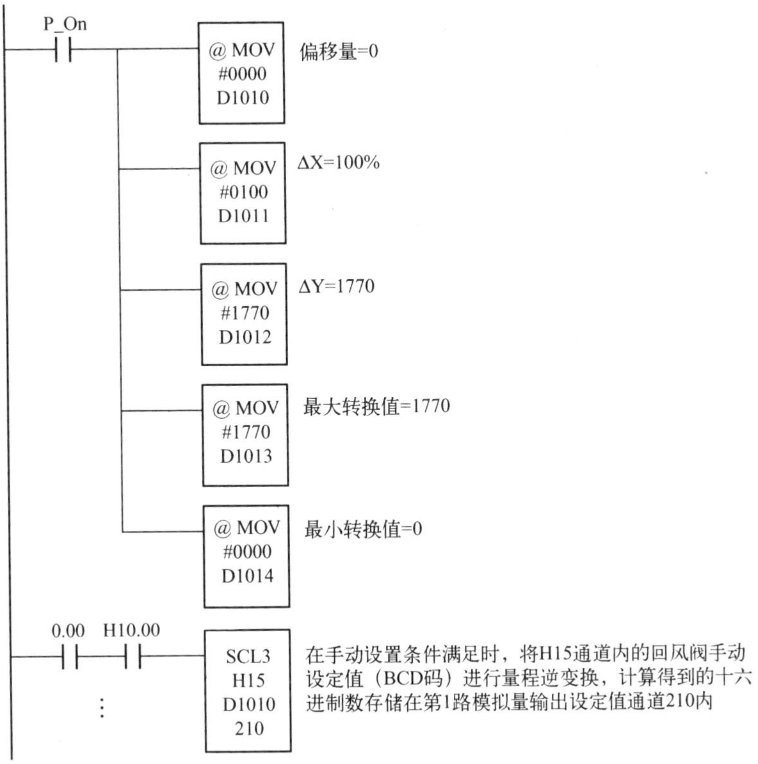

图 7-34　回风阀开度设定程序段

下面介绍标度 3 指令 SCL3 的（487）工作原理。

标度 3 指令 SCL3 是将带符号的 BCD 码（BCD 数据为绝对值，P_CY 标志表示正负数，ON 为负数，OFF 为正数）按照设定参数（斜率和偏移量）所确定的一次函数转换为对应的带符号二进制数，并将结果输出到指定通道。其工作原理如图 7-35 所示。

在图 7-35 中偏移量是指横坐标为 0 时对应的纵坐标的二进制值，偏移量的计算公式如下：

$$偏移量 = (A_d \times B_s - A_s \times B_d)/(B_s - A_s)$$

SCL3 具有上微分型指令的特性。其梯形图符号如下：

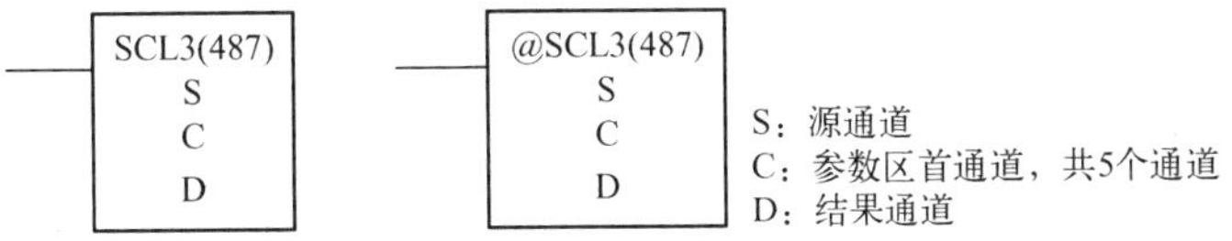

在 CP1H PLC 中操作数可选取的存储器区域如下：

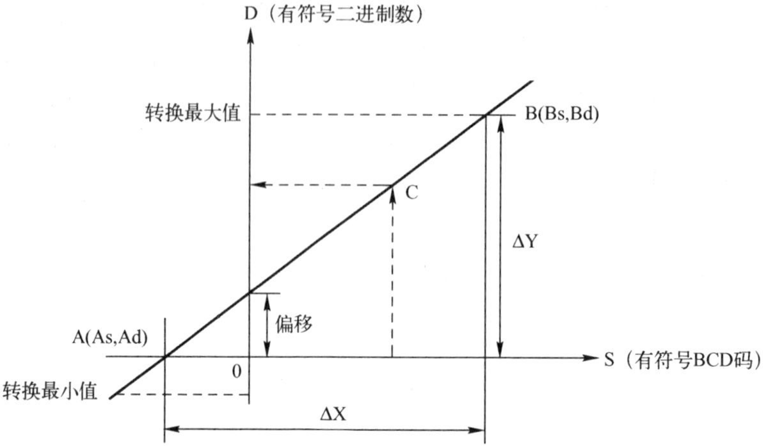

图 7-35　SCL3 指令原理图

S：CIO、W、H、A、T、C、D、＊D、@D 或 DR。

C：CIO 0000 ~ CIO 6139、W000 ~ W507、H000 ~ H507、A000 ~ A955、T0000 ~ T4091、C0000 ~ C4091、D00000 ~ D32763、＊D 或@D。

D：CIO、W、H、A448 ~ A959、T、C、D、＊D、@D 或 DR。

SCL3 指令中 5 个参数通道的含义及设置值范围如下：

15 … 0

C	偏移量（8000～7FFF）
C+1	ΔX值（BCD码0001～9999）
C+2	ΔY值（8000～7FFF）
C+3	转换最大值（8000～7FFF）
C+4	转换最小值（8000～7FFF）

注意：

① 当 C+1(ΔX)的值不是 1 ~9999 的 BCD 码或 S 的值不是 BCD 码时，P_ER 置位。

② 当结果通道的值为 0 时，P_EQ 置位。

③ 当结果通道的 15 位为 1 时，P_N 置位。

SCL3 指令的应用示例见例 7-1。

【例 7-1】 设实际工程值为 -200 ~ 800℃转换为对应的十六进制数 0000 ~ 0FA0，利用 SCL3 求出某实际温度对应的十六进制数，其中 BCD 码的符号在 P_CY 标志中，SCL3 的参数值存放在 D300 ~ D304 通道中，程序段如图 7-36 所示。

本例中，A 点坐标为（-200，0000），B 点坐标为（800，0FA0），ΔX = 1000（BCD 码），ΔY = FA0H，偏移量 = 320H，最大转换值 = FA0H，最小转换值 = 0000H；则已知由 A、B 点确定的一次函数上的任意点 C 的横坐标，当 0.03 为 ON 时，指令执行后结果以十六进制数的形式存于 31 通道中。

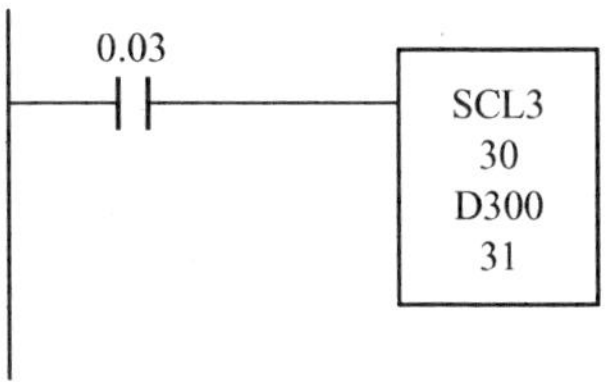


```
LD      0.03
SCL3    30
        D300
        31
```

D300	0	3	2	0	偏移量=(0 × 800+200 × 4000)/(800+200) = 800(320H)
D301	1	0	0	0	ΔX=[800–(–200)]
D302	0	F	A	0	ΔY=(FA0–0)
D303	0	F	A	0	最大转换值
D304	0	0	0	0	最小转换值

图 7–36　SCL3 指令应用示例

7.3.4　量程标准化处理

如图 7–2 所示，冲压车间的新风阀与回风阀采用机械反向装置，控制回风阀的输出（4 ~ 20 mA）也就等于间接地控制了新风阀，但是由于新风阀的反馈信号量程为 2 ~ 10 V，属于非标准量程的电压输入信号，2 V 对应新风阀的实际开度值为 0，10 V 对应的实际开度值为 100%；当将其直接接入 CP1H 的标准量程为 0 ~ 10 V 的 A/D 通道时，2 V 对应的理论开度值应为 20%，10 V 对应的理论开度值为 100%，存在明显偏差。

由上述分析可知，若将非标准量程信号进行 A/D 转换后的值不做任何标准化处理，则必然造成反馈检测值的系统偏差，严重影响回路调节效果。将非标准量程 2 ~ 10 V 转换为标准量程 0 ~ 10 V 的处理程序段如图 7–37 所示。

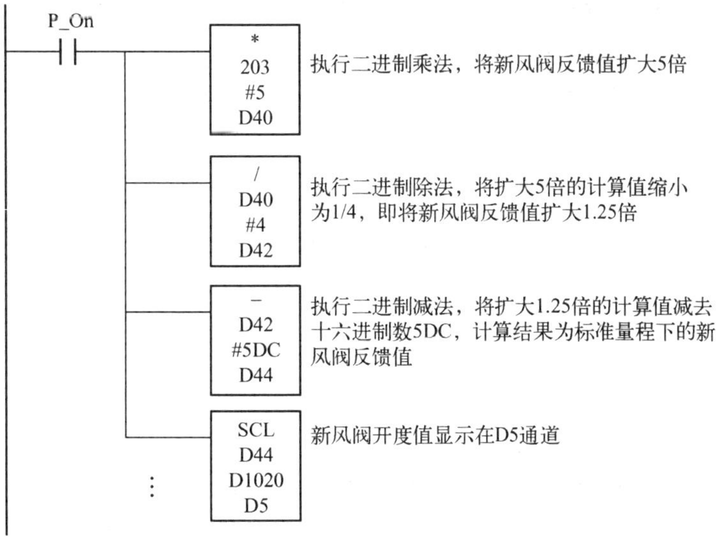

图 7–37　量程标准化处理程序段

在图 7–37 中，将实际的新风阀位反馈值（十六进制数）乘以 5，再除以 4，即将信号量程放大了1.25倍，由2～10 V变为了2.5～12.5 V，经A/D转换后对应的十六进制数为05DC～1D4C（BCD码：1500～7500），为圆整到标准量程0～10 V，需再减去十六进制数“5DC”。如此处理后，反馈信号2～10 V经A/D转换后对应的十六进制数为0000～1770（BCD码：0～6000），达到要求。

7.3.5 PID指令工作原理及控制算法

1. PID调节原理

PID调节器就是根据系统的误差，按偏差的比例（P）、积分（I）和微分（D）进行控制，是过程控制领域中应用最为广泛的一种自动控制器。当被控对象的结构和参数不能完全掌握，或得不到精确的数学模型时，或控制理论的其他技术难以采用时，系统控制器的结构和参数必须依靠经验和现场调试来确定，这时应用PID控制技术最为方便。

PID控制，实际中也有PI和PD控制，在理论上可以证明，对于过程控制的典型对象——“一阶滞后+纯滞后”与“二阶滞后+纯滞后”的控制对象，PID控制器是一种最优控制。PID调节规律是连续系统动态品质校正的一种有效方法，它的参数整定方式简便，结构改变灵活。

连续系统PID调节器为对误差的比例、积分和微分控制，即

$$u(t)=K_{\mathrm{P}}\left[e(t)+\frac{1}{T_{\mathrm{i}}}\int_{0}^{t}e(t)\mathrm{d}t+T_{\mathrm{d}}\frac{\mathrm{d}e(t)}{\mathrm{d}t}\right] \tag{1}$$

或

$$u(s)=K_{\mathrm{P}}e(s)+K_{\mathrm{i}}\frac{e(s)}{s}+K_{\mathrm{d}}se(s) \tag{2}$$

式中，T_{i}、T_{d}分别为积分和微分时间常数；K_{p}、K_{i}、K_{d}分别为比例系数、积分系数、微分系数。

2. PID运算指令工作原理

PID运算指令是将从输入通道获取指定的二进制数据的输入范围，按照设定参数进行PID运算，并将运算结果存放到输出通道中。其梯形图符号如下：

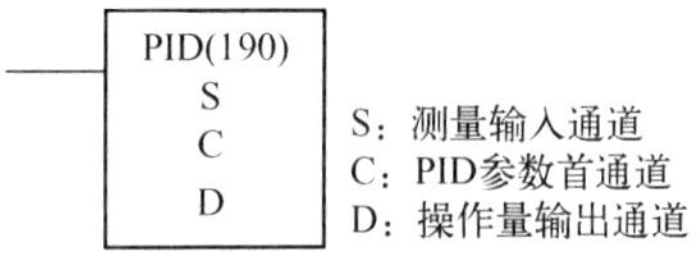

在CP1H PLC中操作数可选取的存储器区域如下：

S：CIO、W、H、A、T、C、D、＊D、@D或DR。

C：CIO 0000～CIO 6105、W000～W473、H000～H473、A000～A921、T0000～T4057、C0000～C4057、D00000～D32729、＊D或@D。

D：CIO、W、H、A、T、C、D、＊D、@D或DR。

PID指令的参数通道范围是同一数据区中的C～C+38，参数通道的分配见表7-4。PID指令各参数的具体含义见表7-5。

表 7-4　通道 C～C+38 PID 参数表

通　道	15～12 位	11～8 位	7～4 位	3～0 位
C	设定值（SV）			
C+1	比例带（P）			
C+2	积分常数（Tik），Tik＝积分时间 Ti/采样周期 τ①			
C+3	微分常数（Tdk），Tdk＝微分时间 Td/采样周期 τ①			
C+4	采样周期 τ			
C+5	2-PID 参数 α			②
C+6	③	输 入 范 围	微分/积分常数单位	输 出 范 围
C+7	操作量下限值			
C+8	操作量上限值			
C+9～C+38	工作区域（30 个通道，用户不能使用）			

① C+2 和 C+3 通道中设定的值除以 C+6 中设定的微分/积分常数单位可得实际的微分/积分时间。

② C+5 通道的 0 位：设定 PID 的正/反作用。

C+5 通道的 1 位：设定 PID 常数的作用时间。

C+5 通道的 2 位：保持为 0。

C+5 通道的 3 位：设定 PID 运算操作量的输出值。

③ C+6 通道的 12 位：设定是否对 PID 运算的操作量设置限值。

C+6 通道的 13～15 位：保持 0。

PID 指令的工作原理是在执行条件为 ON 的上升沿，根据设定的 PID 参数，工作区域（C+9～C+38 通道）被初始化，PID 运算开始，在刚开始运行时为避免控制系统受反向冲击（无冲击运行），运算输出值不发生突变和大幅变化。当 PID 参数更改时，指令执行条件从 OFF 变为 ON，更改参数才开始有效。

表 7-5　PID 参数设置表

控制数据	项　目	内　容	设定范围
C	设定值(SV)	受控过程的目标值	与指定输入范围位数相同二进制数据（0～指令输入范围最大值）
C+1	比例带（P）	P（比例）控制参数，等于比例控制范围/整个控制范围	0001～270F（BCD 码 1～9999）（0.1%～999.9%，单位 0.1%）
C+2	积分常数（Tik）	描述积分作用强弱的常数，该值越大，积分作用越小	0001～1FFF（BCD 码 1～8191） （270F 为无积分控制） 常数单位设为“1”：1～8191 倍 常数单位设为“9”：0.1～819.1 s
C+3	微分常数（Tdk）	常数，描述微分控制强度，值越大，微分作用越强 时间单位参数决定设定方法	与积分常数设定值相同
C+4	采样周期（τ）	执行 PID 运算的周期	0001～270F（BCD 码 1～9999） （0.01～99.99 s，单位 0.01 s）
C+5 的 0 位	PID 正向/反向设定	确定比例控制的方向	0：反向；1：正向
C+5 的 1 位	PID 常数作用时间设定	指定在何时将 P、Tik、Tdk 参数作用于 PID 运算中	0：仅在输入条件上升沿 1：在输入条件上升沿和每个采样周期

（续）

控制数据	项　目	内　容	设定范围
C+5 的 3 位	操作量输出设定	设定测量值等于设定值时的操作量大小	0：输出 0% 1：输出 50%
C+5 的 4~15 位	2-PID 参数 α	输入滤波系数。通常使用 0.65（即设定值 000）。当系数接近 000 时，滤波作用减弱	000：α=0.65 若设定为 100~163H，根据设定值低 2 位数决定：α=0.00~0.99（3 位 BCD 码）
C+6 的 0~3 位	输出范围设定	输出数据的位数	0：8 位　5：13 位 1：9 位　6：14 位 2：10 位　7：15 位 3：11 位　8：16 位 4：12 位　（1 位 BCD 码）
C+6 的 4~7 位	常数单位设定	指定积分/微分常数的时间单位	1 或 9（1 位 BCD 码） 1：采样周期倍数 9：时间（100 ms/单位）
C+6 的 8~11 位	输入范围设定	输入数据的位数	和输出设定范围相同
C+6 的 12 位	操作量限值设定	是否对操作量设定限值	0：不设定 1：设定
C+7	操作量下限值	设定操作量的下限值	0000~FFFF
C+8	操作量上限值	设定操作量的上限值	0000~FFFF

在指令执行条件为 ON 时，PID 运算是按采样周期间隔执行的，采样周期是采集测量数据提供给 PID 运算的间隔时间。该采样周期的设置由 PID 参数决定。但是，PID 指令是根据 CPU 的扫描周期执行的，所以可能会出现超过采样周期的情况，例如，采样周期为 100 ms，扫描周期为 150 ms，此时 PID 指令将 150 ms 执行一次，而不是按采样周期的 100 ms 执行一次。但是当采样周期大于扫描周期时，假设采样周期为 100 ms，扫描周期为 60 ms 时，PID 指令的执行情况如图 7-38 所示。

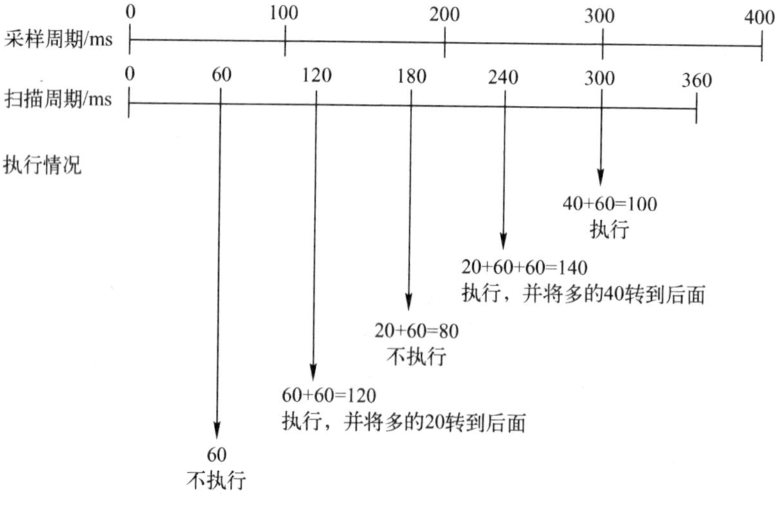

图 7-38　采样周期与扫描周期关系图

从图 7-38 可以看出，PID 指令是在每个扫描周期（即每隔 60 ms）进行一次指令是否执行的判断：第 1 个扫描周期 60 ms 小于 100 ms，故指令不执行；第 2 个扫描周期 60 ms + 60 ms = 120 ms 大于 100 ms，故指令执行，并将多余的 20 ms 转入下一周期；第 3 个扫描周期 20 ms + 60 ms = 80 ms 小于 100 ms，故指令不执行，并将这多余的 80 ms 转入下一周期；第 4 个扫描周期 80 ms + 60 ms = 140 ms 大于 100 ms，故指令执行，并将多余的 40 ms 转入下一周期；第 5 个扫描周期 40 ms + 60 ms = 100 ms，故指令执行。以后依次循环。

通过以上分析不难发现，在前 300 ms 中指令执行分别是在 120 ms、240 ms、300 ms 处，它们是扫描周期的整倍数而不是采样周期的整倍数。因此当采样周期设置较长时，可以不考虑扫描周期与采样周期的关系。

使用 PID 指令时需要注意以下几点：

① PID 参数 SV（设定值）超出数据区范围；实际的采样周期超过设定的采样周期 2 倍时，P_ER 置位。但不影响 PID 运算。

② PID 运算正在执行时，P_CY 置位。

③ PID 运算的操作量大于设定操作量上限值时，大于标志 P_GT 置位，并以操作量上限值输出。

④ PID 运算的操作量小于设定操作量下限值时，小于标志 P_LT 置位，并以操作量下限值输出。

⑤ 在中断程序，子程序，IL 和 ILC 之间，JMP 和 JME 之间，以及使用了 STEP 和 SNXT 的步进程序中，禁止使用 PID 指令。

⑥ PID 控制运算过程中，当指令执行条件为 OFF 时，所有设定值保持不变，通过把操作量写入输出字，可以进行手动控制。

3. 二自由度 PID 控制算法原理

CP1H PLC 指令系统中的 PID 指令算法采用的是二自由度 PID 控制算法（以下简称 2 - PID 指令）该控制算法的传递函数功能图如图 7-39 所示。

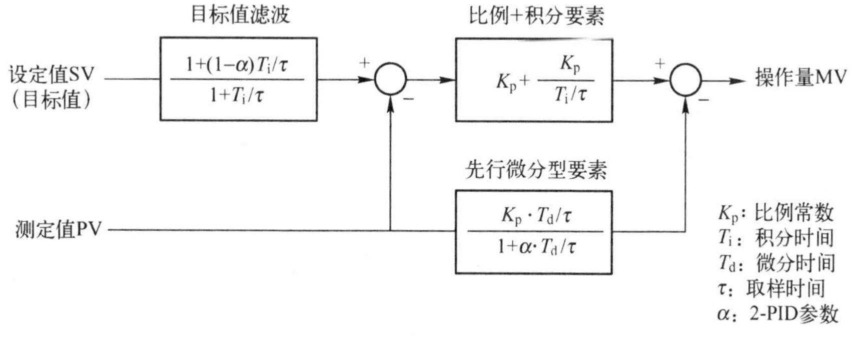

图 7-39　2 - PID 控制算法传递函数功能图

从图 7-39 可以看出所谓 2 - PID 控制算法实际上是设定值带一阶滤波器并采用微分先行的不完全微分的 PID 控制算法，与普通 PID 相比，它具有以下两个特点：

（1）设定值前面加了一个目标滤波器，该滤波器是一个以 α 为可变参数的滤波器，该滤波器有以下两个作用：

① 具有低通滤波的作用。α 值的取值范围是 0 ~ 1，当 α 值逐渐增大时，滤波器的低通滤波特性将越来越强；当 $\alpha = 1$ 时，目标滤波器的传递函数变成$\frac{1}{1+\alpha T_i/\tau}$，这是一个典型的一阶惯性环节，众所周知，一阶惯性环节是一个典型的低通滤波器。

② 具有抑制超调的作用。随着 α 值变大，其抑制超调的作用将越来越明显。

（2）二自由度控制算法的另一特点是其微分环节采用了不完全微分的微分先行算法。所谓不完全微分是指在微分环节 T_d/τ 中加了一个$\frac{1}{1+T_d/\tau}$的低通滤波器。微分信号的引入可以改善系统的动态特性，但可能会引入高频干扰，加入了一阶惯性环节后可有效抑制高频干扰。

普通微分环节对阶跃信号的响应是一个幅值很高而宽度很窄的脉冲，它对系统会造成较强的冲击且微分持续的时间很短；不完全微分环节对阶跃信号的响应是开始时幅值较高然后很快衰减，与普通微分环节相比，幅值较低而持续时间较长。显然不完全微分环节特性要优于普通微分环节特性，因此目前在工程实践中已很少使用普通微分环节而更多地使用不完全微分环节。

图 7-39 中，α 值越小其特性就越接近普通微分环节，当 α 系数设为 0 时，就等同于普通微分环节，因此在参数整定时，若使用不完全微分则 α 系数设为 0 ~ 1 的非 0 值。

另外，微分环节采用了微分先行的方式，从图 7-39 可看出，微分环节只对操作量进行微分而不对给定值微分，其优点是当给定值变化时（给定值变化通常会比较剧烈），由于没有微分可以避免系统可能产生的振荡；而当操作量发生变化时（输出变化通常比较缓和），由于加入微分可以缩短过渡过程，从而改善系统动态响应。

综上所述，2 - PID 控制算法的核心是其对给定值的响应和对扰动的响应采用了不同的控制算法，这也是“二自由度”名称的由来。对于给定值，控制算法是一个目标滤波器加 PI 算法，这样可以有效抑制超调；对于扰动，控制算法是一个采用了不完全微分的 PID 算法，这样可以有效地改善系统动态响应。

7.3.6 PID 回路调节程序设计

1. 单回路 PID 调节

下面以冲压车间自动模式下冬季正常控温为例说明单回路 PID 控制算法程序的设计方法。根据表 7-3 的内存分配地址，PID 指令的输入字是 H14，表示被控温度实测值，本项目中的被控温度可选择送风温度或回风温度，由用户在 NT31C 上自行设置。PID 指令的输出字为 211，经 D/A 转换后控制热水阀开度（冬季管内流热水）。参考 CP1H 的 PID 指令参数表 7-4，编写自动模式下冬季正常控温 PID 程序段如图 7-40 所示。

在图 7-40 中第一逻辑行主要用于设置部分 PID 指令参数（参考表 7-5 的内容），本例的相关参数设定值如下：

（1）设定值 C 的通道设为 D100，表示送风温度或回风温度的设定值（十六进制数）由用户在 NT31C 上设定十进制数（BCD 码），采用 SCL3 进行量程转换，转换成十六进制数，存储在 D100 中。

（2）比例带宽（C +1）带宽的设定值通道是 D101，由用户在 NT31C 上设定，默认值设定为1000（精确到小数点后1位）。

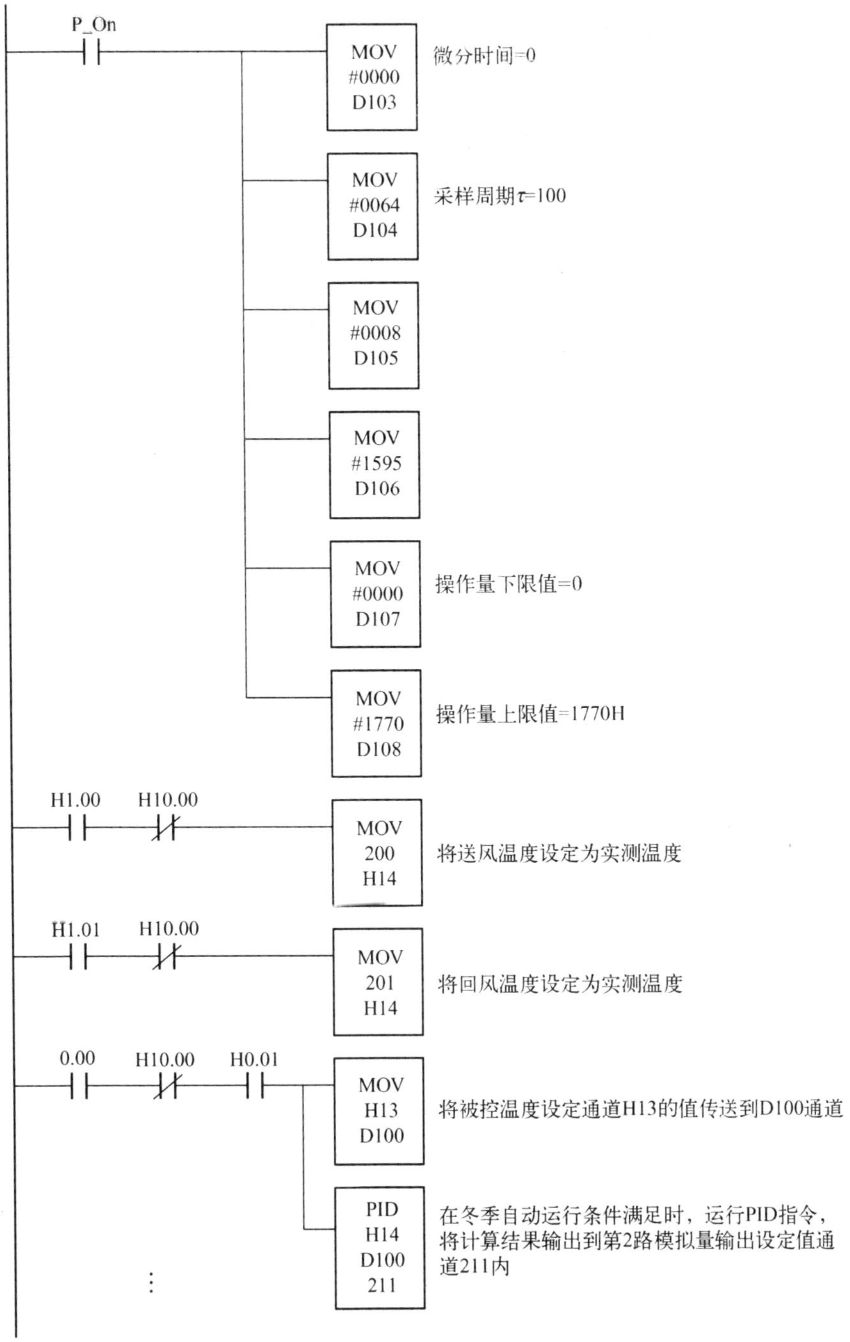

图7-40　冬季PID控制温程序段

（3）积分时间（C+2）的设定值通道为D102，由用户在NT31C上设定，默认值设定为100 s。

（4）微分时间（C+3）的设定值通道为D103，因本例不采用微分调节，因此D103的值设为0。

（5）采样周期（C+4）取0.01～99.99 s之间的数值，本例取$\tau=100$，即为1 s，因此D104的值设为64H（BCD码100）。

（6）字C+5共设置4个参数，分别说明如下：

1）字C+5的0位：比例作用方向设定（0：反向作用；1：正向作用）。

PID调节的方向是PID调节的重要参数，可根据实际情况选择正向调节或反向调节。无论是哪种控制方向，控制量MV都和设定值SV与采样值PV之差的增大而增大。正向调节和反向调节的判断如图7-41所示。

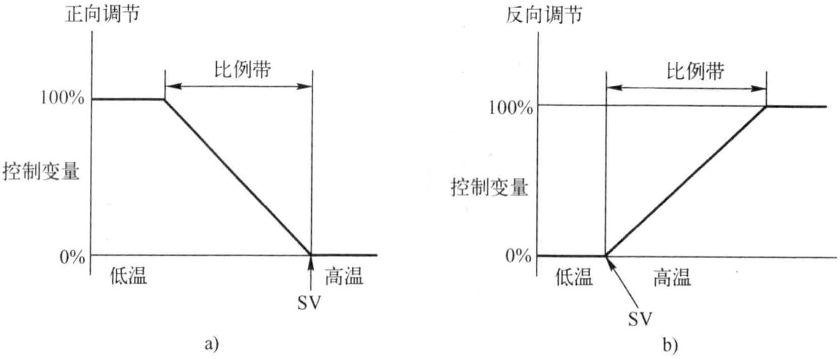

图7-41　PID正/反调节作用示意图

a）PID正向调节图　b）PID反向调节图

分析图7-41可以得出以下结论：

① 正向调节是指当PV大于SV时，MV增加。

② 反向调节是指当PV小于SV时，MV增加。

本例以冬季控温模式为例，为使送风温度或回风温度达到设定值，加热阀将开大，为反向作用。本例还涉及过渡季PID温度控制也属于反向作用，而夏季PID温度控制却是正向作用，读者可以自己分析采用何种作用。

2）字C+5的1位：PID常数作用时间设定（取0或1）。

① 取0：PID参数只能在指令开始执行时（即2-PID指令执行条件为ON时的上升沿）修改，就是说，每当2-PID指令执行条件为ON的上升沿时该指令就将用户设定的参数读入参数工作区；本例设定为0，就是说PID参数在指令执行的过程中不能修改。

② 取1：PID参数既能在指令开始执行时修改，也能在每一采样周期修改。这就是说，每当2-PID指令执行前先将用户设定的参数读入参数工作区。

3）字C+5的3位：控制变量输出设定。

该值由用户在编程时确定，是指当PV等于SV时控制变量的输出值（0：输出0%；1：输出50%），本例设定为1。

4）字C+5的04～15位：滤波系数α。

该值由用户在整定时确定，取值范围是100～163H（只写入二进制），对应的滤波系数α为0.00～0.99，另外α还有一个特殊值000H，这个值对应默认值$\alpha=0.65$，这样规定是因为0.65这个值用得较多。本例取000。

5）C +5 的 2 位不用，取 0。

（7）字 C +6 共设置 4 个参数，分别说明如下：

1）字 C +6 的 0 ~3 位：设定输出范围。输出范围用输出数据位数来表示（0：8 位；1：9 位；2：10 位；3：11 位；4：12 位；5：13 位；6：14 位；7：15 位；8：16 位），因为本例输出数据将送到 D/A 单元，其分辨率为 1/6000，数据位数是 13 位，故设定为 5。

2）字 C +6 的 4 ~7 位：设定积分与微分的时间单位（1：取采样周期倍数；9：设定时间，单位 0.1 s）。例如，积分时间设定为 100，当积分和微分单位设定为 1 时，因本例中采样周期为 1 s，故积分时间为 100 s；如将积分和微分单位设定为 9，则积分时间为 100 ×0.1 s =10 s。

本例设定值为 9，这样设置的好处是积分时间和微分时间的设置与采样周期无关，对于参数整定时采样周期有可能改变的场合，设定值为 9 比较合适。

3）字 C +6 的 8 ~11 位：设定输入范围。输入范围用输入数据位数来表示（0：8 位；1：9 位；2：10 位；3：11 位；4：12 位；5：13 位；6：14 位；7：15 位；8：16 位），因为本例输入数据来自 A/D 单元的 13 位数据（0 ~1770H），故设定为 5。

4）字 C +6 的 12 位：设定操作量是否加限值（0：无限值；1：有限值）。本例设定为 1 有限值，一般使用都应设定为 1，以防止积分饱和。

5）字 C +6 的 13 ~15 位不用，取 0。

（8）操作量下限值（C +7）取 0000 ~ FFFFH 之间的数值，本例取 0，因此 D107 的值设为 0。

（9）操作量上限值（C +8）取 0000 ~ FFFFH 之间的数值，本例取 1770，因此 D108 的值设为 1770。

操作量上、下限与输出范围应满足 0≤操作量下限≤操作量上限≤输出范围最大值。

2. 多回路 PID 调节

在某些场合实施多回路模拟量调节时，在使用 PID 指令时特别需要注意采样周期的差别设置。

例如，天津某汽车厂的涂装车间空调机组除与冲压车间一样实施温度调节外，还需要实施湿度调节，因为涂装车间的湿度波动对汽车喷漆颜色影响很大，控制不及时将导致次品率明显上升。于是，在冬季需要使用 2 个 PID 指令分别对温度与湿度进行回路控制，PID 指令参数设置参见表 7-5，这 2 个 PID 指令的参数设置基本相同，PID 调节方向均为反向调节。但是，若 2 个 PID 指令的采样周期均设定为 1 s，则在编程时需特别注意两个或两个以上 PID 指令不能在同一个 CPU 扫描周期中运行，即 CPU 在同一扫描周期内只能运行一个 PID 指令，因此为了使用 2 个 PID 指令能够有效地独立工作，必须编程实现二者的分时单独运行，且 2 个 PID 指令的运行间隔至少达到 1 个采样周期。涂装车间自动模式下冬季正常控温和控湿 PID 程序段如图 7-42 所示。

从图 7-42 可以看出，第一逻辑行中定时器 TIM10（定时 1.1 s）和定时器 TIM11（定时 2.2 s）构成了双稳态电路，使第二逻辑行中控制温度回路的 PID 指令与控制湿度回路的 PID 指令彼此间隔 1.1 s 运行一次，从而有效地避免了同一时刻运行 2 个 PID 指令的“冲突”。

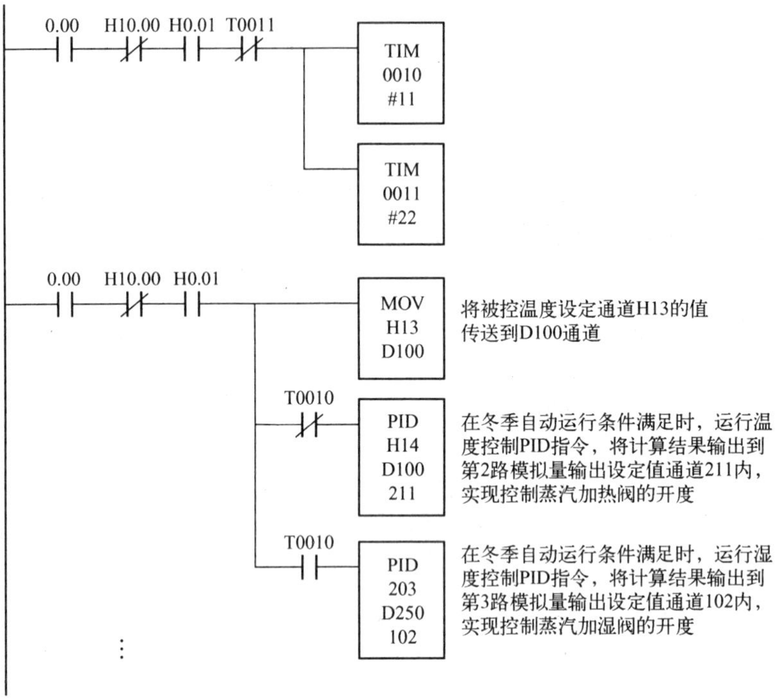

图 7-42　涂装车间冬季 PID 控制温度与湿度程序段

7.3.7　报警程序设计

冲压车间的报警程序设计看似简单，只需将风机故障位、消防报警位、初效过滤报警位、中效过滤报警位及防冻温度报警位等 5 个故障报警位并联后产生综合异常报警位的输出即可，参考程序段如图 7-43 所示。

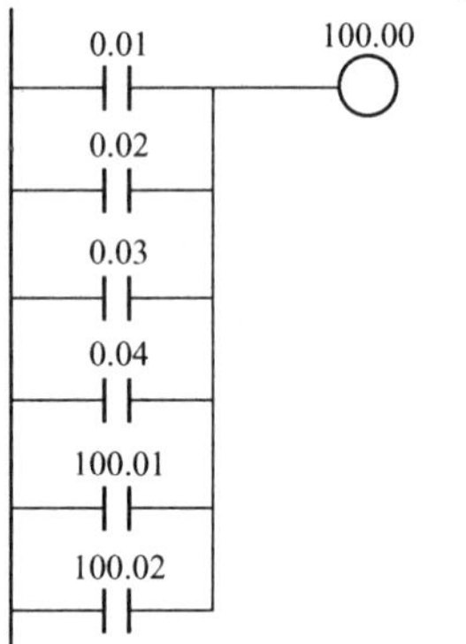

图 7-43　冲压车间报警程序

但是，经空调机组试车后发现，由于初效过滤报警位 0.03 和中效过滤报警位 0.04 在某时刻会因进风压力的波动造成瞬时的反复通断动作，从而产生间歇式的误报警，误导了操作员，给正常生产带来不必要的干扰。因此必须在图 7-43程序基础上进行改进。改进方法是利用定时器 TIM 指令的延时导通功能，将 0.03 位和 0.04 位作为输入条件分别接入 2 个定时器，并在 NT31C 上增加一幅“设定报警延时值”的画面，由操作员设定初效过滤报警与中效过滤报警的延迟时间（设定范围是 0 ~ 10 min），目的是使初效或中效过滤报警位信号稳定一段时间后再产生真实的报警，从而有效地避免了误报警的发生。

按照以上改进方法可以编写出两段控制程序，程序段分别如图 7-44a、b 所示。

以上仅介绍了 PLC 控制程序的设计要点和编程思路，欲了解详细程序可登录机械工业出版社网站 www. cmpbook. com 下载本书配套例程，查找其中的冲压车间空调机组控制程序，在此不再赘述。

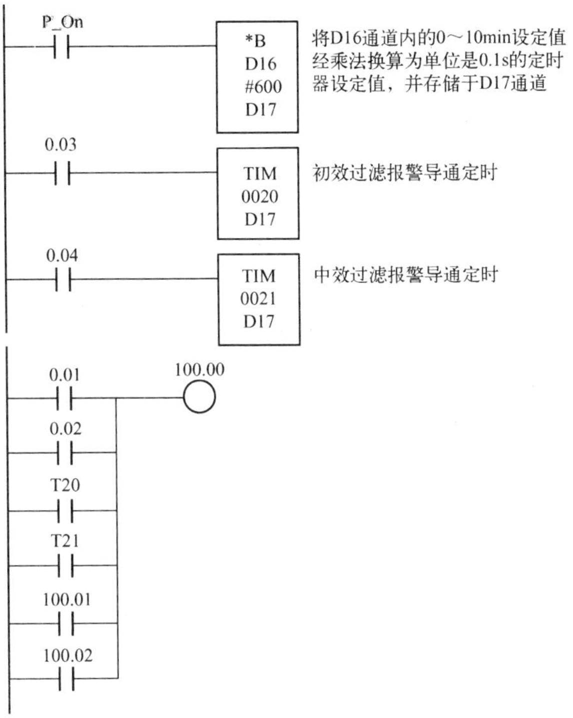

a)

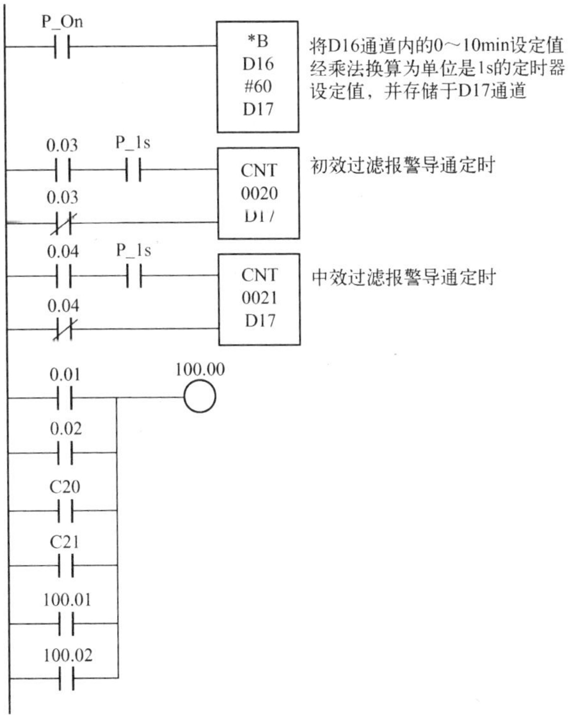

b)

图 7-44　冲压车间报警改进程序

a）改进程序 1——TIM 法　b）改进程序 2——CNT 法

7.4 CPM1A 模拟量输入/输出扩展单元

CP1H 本身内置了 4 路模拟量输入和 2 路模拟量输出，使用方法已在 7.3.1 节中介绍。但是，如遇模拟输入/输出点数超过 CP1H 内置模拟量点数时，则需要额外配备模拟量扩展单元。下面简要介绍与 CP1H 相匹配的模拟量输入单元 CPM1A－AD041 和模拟量输出单元 CPM1A－DA041 的使用方法，以供读者遇到模拟量调节问题时参考使用。

7.4.1 模拟量输入单元 CPM1A－AD041

模拟量输入单元 CPM1A－AD041 属于 CP1H PLC 的扩展单元，与 CPU 单元或其他扩展单元的连接方式参见 2.2.4 小节。

1. CPM1A－AD041 单元规格

CPM1A－AD041 单元的规格见表 7-6。

表 7-6 CPM1A－AD041 单元规格表

项 目		CPM1A－AD041	
输入点数		4 点（分配 4 个通道）	
输入信号范围		－10～10 V　0～5 V 0～10 V　0～20 mA 1～5 V　4～20 mA	
分辨率		1/6000（满量程）	
A/D 转换数据		16 位二进制（4 位十六进制） －10～10 V（满量程）：F448～0BB8 Hex 其他输入范围（满量程）：0000～1770 Hex	
输入阻抗		电压输入：1MΩ min	
		电流输入：250Ω	
最大输入信号范围		电压输入：±15 V	
		电流输入：±30 mA	
精度		电压输入	电流输入
	25℃	±0.3% 满量程	±0.4% 满量程
	0～55℃	±0.6% 满量程	±0.8% 满量程
平均值功能		支持	
断线检测功能		支持	
隔离方式		输入端子与内部电路采用光隔离，输入端子之间无隔离。	
转换时间		2 ms/点	
功率		3.0 W	

2. CPM1A－AD041 模拟量输入信号量程

模拟量输入单元的功能是将输入的模拟量信号转换为对应的数字量，本单元涉及电压与电流两种输入信号量程，均对应于十六进制数 0000～1770（BCD 码：0000～6000），完整的数据输出范围是 FED4～189C（－300～6300）。需要注意的是，当输入信号是电流信号且信号值在

3.2～4 mA 之间时，使用补码来表示转换出的数值。若输入信号的电流值小于 3.2 mA 时，则断线检测功能将被激活且转换出的数值为 8000。当输入信号的电压为负值时，也使用补码表示。

模拟量输入信号与 A/D 转换后数字量的对应关系如图 7-45 所示。

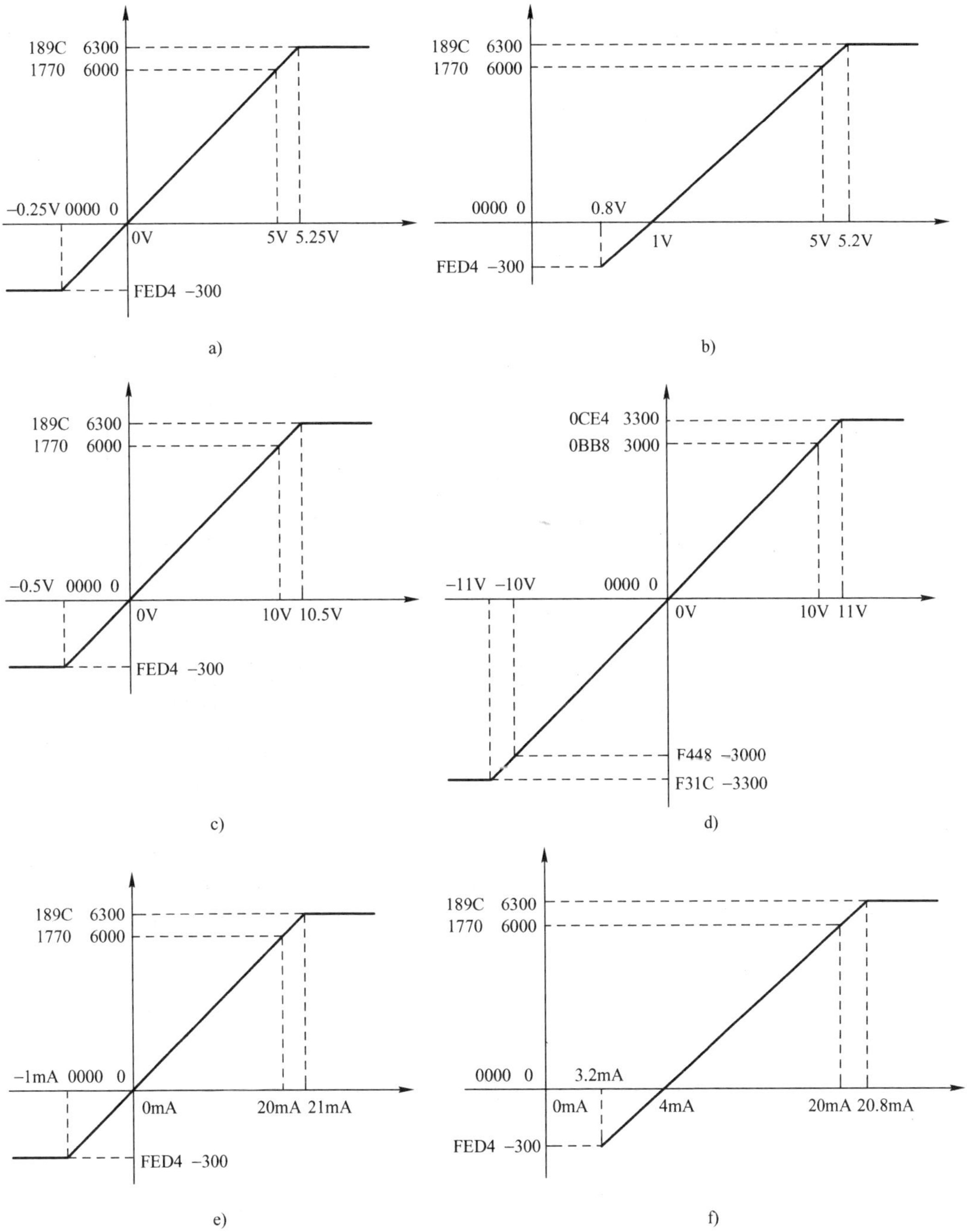

图 7-45 模拟输入值与 A/D 转换的数字量关系图

a) 0～5 V 输入量程 b) 1～5 V 输入量程 c) 0～10 V 输入量程

d) -10～10 V 输入量程 e) 0～20 mA 输入量程 f) 4～20 mA 输入量程

3. 平均值功能

通过设定平均值功能可以有效地消除短时间内模拟量输入信号波动产生的影响。平均值功能是将最近的 8 个 A/D 转换数据的平均值作为一个转换数据存储在 PLC 中。

4. 断线检测功能

当输入信号量程设定在 1 ~ 5 V 且输入电压跌落到 0. 8 V 以下（或输入量程设定在 4 ~ 20 mA 且电流跌落到 3. 2 mA 以下）时，断线检测功能被启动。当断线检测功能被激活后，转换的数值将被固定为十六进制数 8000。在 A/D 转换过程中，如果模拟量输入信号值重新回到标准量程内时，断线检测功能将自动清除。

5. CPM1A – AD041 单元 I/O 地址分配

分配模拟量输入单元的 I/O 地址与其他的扩展单元相似，如图 7-46 所示。

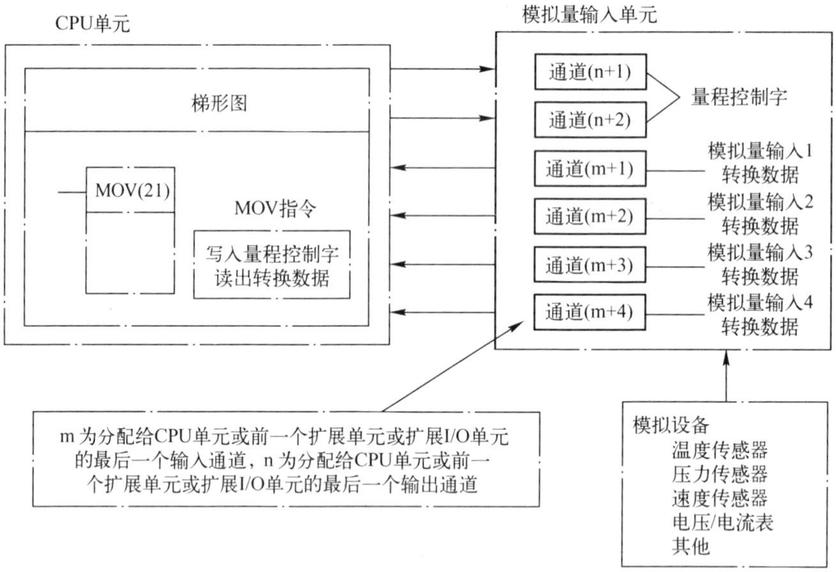

图 7-46　CPM1A – AD041 单元通道分配示意图

输入通道的分配是指从本 CPM1A – AD041 单元紧连的 CPU 单元或紧连的前一个扩展单元的最后一个输入通道（以 m 标识）开始分配，本单元需占用 m + 1 ~ m + 4 通道，用于存储 A/D 转换的 4 路数据；同理，输出通道的分配是指从本 CPM1A – AD041 单元紧连的 CPU 单元或紧连的前一个扩展单元的最后一个输出通道（以 n 标识）开始分配，本单元需占用 n + 1 ~ n + 2 通道，用于设置模拟输入信号量程参数等。分配示例如图 7-47 所示。图中，相对于 CPM1A – AD041 单元而言，m = 1，n = 101。

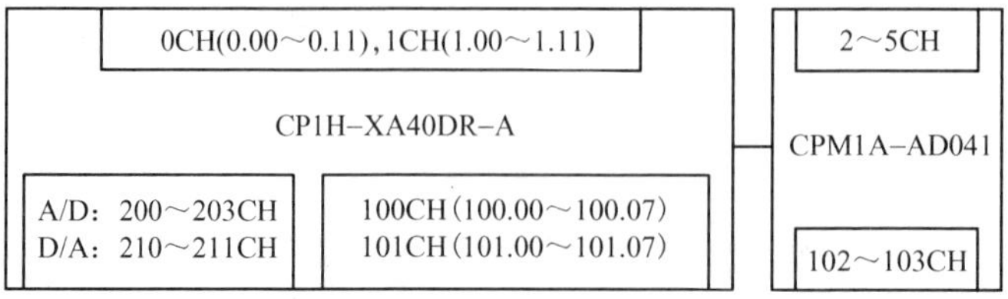

图 7-47　CPM1A – AD041 单元通道分配示例

6. 设定输入信号量程

为了使 CPM1A - AD041 单元能够准确地进行 A/D 转换，必须正确设置模拟输入信号量程。将量程设定值写入到 CPM1A - AD041 的对应输出通道即实现输入信号的量程设定。通过连接 CPM1A - AD041 单元的相应端子来选择电压或电流输入。其中模拟输入 1 ~2 路的量程在 n +1 通道中设定，3 ~4 路量程设定在 n +2 通道，如图 7-48 所示。各模拟量输入信号的具体设定值见表 7-7。

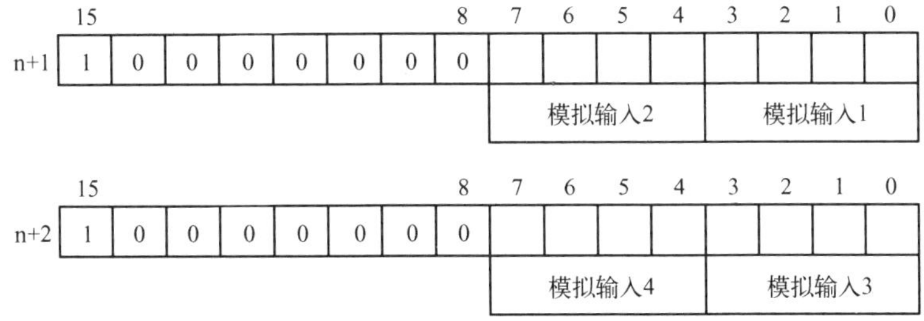

图 7-48 模拟量输入信号量程设定通道示意图

表 7-7 模拟量输入点的参数设定表

设定位	3（或 7）	2（或 6）	1（或 5）	0（或 4）
含义	模拟输入启动位	平均值功能	量程设置	
设定值	1：启动 0：关闭	1：使用 0：不使用	00：－10 ~ +10 V 01：0 ~ 10 V 10：1 ~ 5 V(4 ~ 20 mA) 11：0 ~ 5 V(0 ~ 20 mA)	

需要注意的是，CPM1A - AD041 单元只有在量程设定后才能开始 A/D 转换，而且必须在程序执行的第一个扫描周期将量程设定值写入到该单元所占输出通道（即 n +1 和 n +2 通道）中。单元开始 A/D 转换后，未使用通道的值将为 0000。

量程设定好后，在 CPU 单元上电期间不能再更改。如需更改设定，必须将 CPU 单元断电后重新上电。对于不使用的模拟输入点将其输入通道设置为 OFF，并且将电压输入端子 V IN 和 COM 短路。

CPM1A - AD041 单元模拟输入信号量程设定示例见例 7 -2。

【例 7-2】 CPM1A - AD041 单元按图 7-47 连接到 CP1H，其接入的模拟输入信号量程与要求为模拟输入 1：0 ~ 10 V，无平均值功能；模拟输入 2：4 ~ 20 mA，无平均值功能；模拟输入 3：不使用；模拟输入 4：－10 ~ 10 V，有平均值功能。在指定输出通道中设定量程值，程序段如图 7-49 所示。

将图 7-49 中程序段下载到 CP1H 后，重新上电启动 CP1H 使其运行程序，CPU 在第一个扫描周期将执行第 1 逻辑行的量程设定程序（仅执行一次即生效），同时导通定时器 TIM0000，延时 0.5 s 后对第 2 路模拟输入信号进行断线检测（因其量程为 4 ~ 20 mA），当采集电流信号低于 3.2 mA 时，CPM1A - AD041 将该路 A/D 转换数据置为 8000（H）且存储在通道 3 中，于是执行比较指令 CMP 使等于标志位 P_EQ 置位，则 100.00 位产生断线报警。

需要特别强调的是，对于 CPM1A - AD041 单元上 4 路 A/D 转换数据的调用必须在量程

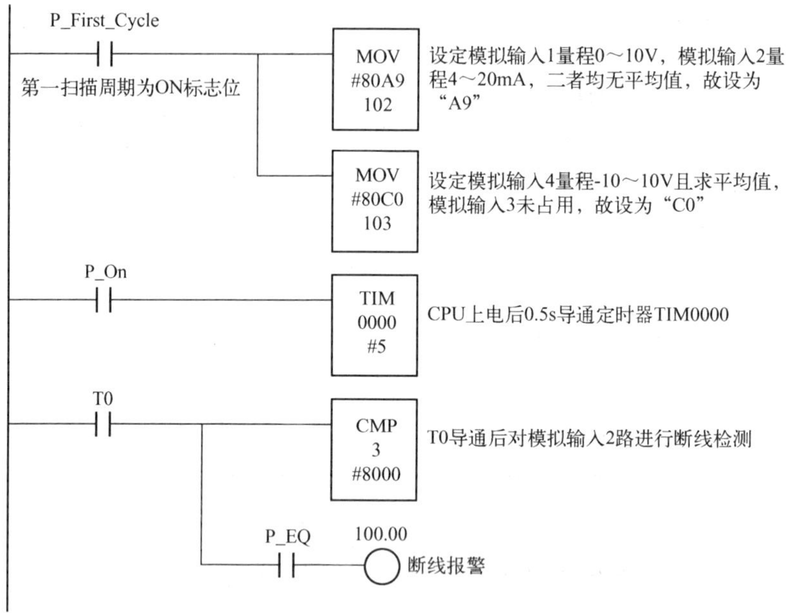

图 7-49　A/D 信号量程设定程序段

设定程序执行完成以后进行，且至少应相隔 1 个扫描周期，这也就是图 7-49 中使用 0.5 s 定时器 TIM0000 完成标志 T0 作为 CMP 指令执行条件的原因所在。

7.4.2　模拟量输出单元 CPM1A－DA041

模拟量输出单元 CPM1A－DA041 属于 CP1H PLC 的扩展单元，与 CPU 单元或其他扩展单元的连接方式参见 2.2.4 节。

1. CPM1A－DA041 单元规格

CPM1A－DA041 单元的规格见表 7-8。

表 7-8　CPM1A－DA041 单元规格表

项　　目	CPM1A－DA041
输出点数	4 点（分配 4 个通道）
输出信号范围	－10～10 V　　0～20 mA 0～10 V　　4～20 mA 1～5 V
分辨率	1/6000（满量程）
D/A 转换输入数据	16 位二进制（4 位十六进制） －10～10 V：F448～0BB8 Hex 其余：0000～1770 Hex
外部输出容许负荷电阻	电压输出：2 kΩ min
	电流输出：350 Ω max
外部输出电阻	电压输出：0.5 Ω max
	电流输出：—

（续）

项　目		CPM1A - DA041
精度	25℃	±0.4%满量程
	0～55℃	±0.8%满量程
隔离方式		输出端子与内部电路之间采用光耦隔离，输出端子之间无隔离。
转换时间		2 ms/点
功率		3.3 W（最大值）

2. CPM1A - DA041 模拟量输出信号量程

模拟量输出单元的功能是将输入的数字量转换为对应的模拟量信号输出，本单元涉及电压与电流两种输出信号量程，十六进制数0000～1770（BCD码：0～6000）对应表7-8中的电压或电流的标准量程，数字量与D/A转换后的模拟量输出信号之间的对应关系如图7-50所示。

3. CPM1A - DA041 单元 I/O 地址分配

分配模拟量输出单元的I/O地址与CPM1A - AD041单元相似，如图7-51所示。输出通道的分配是从本CPM1A - DA041单元紧连的CPU单元或紧连的前一个扩展单元的最后一个输出通道（以“n”标识）开始分配，本单元需占用n+1～n+4通道，用于给4路模拟输出信号赋待转换值，而且n+1和n+2通道又同时用于给输出信号设定量程。分配示例如图7-52所示。图中，相对于CPM1A - DA041单元而言，n=103。

4. 设定输出信号量程

为了使CPM1A - DA041单元能够准确地进行D/A转换，必须正确设置模拟输出信号量程。将量程设定值写入到CPM1A - DA041的对应输出通道即实现输出信号的量程设定。

通过连接CPM1A - DA041的相应端子来选择电压或电流输出。其中模拟输出1～2路的量程设定在n+1通道；模拟输出3～4路量程设定在n+2通道，如图7-53所示。各模拟量输出信号的具体设定值见表7-9。

需要注意的是CPM1A - DA041单元只有在量程设定后才能开始D/A转换（在量程设定后，且在转换值被写入到输出通道之前，对于0～10 V，-10～10 V或0～20 mA的量程，输出为0 V或0 mA；对于1～5 V或4～20 mA的量程，输出为1 V或4 mA），而且必须在程序执行的第一个扫描周期将量程设定值写入到该单元所占输出通道，即n+1和n+2通道中。量程设定好，在CPU单元上电期间不能更改。如需更改设定，必须将CPU单元断电后重新上电才能使新设定生效。

CPM1A - DA041单元模拟输出信号量程设定示例见例7-3。

【例7-3】 CPM1A - DA041单元按图7-52连接到CP1H的模拟输入单元CPM1A - AD041上，其接入的模拟输出信号量程分别为：模拟输出1：-10～10 V；模拟输出2：0～20 mA；模拟输出3：4～20 mA；模拟输出4：0～10 V。在指定输出通道中设定量程并赋转换值，程序段如图7-54所示。

将图7-54中程序段下载到CP1H后，重新上电启动CP1H使其运行程序，CPU在第一个扫描周期将执行第1逻辑行的量程设定程序（仅执行一次即生效），同时导通定时器TIM0001，延时0.2 s后使用块传送指令XFER将H10～H13通道值分别赋给4路模拟输出信号。

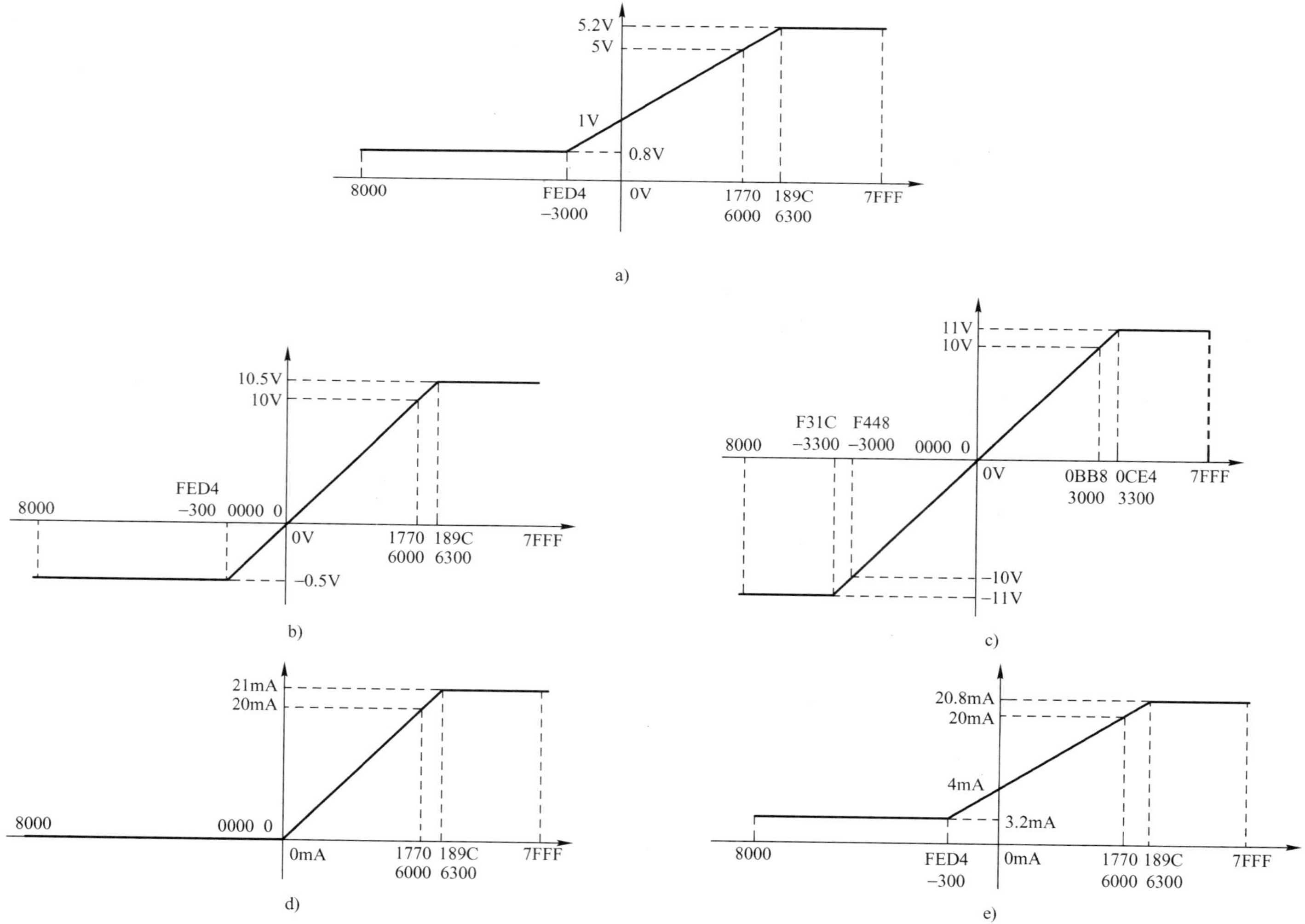

图7-50　数字输入值与D/A转换的模拟量关系图

a) 1～5V输出量程　b) 0～10V输出量程　c) -10～10V输出量程　d) 0～20mA输出量程　e) 4～20mA输出量程

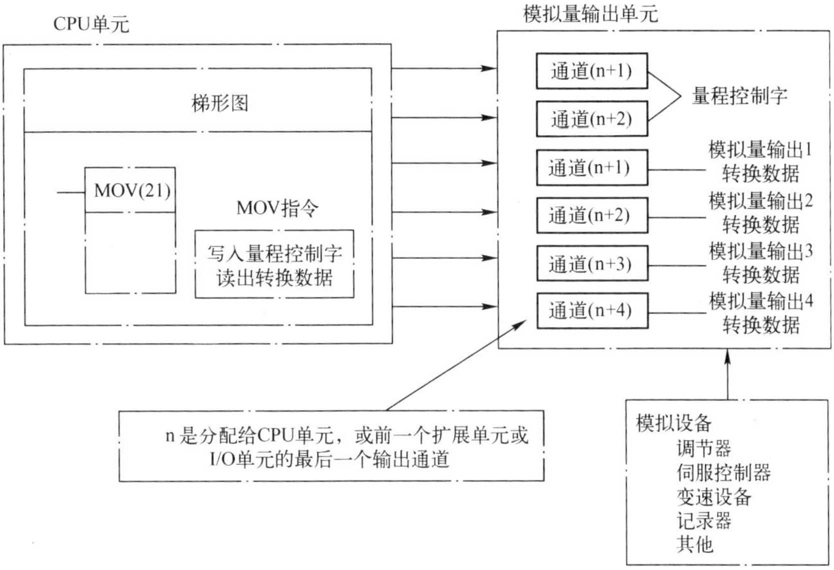

图 7-51　CPM1A - DA041 单元通道分配示意图

注：n + 1 通道和 n + 2 通道既作为输出量程控制字，又作为模拟量输出的设置值通道。

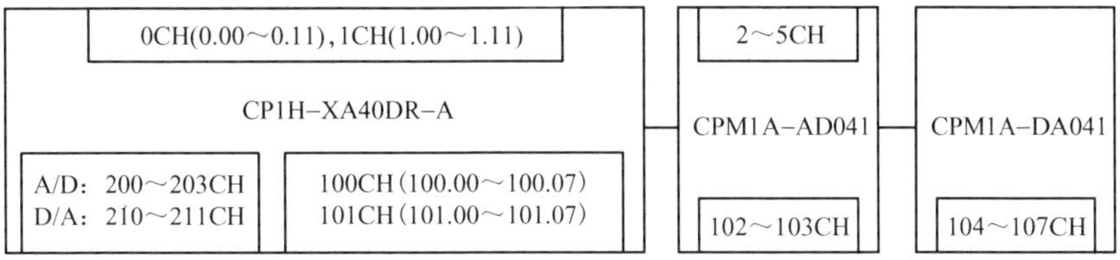

图 7-52　CPM1A - DA041 单元通道分配示例

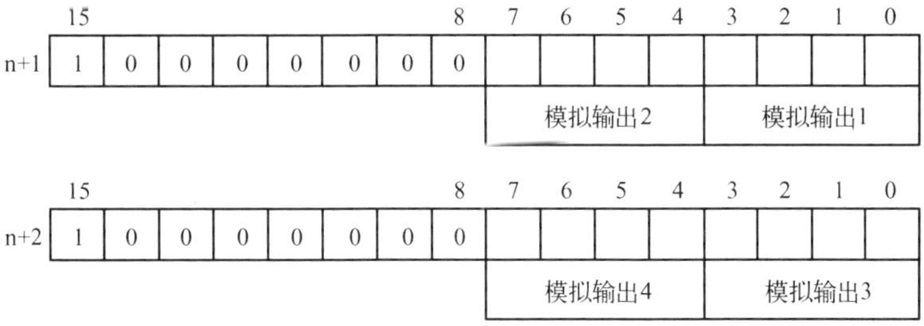

图 7-53　模拟量输出信号量程设定通道示意图

表 7-9　模拟量输出点的参数设定表

设定位	3（或 7）	2（或 6）	1（或 5）	0（或 4）
含义	模拟输出启动位	量程设置		
设定值	1：启动 0：停止	000：－10～＋10V 001：0～10 V 010：1～5 V 011：0～20 mA 100：4～20 mA		

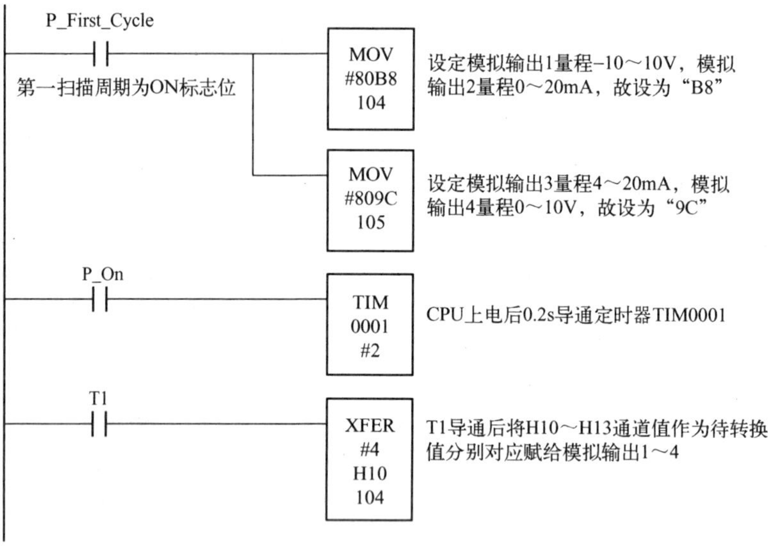

图 7-54　D/A 信号量程设定与赋值程序段

需要特别强调的是，对于 CPM1A－DA041 单元上 4 路 D/A 转换数据的赋值必须在量程设定程序执行完成后进行，且至少应相隔 1 个扫描周期（与 CPM1A－AD041 单元类似），因此图 7-54 中使用 0.2 s 定时器 TIM0001 完成标志 T1 作为赋值条件。

第 8 章　电磁波老化测试台控制系统设计实例

本章取材于以欧姆龙 CJ1 型 PLC 及其功能模块构成的某型电磁波探测器老化测试台的控制系统设计实例。其中重点介绍自探测器上采集的多路模拟量信号选取模拟量输入单元和串行通信两条路径进行模/数（以下简称 A/D）转换并做限值比较；通过 RS－422 总线采用协议宏方式提取射检应答帧中的判定数据并做合格判定等内容。

8.1　项目分析

8.1.1　项目要求与技术指标

1. 总体要求

某型电磁波探测器老化测试台（以下简称老化测试台）适用于电磁波探测器在低压与高压条件下进行老化自动测试。在保证产品安全的前提下，以自动化控制手段替代人工操作，提高老化测试效率，降低操作员劳动强度，减少人为因素造成的测试偏差，保证测试数据的真实、准确。该型老化测试台的具体性能要求如下：

1）该老化测试台能够同时对 1～4 部探测器按照其老化工艺流程进行相对独立的低压或高压条件下的自动或手动老化测试，并可以随时更换被老化的探测器，实现连续不间断测试，显著提高老化效率。

2）该老化测试台具有测量值超限报警的功能。探测器的老化参数可以分为一般参数和关键参数两类，对于一般参数超限只产生声光报警；对于关键参数超限时，产生声光报警并立即切断探测器电源，中断老化进程以确保产品安全。同时，保存并显示超限报警值，以便事后及时排查故障隐患。

3）该老化测试台必须具有可靠性高、稳定性好的特点，并配备计量周期检定用的测试端口。

4）该老化测试台的控制系统可以实时显示工作状态和测试数据，自动生成及打印测试数据报表并判定是否合格，可以查询历史记录。

5）该老化测试台的操控软件具有良好的人机交互界面，简单易学。

2. 探测器的老化测试流程

探测器老化测试流程如图 8-1 所示，可以分为以下三个阶段。

（1）低压测试阶段

用测试电缆将待老化的探测器与老化测试台连接好，后者提供探测器外供电源（电压值 28.5 V）。当电源接通后，检测电源电压值是否达到 28.5 V。达标后，老化测试台才能发出“接通探测器”指令，探测器启动进行低压测试，此时开始计时 20 min。

探测器正常启动后将产生模拟量信号和开关量状态信号，后者包括了“电源正常”“和前端正常”“差前端正常”等 6 个状态信号，见表 8-1。老化测试台上对应的指示灯常亮，而且在整个老化测试过程中都将保持。一旦某个状态信号异常，立即报警，但不停机。

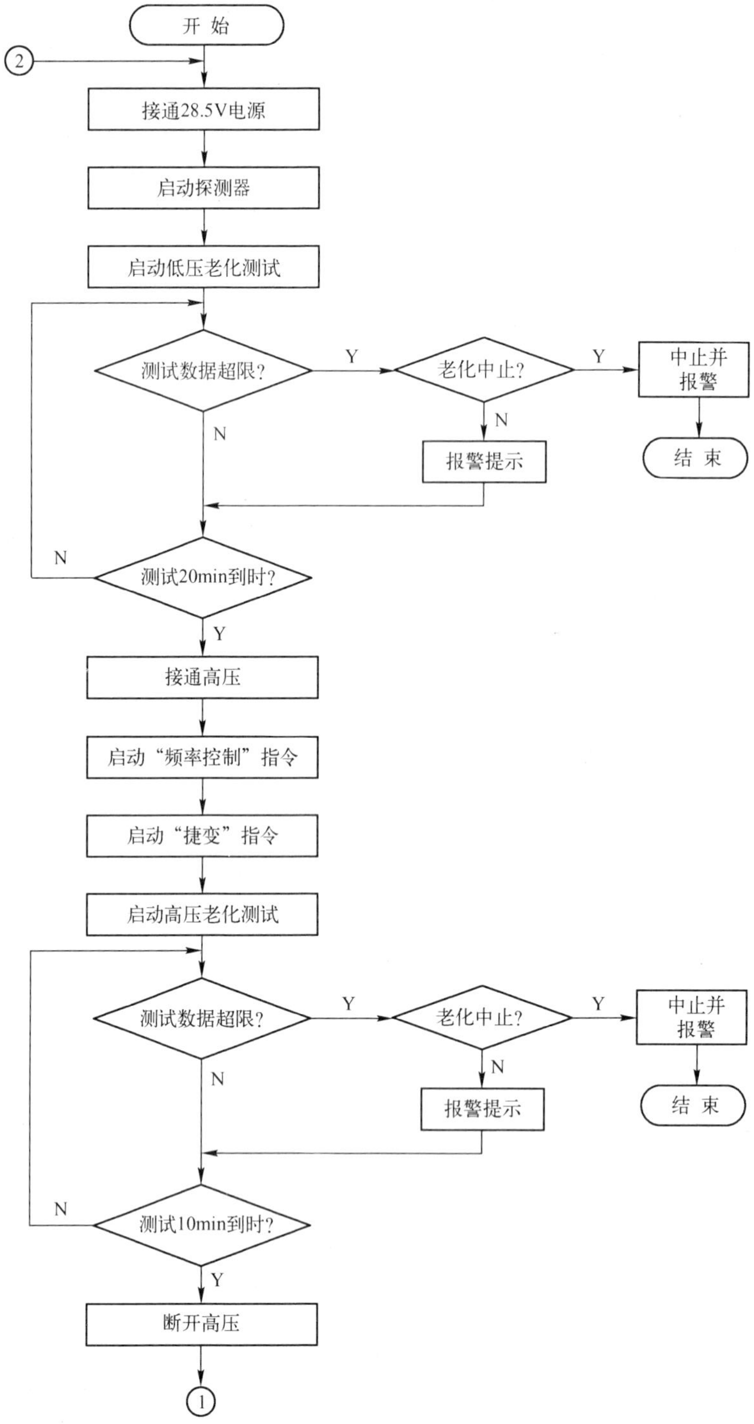

图 8-1　探测器老化测试流程图

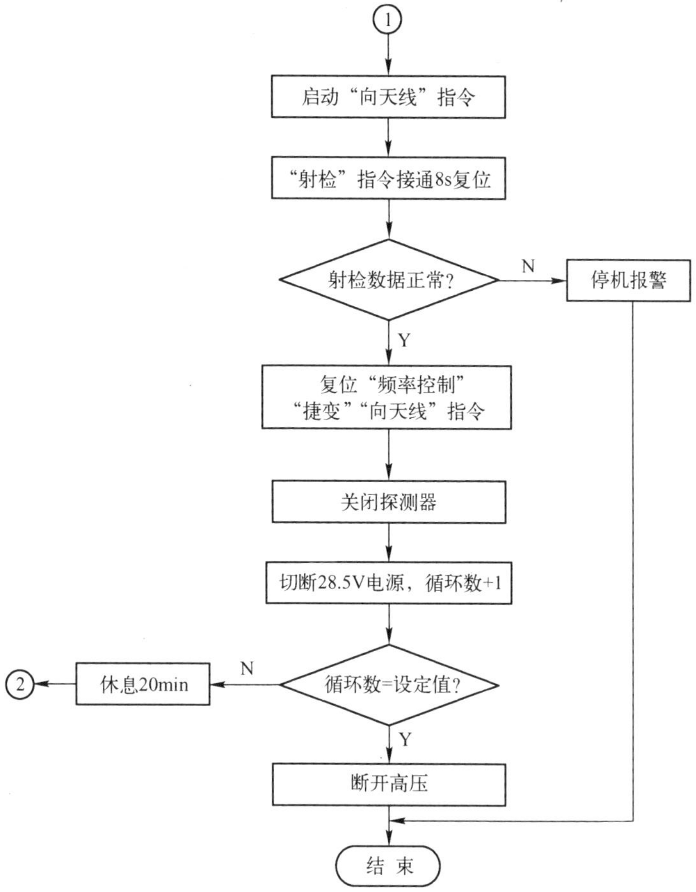

图 8-1　探测器老化测试流程图（续）

表 8-1　探测器低压测试状态信号表

序　　号	反馈状态信号名称	合 格 状 态
1	电源正常	TTL 高电平
2	和前端正常	TTL 高电平
3	差前端正常	TTL 高电平
4	抗干扰分机正常	TTL 高电平
5	微机正常	TTL 高电平
6	低压频率跟踪正常	TTL 高电平

同时，老化测试台开始测试探测器上的模拟量信号，它们依次是“+28.5 V”（检测老化测试台上给探测器外供电源的电压值）、“+15 V”“-15 V”“信号处理 +5 V”“频率跟踪 +5 V”“航向控制电压”“+28.5 V 转接”（检测来自探测器上反馈的电压值）和“+28.5 V 消耗电流”等，合格性能指标见表 8-2。

其中，“+28.5 V 转接”和“+28.5 V 消耗电流”为关键参数，且“+28.5 V 消耗电流”此时必须按照低压标准测试，即小于 6.00 A。二者超限后将停机且报警，而其他参数超限则只报警，不停机。低压测试 20 min 后结束，可以转入高压测试。

表 8-2　探测器模拟量信号指标表

序　号	测试模拟量信号名称		合 格 范 围
1	+28.5 V		28.5 ±3.00 V
2	+15 V		15 ±0.30 V
3	-15 V		-15 ±0.30 V
4	信号处理 +5 V		5 ±0.15 V
5	频率跟踪 +5 V		5 ±0.15 V
6	航向控制电压		11.25 ±0.50 V
7	+28.5 V 转接		28.5 ±3.00 V
8	+28.5 V 消耗电流	低压	<6.00 A
		高压	<12.00 A
9	磁控管电流（仅在高压下测试）		15 ~ 21 V

（2）高压测试阶段

探测器正常启动 2 min 后，老化测试台发出“高压闭锁解除”指令给探测器，同时状态信号“高压闭锁解除”输出，对应的指示灯常亮，见表 8-3。它是探测器进行高压测试的前提条件。只有此条件满足，老化测试台才准许依次发出“接通高压”“频率控制”和“捷变”等三条指令，并开始计时 10 min。一旦开始高压测试，则表 8-3 中的状态信号“高压频率跟踪正常”导通，对应的指示灯常亮。与此同时，老化测试台开始测试高压状态下的各路模拟量信号，除低压测试的所有模拟量信号外，又增加了一路“磁控管电流”模拟信号，合格性能指标见表 8-2。

“磁控管电流”与“ +28.5 V 转接”“ +28.5 V 消耗电流”均属关键参数，三者超限将停机并报警，而其他参数超限则只报警，不停机。此时的“ +28.5 V 消耗电流”信号必须按照高压标准测试，即小于 12.00 A。高压测试 10 min 后结束，复位“接通高压”指令，随即转入射前检查阶段。

（3）射前检查阶段

“接通高压”指令复位意味着高压测试阶段结束，也意味着结束模拟量信号的测试。此时老化测试台发出“向天线”指令，探测器反馈状态信号“向天线回答”，对应的指示灯常亮，见表 8-4。需特别注意的是不允许“接通高压”指令和“向天线”指令同时有效！

表 8-3　探测器高压测试状态信号表

序号	反馈状态名称	合 格 状 态
1	高压闭锁解除	TTL 高电平
2	高压频率跟踪正常信号	TTL 高电平

表 8-4　探测器射检状态信号表

序号	反馈状态名称	合 格 状 态
1	向天线回答信号	TTL 高电平
2	距离捕捉信号	TTL 高电平
3	俯冲指令	TTL 高电平
4	航向指令	TTL 高电平

接着，发出“射检”指令，此时，表 8-4 中的状态信号“距离捕捉”、“俯冲指令”和“航向指令”导通，对应的指示灯常亮。

“射检”指令保持 8 s 后复位，此时老化测试台将通过 RS-422 串行通信总线接收到探测器返回的一条射检应答帧，帧内容为十六进制数“AA55040050XXXXSS”。其中“AA55”为帧头，“04”为地址，“00”为命令，“50”为功能号，这些数据是固定不变的。“XXXX”为射检判断数据，合格数据应为“0980”（按照甲方要求打印报表时须显示成“8009”，需在程序中处理）。数据“09”中包含了射前检查状态信息，见表8-5。“SS”为校验和，2位十六进制数，计算范围是从“地址”开始到“射检判断数据XXXX”结束的所有字节数据累加，帧头数据除外。

表8-5 射前检查状态信息表

序号	名称	正常	异常
1	综控机装定正常	1	0
2	整机功能正常	0	1
3	搜索电压正常	0	1
4	天线随动系统正常	1	0
5	波导开关向等效	0	1
6	抗干扰分机正常	0	1
7	发射机发射脉冲延时	0	1
8	波导开关向天线正常	0	1

若射检合格，则结束当前老化周期并将循环数加1，复位所有指令，关闭探测器。休息20 min后再次开启探测器的低压测试，开始新一轮老化测试，如此反复直至达到设定循环周期数后，关闭探测器。采取蜂鸣器鸣响方式提示操作员该探测器的老化测试已全部结束，可以更换探测器，打印测试数据报表。

若射检不合格，则结束当前老化周期并报警，提示操作员解决问题，同时，本老化测试周期作废，不计循环数，关闭探测器，老化工作就此中止。操作员可以切换为手动控制模式，手动再做一遍射检，确认射检数据是否合格。

无论是自动控制模式还是手动控制模式，老化流程都相同。需注意的是，在手动模式控制下老化测试可以更加灵活，操作员可以将低压、高压和射前检查阶段分开单独实施，既可以跳过低压阶段直接进行高压测试，也跳过低压、高压阶段直接进行射前检查。但是，必须严格遵守工艺要求，特别是在高压测试时探测器正常启动2 min，“高压闭锁解除”信号有效后才能发出“接通高压”指令；在射前检查时不允许“接通高压”指令等。

3. 老化测试台技术指标与性能要求

1）电压测量精度≤ ±0.6% FS。

2）电流测量精度≤ ±1.5% FS。

3）可以显示2位小数，数据显示刷新频率不低于1 Hz。

4）设备的平均无故障时间≥5000 h。

5）环境温度适宜范围是0 ~40℃，相对湿度≤80% RH。

6）供电电源电压220VAC ±10%，输出电流≥15 A，要求接大地良好，确保设备的机柜不带静电。

7）老化测试台具有4个工位，向每部被老化的探测器提供独立的28.5 V/25 A电源，4个工位可以单独或同时使用。当其中某台探测器出现故障或超限强制退出时，仅切断该探测器的供电系统，中止其老化进程，但不影响其他正在老化的探测器。

对老化进程中探测器所采取的安全保护措施如下。

（1）过电压保护措施

当探测器上反馈的模拟信号“+28.5 V 转接”≥32 V 或≤24 V 时，老化测试台自动切断对该探测器的供电；当“磁控管电流”≥22 V 或≤13 V 时，老化测试台也会自动断电。但是在“接通探测器”指令发出的瞬间，由于探测器上的“+28.5 V 转接”电压建立需要一段过渡时间，故在此期间不启动过电压保护措施。

（2）过电流保护措施

当探测器处于低压老化阶段“+28.5 V 消耗电流”≥6 A 或处于高压老化阶段“+28.5 V 消耗电流”≥12 A 时，老化测试台自动切断对探测器的供电。

（3）过渡过程的保护措施

当探测器处于冷态时，发出“接通探测器”指令，瞬间冲击电流很大，将会超过 6 A，若此时就启动安保措施将立即中止低压老化进程。为使老化测试顺利进行并保证产品安全，拟在启动“接通探测器”指令后预留一段过渡时间（经反复试验测定该过渡时间设定为 15 s），在这段过渡期内，“+28.5 V 消耗电流”超限不报警。过渡时间中的前 2 s 内允许“+28.5V 消耗电流”的过电流保护限值与高压老化时相同，即小于 12 A；2 s 后按低压老化限值测试，即小于 6 A。过渡期结束后，按要求正常测试。

（4）磁控管预热保护措施

为了使磁控管正常工作，延长其使用寿命，在“接通探测器”指令发出且探测器上反馈回“+28.5 V 转接”信号后，延时 2 min 才允许启动“接通高压”指令或“射检”指令，但这二者不能同时有效。

（5）人身保护措施

出于对人身保护，避免电磁波辐射，老化测试的工艺要求禁止“接通高压”指令和“向天线”指令同时有效。

综上所述，老化测试台的保护项目及指标汇总，见表 8-6。

表 8-6　探测器保护项目及指标表

保护项目		下下限断电指标	下限报警指标	上限报警指标	上上限断电指标
+28.5 V 转接		≤24.00 V	≤25.50 V	≥31.50 V	≥32.00 V
+28.5 V 消耗电流	低压	—	—	—	≥6.00 A
	高压	—	—	—	≥12.00 A
磁控管电流		≤13.00 V	≤15.00 V	≥21.00 V	≥22.00 V

8.1.2　项目分析

老化测试台的控制要求分手动控制与自动控制两种模式，老化测试过程是严格的顺序控制过程，但其中不仅涉及开关量控制，而且包含了模拟量的采集、转换与比较运算，以及报警停机处理等，此外还须考虑数据传输方式与处理的特殊要求。

首先，需分析整个老化测试项目中包含的开关量与模拟量的点数和性质，为控制系统硬件选型打基础。分析工艺过程与控制要求可以总结出，每个探测器开关量输入信号 12 个，详见表 8-1，表 8-3 和表 8-4，全部是探测器反馈的状态信号，连接到对应的指示灯。老化测试台可以同时测试 4 台探测器，合计 48 个开关量输入点。

每个探测器涉及的开关量输出信号有 10 个，见表 8-7。此外，声光报警点各 1 个，因此，老化测试台合计 42 个开关量输出点。

表 8-7　1#探测器开关量输出信号表

序　　号	输出信号名称	合 格 状 态
1	启动 28.5 V 电源指令	CMOS 高电平
2	接通探测器指令	CMOS 高电平
3	接通高压指令	CMOS 高电平
4	频率控制指令	CMOS 高电平
5	捷变指令	CMOS 高电平
6	向天线指令	CMOS 高电平
7	射检指令	CMOS 高电平
8	搜索指令（仅设备维修时有效）	CMOS 高电平
9	本测控单元光报警	CMOS 高电平
10	接入 RS422 指令（射检应答时有效）	CMOS 高电平

根据老化测试要求，每个探测器需测试 9 路模拟量输入信号（关键参数 3 路，一般参数 6 路），见表 8-2，所以老化测试台合计 36 路模拟量输入信号。

其次，由于探测器在射前检查阶段需通过 RS－422 串行通信总线向老化测试台发送射检帧以确定当前的老化测试周期是否合格，因此，PLC 需要配置 RS－422 或 RS－485 串行通信接口。

最后，老化测试台需实时显示老化测试进程与测量值，老化测试结束可以自动生成并打印测试数据报表来判定是否合格，具有数据库查询功能。这些功能是 PLC 不具备的，需要配置工控计算机和相应软件系统实现。

8.2　控制方案设计

1. 控制方案论证

从性能价格比的角度考虑，构建老化测试台的控制系统有两种可行的设计方案，一是采用工业控制计算机（即工控机，以下简称 IPC）配备各种功能板卡组建控制系统，它兼备了控制机和管理机的双重功能，使其具备信号采集与处理、顺序控制、实时显示老化测试信息及数据库查询等功能。由于 IPC 是通用微型计算机适应工业生产控制要求发展起来的一种控制设备，成本相对较低，其优点是硬件结构的总线标准化程度高、兼容性强，软件资源丰富，特别是实时操作系统的支持，故对要求快速、实时性强、模型复杂及计算工作量大的工业对象的控制占有优势。

另一种是由 PLC 及其功能模块和数字仪表构成控制系统，承担数据采集与控制老化进程的功能；同时，采用 IPC 为上位机运行组态应用程序，实现数据实时显示与后台数据库处理功能。

对以上两种控制方案进行综合评估后认为，第一方案虽然性价比高，但是其突出问题是由于控制权和管理权集于一机，导致控制风险过于集中；随着连接探测器数量的增加，IPC反应速度会随之降低，不利于实时控制；又由于IPC不能适应较恶劣的工业环境，系统抗干扰能力尚显不足，而且使用IPC控制生产工艺过程，要求程序开发人员具有较高的计算机专业知识和软件编程能力，这将影响项目的设计与实施进度，更不利于项目后期对操作人员的上岗培训。因此，从系统稳定性、可靠性和操控简便等方面综合考虑，此方案不适合本项目。

第二方案中，由于PLC是专为工业现场应用而设计的数字式控制器，控制灵敏、反应迅速，在模拟量信号处理、数值运算、实时顺序控制等方面具有突出优势。其硬件结构上采用了整体密封或模块化结构，预设了一系列的抗干扰措施。其用户程序是在PLC监控程序的“监管”下运行的，而监控程序中已考虑了抗干扰措施，保证了PLC的高可靠性和稳定性。另外，PLC的梯形图编程语言是由继电器-接触器控制原理图演化而来的，简单易学，便于程序开发与后期维护。

本方案中IPC不做具体控制工作，仅运行组态应用程序和数据库系统，起到总体监控老化进程和测试信息管理的作用，工作重点是显示数据、生成报表及查询历史记录。因此，该方案分散了系统控制风险，控管分制，各展所长。尽管以该方案构建的控制系统成本较之第一种方案的IPC系统稍高，但在权衡了系统可靠性和稳定性等重要指标后认为，增加的投入对可能承受的风险而言还是可以接受的。最终确定控制系统采用“IPC+PLC”模式。

2. 老化测试台系统构成

以“IPC+PLC”模式构建起的老化测试台硬件系统如图8-2所示。它采用主（上位机IPC）从（下位机PLC）式结构。下位机以PLC为核心掌控老化测试进程的控制权，实现高低压下手/自动老化流程的循环顺序控制、限值比较、超限报警及数据通信校核等功能。在各测试单元内部主要是由各种不同输入量程的电流、电压传感器组成的信号调理电路，旨在将探测器上传来的各种非标准量程的模拟量信号调理为4~20 mA标准电流信号，再将其送入仪表或PLC的模拟量输入模块中进行A/D转换。模拟量信号采集方案如图8-3所示。

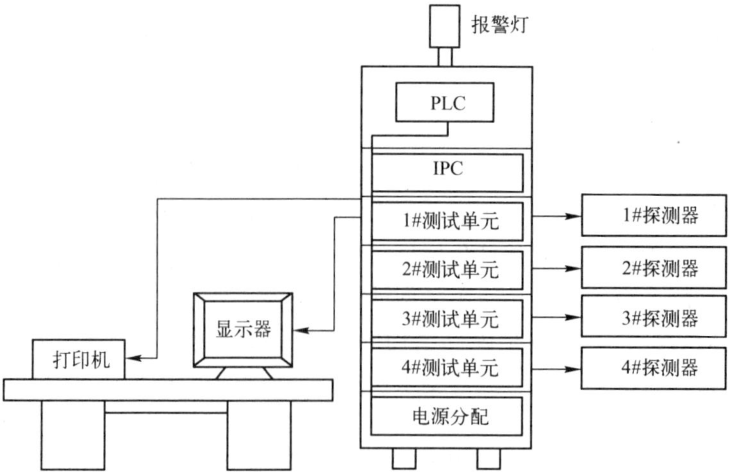

图8-2　老化测试台系统示意图

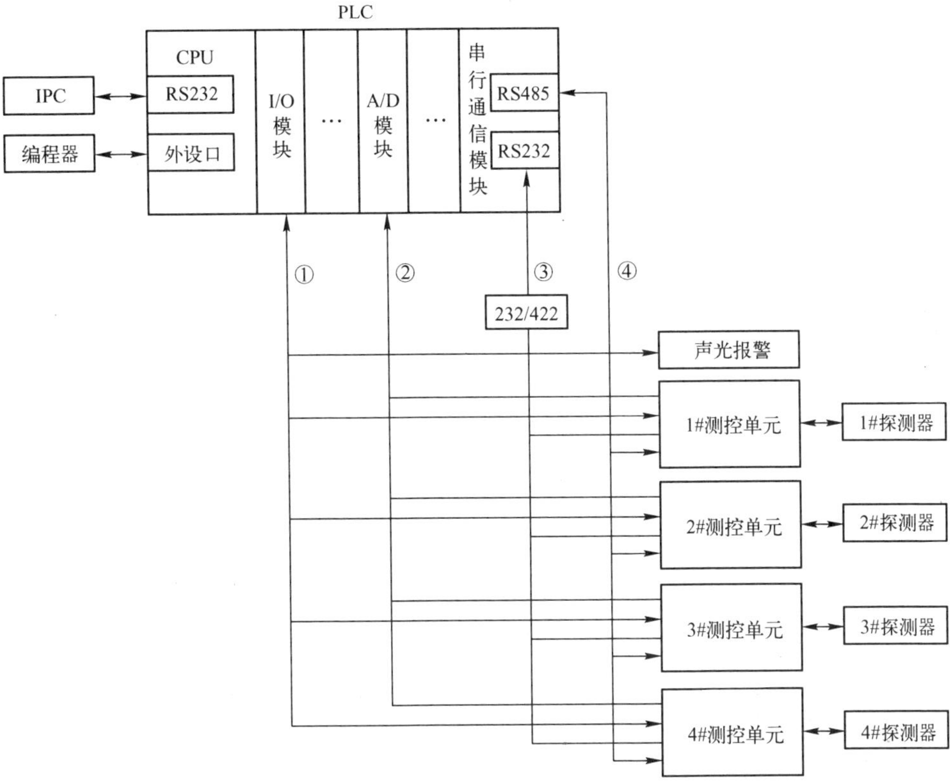

图 8-3 模拟量信号采集方案示意图

① 状态信号与控制指令；② 关键参数信号；③ 射前检查信号；④ 一般参数信号

根据老化测试要求，每个探测器需测试 9 路模拟量输入信号（关键参数 3 路，一般参数 6 路），因此老化测试台共需测量 36 路模拟输入信号。PLC 按照老化工艺流程及上位机的指令控制整个老化测试进程，从开关量 I/O 模块发出指令给各测试单元，同时接收各探测器反馈回的状态信号。将经 A/D 模块转换后的测量值与设定的上下限值进行比较，判断是否超限。

为了在保证测试数据真实有效且准确的前提下，尽可能地降低 PLC 控制系统的成本，将探测器上所有被测模拟量信号调理为标准信号后，将关键参数与一般参数按不同途径进行 A/D 转换，如图 8-3 所示的②、④信号流，即将调理后的 3 路关键参数（“+28.5 V 转接”“+28.5 V 消耗电流”和“磁控管电流”）的模拟信号直接送入 PLC 的 A/D 模块进行实时数据采集与 A/D 转换，转换得到的数字量再与限值比较，一旦发现严重超限，立即报警且切断该路电源。由于 A/D 模块转换速度快（平均转换速度 1 ms/路），精度高（≤ ±0.5%FS），确保了老化测试的准确、高效及探测器的安全。

与此相对的 6 路一般参数的模拟信号则接入到测控单元内的一台智能巡回检测报警仪上，该巡检仪能使多路模拟信号就地进行 A/D 转换，这样可以有效地避免长线信号传输过程中的干扰。转换后的数字量再通过巡检仪上的 RS－485 串行通信接口传送到 PLC 中，PLC 进行限值比较运算，一旦发现超限，立即报警但不切断电源。由于每个测控单元中都配有 1 台巡检仪，因此可以实现 4 台探测器上老化测试数据的并行处理，从而极大地提高了数据处理速度，降低了干扰。

图 8-3 中的上位机以 IPC 为核心管理整个老化过程，通过 RS-232C 串行通信接口与 PLC 进行实时数据通信。它向 PLC 实时发出控制指令，监控 PLC 的数据区状态，并实时显示被老化探测器的各项测试参数。每台被测对象都有独立的测试数据显示窗口，同时显示设备编号、老化循环周期、电压电流参数、工作状态等。如有超限，显示数据会变色并闪烁。测试数据的刷新频率为 1 Hz，实时数据的记录间隔为 1 次/5 min（来自甲方技术要求，可以更改）。老化结束后可以自动生成并打印测试数据报表，以备查询之用。当发生超限时，记录首次超限数据的时间和当前值，并在记录间隔内记录最大偏差值。IPC 还能够按照产品编号、老化日期、操作人员姓名等关键词进行老化测试数据的查询。本项目选取了知名品牌研华 P4 工控机作为上位机。

上位机管理软件是在 Windows 2000 操作系统下利用工控组态软件进行二次开发的。为保证数据库和老化产品的安全，软件功能的使用分为管理员、质检员和测试员三个级别。管理员级别最高，除了具有质检员和测试员的权限外，还可以增加或删减质检员和测试员；质检人员有设定和修改各项被测参数的限值及误差范围的权限，但无操作权；测试员则仅有操作权。工控组态软件是指在数据采集与过程控制中使用的专用软件，是在自动控制系统监控层一级的软件平台和开发环境，为用户提供快速构建工业自动控制系统监控功能的一种软件工具。本项目选取了由北京昆仑自动化有限公司研制开发的一款中文监控组态软件 MCGS（Monitor and Control Generated System，监视与控制通用系统）。

8.3 控制系统硬件配置

8.3.1 PLC 系统选型

根据项目分析，本项目涉及开关量输入 44 点，开关量输出 46 点，模拟量输入 36 点（关键输入信号 12 点，一般输入信号 24 点）。据此进行 PLC 控制系统及单元选型，结果如图 8-4 所示。其中模拟量输入信号地址分配见表 8-8，A/D 单元硬件接线图如图 8-5 所示。

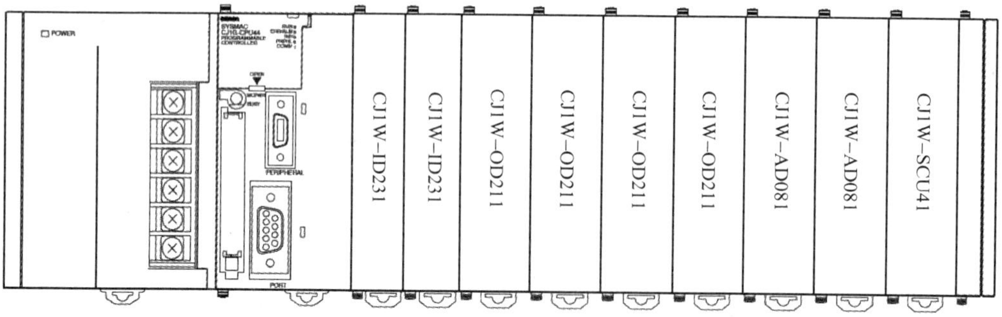

图 8-4　CJ1G PLC 系统配置图

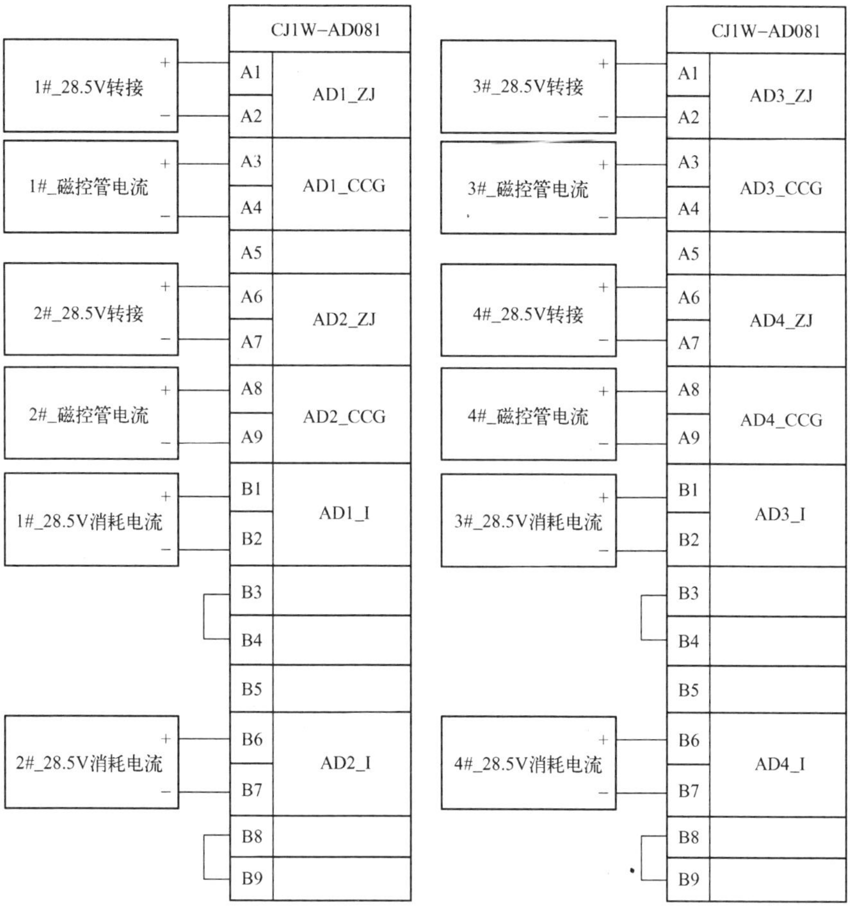

图 8–5　6#、7#槽位 AD081 单元硬件接线图

表 8–8　模拟量 I/O 分配表

6#槽位 CJ1W–AD081 单元：输入点			7#槽位 CJ1W–AD081 单元：输入点		
名称	地址	注　　释	名称	地址	注　　释
AD1_ZJ	2001	1#_28. 5 V 转接	AD3_ZJ	2011	3#_28. 5 V 转接
AD1_I	2002	1#_28. 5 V 消耗电流	AD3_I	2012	3#_28. 5 V 消耗电流
AD1_CCG	2003	1#_磁控管电流	AD3_CCG	2013	3#_磁控管电流
	2004	备用		2014	备用
AD2_ZJ	2005	2#_28. 5 V 转接	AD4_ZJ	2015	4#_28. 5 V 转接
AD2_I	2006	2#_28. 5 V 消耗电流	AD4_I	2016	4#_28. 5 V 消耗电流
AD2_CCG	2007	2#_磁控管电流	AD4_CCG	2017	4#_磁控管电流
	2008	备用		2018	备用

8.3.2　巡检仪选型

本项目选取的巡检仪是北京昆仑天辰公司生产的 XSL 系列智能巡回检测报警仪，型号为 XSL/A–32BS2P0V0，如图 8–6 所示。它适用于 5～80 路模拟量的检测与报警，可以接入

热电阻、热电偶、直流电流和直流电压等传感器、变送器信号，其基本误差小于0.2% FS，显示范围－1999～9999，各通道独立设定输入信号类型、量程和报警值，有效地提高抗干扰能力；也可以独立设定零点和满度修正，有效地减小传感器误差，提高系统测量精度。还可以任意关闭不使用的通道，节省巡检时间。

图8-6　巡检仪XSL/A－32BS2P0V0面板示意图

巡检仪上配有RS－232C或RS－485串行通信接口，数据通信的格式为10位（1位起始位，8位数据位，无奇偶校验位，1位停止位），通信速率可以设为2400 bit/s、4800 bit/s、9600 bit/s和19200 bit/s等4个数值。采用RS－485串行通信时的节点地址范围是00～99。该巡检仪RS－485串行通信的应答延迟时间不大于500 μs，保证了快速、高效的数据传输要求。

8.3.3　模拟量输入单元设置

根据老化测试台的模拟量输入点数及特性，本项目选取2块模拟量输入单元CJ1W－AD081，共16路模拟输入信号。

1. CJ1W－AD081单元工作原理

模拟量输入单元CJ1W－AD081是将8路模拟量输入信号（标准量程的电压或电流信号）转换成数字量后送入PLC中相应存储区的单元。CJ1W－AD081单元的主要技术指标见表8-9。

表8-9　CJ1W－AD081单元主要技术指标表

项　目		电压输入	电流输入
模拟量输入信号路数		8路	
输入信号范围①		1～5 V　0～5 V 0～10 V　－10～10 V	4～20 mA
输入信号最大值②		±15 V	±30 mA
输入阻抗		1 MΩmin	250 Ω（额定值）
分辨率		满量程的1/4000	
转换输出数据		16位二进制数	
精度③	(23±2)℃	满量程的±0.2%	满量程的±0.4%
	0～55℃	满量程的±0.4%	满量程的±0.6%
A/D转换时间④		最大1.0 ms/点	

（续）

项　　目		电 压 输 入	电 流 输 入
功率消耗		在 DC 5V，420 mA 以下	
隔离措施⑤		在输入端子与 PLC 间采用光耦合器 （在单独的 I/O 信号之间无隔离）	
对 CPU 循环时间的影响		0.2 ms	
单元的最大数量⑥		每个机架 4 ～10 个	
与 CPU 单元交换数据		CIO 区（CIO2000～CIO2959）的特殊 I/O 单元区：每个单元占 10 个字 DM 区（D20000～D29599）的特殊 I/O 单元区：每个单元占 100 个字	
安装位置		CJ 系列 CPU 机架或 CJ 系列扩展机架	
输入功能	均值处理	在缓冲器中存储最后“n”个数据，求取的均值存储到相应通道中 缓冲号 n＝2，4，8，16，32，64	
	峰值保持	当峰值保持位为“ON”时，存储最大的转换值	
	输入断线检测	检测断线并将断线检测标志置为“ON”⑦	

① 对每路输入信号可单独设置范围。

② 确保信号在规定量程内操作，否则将损坏单元。

③ 精度按满量程计算的，如 ±0.2% 的精度将会导致的最大误差为 ±8（BCD 码）。

默认设置值的电压输入可以调整，如果是电流输入，则相应调整偏置和增益值。

④ A/D 转换时间是指一个模拟信号经输入单元转换后并以数字量形式存储到存储器中所耗费的时间。CPU 单元读取转换数据前至少延迟一个扫描周期。

⑤ 高于 600V 的电压接入单元会损坏内部元件。

⑥ 能安装到一个机架的最大模拟量输入单元数量取决于安装在机架上的供电单元。

⑦ 仅当量程设置为 1～5 V 或 4～20 mA 时，才支持断线检测。当量程设置为 1～5 V 或 4～20 mA 时无输入信号，断线标志位为“ON”。

CJ1W－AD081 的工作原理如图 8-7 所示。在单元硬件设置正确的前提下，当 AD081 单元上电时，或当 CJ1G PLC 的辅助区（A 区）中与该单元对应的重新启动位激活时，CPU 将用户预置在 DM 区中的相关参数通过 I/O 总线传送给存储器，并根据用户编写的梯形图程序控制 A/D 转换器完成模拟量到数字量的转换，最后将转换后的数字量传送到 PLC 指定的存储字中。

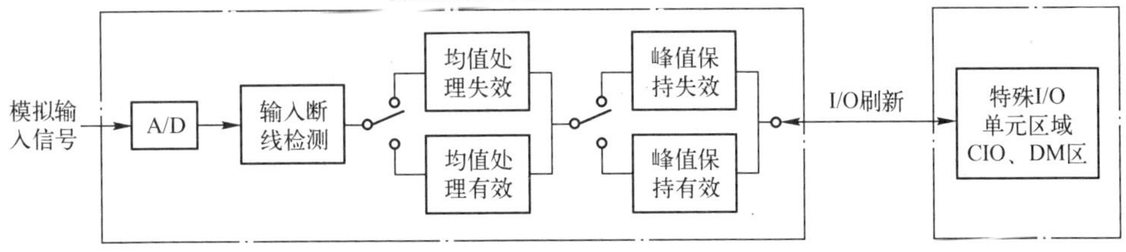

图 8-7　模拟量输入单元工作原理图

2. CJ1W－AD081 单元的硬件设置及连线

设置 CJ1W－AD081 单元的操作步骤如下。

（1）设置单元号

CJ1W－AD081 单元如图 8-8 所示。单元面板上有两个旋转拨码盘用来设置单元号。可以用螺钉旋具设置 0～95 任意一个数，但是不能与 PLC 正在使用的其他特殊 I/O 单元的单元号重复。本例中将 2 块 CJ1W－AD081 的单元号分别设置为“0”和“1”，按以下公式计算单元号为“0”的 CJ1W - AD081 单元占用的 CIO 区首通道 n 与 DM 区首通道 m。

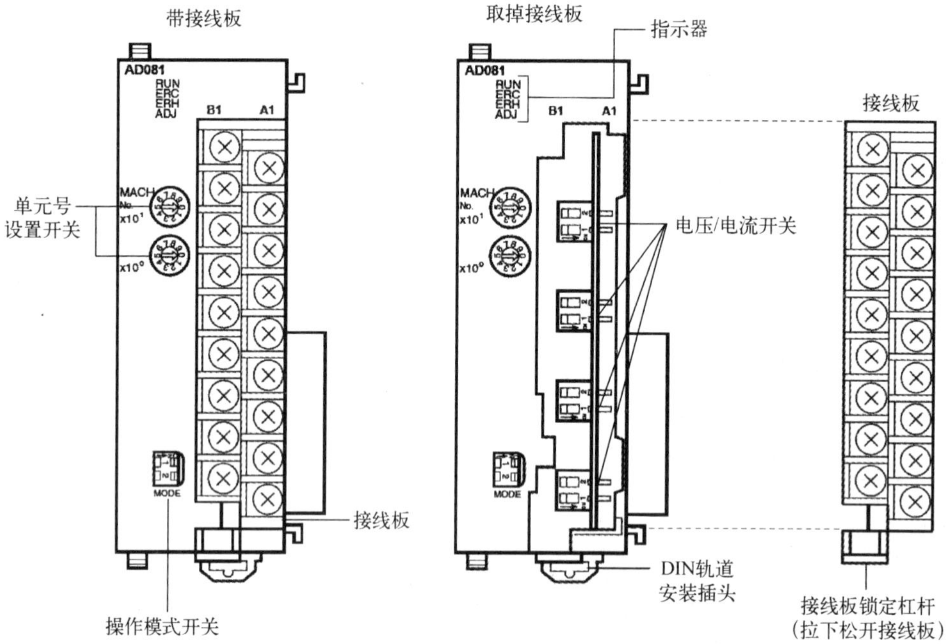

图 8-8　CJ1W - AD081 单元示意图

$$n = CIO\ 2000 + 10 \times 单元号 = CIO\ 2000 + 10 \times 0 = CIO\ 2000$$

$$m = D20000 + 100 \times 单元号 = D20000 + 100 \times 0 = D20000$$

因此，该单元占用 CIO 区的 CIO 2000 ~ CIO 2009 共 10 个通道，占用 DM 区的 D20000 ~ D20099 共 100 个通道。当设置其他单元号时，CIO 区及 DM 区通道分配参照表 8-10。由于 CJ1 PLC 的 CPU 与 AD081 是通过 CIO 区和 DM 区进行参数设置实现 A/D 转换的，所以在系统上电前，必须设置好单元号且在 PLC 运行过程中绝不允许带电更换单元或更改单元号。

表 8-10　单元号与 CIO、DM 区通道对应关系表

开关位置	单元号	CIO 首通道号 n	CIO 区通道	DM 首通道号 m	DM 区通道
0	#0	2000	CIO 2000 ~ 2009	D20000	D 20000 ~ 20099
1	#1	2010	CIO 2010 ~ 2019	D20100	D 20100 ~ 20199
2	#2	2020	CIO 2020 ~ 2029	D20200	D 20200 ~ 20299
3	#3	2030	CIO 2030 ~ 2039	D20300	D 20300 ~ 20399
4	#4	2040	CIO 2040 ~ 2049	D20400	D 20400 ~ 20499
5	#5	2050	CIO 2050 ~ 2059	D20500	D 20500 ~ 20599
6	#6	2060	CIO 2060 ~ 2069	D20600	D 20600 ~ 20699
7	#7	2070	CIO 2070 ~ 2079	D20700	D 20700 ~ 20799
8	#8	2080	CIO 2080 ~ 2089	D20800	D 20800 ~ 20899
9	#9	2090	CIO 2090 ~ 2099	D20900	D 20900 ~ 20999
⋮	⋮	⋮	⋮	⋮	⋮
95	#95	2950	CIO 2950 ~ 2959	D29500	D 29500 ~ 29599

(2) 设置操作模式开关

位于单元面板下方的操作模式开关用于选择普通模式与调整模式，具体设置见表 8-11。调整模式用于调整每一路模拟输入信号的偏置和增益量，调整数值存储在 CJ1W - AD081 内置的 E^2PROM 中。普通模式则进行正常的 A/D 转换。因此，在本项目中应将 SW1、SW2 均置于“OFF”，即 CJ1W - AD081 单元处于普通模式。

表 8-11　操作模式设置表

开 关 号		模　式
SW1	SW2	
OFF	OFF	普通模式
ON	OFF	调整模式

(3) 设置电压/电流开关

某一路模拟量输入信号的类型可以通过设置接线端子排下的输入信号类型开关来确定是电压还是电流输入信号。首先需卸下接线端子排，方法是向下扳接线端子排下方的杠杆，如图 8-9 所示。拔起端子排，露出下面的电压/电流开关，如图 8-10 所示。“ON”为电流输入，“OFF”为电压输入。本项目中将 1#、2#探测器的各 3 路模拟输入信号“+28.5 V 转接”、“+28.5 V 消耗电流”和“磁控管电流”依次接到单元号为“0”的 CJ1W - AD081 单元的 1 ~ 3 路和 5 ~ 7 路上，对应的 SW1 ~ SW3 置为“ON”，SW5 ~ SW7 置为“ON”，确保这 6 路模拟输入信号为电流信号。设置完成后，重新安装好接线端子排。

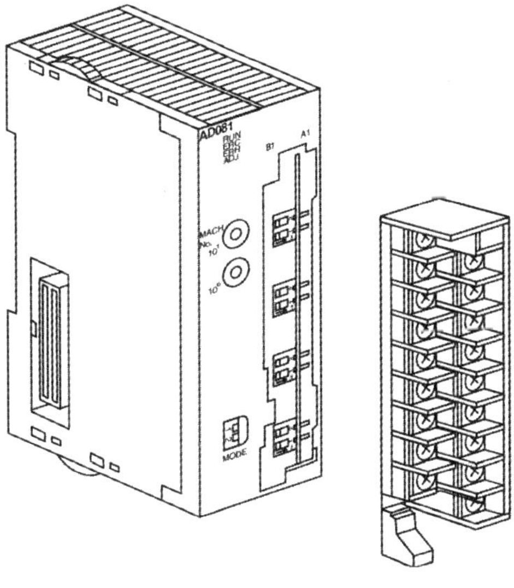

图 8-9　卸下端子排示意图

输入2(+)	B1	A1	输入1(+)
输入2(−)	B2	A2	输入1(−)
输入4(+)	B3	A3	输入3(+)
输入4(−)	B4	A4	输入3(−)
AG	B5	A5	AG
输入6(+)	B6	A6	输入5(+)
输入6(−)	B7	A7	输入5(−)
输入8(+)	B8	A8	输入7(+)
输入8(−)	B9	A9	输入7(−)

图 8-10　CJ1W - AD081 单元接线端子图

同样，单元号为“1”的 CJ1W - AD081 单元的 1 ~ 3 路和 5 ~ 7 路分别接 3#、4#探测器的 3 路模拟输入信号，对应的 SW1 ~ SW3 和 SW5 ~ SW7 均置为“ON”。

(4) 单元连线

单元输入信号的接线端子如图 8-11 所示，每一路输入信号由正、负极构成，AG 端连接到单元内部的模拟地，与屏蔽线连接可以有效地降低系统的噪声干扰。本项目中占用了 2 块 CJ1W - AD081 单元的 1 ~ 3 路和 5 ~ 7 路，因此参照图 8-12 用导线分别将 6 路模拟电流输入信号的正、负极连接到单元的 A1 和 A2、B1 和 B2、A3 和 A4、A6 和 A7、B6 和 B7、A8 和 A9 端子上，将屏蔽线连接到 A5 和 B5 端子上。

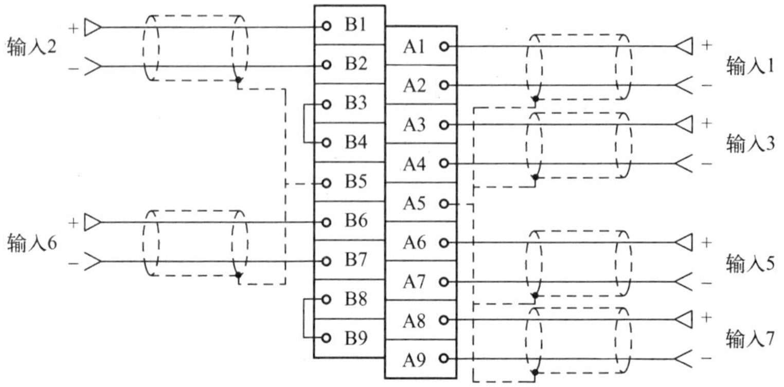

图 8-11　CJ1W - AD081 单元端子接线图

需注意的是，在配线时端子连接必须用压接端子。当其他输入信号空闲时，将输入端子的正、负极短接，否则当输入信号的量程设置为 1～5 V 或 4～20 mA 时，断线标志位将置为“ON”，面板“ERC”指示灯报警。当然，也可以在 DM 区参数设置时将空闲输入设为“0”，即未使用。

8.3.4　串行通信单元选型与硬件设置

本项目的实施方案是采用 RS - 485 串行通信方式将 4 台巡检仪采集的探测器一般参数经 A/D 转换后的数据传送到 PLC 中处理；同时，再通过 RS - 422 串行通信将探测器的射检数据传送到 PLC 中。但是，由于 CJ1G - CPU44 单元上无 RS - 485 和 RS - 422 串行通信接口，因此需选取带有 RS - 422A/485 接口的串行通信单元。

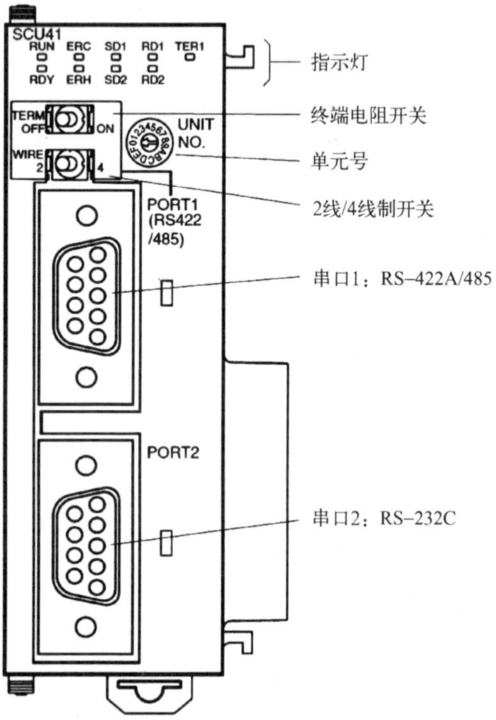

图 8-12　CJ1W - SCU41 单元示意图

本项目选取与 CJ1 系列 PLC 相配的串行通信单元 CJ1W - SCU41，外观如图 8-12 所示。它带有 2 个串行通信接口（1 个 RS - 232C、1 个 RS - 422A/485），每个接口可以分别设定为协议宏，Host Link 通信或 1∶N 的 NT 链接等通信模式，其主要技术指标见表 8-12。

表 8-12　CJ1W - SCU41 单元主要技术指标表

项　目		含　义
类　别		CPU 总线单元
串口	串口 1	RS - 422A/485
	串口 2	RS - 232C

（续）

项　　目		含　　义
支持协议	串口 1	可选 Host Link，协议宏或 1:N NT Link
	串口 2	
安装数量	CPU 单元	CPU 上不能安装串行通信板
	CPU 机架	最多安装 16 个 CPU 总线单元，没有安装位置的限制
	扩展机架	
与 CPU 数据交换	刷新软开关与状态位	与 CPU 分配的 CIO 区 25 个字进行数据交换
	从 CPU 传送设置值	在 CPU 的 DM 区中为每个串行通信单元分配 10 个字 在以下三种情况下从 CPU 数据传送： ● 单元启动或重新启动 ● 执行指令 STUP（237） ● 串口设置更改标志位置为 ON（A 区）
适用 CPU 型号		CJ1G－CPU44/45
电流消耗		380 mA＋x

CJ1W－SCU41 单元的硬件设置，包括设置单元号、终端电阻开关和 2 线/4 线制开关。单元号的设置与模拟量输入单元类似，用螺钉旋具旋转 CJ1W－SCU41 单元面板上的拨码盘设置 0～F 单元号。注意，不能与 PLC 正在使用的其他 CPU 总线单元的单元号重复。本项目中 2 块 CJ1W－AD081 的单元号分别设置为“0”和“1”，CJ1W－SCU41 的单元号设为“2”（由于 CJ1W－AD081 为特殊 I/O 单元，与 CJ1W－SCU41 不属于同类单元，因此 CJ1W－SCU41 单元号设为“0”或“1”无碍），按以下公式计算 CJ1W－SCU 单元占用的 CIO 区首通道 n 与 DM 区首通道 m：

$$n = \text{CIO } 1500 + 25 \times \text{单元号} = \text{CIO } 1500 + 25 \times 2 = \text{CIO } 1550$$

$$m = \text{D}30000 + 100 \times \text{单元号} = \text{D}30000 + 100 \times 2 = \text{D}30200$$

因此，该单元占用 CIO 区的 CIO 1550～CIO 1574 共 25 个通道；占用 DM 区的 D30200～D30299 共 100 个通道。当设置其他单元号时，CIO 区及 DM 区通道分配参见表 8-13。

表 8-13　CPU 总线单元号与 CIO、DM 区通道对应关系表

开关位置	单元号	CIO 首通道号 n	CIO 区通道	DM 首通道号 m	DM 区通道
0	0#	1500	CIO 1500～1524	D30000	D 30000～30099
1	1#	1525	CIO 1525～1549	D30100	D 30100～30199
2	2#	1550	CIO 1550～1574	D30200	D 30200～30299
3	3#	1575	CIO 1575～1599	D30300	D 30300～30399
4	4#	1600	CIO 1600～1624	D30400	D 30400～30499
5	5#	1625	CIO 1625～1649	D30500	D 30500～30599
6	6#	1650	CIO 1650～1674	D30600	D 30600～30699
7	7#	1675	CIO 1675～1699	D30700	D 30700～30799
8	8#	1700	CIO 1700～1724	D30800	D 30800～30899
9	9#	1725	CIO 1725～1749	D30900	D 30900～30999
A	A#	1750	CIO 1750～1774	D31000	D 31000～31099

（续）

开关位置	单元号	CIO 首通道号 n	CIO 区通道	DM 首通道号 m	DM 区通道
B	B#	1775	CIO 1775 ~ 1799	D31100	D 31100 ~ 31199
C	C#	1800	CIO 1800 ~ 1824	D31200	D 31200 ~ 31299
D	D#	1825	CIO 1825 ~ 1849	D31300	D 31300 ~ 31399
E	E#	1850	CIO 1850 ~ 1874	D31400	D 31400 ~ 31499
F	F#	1875	CIO 1875 ~ 1899	D31500	D 31500 ~ 31599

在使用单元的串口 1（RS－422A/485）时，需要根据实际情况和外部设备接线方式来设置终端电阻开关和 2 线/4 线制开关。

在老化测试台的 PLC 控制系统中，由于 CJ1W－SCU41 单元的串口 1 并联接入 4 台巡检仪，实现 PLC 的“一对多”通信模式；串口 2 以信号切换方式接入 4 台探测器，巡检仪与探测器均为第三方设备，其通信协议独立，因此 CJ1W－SCU41 单元的串行通信方式选用协议宏。

协议宏通信是用来控制欧姆龙 PLC 与第三方设备进行数据交换的一种通信方式。PLC 配备串行通信单元，既可通过该单元上的 RS－232C 接口实现 1:1 的串行通信方式；也可通过该单元上的 RS－422/485 接口实现 1:*N* 的连接。

通过协议宏的开发软件 CX－Protocol 将按照各种设备自带的串行通信协议格式编写通用化协议，并可按照通信要求对协议进行时序调整。此外，CX－Protocol 软件本身内嵌了欧姆龙 PLC 与其典型外围设备通信的标准序列，简化了其与外围设备通信时繁杂的设置步骤，仅需编写简单的梯形图程序即可实现调用。针对本项目按照巡检仪的串行通信协议命令，利用 CX－Protocol 软件开发出针对 RS－485 接口的串行通信协议宏并下载到串行通信单元中，可以实现单台 PLC 分时循环采集 4 台巡检仪数据，进行限值比较运算。

8.3.5 串行通信单元参数设置

利用梯形图编辑软件 CX－Programmer 创建 I/O 表，结果如图 8-13 所示。在 I/O 表中直接设置串行通信单元 CJ1W－SCU41 的参数。鼠标右键单击 SCU41 单元后弹出子菜单，在该菜单中单击“单元设置”项，进入 SCU41 单元“编辑参数”窗口，如图 8-14 所示。

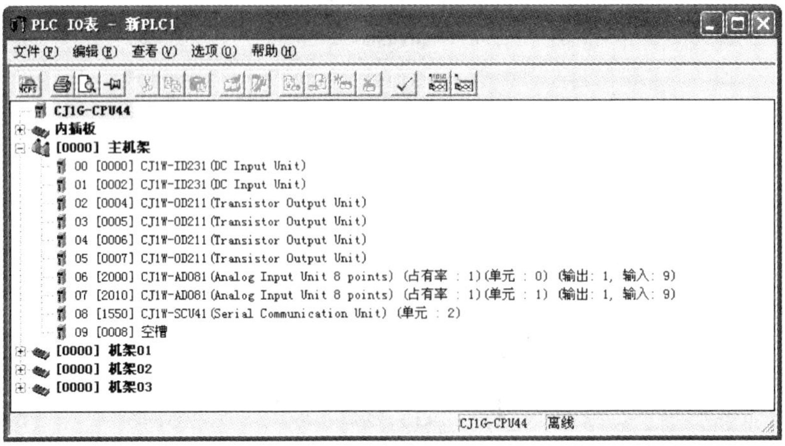

图 8-13 I/O 表创建结果

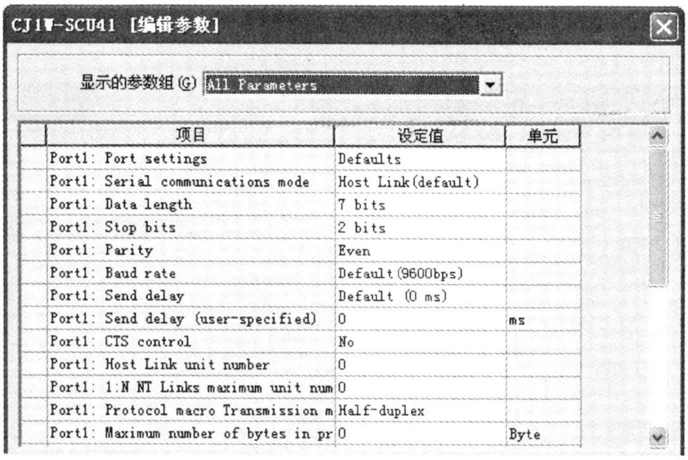

图 8-14　SCU41 单元参数编辑窗口

在图 8-14 中，串行通信方式是指选取欧姆龙 PLC 内置的串行通信协议。协议是控制数据通信的一组规则，协议的要素包括语法、语意和时序。通信数据收发双方的协议一致，就能通过双方共同的语言进行交流，实现控制。欧姆龙公司的工控设备包含了多种协议，用户在上位机可以通过协议来实现对工控设备的监视、分散控制、数据采集等工作。欧姆龙 PLC 的通信协议包括 Host Link、Toolbus、NT Link、PC Link、Modbus 协议、Compoway/F 和协议宏等协议。

在本项目中，由于 CJ1W－SCU41 单元的串口 1（RS－485 接口）并联接入 4 台巡检仪；串口 2（RS－232C 接口）以信号切换方式接入 4 台探测器，巡检仪与探测器均为第三方设备，其通信协议独立，因此 CJ1W－SCU41 单元的串行通信方式宜采用协议宏。又由于 XSL 系列巡检仪的 RS－485 通信数据格式为：启动位 1 位，数据位 8 位，停止位 1 位，无奇偶校验，通信速率默认值为 9600 bit/s（可选取 2400 bit/s、4800 bit/s、9600 bit/s 和 19200 bit/s 等四个值），因此设置图 8-14 中的串口 1 的主要参数如下：

Port Setting：User Setting（选择串口为用户设定，不使用默认通信格式）。

Serial communications mode：Protocol macro（协议宏通信格式）。

Data length：8 bits（数据位是 8 位）。

Stop bits：1 bits（停止位是 1 位）。

Parity：None（无奇偶校验）。

Baud rate：默认值（9600 bit/s）。

Protocol Macro Transmission Mode：Half－duplex（半双工）。

Maximun number of bytes in protocol macro send/receive data：1000 Byte（收发数据的最大字节数为 1000 字节）。

探测器的 RS－422 串行通信协议数据格式与巡检仪相同，按照相同方法设置串口 2 的参数。

当串行通信单元参数配置完毕后，单击“确定”按钮返回图 8-13 所示 I/O 表窗口，至此完成了 CJ1W－SCU41 单元参数配置。再次右键单击 SCU41 单元，在弹出的子菜单中单击“启动特殊程序”项下的“以继承的设定启动”，如图 8－15 所示。此时弹出与 CJ1W－SCU41 单元相配套的“选取特殊程序”对话框，如图 8-16 所示。

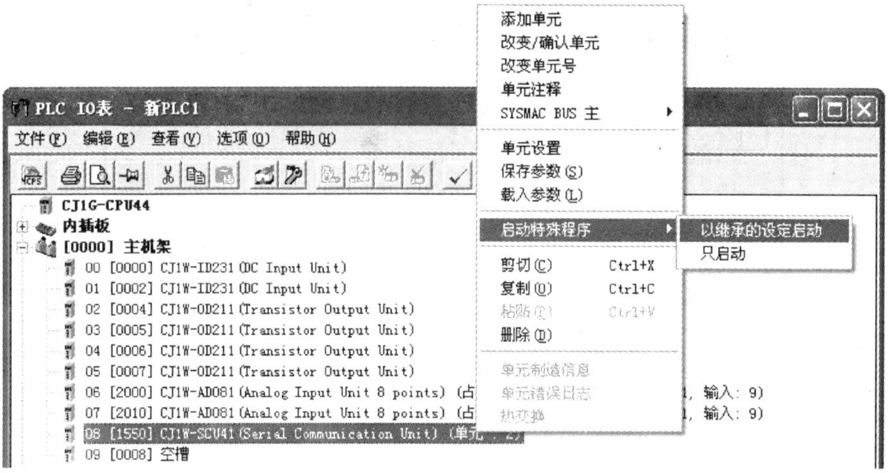

图 8-15　SCU41 单元启动特殊程序示例

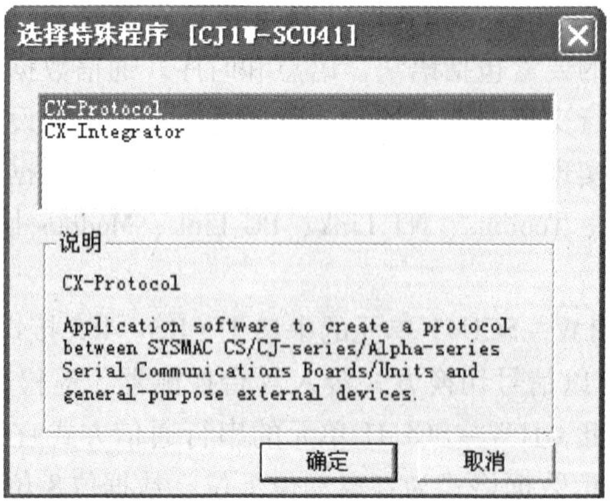

图 8-16　“选择特殊程序”对话框

由于 CJ1W－SCU41 采用协议宏方式通信，所以选取 CX－Protocol 协议宏编辑软件并单击“确定”按钮，进入到 CX－Protocol 的开发界面。

8.4　协议宏创建

8.4.1　巡检仪读取测量值命令

天辰 XSL 系列巡检仪的通信命令格式是“定界符＋地址＋内容＋常数＋数据＋检验核＋结束符”，其中各组成部分的符号及含义见表 8-14。

表 8-14　模拟量参数限值与量程表

组成项	通用表示符号	含　义
定界符	#、$、%、&、’、”	每个命令必须以定界符开始
地址	AA	紧跟定界符之后的两位通信地址
常数	DD	指某些命令所带的常数

（续）

组成项	通用表示符号	含　　义
数据	data	仅针对输出命令和设置参数命令
内容	BB	仪表内部的数据地址或参数地址
校验核	CC	命令字符串的 ASCII 码值的总和，用 2 位 40H ~ 4FH 的 ASCII 码字符表示
结束符	↙	指每个命令必须用回车符作为结束

8.4.2　创建协议

利用 CX－Protocol 软件创建一个协议项目，而一个协议项目中可以创建最多 20 个不同设备的协议。每个协议下又可以创建最多 60 个序列，而序列可以是不同操作的组合。每个序列最多可以由 16 步组成，每一步由发送帧，接收帧或收发帧组成。以下为创建协议宏的步骤。

1）打开 CX－Protocol 软件，选择菜单中的新建协议项目，弹出硬件配置对话框，如图 8-17 所示，配置 PLC 机型及 CPU 型号“CS1G/CJ1G”，单击“确定”按钮，得到图 8-18 所示界面。

图 8-17　配置 PLC 机型及 CPU 型号

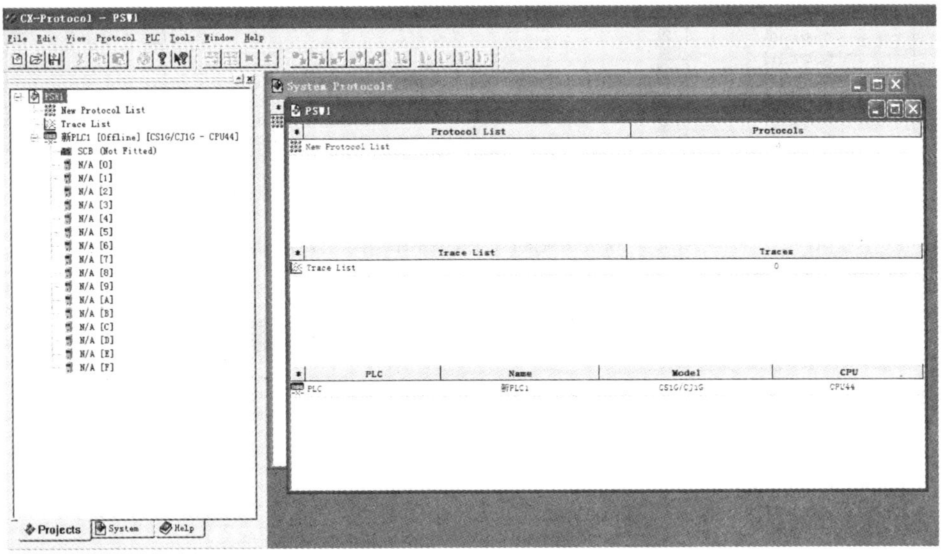

图 8-18　CX－Procotol 软件开发界面

2）创建一个新协议 Protocol。右键单击“New Protocol List”创建一个“New Protocol”，如图 8-19a 所示。在弹出窗口中选择协议宏类型为“CS/CJ”，如图 8-19b 所示。对于 C200Hα 或 CQM1H 系列 PLC，则只能选择“α”协议宏类型。

3）新创建的协议中选取存储协议宏的单元及单元号，本项目的 PLC 控制系统中选取了 CJ1W－SCU41 型串行通信单元，其单元号设为 2，如图 8-20 所示。

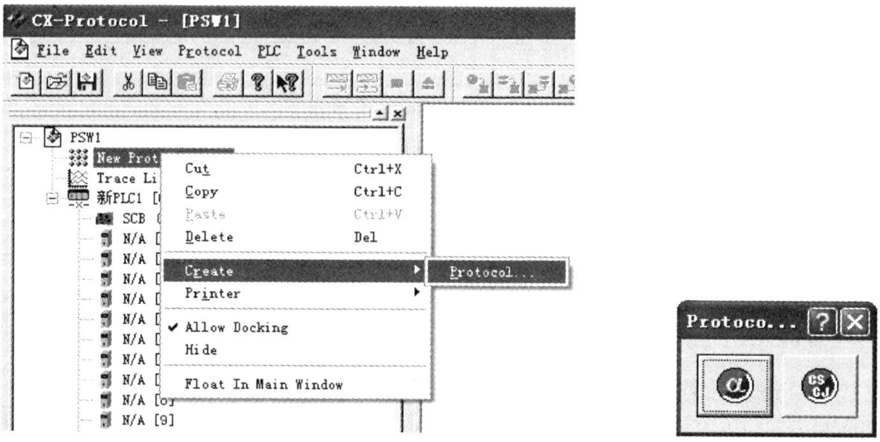

a) b)

图 8-19　创建新协议（Procotol）

a）创建新 Procotol　b）选择协议类型

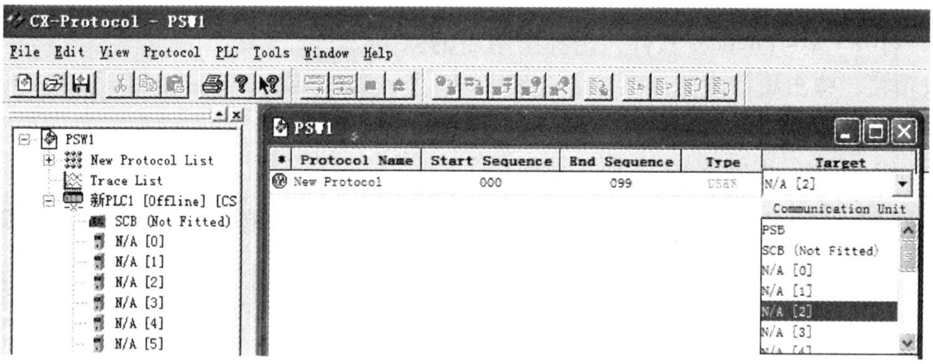

图 8-20　协议存储单元设置

4）双击图 8-20 中“New Protocol List”，右键单击“New Protocol”创建一个新序列 Sequence，如图 8-21 所示。

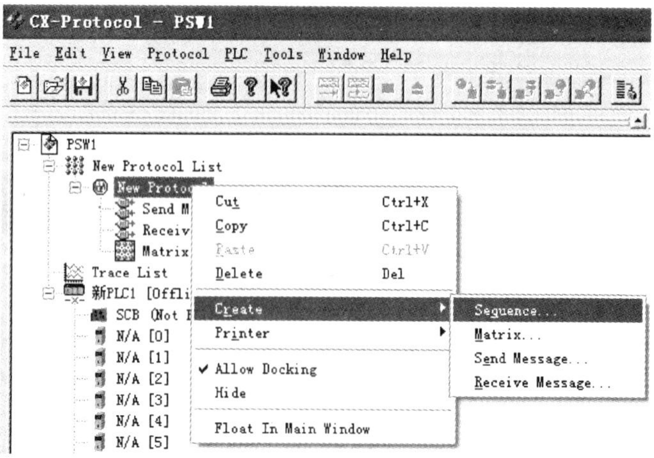

图 8-21　创建新序列

5）单击“New Sequence”，设置序列的各项参数，如图 8-22 所示。其中主要设定“Timer Tr”（从开始接收步至收到第一个字节的时间）、“Timer Tfr”（从接收第一个字节开始至收到最后一个字节的时间）和“Timer Tfs”（从发送第一个字节开始至发送完最后一个字节的时间）项，时间设置范围是 00 ~ 99，单位可选 10 ms、100 ms、1 s 或 1 min。

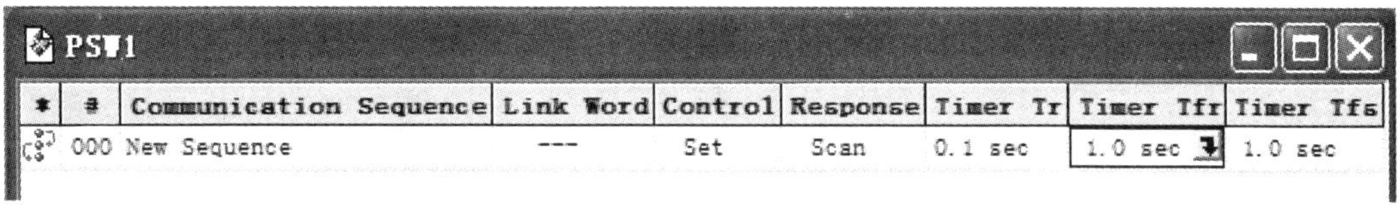

图 8-22　设置序列

6）右键单击“New Sequence”创建一个新 Step，如图 8-23 所示。在该 Step 的窗口中进行设置，老化测试项目中读取巡检仪的测量值需要“有问有答”，因此应选取“Send& Receive”命令，如图 8-24 所示。

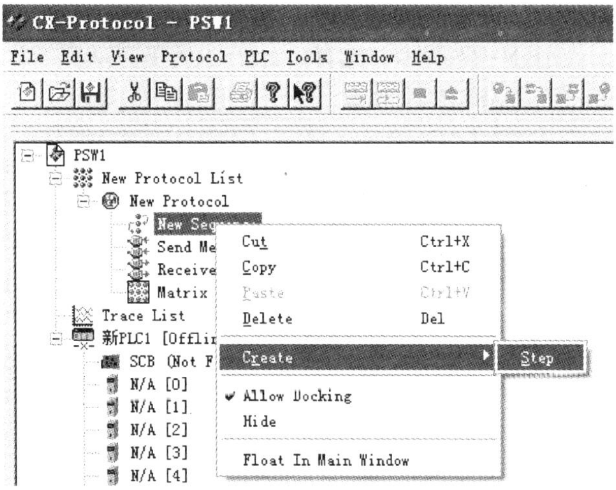

图 8-23　创建步

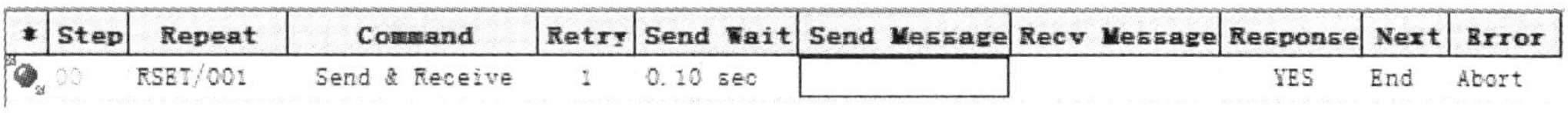

图 8-24　设置步

8.4.3　创建发送协议

现以地址 01 巡检仪读测量值命令“#010106↙”为例，编写其协议宏的发送协议。

1）编写起始码#。右键单击图 8-23 中的“Send Message”创建一个“New Message”，弹出“Message Editor”窗口，如图 8-25 所示。

单击“Header”项下的“Edit”，弹出的“Message Header”对话框中选择数据类型为“ASCII”，在数据项中填写“#”，如图 8-26 所示。

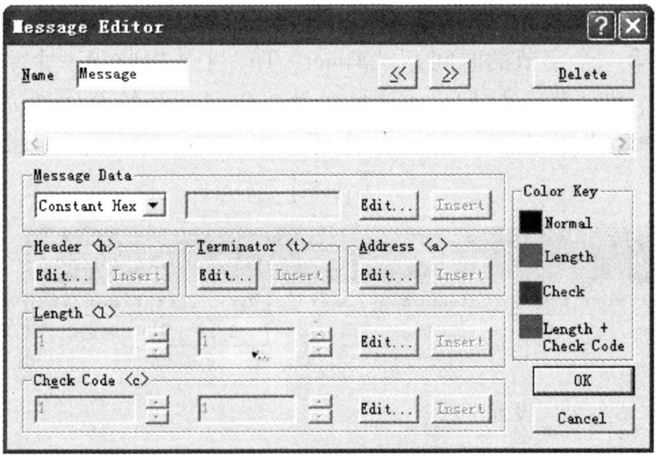

图 8-25　协议编辑窗口

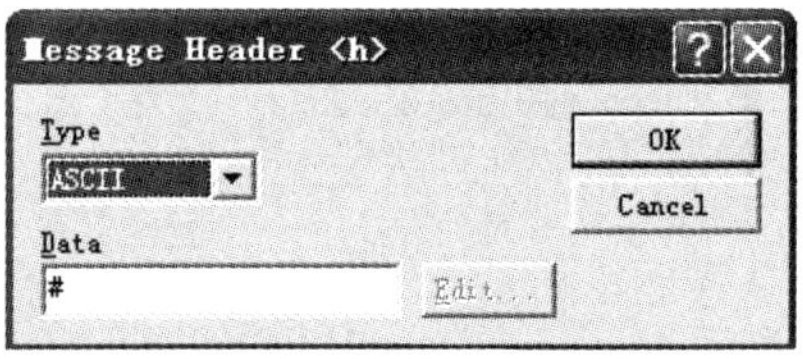

图 8-26　编辑协议头

2）编写从站地址 01。在图 8-25 中单击“Address”项下的“Edit”按钮，弹出“Message Address”对话框，如图 8-27 所示。选择数据类型“Contant ASCII”（ASCII 码常数），输入地址“01”。

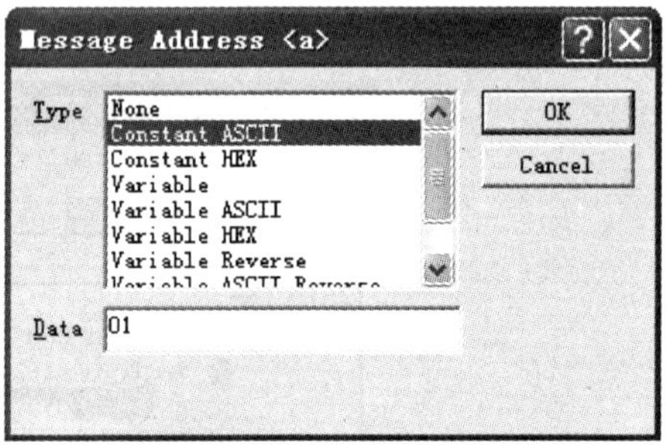

图 8-27　编辑从站地址

3）编写读取测量值的通道范围“0106”。在图 8-25 中“Message Data”处写入“0106”，变量类型选择“Contant ASCII”，如图 8-28 所示。

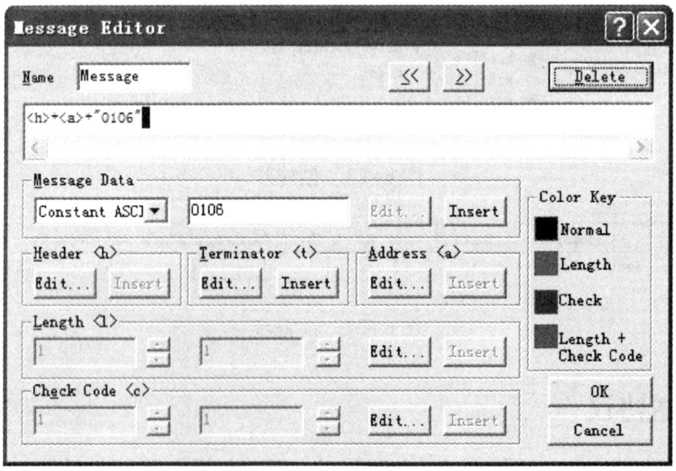

图 8-28　编辑命令正文

4）编写结束符↙。在图 8-28 中单击“Terminator”项下的“Edit”按钮，如图 8-29a 所示，选择数据类型为“CODE”（编码），然后单击“Edit”按钮，在下拉菜单选项中选择“CR”为结束符（即回车符↙）。

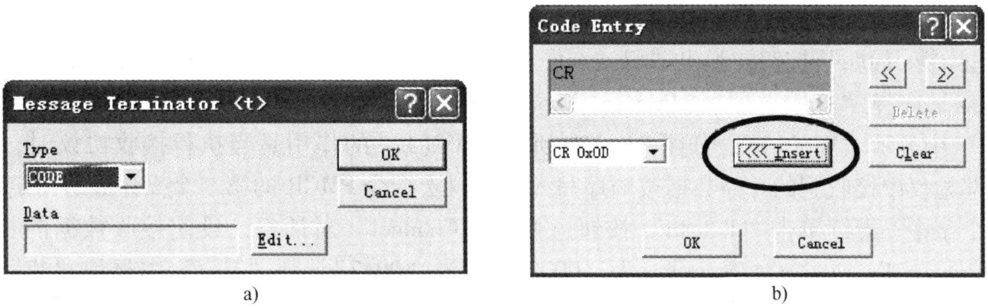

图 8-29　编辑结束码

a）结束码类型　b）选择结束码代码“CR”

5）发送协议编辑完毕，命令信息更名为“S1”（即 01 巡检仪发送信息），如图 8-30 所示。单击“OK”按钮确认。

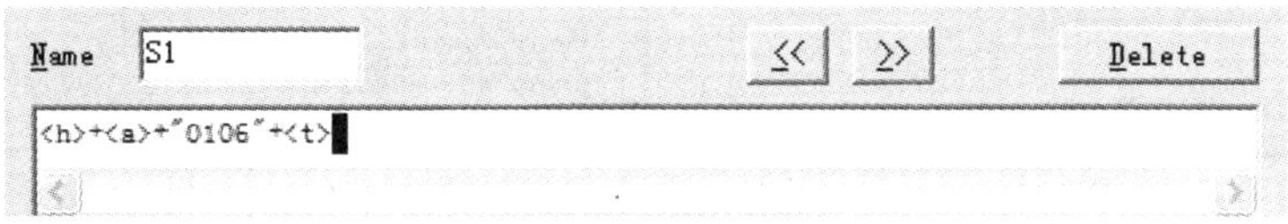

图 8-30　发送协议 S1

8.4.4　创建接收协议

编写巡检仪返回的应答数据协议。现以地址 01 巡检仪返回的应答数据“=+28.20@ =+14.90@ =-15.10@ =+04.98@ =+05.01@ =+10.88@↙”为例，编写协议宏的接收协议。起始码“=”与结束符“↙”之间的内容被视作应答有效数据，由于接收的数据为 ASCII 码，按每个字符占一个字节计算，应答例中除起始码和结束符外共需占用 47 个字节，通过 RS-485 串行通信总线将其采集到 PLC 后按顺序存储在预留的 D100 之后通道内，以后再进一步从这些 ASCII 码中抽提出实际的测量值并转换为十六进制数。

编写接收协议中应答数据部分的步骤如下：

1）创建一个“New Message”，弹出“Message Editor”窗口，在“Message Data”项内选择数据类型“Variable”（变量），如图 8-31 所示。

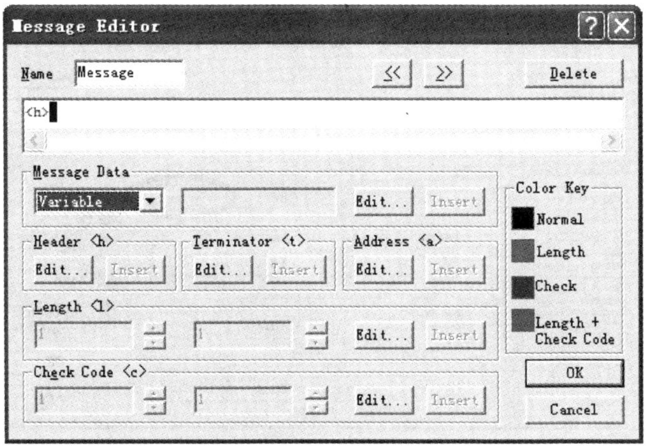

图 8-31　变量数据设定

2）单击右侧“Edit”按钮，在弹出的对话框中选择“Variable”，如图 8-32a 所示，继续单击“Variable”按钮，弹出“Channel”对话框，“Type”项选择“Write W”，“Data Address”选择“Operand”，“Primary Expression”中设 y 为“0000”，x 为“0001”，则“Text”中显示“W（1）”，如图 3－32b 所示。W（1）的作用是当执行接收协议时，PLC 将从巡检仪中接收到的 6 路数据按顺序写入到协议宏指令 PMCR 的第二个操作数所指定字的下一个字中。继续单击“Length”按钮，弹出“Channel”对话框，设定接收数据的长度。在“Primary Expression”项下设 y 为“0000”，x 为“0047”，则“Text”中显示“47”，如图 3－32c 所示，表示接收 47 个字节的数据。

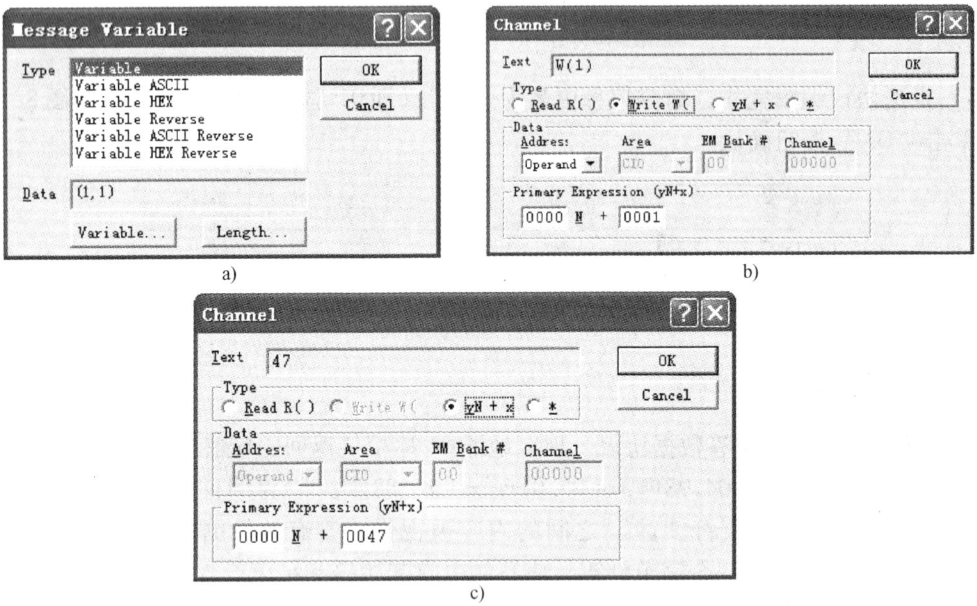

图 8-32　编辑结束码

a）变量数据类型设定　b）变量存储地址设定　c）变量存储长度设定

3）在“Message Editor”窗口中，单击“Insert”按钮，插入变量数据“（W(1),47）”，如图 8-33 所示。

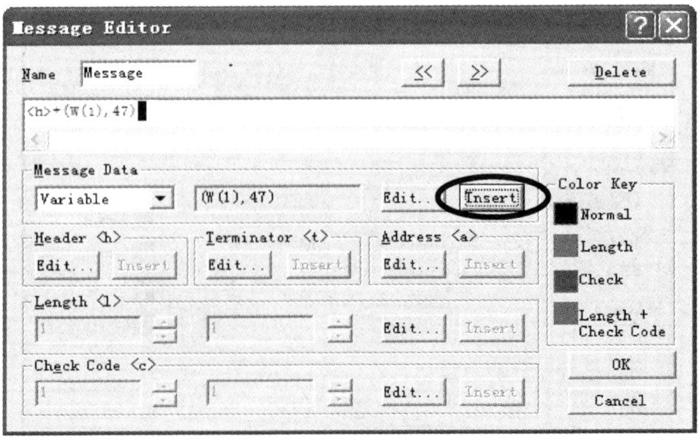

图 8-33　编辑变量数据

4）继续插入结束符后，接收协议编写完毕，命令信息更名为“R1”（即01巡检仪接收信息），如图8-34所示。单击“OK”按钮确认。同理可编写出地址号为02～04巡检仪的发送与接收协议。

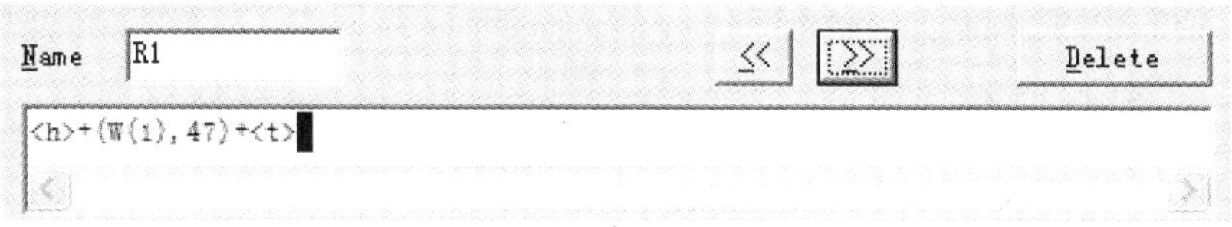

图8-34　接收协议R1

探测器接入串口2（RS-232接口）时。由于串口2是采用“排队”方式，即先到先得，因此不存在给探测器分配地址的问题。又由于只有当PLC发出“射检”指令后探测器才能反馈射检数据（应答帧“AA55040050XXXXSS”），因此仅编写射检数据的接收协议即可。

应答帧数据的前部“AA55040050”是固定不变的，可以视作起始码，随后的“XXXX”为射检判断数据（合格数据为“0980”），“SS”为校验和（2位十六进制数，计算范围是从“地址04”开始到“射检判断数据XXXX”结束的所有字节数据累加，注意不包括帧头数据!），二者需存储在预留的422通信通道内。编写射检数据接收协议的方法与巡检仪相同，结果如图8-35所示。

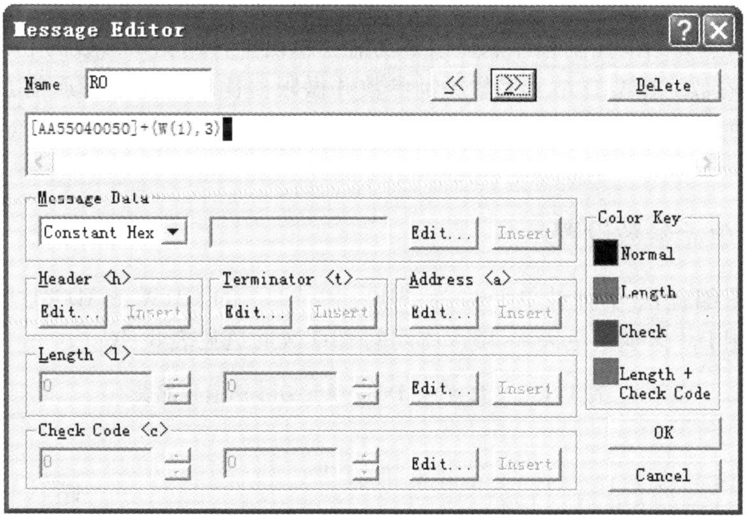

图8-35　射检数据接收协议R0

至此，本项目的协议宏全部编写完成，协议宏下各序列汇总如图8-36a所示，所有协议序列中各步的发送与接收信息汇总如图8-36b所示。特别注意序列号与各序列的对应关系，PMCR指令将根据序列号来调用不同对象的协议宏，实现对4台巡检仪和探测器的数据采集。

协议宏编写完成后需下载到串行通信单元CJ1W-SCU41中存储起来。

*	#	Communication Sequence	Link Word	Control	Response	Timer Tr	Timer Tfr	Timer Tfs
	000	射检	---	Set	Scan	0.10 sec	0.10 sec	0.10 sec
	001	巡检仪 1	---	Set	Scan	0.10 sec	0.10 sec	0.10 sec
	002	巡检仪 2	---	Set	Scan	0.10 sec	0.10 sec	0.10 sec
	003	巡检仪 3	---	Set	Scan	0.10 sec	0.10 sec	0.10 sec
	004	巡检仪 4	---	Set	Scan	0.10 sec	0.10 sec	0.10 sec

a)

*	Send Message	Header <h>	Terminator <t>	Check code <c>	Length <l>	Address <a>	Data
	S1	"#"	CR			"01"	<h>+<a>+"0106"+<t>
	S2	"#"	CR			"02"	<h>+<a>+"0106"+<t>
	S3	"#"	CR			"03"	<h>+<a>+"0106"+<t>
	S4	"#"	CR			"04"	<h>+<a>+"0106"+<t>
*****	**Receive Message**	**Header <h>**	**Terminator <t>**	**Check code <c>**	**Length <l>**	**Address <a>**	**Data**
	R0						[AA55040050]+(W(1),3)
	R1	"="	CR				<h>+(W(1),47)+<t>
	R2	"="	CR				<h>+(W(1),47)+<t>
	R3	"="	CR				<h>+(W(1),47)+<t>
	R4	"="	CR				<h>+(W(1),47)+<t>

b)

图 8-36　协议宏序列汇总

a）序列汇总　b）发送与接收信息汇总

8.5　控制程序设计

老化测试流程是严格的顺序控制过程，其手动控制权在上位机，而自动控制权在 PLC 系统。本例中重点介绍的控制程序涵盖以下功能：①设置各路测试参数的上下限值；②编程设置 A/D 单元参数；③A/D 单元采集关键参数并做限值比较；④串行通信方式采集一般参数并做处理后进行限值比较；⑤校验射检数据并判断老化测试的成败；⑥对超限情况报警处理。

8.5.1　A/D 单元参数设置

使用梯形图编程法分别对单元号为“0”和“1”的 CJ1W－AD081 单元设定参数。AD081 单元占用 DM 区通道见表 8-15。占用的 CIO 区通道见表 8-16。

表 8-15　CJ1W－AD081 单元 DM 通道分配表

DM 通道（字）	位号															
	15	14	13	12	11	10	9	8	7	6	5	4	3	2	1	0
m	未用								输入使用标志位（0：未用；1：占用）							
									8	7	6	5	4	3	2	1
m+1	输入信号范围设置（00：－10～10 V；01：0～10 V；10：1～5 V/4～20 mA；11：0～5 V）															
	输入 8		输入 7		输入 6		输入 5		输入 4		输入 3		输入 2		输入 1	
m+2	设置对第 1 路转换值进行平均值运算处理															
m+3	设置对第 2 路转换值进行平均值运算处理															
m+4	设置对第 3 路转换值进行平均值运算处理															

（续）

DM 通道（字）	位号															
	15	14	13	12	11	10	9	8	7	6	5	4	3	2	1	0
m+5	设置对第4路转换值进行平均值运算处理															
m+6	设置对第5路转换值进行平均值运算处理															
m+7	设置对第6路转换值进行平均值运算处理															
m+8	设置对第7路转换值进行平均值运算处理															
m+9	设置对第8路转换值进行平均值运算处理															
m+10～m+17	未用															
m+18	转换时间/分辨率设置 00：转换时间为1 ms，分辨率为4000 C1：转换时间为250 μs，分辨率为8000								操作模式设置 00：普通模式 C1：调整模式							

表8-16　CJ1W－AD081单元CIO通道分配表

I/O	字号	位号															
		15	14	13	12	11	10	9	8	7	6	5	4	3	2	1	0
输出	n	未用								峰值保持功能（0：未用；1：占用）							
										8	7	6	5	4	3	2	1
输入（从单元到CPU）	n+1	第1路输入经A/D转换后的数字量（16位二进制数）															
		16^3				16^2				16^1				16^0			
	n+2	第2路输入经A/D转换后的数字量（16位二进制数）															
	n+3	第3路输入经A/D转换后的数字量（16位二进制数）															
	n+4	第4路输入经A/D转换后的数字量（16位二进制数）															
	n+5	第5路输入经A/D转换后的数字量（16位二进制数）															
	n+6	第6路输入经A/D转换后的数字量（16位二进制数）															
	n+7	第7路输入经A/D转换后的数字量（16位二进制数）															
	n+8	第8路输入经A/D转换后的数字量（16位二进制数）															
	n+9	报警信号标志（00：无错误）								输入断线检测标志							
		16^1				16^0				8	7	6	5	4	3	2	1

在表8-15中的DM区首通道“m”中，00～02位、04～06位对应于CJ1W－AD081单元的第1～3路和第5～7路电流输入信号，当这些位置“1”时，意味着它对应的这一路输入被占用。因此D20000和D20100的值均设为“0077H”。

DM区m+1通道设置模拟量输入信号范围，由于本例的CJ1W－AD081单元上第1～3路和第5～7路均为4～20 mA电流输入信号，因此D20001和D20101的值均设为“2A2AH”。梯形图如图8-37所示。其中输入条件为PLC上电第一个扫描周期为ON的标志位P_First_Cycle（A200.11位），当PLC开机运行程序时，将无条件地运行以上程序。

探测器上所有待测模拟信号的限值和信号转换传感器最大量程，见表8-17。其中“+28.5V转接”“+28.5V消耗电流”和“磁控管电流”为关键参数，经调理后的模拟电流信号（4 ~ 20 mA）直接送入 PLC 的 A/D 单元中。

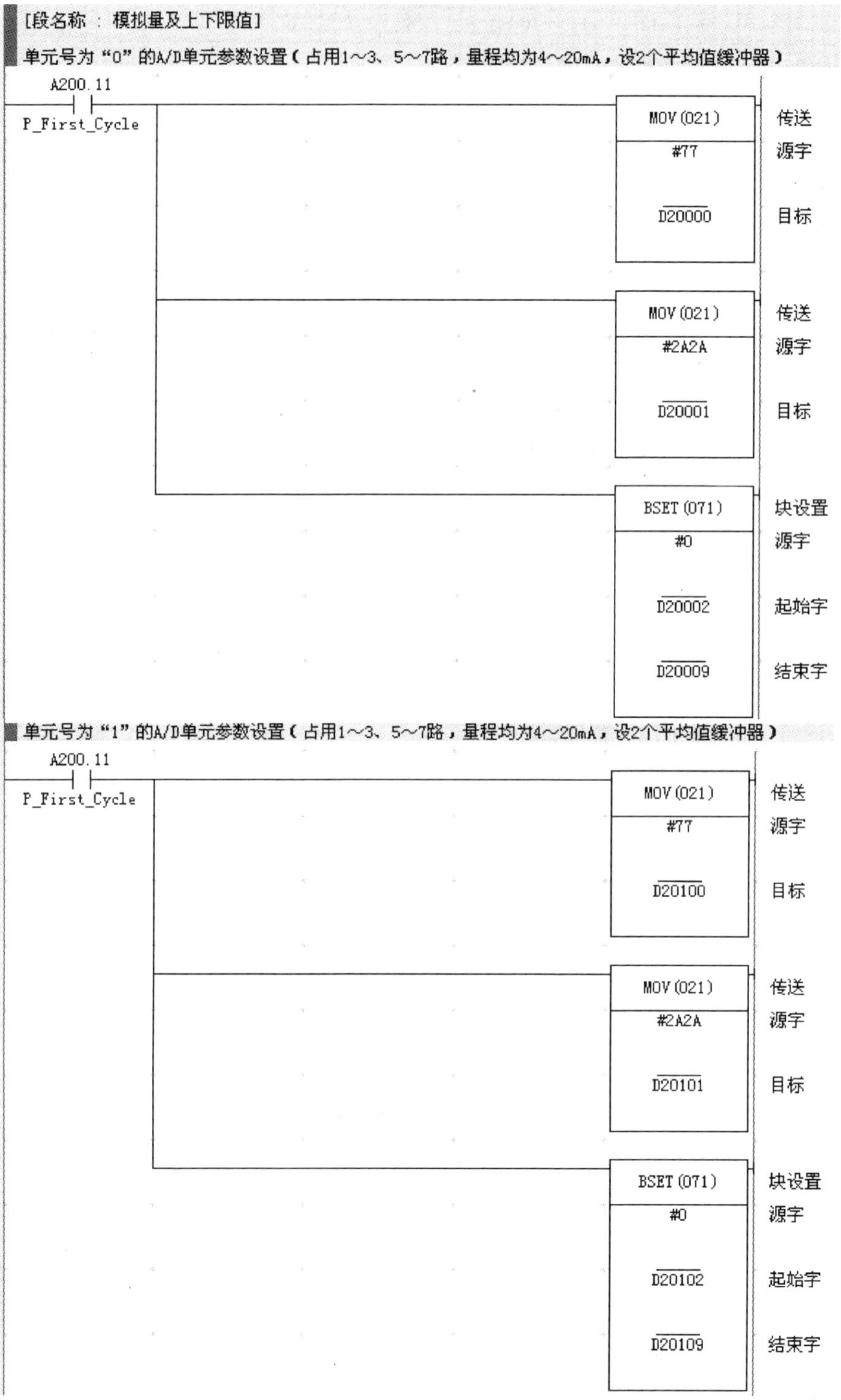

图 8-37　模拟量输入单元参数设定程序段

表 8-17　模拟量参数限值与传感器量程表

保护项目		下下限断电指标	下限报警指标	上限报警指标	上上限断电指标	传感器最大量程
+28.5 V 转接		≤24.00 V	≤25.50 V	≥31.50 V	≥32.00 V	35 V
+28.5 V 消耗电流	低压	—	—	—	≥6.00 A	20 A
	高压	—	—	—	≥12.00 A	
磁控管电流		≤13.00 V	≤15.00 V	≥21.00 V	≥22.00 V	25 V
+28.5 V		—	≤25.50 V	≥31.50 V	—	35 V
+15 V		—	≤14.70 V	≥15.30 V	—	20 V
-15 V		—	≤ -15.30 V	≥ -14.70 V	—	20 V
信号处理 +5 V		—	≤4.85 V	≥5.15 V	—	8 V
频率跟踪 +5 V		—	≤4.85 V	≥5.15 V	—	8 V
航向控制电压		—	绝对值≤10.75 V	绝对值≥11.75 V	—	±15 V

表 8-17 中列出了它们对应的电流传感器最大量程分别为 35 V、20 A 和 25 V，由于 A/D 单元转换分辨率为 4000（十六进制数 FA0），根据图 8-38 的 A/D 线性转换关系可以计算出这三路信号限值对应的十六进制数。

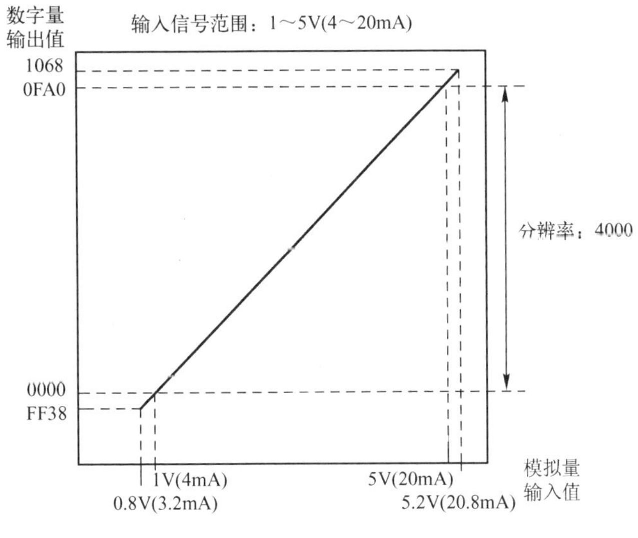

图 8-38　模拟量输入值与 A/D 转换值线性关系图

模拟量输入信号按图 8-38 经 A/D 线性转换为十六进制数 0000 ~ 0FA0（分辨率为 4000），存储在 I/O 区的 n+1 ~ n+8 通道。本项目中不需要对探测器的关键参数设置峰值保持功能，因此各路的峰值保持使用位均置为默认值"0"，即通道 n 的低 8 位均置"0"。即 CIO 2000 和 CIO 2010 通道的值均为"0000H"。

探测器关键参数接入了 CJ1W - AD081 单元的第 1 ~ 3 路和第 5 ~ 7 路，CJ1W - AD081 将这 6 路 4 ~ 20mA 电流输入信号以线性方式 A/D 转换为十六进制数（0000 ~ 0FA0），将这 6 个数据分别存储在 n+1 ~ n+3 和 n+5 ~ n+7 通道中，即单元号为 0 的 CJ1W - AD081 单元存储在 2001 ~ 2003 通道和 2005 ~ 2007 通道；单元号为 1 的 CJ1W - AD081 单元存储在 2011 ~ 2013 通道和 2015 ~ 2017 通道。

8.5.2 上下限赋值

本项目中分配给由巡检仪采集的 6 路一般参数值及其限值的 DM 区通道见表 8-18，分配给 3 路关键参数及其限值的 DM 区通道见表 8-19。

表 8-18 一般参数占用 DM 区通道分配表

巡检仪项目	1#巡检仪	2#巡检仪	3#巡检仪	4#巡检仪	下限值	上限值
第 1 路：+28.5 V	D11	D21	D31	D41	D160	D161
第 2 路：+15 V	D12	D22	D32	D42	D162	D163
第 3 路：-15 V	D13	D23	D33	D43	D164	D165
第 4 路：信号处理 +5 V	D14	D24	D34	D44	D166	D167
第 5 路：频率跟踪 +5 V	D15	D25	D35	D45	D168	D169
第 6 路：航向控制电压	D16	D26	D36	D46	D170	D171
航向控制电压计算中间值	D17	D27	D37	D47	—	—
巡检仪 6 路参数的 ASCII 码采样值占用通道	D100 ~ D124	D200 ~ D224	D300 ~ D324	D400 ~ D424	—	—

表 8-19 关键参数值占用 DM 区通道分配表

项 目 名 称	+28.5 V 转接	+28.5 V 消耗电流	磁控管电流	循环数设定值（BCD）	上位机设定值（HEX）
1#探测器	D51	D52	D53	D71	D152
2#探测器	D55	D56	D57	D72	D153
3#探测器	D61	D62	D63	D73	D154
4#探测器	D65	D66	D67	D74	D155
下下限值	D92	—	D98	—	—
下限值	D90	D94	D96	—	—
上限值	D91	D95	D97	—	—
上上限值	D93	—	D99	—	—

在图 8-39 中，输入条件同样为 P_First_Cycle（A200.11 位），当 PLC 开机运行程序时，将无条件地立即赋“28.5 V 转接”的限值。如在表 8-17 中“28.5 V 转接”对应的传感器最大量程是 35 V，35 V 即对应十六进制数 FA0，则可以推算出 31.5 V 对应值为 E10（H），25.5V 对应值为 B62（H），32 V 对应值为 E49（H），24 V 对应值为 AB6（H）。

“+28.5 V 消耗电流”和“磁控管电流”信号对应限值经同样推算后编程赋值。

6 路一般参数接入测控单元内的巡检仪上，巡检仪进行工程量转换后再通过 RS - 485 串行通信将结果送入 PLC 指定通道（见表 8-18），才能进行后续比较运算。为了排除小数点的干扰，控制程序将巡检仪上所有采样测量值和它们的上下限值均扩大了 100 倍。赋值程序如图 8-40 所示。

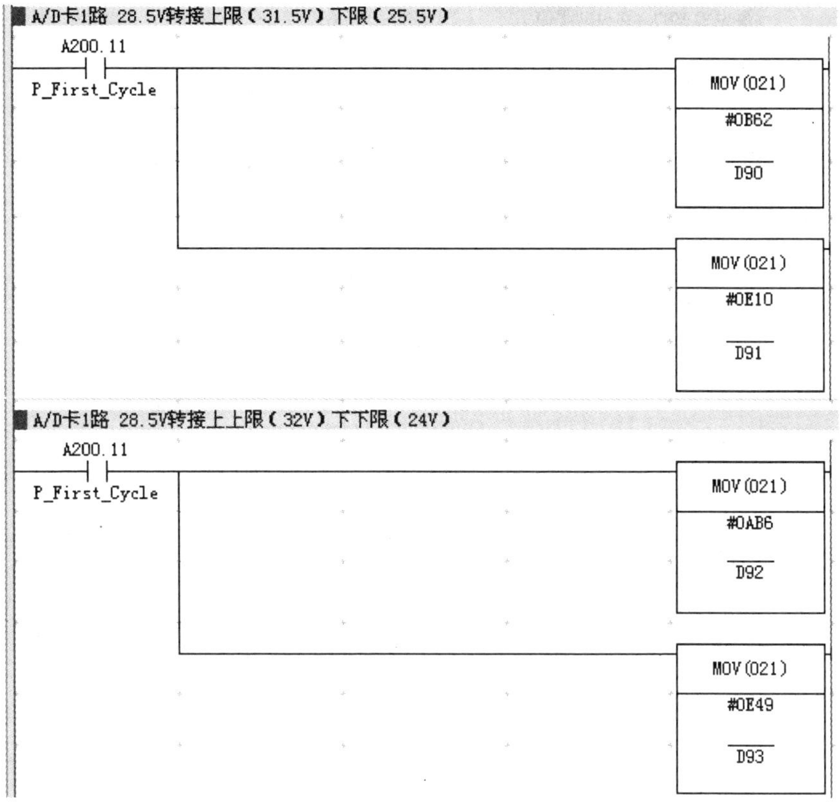

图 8-39 “28.5 V 转接”信号限值赋值程序

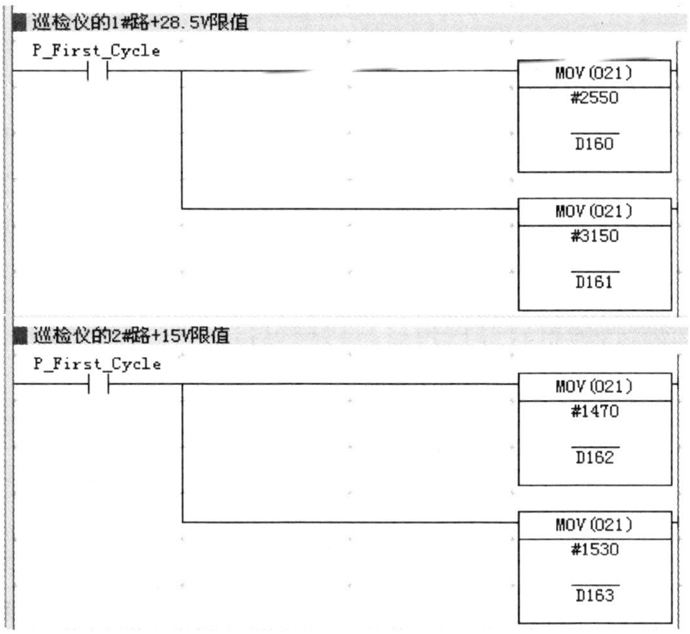

图 8-40 巡检仪上 1# ~ 5#路模拟信号限值赋值程序段

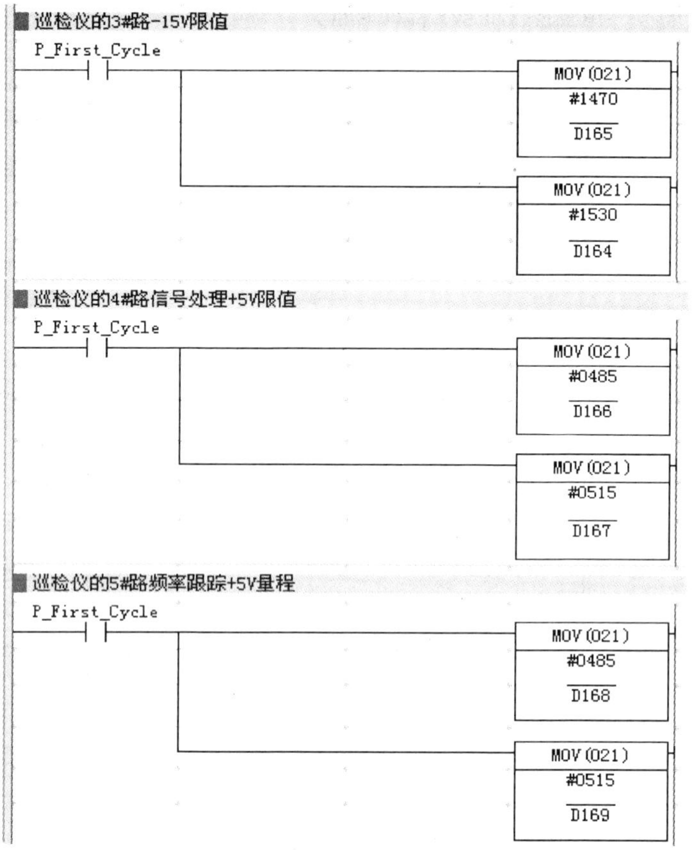

图 8-40　巡检仪上 1#～5#路模拟信号限值赋值程序段（续）

8.5.3　关键参数限值比较与报警

“+28.5 V 转接”测量值在高、低压测试过程中实时进行限值比较，程序如图 8-41 所示。当产生虚报警时，报警位 9.03 输出，但立即就能自行恢复正常；当发出严重超限时，超限停机位 10.12 将置位并报警，同时强制关闭探测器，该位只能由操作员按总消声按钮复

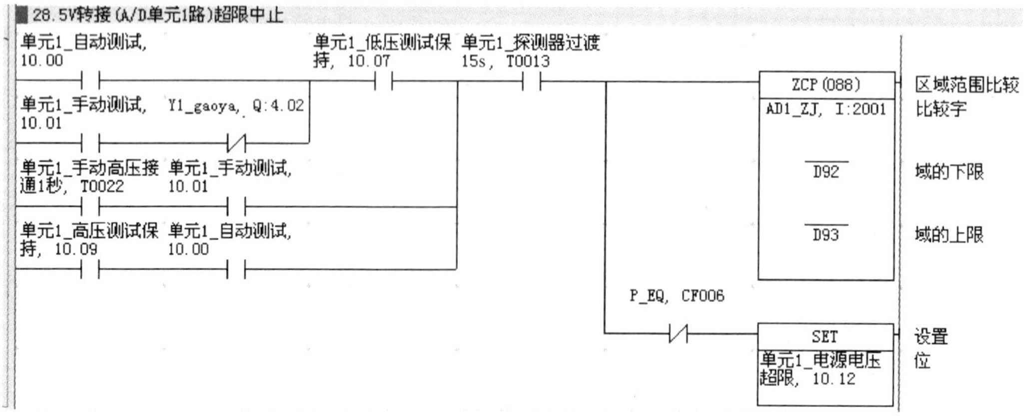

图 8-41　“28.5V 转接”限值比较与报警程序段

位后，探测器才能重新启动。参照图 8-41 可以编写“28.5 V 消耗电流”与“磁控管电流”测量值的限值比较与报警程序。

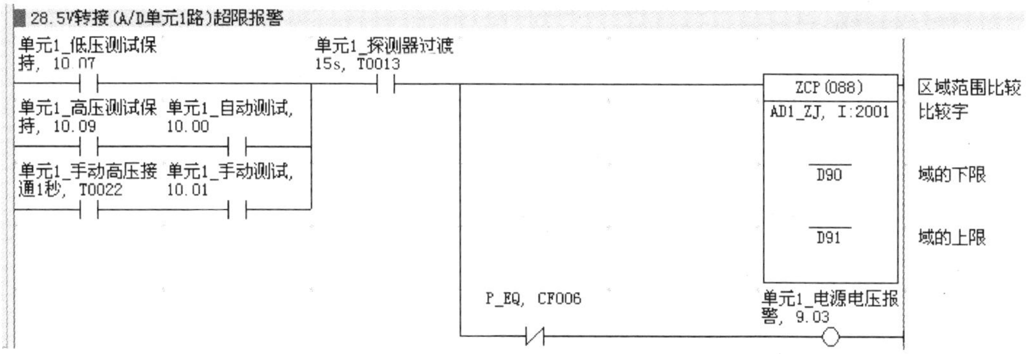

图 8-41　“28.5V 转接”限值比较与报警程序段（续）

8.5.4　协议宏调用程序

控制系统的串行通信单元 CJ1W - SCU41 连接了巡检仪和探测器两类设备，因此协议宏控制程序也由两部分组成，需使用协议宏调用指令 PMCR，其符号如下：

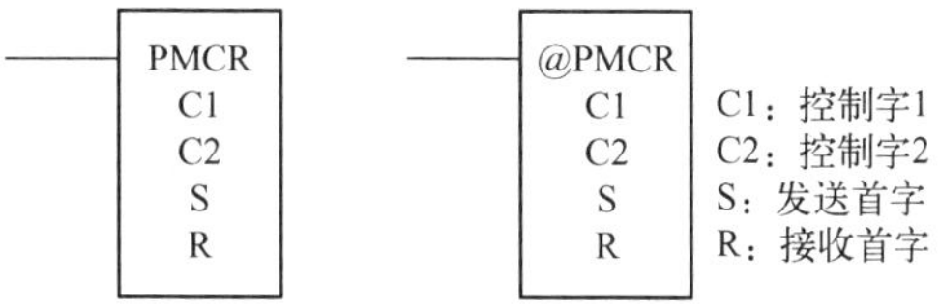

操作数取值区域：

C1：CIO、W、H、A、T、C、D、＊D、@D 或指定立即数值

C2：CIO、W、H、A、T、C、D、＊D、@D 或常数（0000 ~ 03E7H）

S：CIO、W、H、A、T、C、D、＊D、@D 或#0000

R：CIO、W、H、A448 ~ A959、T、C、D、＊D、@D 或#0000。

控制通道 C1 旨在定义 PMCR 控制的 PMSU 模块和端口。C1 设定数据如下：

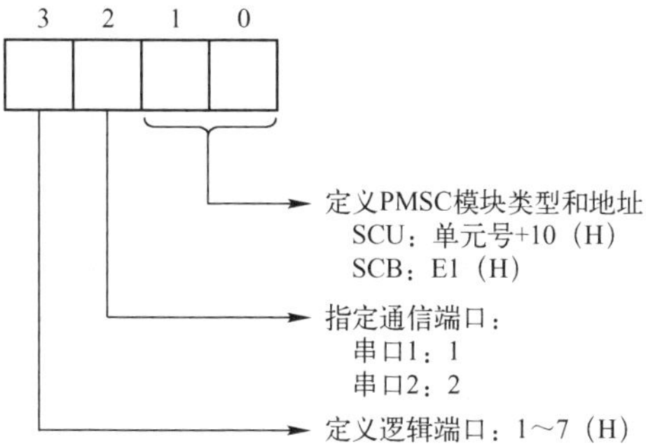

控制通道 C2 旨在定义触发执行协议宏的起始序列号，取值范围 0000 ~ 03E7H（对应十进制数 000 ~ 999）。

发送首字 S 指定发送数据存储的起始地址。

接收首字 R 指定接收数据存储的起始地址。

PMCR 指令执行时，协议宏执行标志位为 ON，不同单元号的串行通信单元对应不同执行标志位，计算方法见表 8-20。

表 8-20　协议宏执行标志位计算表

名　称	位 地 址	n 计算公式
串口 1 协议宏执行标志	CIO 区（n+9）字 15 位	n=1500+25×单元号
串口 2 协议宏执行标志	CIO 区（n+19）字 15 位	

（1）1#巡检仪的协议宏调用程序

如图 8-42 所示。PMCR 指令的操作数设定如下：

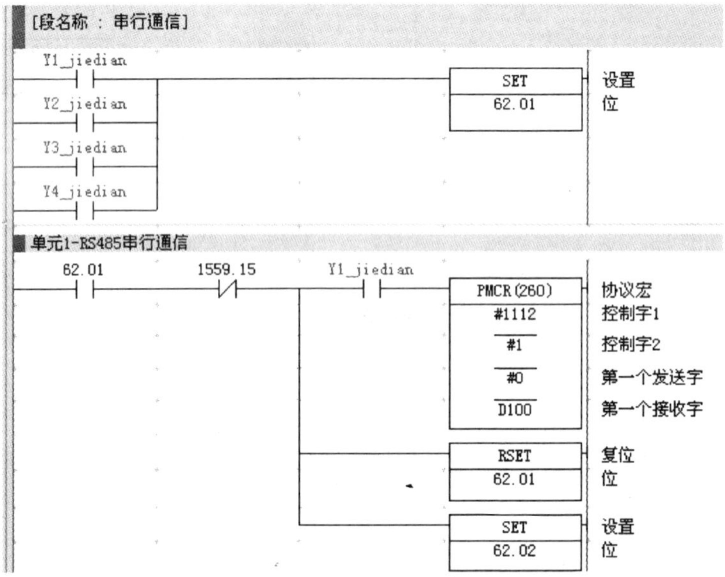

图 8-42　1#巡检仪协议宏控制程序段

1）控制字 C1：逻辑端口选“1”（1～7 可以任选），故 C1 最高位设“1”；4 台巡检仪均并联接入 CJ1W-SCU41 的串口 1，故 C1 的 2 位设“1”；使用 CJ1W-SCU41 的单元号为“2”，故 C1 的低两位设为“12”（单元号+10（H））。结果是 C1 字的值为“#1112”。

2）控制字 C2：由于读取 1#巡检仪测量值的协议序列号为 001，因此 C2 字的值设为“#1”。

3）发送首字 S：由于 1#巡检仪协议宏序列中的发送命令信息正文为固定值“0106”，无需从 PLC 的某存储区内读取数据，因此 S 字的值设为“#0”，不能设为其他立即数。

4）接收首字 R：在表 8-18 中为 1#巡检仪预留了以 D100 开始的测量值存储通道串，因此 R 字的值设为“D100”。但是，需要特别注意的是，采集到的测量值（ASCII 码）是从 D101 通道（即 D100 的下一个通道）开始顺序存储的，共占用 24 个通道。示例见表 8-21。

表 8-21　1#巡检仪测量值（ASCII 码）表

应答值	+2	8.	20	@=	+1	4.	90	@=	-1	5.
通道号	D101	D102	D103	D104	D105	D106	D107	D108	D109	D110
ASCII	2B32	382E	3230	403D	2B31	342E	3930	403D	2D31	352E
应答值	10	@=	+0	4.	98	@=	+0	5.	01	@=
通道号	D111	D112	D113	D114	D115	D116	D117	D118	D119	D120

（续）

ASCII	3130	403D	2B30	342E	3938	403D	2B30	352E	3031	403D
应答值	+1	0.	88	@						
通道号	D121	D122	D123	D124						
ASCII	2B31	302E	3838	4000						

同理，2#～4#巡检仪的协议宏调用程序如图 8-43 所示。

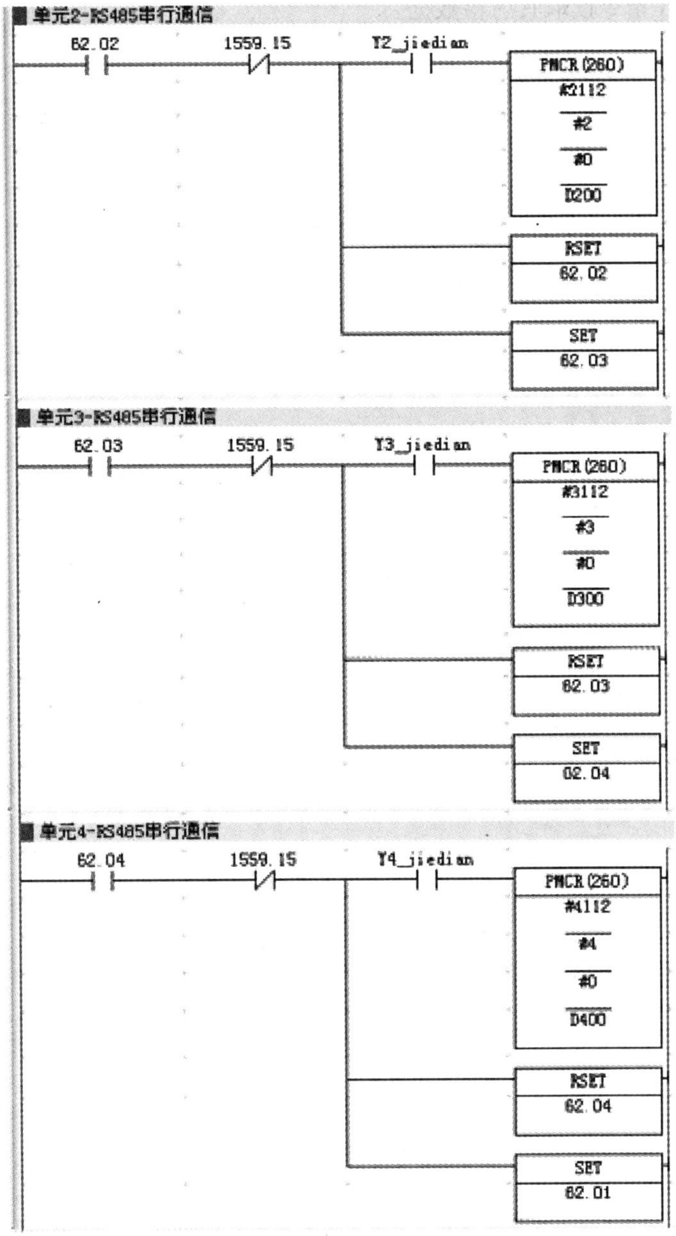

图 8-43　2#～4#巡检仪协议宏控制程序段

需要特别注意的是，若将 PMCR 中的逻辑地址写成一致，如都设为“1”或“2”，则通电后无法通信。这是由于巡检仪的通信是不间断的，若把逻辑信号都设为相同值，就会产生通信堵塞。因此，必须将逻辑地址设为不同值，通信才正常。

（2）1#～4#探测器射检的协议宏调用程序

如图 8-44 所示。控制字 C1 为“#7212”，逻辑端口为 7，占用串口 2，单元号为 2。控制字 C2 为“#0”，说明调用 000 序列，即射检序列。发送首字 S 为“#0”，表示无需读取 PLC 的通道值。串口 2 的协议宏执行标志位是 1569.15 位。当某台探测器的 RS－422 信号接通时，执行 PMCR 指令读取其射检数据。

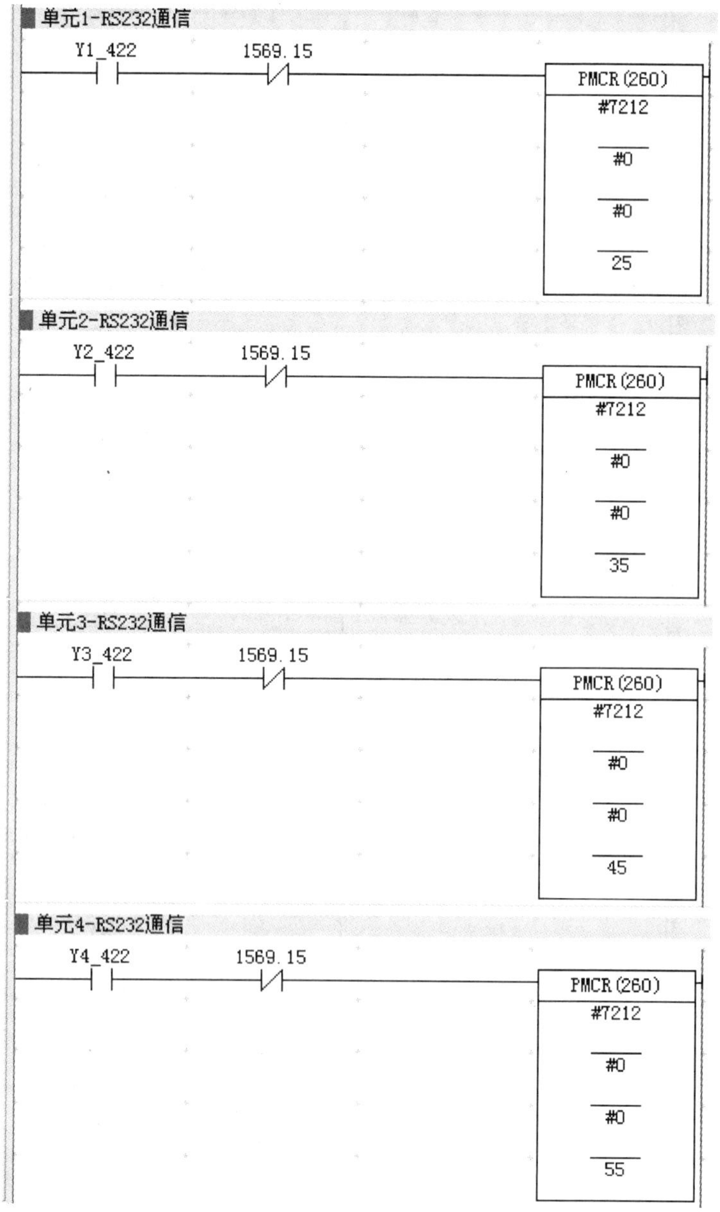

图 8-44　射检数据协议宏控制程序段

8.5.5 一般参数限值比较与报警

由于从巡检仪采集到的测量值是 ASCII 码形式（见表 8-21），不能直接与限值进行比较，因此需要先将有效测量值从存储通道内提取出来，然后再将其数制转换成十六进制数。利用“ASCII→十六进制”的数制转换指令 HEX 换算得到十六进制有效值。以电源电压参数“28.5 V”的测量值数制转换为例，程序如图 8-45a 所示。提取出的有效值在完成探测器 15s 过渡期后开始进行限值比较，一般参数测量值超限只报警不停机，“28.5 V”的限值比较程序示例如图 8-45b 所示，其他 5 路程序类同。

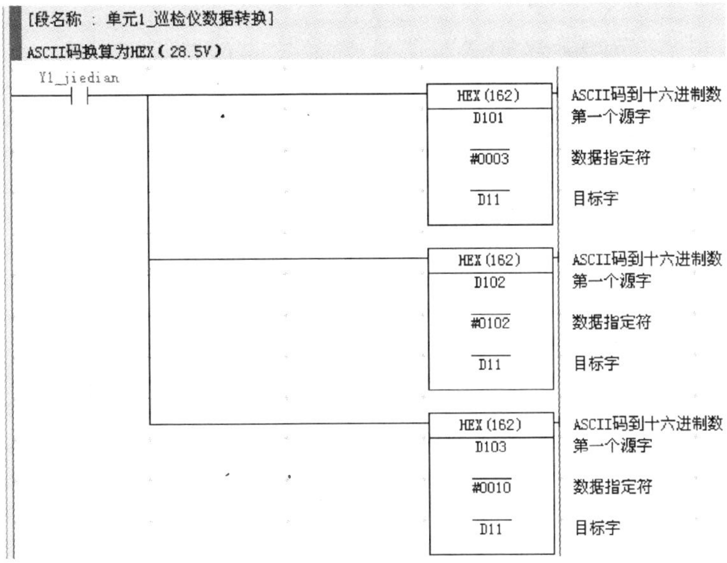

a)

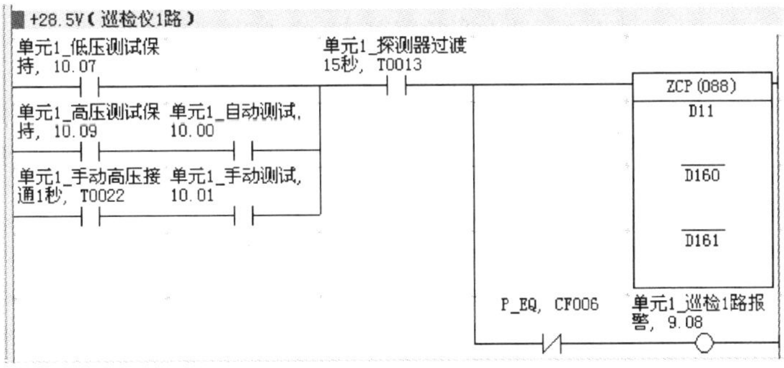

b)

图 8-45 巡检仪测量值限值比较与报警程序示例

a）“28.5 V”测量值数制转换程序 b）“28.5 V”限值比较程序

8.5.6 射检判断

1#探测器的 RS-422 通信线路一旦接通（4.14 位为“1”），就执行协议宏调用程序，射检数据（十六进制数）随即被采集到了 PLC 的指定通道内（25 通道之后）。由于射检应答帧为“AA55040050XXXXSS”，其中［AA55040050］作为协议序列的起始码，“XXXX”为射检数据（合格数据为“0980”，但上位机要求传送“8009”），“SS”为校验和（2位十六进制数，计算范围是从“地址04”开始到“射检判断数据XXXX”结束的所有字节数据累加，即04+00+50+XX+XX=SS，注意不包括帧头数据），二者占用3个字节，顺序存储到CIO区26、27通道内。如果射检合格，则26通道值为“0980”，27通道值为“DD00”（SS=04+00+50+09+80=DD）。

当4.14位接通的5s定时器T0011导通后，调整射检合格数据的显示格式，程序如图8-46所示。使用数传送指令MOVD将26通道值的高字节数（09）与低字节数（80）对调，存储在28通道内，如果射检合格，则28通道值为8009H。

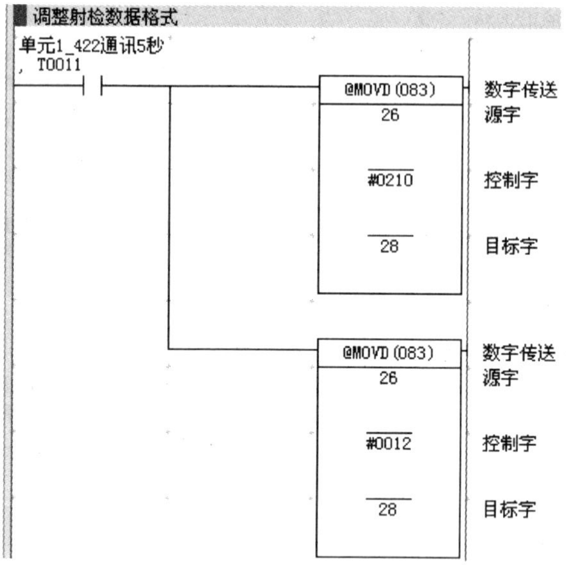

图8-46　调整射检数据显示格式程序段

T0011导通后开始计算射检应答帧的校验和，程序如图8-47所示。计算思路是将存储射检数据的26通道值拆分成两个字节值，依次与04（地址）、00（命令）和05（功能号）相加，和即为校验和。

具体计算过程是，首先使用二进制加法指令+将28通道值（假定是合格值8009H）与立即数5400（即三个射检字节值相加，04+00+50=54）相加，和为“D409”存储在29通道中；然后，使用数传送指令MOVD将29通道的低字节数（09）传送到30通道的高字节（30通道值0900H）；最后将30通道值（0900H）与29通道值（D409H）相加，和为“DD09”存储在30通道内，覆盖原值。

将计算得到的校验和与实际接收的校验和比较，程序如图8-48所示。使用字逻辑与指令ANDW提取30通道的高字节值存储到31通道（通道值为DD00H），接着与实际接收校验和通道值（27通道值DD00H）进行比较，如果不相等，则使422通信报警8.01置位，说明RS422通信线路异常，射检数据失真；如果相等，则使422通信校验位11.09为“1”，说明PLC通过RS422串行总线接收到的数据与探测器发送数据相同。

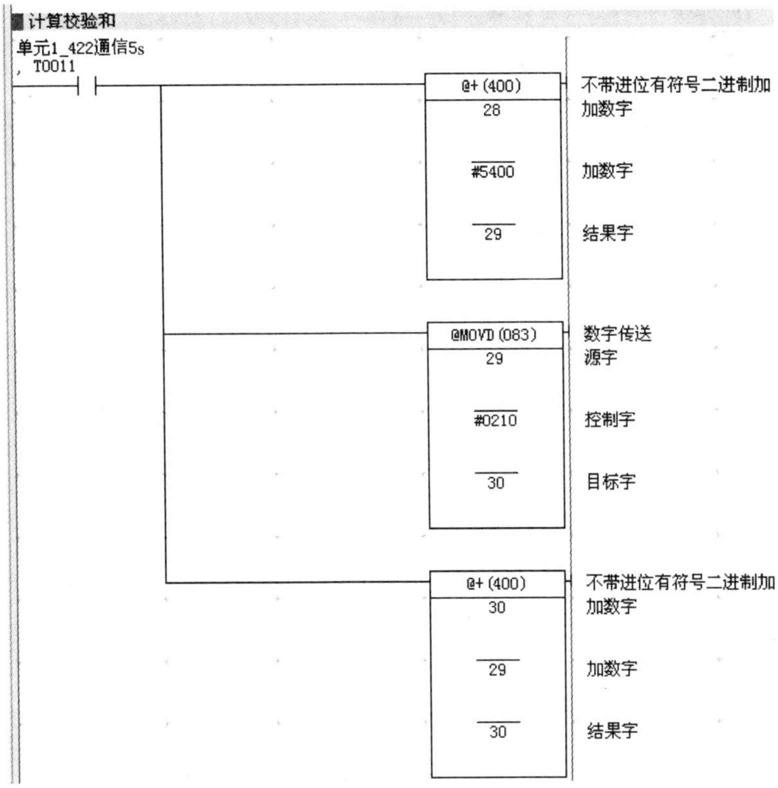

图 8-47　计算射检应答帧校验和程序段

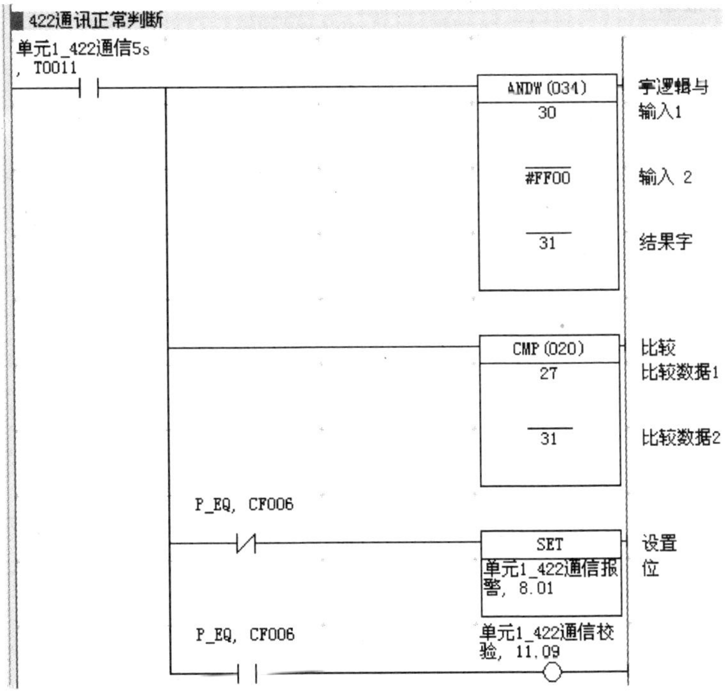

图 8-48　判断 422 通信线路与射检合格程序段

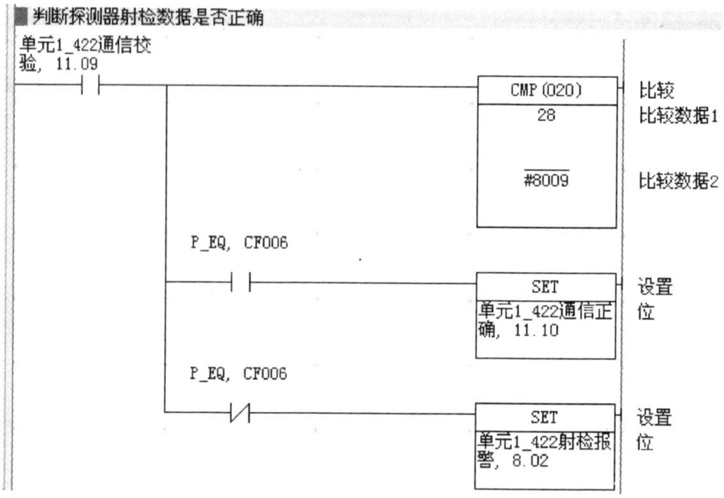

图 8-48　判断 422 通信线路与射检合格程序段（续）

当 11.09 位为“1”后，由其执行比较指令 CMP，将 28 通道值与立即数 8009 比较，相等则置位 422 通信正常位 11.10；不等则置位 422 通信报警位 8.02。射检判断产生的三个可能结果为合格（11.10 为“1”）、不合格（8.02 为“1”）和 422 通信错误（8.01 为“1”），任何一个结果都意味着射检阶段结束。422 通信结束位 10.10 关闭探测器，后者进入休息阶段。

8.5.7　报警处理

1. 测试单元报警

探测器过渡期一结束即开始限值比较并做报警判断，程序如图 8-49 所示。在图 8-49 中，由于 1#测试单元的报警点排满了 CIO 区 9 通道，因此只要 9 通道内的任意点为“1”，则整个通道的值就非零，使用比较指令 CMP 和等于标志位 P_EQ 可以方便地“捕捉”到报警状态，使 1#单元总报警位 13.11 置“1”。13.11 位与 1 s 时钟脉冲位 P_1s 串联，使 1#测试单元面板上的报警灯 4.08 产生亮 0.5 s，灭 0.5 s 的闪烁效果。4 个测试单元的总报警位并联“点亮”老化测试台顶部的设备报警灯 4.15。

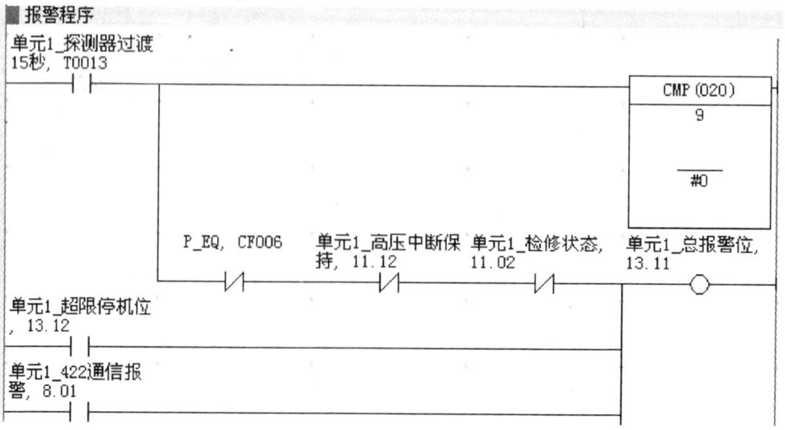

图 8-49　单元 1 光报警程序段

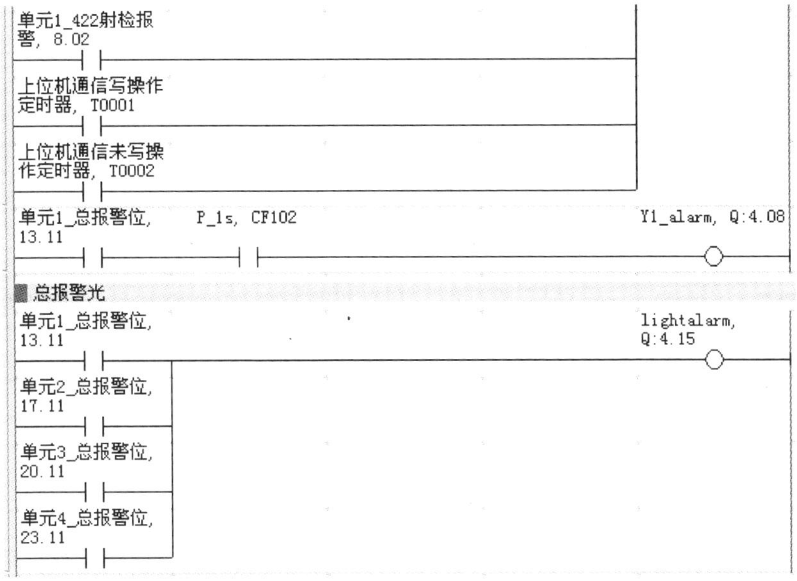

图 8-49　单元 1 光报警程序段（续）

2. 报警消声程序

报警灯亮的同时 1#单元声报警位 8.09 置位，并传递给设备声报警中间位 17.15，17.15 与 T0008 串联，使蜂鸣器 5.15 随之也响 1 s，断 1 s。

操作员到现场后按下消声按钮可以消除报警声，排除故障后报警灯自然熄灭。若操作员正在排除故障时又有新故障产生，则蜂鸣器将再次响起，提示操作员有新报警产生。当故障彻底消除后声光报警均消失。程序如图 8-50 所示。

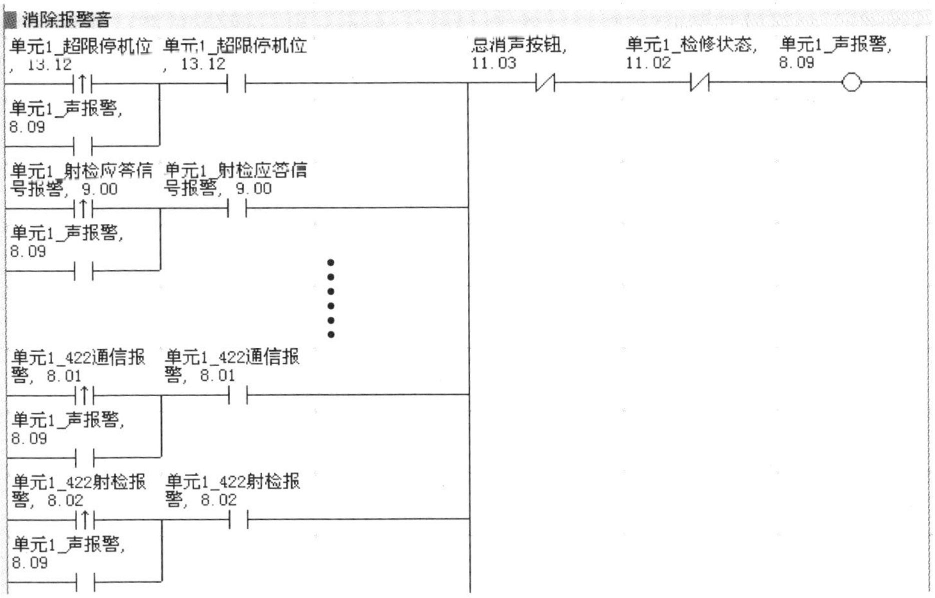

图 8-50　报警消声程序段

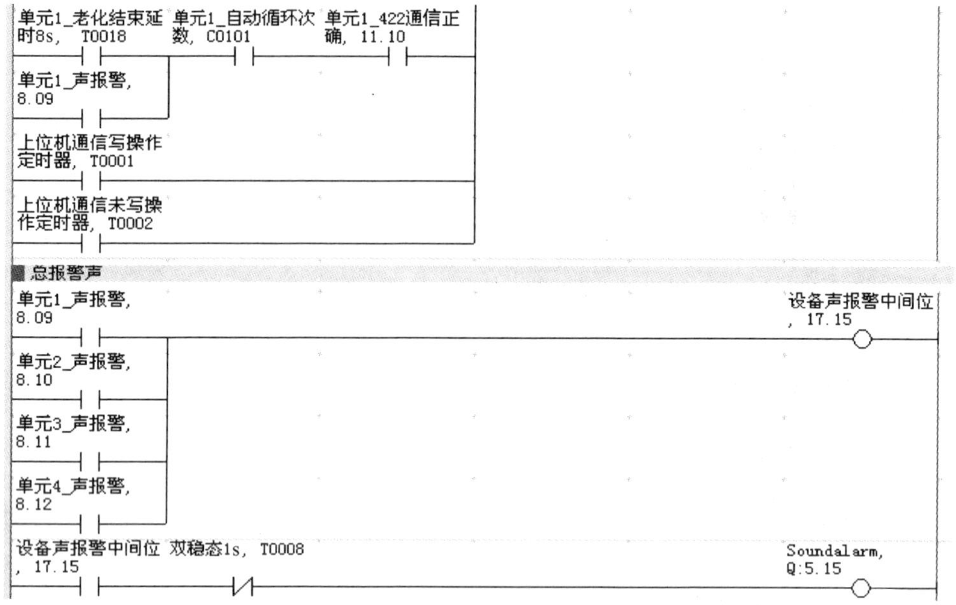

图 8-50 报警消声程序段（续）

在图 8-50 中，巧妙地借用报警点的上微分特性来触发“启保停”电路，使 1#单元声报警位 8.09 自锁；当按下消声按钮或故障自行消除时，“启保停”电路复位，8.09 解锁。“报警消声”是体现微分型指令优势的经典程序。

此外，蜂鸣器除了报警功能外，还有提示老化测试全部结束的作用。在图 8-50 中，当循环数计数器 C0101、422 通信正确位 11.10 与老化结束定时器 T0018 同时为“1”时，蜂鸣器响，同时上位机弹出提示框，操作员按消声按钮后打印报表，更换探测器。

以上介绍了多路模拟量信号转换（模拟量输入单元、串行通信方式）并做限值比较、射检应答判定及超限报警处理的程序设计部分，而整个老化流程的顺序控制程序部分较冗长复杂，在此不赘述。

第9章 MCGS工控组态软件应用

9.1 MCGS工控组态软件综述

9.1.1 工控组态软件概述

1. 组态软件的概念

组态的英文是"Configuration"，组态软件就是用应用软件中提供的工具、方法、完成工程中某一具体任务的软件。工控组态软件是指在数据采集与过程控制中使用的专用软件，它们是在自动控制系统监控层一级的软件平台和开发环境，为用户提供快速构建工业自动控制系统监控功能的一种软件工具。

组态软件应该能支持各种工控设备和常见的通信协议，并且通常应提供分布式数据管理和网络功能。对应于原有的HMI（Human Machine Interface，人机接口软件）的概念，组态软件是一个使用户能快速建立自己的HMI的软件工具或开发环境。目前，实时数据库、实时控制、SCADA、通信及联网、开放数据库互联接口、对I/O设备的广泛支持已经成为它的主要内容，随着计算机技术和自动控制技术的发展，监控组态软件还将会不断被赋予新的内容。

目前常见的监控组态软件有美国Wonderware公司研制的Intouch、Intellution公司的FIX系统、德国Simens公司的WinCC等，在国内主要有昆仑公司的MCGS、亚控公司的King-View组态王、三维公司的力控等组态软件。所有这些组态软件都能完成类似的功能，如几乎所有运行于32位Windows平台的组态软件都采用类似资源浏览器的窗口结构，并且对工业控制系统中的各种资源（设备、标签量、画面、控制流程等）进行配置和编辑，都提供多种数据设备驱动程序，都使用脚本语言提供二次开发的功能等。

组态软件的主要使用者是从事自动化工程设计、维护、操作的技术人员，用户在使用组态软件时，可以生成适合自己需要的应用系统，而不需要修改软件程序的源代码。组态软件具有实时性和多任务性，可以在一台计算机上同时完成数据采集、信号数据处理、数据图形显示、人机对话、实时数据存储、历史数据查询、实时通信等多个任务。

2. 数据采集方式

大多数组态软件提供多种数据采集程序，用户可以根据需要进行相应的配置。然而，在这种情况下，驱动程序只能由组态软件开发商提供，或者由用户按照某种组态软件的接口规范编写，这对用户提出了过高的要求。由OPC（OLE for Process Control）基金组织提出的OPC规范基于微软的OLE/DCOM技术，提供了在分布式系统下，软件组件交互和共享数据的完整解决方案。在支持OPC的系统中，数据的提供者作为服务器（Server），数据请求者作为客户（Client），服务器和客户之间通过DCOM接口进行通信，而无需知道对方内部实现的细节。由于COM技术是在二进制代码级实现的，所以服务器和客户可以由不同的厂商提供。在实际应用中，作为服务器的数据采集程序往往由硬件设备制造商随硬件提供，可以发挥硬件的全部效能，而作为客户的组态软件可以通过 OPC 与各厂家的驱动程序无缝连接，因而从根本上解决了以前采用专用格式驱动程序总是滞后于硬件更新的问题。同时，组态软件同样可以作为服务器为其他的应用系统提供数据。OPC 现在已经得到了包括 Intellution、Simens、GE、ABB 等国外知名厂商的支持。随着支持 OPC 的组态软件和硬件设备的普及，使用 OPC 进行数据采集将成为组态软件中更合理的选择。

3. 脚本功能

脚本语言是扩充组态系统功能的重要手段。因此，大多数组态软件都支持脚本语言。具体的实现方式可分为三种类型：一是内置的类 C/Basic 语言；二是采用微软的 VBA 的编程语言；三是有少数组态软件采用面向对象的脚本语言。类 C/Basic 语言要求用户使用类似高级语言的语句书写脚本，使用系统提供的函数调用组合完成各种系统功能。国内的多数组态软件采用的就是这种方式，但这种方式对脚本的支持并不十分完善，许多组态软件只提供 IF…THEN…ELSE 的语句结构，并不提供循环控制语句，为编写脚本程序带来了一定困难。Microsoft VBA 是一种相对完备的开发环境，采用 VBA 的组态软件通常使用 Microsoft VBA 环境和组件技术，把组态系统中的对象以组件方式加以实现，使用 VBA 的程序对这些对象进行访问。这种方式的缺陷在于由于 Visual Basic 是解释执行的，所以 VBA 程序的一些语法错误可能到执行时才能发现。而面向对象的脚本语言提供了对象访问机制，对系统中的对象可以通过其属性和方法进行访问，比较容易学习、掌握和扩展，但程序的实现则相对比较复杂。

4. 组态软件特点

（1）开放性

随着管理信息系统（Management Information System，MIS）和计算机集成制造系统（Computer Integrated Manufacturing System，CIMS）的普及和工业控制领域的进一步要求，生产现场数据的应用已经不仅仅局限于数据采集和监控。在生产制造过程中，需要对现场的大量数据进行流程分析和过程控制，以实现对生产流程的调整和优化。目前现有的组态软件对大部分这些方面需求还只能以报表的形式提供，或者通过开放数据库互联（Open Database Connectivity，ODBC）将数据导出到外部数据库，以供其他系统调用，在绝大多数情况下，仍然需要进行再开发才能实现。随着生产决策活动对信息需求的增加，可以预见，组态软件与 MIS 或领导信息系统（Executive Information System，EIS）的集成必将更加紧密，实现数据分析与决策功能的模块形式很可能在组态软件中相继出现。

（2）可扩展性

组态软件的可扩展性体现在为用户提供了在不改变原有系统的情况下，向系统内增加新功能的能力，这种新增的功能可能来自于组态软件开发商、第三方软件提供商或用户自身。增加功能最常用的手段是 ActiveX 组件的应用，目前还只有少数组态软件能提供完备的 ActiveX 组件引入功能及实现引入对象在脚本语言中的访问。

5. 组态软件的控制功能

随着以 IPC 为核心的自动控制系统技术的日趋完善和工程技术人员使用组态软件水平的不断提高，用户对组态软件的要求已不限局限于画面，而是要考虑更多实质性的应用功能，如软 PLC、先进过程控制策略等。

软 PLC 控制是基于计算机开放通信接口结构的控制装置，具有硬 PLC 在功能、可靠性、速度、故障查找等方面的特点，利用软件技术可将标准的 IPC 转换成全功能的 PLC 过程控制器。软 PLC 综合了计算机和 PLC 的开关量控制、模拟量控制、数学运算、数值处理、通信网络等功能，通过一个多任务控制内核，提供了强大的指令集、快速而准确的扫描周期、可靠的操作和可连接各种 I/O 系统及网络的开放式结构。简言之，软 PLC 提供了与硬 PLC 同样的功能，同时具备了计算机环境的各种优点。

目前，国际上影响比较大的组态软件产品包括法国 CJ International 公司的 ISaGRAF 软件包、PCSoft International 公司的 WinPLC、美国 Wizdom Control Intellution 公司的 Paradym－31，Moore Process Automation Solutions 公司的 ProcessSuite、Wonderware Controls 公司的 InControl、SoftPLC 公司的 SoftPLC 等。

9.1.2 MCGS 通用组态软件的特点

MCGS（Monitor and Control Generated System，监视与控制通用系统）是北京昆仑自动化有限公司研制开发的一款中文监控组态软件，它具有如下突出特点。

（1）简单灵活的可视化操作界面

MCGS 采用全中文、可视化、面向窗口的开发界面，符合中国人的使用习惯和要求，以窗口为单位，构造用户运行系统的图形界面，使得 MCGS 的组态工作既简单直观，又灵活多变。用户可以使用系统的默认构架，也可以根据需要自己组态配置图形界面，生成各种类型和风格的图形界面，包括 DOS 风格的图形界面、标准 Windows 风格的图形界面，以及带有动画效果的工具条和状态条等。

（2）实时性强、良好的并行处理性能

MCGS 是真正的 32 位应用系统，充分利用了 32 位 Windows 操作平台的多任务、按优先级分时操作的功能，以线程为单位对在工程作业中实时性强的关键任务和实时性不强的非关键任务进行分时并行处理，使 PC 广泛应用于工程测控领域成为可能。例如 MCGS 在处理数据采集、设备驱动和异常处理等关键任务时，可在主机运行周期时间内分时处理打印数据等类似的非关键性工作，实现系统并行处理多任务、多进程。

（3）丰富、生动的多媒体画面

MCGS 以图像、图符、报表、曲线等多种形式，为操作员及时提供系统运行中的状态、品质及异常报警等有关信息；通过对图形大小的变化、颜色的改变、明暗的闪烁、图形的移动翻转等多种手段，增强画面的动态显示效果；在图元、图符对象上定义相应的状态属性，实现动画效果。MCGS 还为用户提供了丰富的动画构件，每个动画构件都对应一个特定的动画功能。MCGS 还支持多媒体功能，使用户能够快速地开发出集图像、声音、动画于一体的漂亮、生动的工程画面。

（4）开放式结构，广泛的数据获取和强大的数据处理功能

MCGS 采用开放式结构，系统可以与广泛的数据源交换数据。MCGS 提供多种高性能的 I/O 驱动；支持 Microsoft ODBC 接口，有强大的数据库链接能力；MCGS 全面支持 OPC 标准，既可作为 OPC 客户端，也可以作为 OPC 服务器，可以和更多的自动化设备相连接；MCGS 通过动态数据交换（Dynamic Data Exchange，DDE）与其他应用程序交换数据，充分利用计算机丰富的软件资源；MCGS 全面支持 ActiveX 控件，提供极其灵活的面向对象的动态图形功能，并且包含丰富的图形库。

（5）完善的安全机制

MCGS 提供了良好的安全机制，为多个不同级别用户设定不同的操作权限。此外，MCGS 还提供了工程密码、锁定软件狗、工程运行期限等功能，大大加强了保护组态开发者劳动成果的力度。

（6）强大的网络功能

MCGS 支持 TCP/IP、Modem、RS-485/RS-422/RS-232 等多种网络体系结构，使用 MCGS 网络版组态软件，可以在整个企业范围内，用网页浏览器方便地浏览到实时和历史的监控信息，实现设备管理与企业管理的集成。

（7）多样化的报警功能

MCGS 提供多种不同的报警方式，具有丰富的报警类型和灵活多样的报警处理函数，不仅方便用户进行报警设置，并且实现了系统实时显示、打印报警信息的功能。报警信息的存储与应答，为工业现场安全可靠地生产运行提供了有力的保障。

（8）实时数据库为用户分步组态提供方便

MCGS 由主控窗口、设备窗口、用户窗口、实时数据库和运行策略五个部分构成，其中实时数据库是一个数据处理中心，是系统各个部分及其各种功能性构件的公用数据区，是整个系统的核心。各个部件独立地向实时数据库输入和输出数据，并完成自己的差错控制。在生成用户应用系统时，每一部分均可分别进行组态配置，独立建造，互不相干，而在系统运行过程中，各个部分都通过实时数据库交换数据，形成互相关联的整体。

（9）支持多种硬件设备，实现“设备无关”

MCGS 针对外部设备的特征，设立设备工具箱，定义多种设备构件，建立系统与外部设备的连接关系，赋予相关的属性，实现对外部设备的驱动和控制。用户在设备工具箱中可方便选择各种设备构件。不同的设备对应不同的设备构件，所有的设备构件均通过实时数据库建立联系，而建立时又是相互独立的，即对某一构件的操作或改动，不影响其他构件和整个系统的结构，因此 MCGS 是一个“设备无关”的系统，用户不必因外部设备的局部改动，而影响整个系统。

（10）对复杂的运行流程控制简便

MCGS 开辟了“运行策略”窗口，用户可选用系统提供的各种条件和功能的策略构件，用图形化方法和简单的类 Basic 语言构造多分支的应用程序，按照设定的条件和顺序，操作外部设备，控制窗口的打开或关闭，与实时数据库进行数据交换，实现自由、准确地控制运行流程，同时也可由用户创建新的策略构件，扩展系统的功能。

（11）良好的可维护性和可扩充性

MCGS 系统由五大功能模块组成，主要的功能模块以构件的形式来构造，不同的构件有着不同的功能，且各自独立。三种基本类型的构件（设备构件、动画构件、策略构件）完成了 MCGS 系统三大部分（设备驱动、动画显示和流程控制）的所有工作。除此之外，MCGS 还提供了一套开放的可扩充接口，用户可根据自己的需要用 VB、VC 等高级开发语言，编制特定的构件来扩充系统的功能。

（12）用数据库来管理数据存储，系统可靠性高

MCGS 中数据的存储不再使用普通的文件，而是用数据库来管理。组态时，系统生成的组态结果是一个数据库；运行时，系统自动生成一个数据库，保存和处理数据对象和报警信息的数据。利用数据库来保存数据和处理数据，提高了系统的可靠性和运行效率，同时也使

其他应用软件系统能直接处理数据库中的存盘数据。

(13) 设立对象元件库，组态工作简单方便

对象元件库，实际上是分类存储各种组态对象的图库。组态时，可把制作好的数据对象（包括图形对象、窗口对象、策略对象以及位图文件等）以元件的形式存入图库中，同样也可把元件库中的各种对象取出，直接为当前的工程所用。随着工作的积累，对象元件库将日益扩大和丰富，这样解决了对象元件库的元件积累和元件重复利用问题，组态工作将会变得更加简单、方便。

(14) 实现对工控系统的分布式控制和管理

考虑到工控系统今后的发展趋势，MCGS 充分运用现今发展的 DCCW（Distributed Computer Cooperator Work，分布式计算机协同工作方式）技术，使分布在不同现场的采集设备和工作站之间实现协同工作，不同的工作站之间则通过 MCGS 实时交换数据，实现对工控系统的分布式控制和管理。

9.1.3 MCGS 组态软件构成

MCGS 系统包括组态环境和运行环境两个部分。

1）用户的所有组态配置过程都在组态环境中进行，组态环境相当于一套完整的工具软件，它帮助用户设计和构造自己的应用系统。用户组态生成的结果是一个数据库文件，称为组态结果数据库。

2）运行环境是一个独立的运行系统，它按照组态结果数据库中用户指定的方式进行各种处理，完成用户组态设计的目标和功能。运行环境本身没有任何意义，必须与组态结果数据库一起作为一个整体，才能构成用户应用系统。一旦组态工作完成，运行环境和组态结果数据库就可以离开组态环境而独立运行在监控计算机上。

组态结果数据库完成了 MCGS 从组态环境向运行环境的过渡，它们之间的关系如图 9-1 所示。

图 9-1　组态环境向运行环境过渡示意图

由 MCGS 生成的用户应用系统，其结构由主控窗口、设备窗口、用户窗口、实时数据库和运行策略五个部分构成，如图 9-2 所示。

1）主控窗口是用户应用系统的主窗口，一般情况下单机版的用户应用系统只有一个主窗口，主窗口也是应用系统的主框架，展现工程的总体外观。主控窗口提供菜单命令，响应用户的操作。主控窗口可以负责管理用户窗口的打开和关闭、驱动动画图形和调度用户策略的运行等工作。主控窗口组态包括菜单设计和主控窗口中系统属性的设置。

2）设备窗口是 MCGS 系统与作为测控对象的外部设备建立联系的后台作业环境，负责驱动外部设备，控制外部设备的工作状态。系统通过设备与数据之间的通道，将外部设备的运行数据采集进来，送入实时数据库，供系统其他部分调用，并且把实时数据库中的数据输出到外部设备，实现对外部设备的操作与控制。

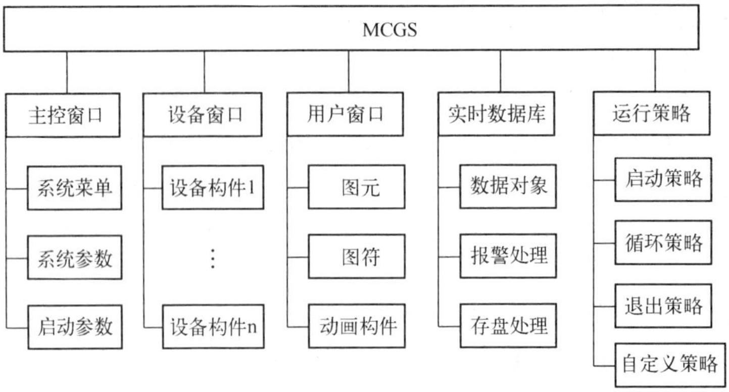

图 9-2　MCGS 组态应用系统结构图

3）用户窗口用来组建应用系统的图形界面，一个用户应用系统经常根据需要创建多个用户窗口，创建用户窗口后，再根据功能需要放置各种类型的图形对象，定义相应的属性，为用户提供漂亮、生动、具有多种风格和类型的操作画面。

4）实时数据库是 MCGS 系统的核心，也是应用系统的数据处理中心，系统各部分均以实时数据库为数据公用区，进行数据交换、数据处理和实现数据的可视化。

5）运行策略是指对监控系统运行流程进行控制的方法和条件，能够对系统执行某项操作和实现某种功能进行有条件的约束。运行策略由多个复杂的功能模块组成，称为“策略块”，用来完成对系统运行流程的自由控制，使系统能按照设定的顺序和条件，进行操作实时数据库，控制用户窗口的打开、关闭以及控制设备构件的工作状态等一系列工作，从而实现对系统工作过程的精确控制及有序的调度管理。

9.2　基于 MCGS 的机械手自动分拣控制案例

9.2.1　工作流程及控制要求

1. 工作流程

机械手分拣系统主要由 3 个机械手和一条传送带组成，如图 9-3 所示。三个机械手的功能分别是上料、正品拣拾和次品拣拾，在每个机械手旁边都有料盒，上料机械手按一定要求将待分拣产品放置在传送带上，分拣机械手则是按检测的结果将产品分类，分别放入各自旁边的料盒中。传送带按要求以一定速度运转，其上安装有 3 个间隔相同的位置传感器，第一个位置传感器旁装有产品质量检测传感器，用来判断到来的产品是否合格；第二个和第三个位置传感器分别放置在两个分拣机械手附近，当该传感器感应到产品到来时可发出信号以驱动相应机械手动作。

选用的机械手均为 4 自由度气动机械手，即机械手在工作时可以进行升降、伸缩、旋转和气爪的抓放运动，在升降、伸缩和旋转运动的两个终端各安装有一对限位开关，当机械手运动到某方向的极限位置时，相应限位开关会发出“到达”信息，这样便可反映出机械手的位置状态，以便其进行下一步的操作。系统中安装有气缸，机械手的动作由气缸驱动。

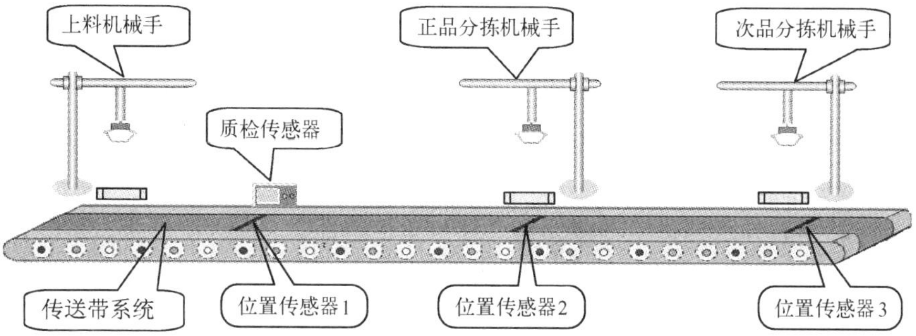

图 9-3　机械手分拣系统组成结构图

为保证系统的正常运行，分拣系统应具有自动和人工（手动）控制功能，即在自动分拣时，不需要任何人工干预，各个机械手和传送带能够自动地按照程序设定进行相应的操作，正确地实现产品的分拣，当系统出现故障时，可以实时地报警，能够实现按产品数目的统计，并给出相应的合格率和次品率；在人工控制方式下，可以人为地控制各个机械手及传送带的运动，它们各自的工作是独立不相关的，每个机械手的受控情况如图 9-4a 所示，传送带的受控情况如图 9-4b 所示，各个传感器能够正常工作，反映位置状态信息；同时手动控制和自动控制之间可以实现合理的切换，避免系统工作出错。

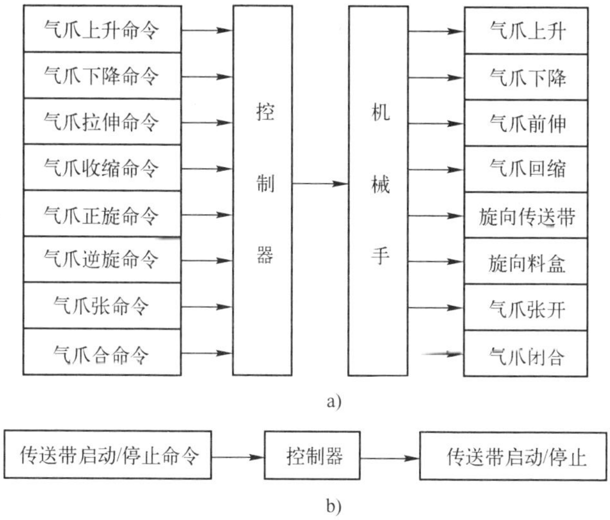

图 9-4　手动控制过程

a）手动方式下机械手的受控过程　b）手动方式下传送带的受控过程

2. 控制要求

使用 MCGS 软件建立自动分拣控制系统，依据工作流程应实现以下功能。

（1）手动控制方式下，各个机械手和传送带的工作是独立的，可人工通过运行画面中的按钮操作任意驱动其按某一方向动作，这些动作之间是相互独立的，即机械手沿某一方向（伸缩）运动时，也可同时沿其他方向（升降）运动。传送带的运动也可通过按钮来控制。系统运行时的动画效果应与实际机械手的运动趋势一致。

（2）自动控制方式下，各机械手和传送带按程序设定工作。要求：

① 传送带按间歇方式工作，除在上料和产品拣拾时处于停止状态，其他时间连续运转。

② 初始时，传送带停止，上料机械手实现上料操作，完成后启动传送带；当产品运行到位置传感器 1 时，传送带停止，进行产品质量检测，判断其是否合格，同时上料机械手再进行上料，完成后启动传送带。

③ 两个产品同时分别到达位置传感器 1 和位置传感器 2，传送带停止，系统判断位置传感器 2 处的产品是否合格，如果合格驱动正品分拣机械手动作，位置传感器 1 处的产品接受质量检测，记录该产品的质量信息，同时上料机械手再进行上料，完成后启动传送带。

④ 传送带上同一时刻至少有两个产品进行传送，它们将同时到达位置传感器 1、2，或者还有位置传感器 3，到达后传送带停止，在 4 个位置分别完成各自的工作：上料机械手完成上料，质检传感器实现位置传感器 1 处产品的质量检测，如果有正品或次品接近相应的分拣机械手，该机械手要动作将对应产品拣出来。但是除自动系统刚开始运行外，即如果传送带上有 2 个或以上产品进行传送时，若没有次品靠近次品机械手，则位置传感器 1 和 2 需同时发出感应信号；而当有次品靠近次品机械手，则位置传感器 1、2 和 3 需同时发出感应信号（有微小偏差时可通过延时忽略），否则视为系统发生故障，产生报警信息。系统运行时的动画效果应与实际机械手的运动趋势一致。

（3）为保证自动控制和手动控制的合理切换，在自动工作转向手动控制时，系统状态暂停，即各机械手和传送带停止运动，然后控制器在未接到人工控制信号时，不向各机械手和传送带发送运转命令；在手动控制转换到自动控制时，也是首先将所有机械手的状态恢复初始状态，然后再按自动运行程序工作，传送带以一定速度运转。

（4）机械手的运行方向上均安装有限位开关，无论是自动或是手动工作方式下，各个限位开关的状态以及每个传感器输出信号、传送带的启动/停止应从系统画面中实时地体现出来。

（5）能够有产品的统计信息，即产品的当前总产量，产品中的正品数目、次品数目以及合格率的动态显示。

9.2.2 控制系统组成

本例是一个程序控制系统，若以计算机为控制器，其控制系统如图 9-5 所示。

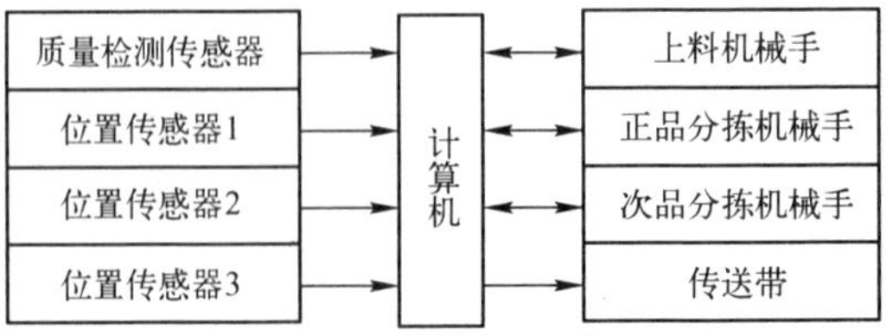

图 9-5　机械手分拣控制系统图

由图 9-5 可知，计算机作为控制单元，其输入信号为 4 个传感器发出的开关量信号以及机械手反馈的状态信息，输出信号用来控制各个机械手的动作和传送带的运转。

但仅采用计算机本身无法实现外部信号的采集以及控制信号的输出，此时需采用相应的外部设备与计算机连接，作为计算机与机械手及各传感器进行信息交换的接口设备。从 9.2.1 节的分析中得知，本系统的输入输出量均为开关量，从性价比考虑，选择中泰采集板卡 PCI－8405 和 PCI－8407 作为接口实现信号传递为宜，PCI－8405/8407 是光隔离开关量输入/输出接口卡，具有即插即用（PnP）的功能，由于采用了光隔离技术，使计算机与现场信号之间完全隔离，提高了计算机与板卡在工作中的抗干扰能力和抗损毁能力。其中 PCI－8405 的所有 32 路输入信号均可通过 CPU 巡检方式工作，且 32 路开关量输入信号的低端共地；PCI－8407 的开关量输出为 32 路共地方式，具有上电后自动清零功能。将中泰板卡 PCI－8405 和 PCI－8407 插入计算机的 PCI 槽中，再通过 37 芯 D 型插头从主机后面引出并与外部线路连接，系统的信号采集与输出控制组成如图 9-6 所示。

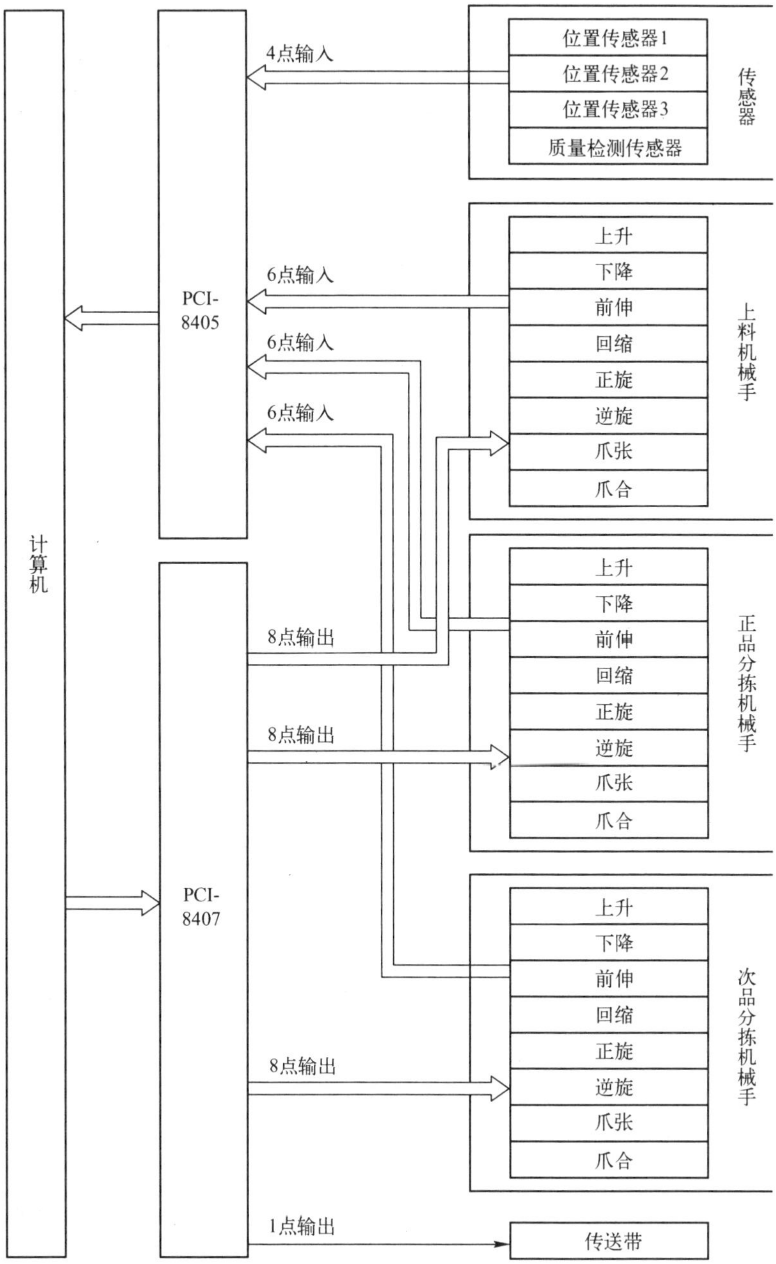

图 9-6　机械手分拣控制系统输入/输出连接图

从图中看出，系统的输入开关量共有22个，即4个传感器状态输入和3个4轴机械手在6个方向上的限位开关状态，依次将这22个开关量接在PCI－8405的A组ch1～ch16和B组ch17～ch22通道。系统的输出开关量共有25个，即3个机械手的8种动作及传送带的启/停控制，将PCI－8407的A组ch1～ch16和B组ch17～ch25通道分别连接在继电器的输入回路中，而继电器的控制输出端与电磁阀的受控端相连，驱动机械手运动的气信号所在气路需通过这些电磁阀，这样PCI－8407的输出信号可控制对应电磁阀的通断，从而控制气路的导通和截止，决定了机械手是否受到气缸的驱动而产生运动。这样，从硬件上实现了对22个开关量状态的读入以及25个开关量控制信号的输出。

9.2.3　实时数据库的创建

实时数据的定义依据工作需要主要可以分为以下几个部分：传送带、控制方式、限位开关、传感器、机械手运动方向、动作阶段、产品信息、报警、产量信息等，分别见表9-1～表9-9。

表9-1　传送带数据对象

变量名	类型	初值	通道	注释
传送带启/停	开关	0	PCI－8407，DO01	传送带工作状态，1：运转；0：停止
传送带旋转	数值	0		增量，用来体现传送带运行的动画效果

表9-2　控制方式数据对象

变量名	类型	初值	注释
控制方式	开关	0	1：自动；0：手动

表9-3　限位开关数据对象

变量名	类型	初值	通道	注释
上料升限位开关	开关	1	PCI－8405，DI01	上料机械手6个位置的限位开关 0：未到达该位置 1：处于该位置
上料降限位开关	开关	0	PCI－8405，DI02	
上料伸限位开关	开关	0	PCI－8405，DI03	
上料缩限位开关	开关	1	PCI－8405，DI04	
上料正旋限位开关	开关	0	PCI－8405，DI05	
上料逆旋限位开关	开关	1	PCI－8405，DI06	
正品升限位开关	开关	1	PCI－8405，DI07	正品拣拾机械手6个位置的限位开关 0：未到达该位置 1：处于该位置
正品降限位开关	开关	0	PCI－8405，DI08	
正品伸限位开关	开关	0	PCI－8405，DI09	
正品缩限位开关	开关	1	PCI－8405，DI10	
正品正旋限位开关	开关	0	PCI－8405，DI11	
正品逆旋限位开关	开关	1	PCI－8405，DI12	
次品升限位开关	开关	1	PCI－8405，DI13	次品拣拾机械手6个位置的限位开关 0：未到达该位置 1：处于该位置
次品降限位开关	开关	0	PCI－8405，DI14	
次品伸限位开关	开关	0	PCI－8405，DI15	

（续）

变　量　名	类型	初值	通　　道	注　　释
次品缩限位开关	开关	1	PCI－8405，DI16	次品拣拾机械手6个位置的限位开关 0：未到达该位置 1：处于该位置
次品正旋限位开关	开关	0	PCI－8405，DI17	
次品逆旋限位开关	开关	1	PCI－8405，DI18	

表9-4　传感器数据对象

变　量　名	类型	初值	通　　道	注　　释
位置传感器1	开关	0	PCI－8405，DI19	质检点位置传感器，1：有产品
位置传感器2	开关	0	PCI－8405，DI20	正品机械手处位置传感器，1：有产品
位置传感器3	开关	0	PCI－8405，DI21	次品机械手处位置传感器，1：有产品
质量检测传感器	开关	0	PCI－8405，DI22	产品质量检测状况，1：正品；0：次品

表9-5　机械手动作方向数据对象

变　量　名	类型	初值	通　　道	注　　释
上料升	开关	0	PCI－8407，DO02	上料机械手4个方向的运动控制和气爪状态的控制命令，1：输出控制信号
上料降	开关	0	PCI－8407，DO03	
上料伸	开关	0	PCI－8407，DO04	
上料缩	开关	0	PCI－8407，DO05	
上料正旋	开关	0	PCI－8407，DO06	
上料逆旋	开关	0	PCI－8407，DO07	
上料爪张	开关	0	PCI－8407，DO08	
上料爪缩	开关	0	PCI－8407，DO09	
正品升	开关	0	PCI－8407，DO10	正品拣拾机械手4个方向的运动控制和气爪状态的控制命令，1：输出控制信号
正品降	开关	0	PCI－8407，DO11	
正品伸	开关	0	PCI－8407，DO12	
正品缩	开关	0	PCI－8407，DO13	
正品正旋	开关	0	PCI－8407，DO14	
正品逆旋	开关	0	PCI－8407，DO15	
正品爪张	开关	0	PCI－8407，DO16	
正品爪缩	开关	0	PCI－8407，DO17	
次品升	开关	0	PCI－8407，DO18	次品拣拾机械手6个方向的运动控制和气爪状态的控制命令，1：输出控制信号
次品降	开关	0	PCI－8407，DO19	
次品伸	开关	0	PCI－8407，DO20	
次品缩	开关	0	PCI－8407，DO21	
次品正旋	开关	0	PCI－8407，DO22	
次品逆旋	开关	0	PCI－8407，DO23	
次品爪张	开关	0	PCI－8407，DO24	
次品爪缩	开关	0	PCI－8407，DO25	

表 9-6　系统工作阶段数据对象

变　量　名	类型	初值	注　　释
机械手上料阶段	开关	0	1：可进行上料操作 0：禁止上料
上料阶段	数值	0	变化范围 0～9，分别反映上料时机械手各个方向的运动情况
正品阶段	数值	0	变化范围 0～9，分别反映正品拣拾时机械手各个方向的运动情况
次品阶段	数值	0	变化范围 0～9，分别反映次品拣拾时机械手各个方向的运动情况
上料结束	开关	0	1：上料结束
正品分拣结束	开关	0	1：正品分拣结束
次品分拣结束	开关	0	1：次品分拣结束
检测阶段	开关	0	1：进行位置检测和质量检测

表 9-7　产品信息数据对象

变　量　名	类型	初值	注　　释
检测工件	开关	0	位置传感器 1 处产品的质量，1：正品
正品工件	开关	0	位置传感器 2 处产品的质量，1：正品
次品工件	开关	0	位置传感器 3 处产品的质量，1：次品

表 9-8　报警数据对象

变　量　名	类型	初值	注　　释
光报警	开关	0	光报警信号，1：有报警
声报警	开关	0	声报警信号，1：有报警
检测延时启动	开关	0	当位置传感器 1、2 或 3 未同时传出产品到达信息时，进行 1 秒延时，定时器所需变量，1 秒后，若位置传感器 1、2 或 3 都感应到产品，则为正常，否则报警
检测延时停止	开关	0	
检测延时到	开关	0	
检测延时	数值	0	

表 9-9　产量数据对象

变　量　名	类型	初值	注　　释
总产量	数值	0	各类产品的产量，其存盘方式为变化量为 1 是自动存盘，为保存该信息，应设置为“系统退出时，保存当前值为初始值”
正品产量	数值	0	
次品产量	数值	0	
合格率	数值	0	正品产量/总产量 ×100%；有 2 位小数，间隔 60 s 存盘

这些是实现机械手分拣系统的必要变量，此外还需一些支持动画效果的数值型数据对象、使用定时器的相关数据以及反映工作阶段的变量等，在此不赘述。

数据对象是构成实时数据库的基本单元，建立数据对象的过程，实际就是构造实时数据库的过程，是按用户需求对数据对象的属性进行设置。数据对象有开关型、数值型、字符型、事件型、组对象和内部数据对象等六种类型。其中开关型、数值型、字符型、事件型、组对象是由用户定义的数据对象，且前 4 种数据对象的建立方法基本相同；内部数据对象则是由 MCGS 内部定义的。不同类型的数据对象，属性不同，用途也不同。

打开组态环境工作台窗口，选择“实时数据库”选项卡，显示已定义的数据对象，如图 9-7 所示。

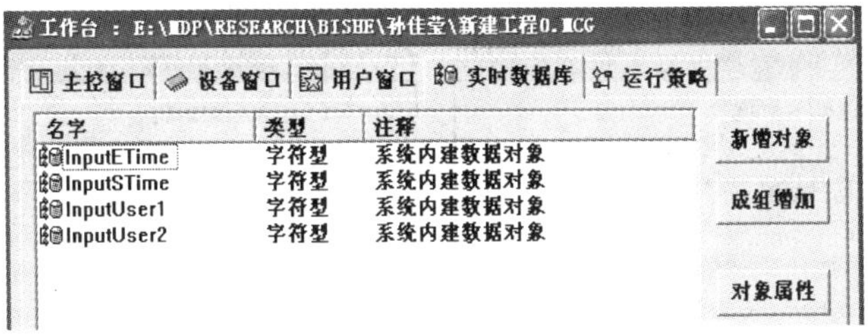

图 9-7　实时数据库窗口页

对于新建工程，窗口中只显示系统内建的 4 个字符型数据对象，分别是 InputETime、InputSTime、InputUser1 和 InputUser2。当在对象列表的某一位置增加一个新的对象时，可在该处选定数据对象，鼠标单击“新增对象”按钮，则在选中的对象之后增加一个同类型的新的数据对象，新增对象的名称以选中的对象名称为基准，按字符递增的顺序由系统默认确定；如不指定位置，则在对象表的最前面增加一个新的数据对象。对于新建工程，首次定义的数据对象，默认名称为 Data1，是数值型对象，如图 9-8 所示。

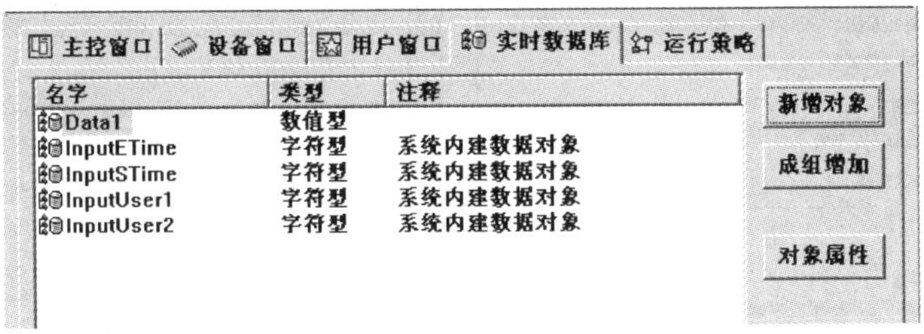

图 9-8　建立数据对象

在“实时数据库”选项卡中，选中对象名字，然后单击鼠标右键就能够以大图标、小图标、列表、详细资料 4 种方式显示实时数据库中已定义的数据对象，还可以选择按名称顺序或按类型顺序来显示数据对象，能够实现对选中数据进行删除操作，如图 9-9 所示。并且通过使用编辑菜单下的剪切、拷贝、粘贴和清除等命令能够完成指定数据对象的相关操作。

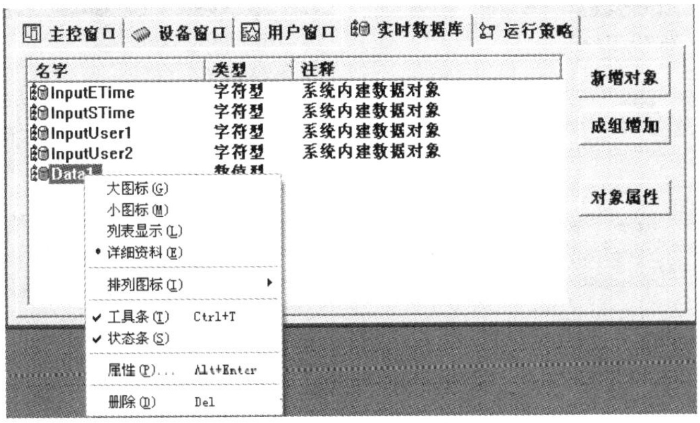

图 9-9　数据对象的显示方式

本例中有关传送带的数据有 2 个，即“传送带启停”和“传送带旋转”，分别是开关型和数值型，无存盘和报警属性。在实时数据库窗口中，各新建一个开关型和数值型对象，将其基本属性按图 9-10 所示设置，则实现了这两个对象的创建。

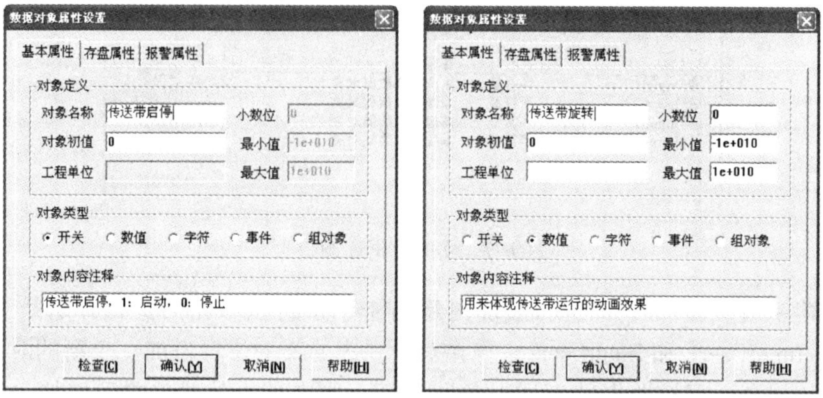

图 9-10　传送带 2 个数据对象创建示例

产品信息数据有 4 个，新建数值型数据对象“总产量”，根据注释要求设定其存盘属性如图 9-11 所示。“正品产量”和“次品产量”的建立和属性设置与“总产量”相同。

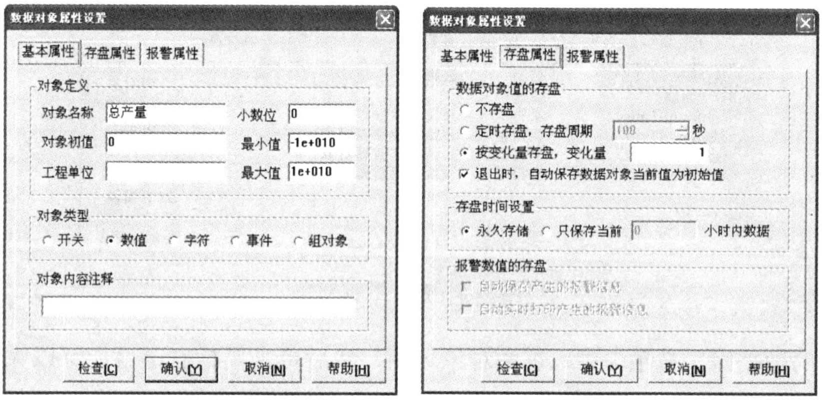

图 9-11　“总产量”的属性设置

“合格率”的属性设置如图 9-12 所示。

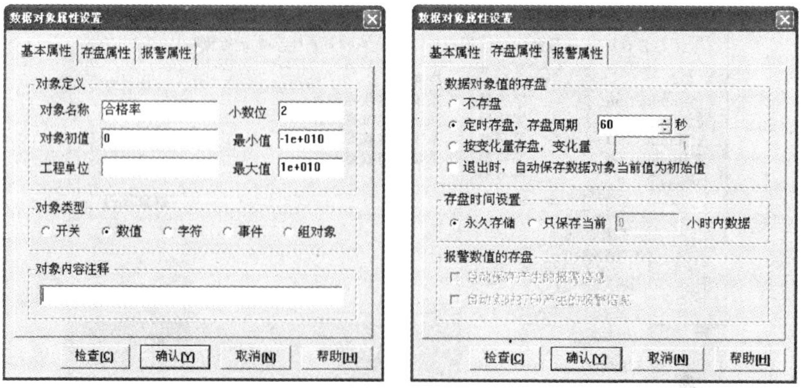

图 9-12　“合格率”的属性设置

建立上述各表中每个数据对象并对其相关属性进行设定，实时数据库组态的结果如图9-13所示。

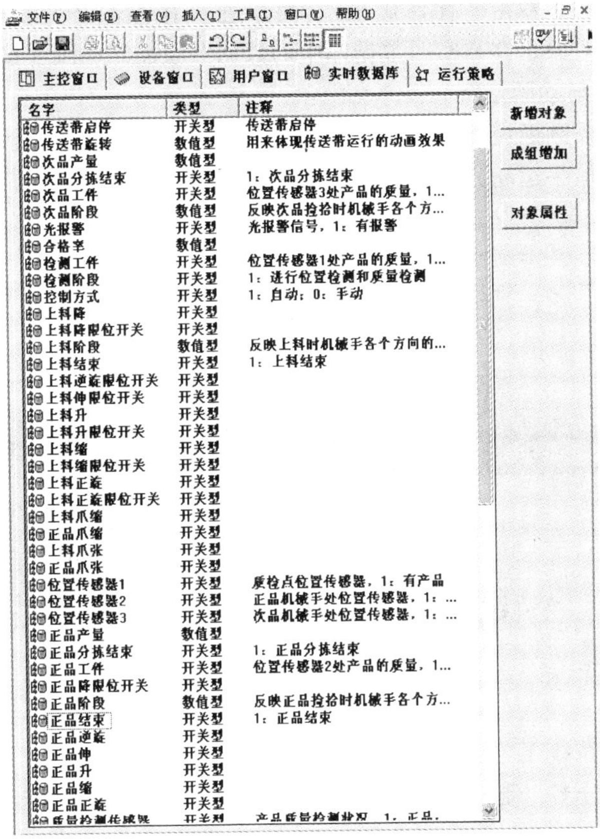

图9-13　机械手分拣系统实时数据库组态结果

9.2.4　画面制作与动画连接

进入MCGS组态环境后，使用菜单栏新建立一个MCGS工程文件，命名为“机械手分拣控制系统”。控制系统的画面主要分为2个运行界面，即手动运行界面和自动运行界面，分别实现手动分拣控制和自动分拣控制。因此新建2个用户窗口：手动分拣与自动分拣。将手动分拣设置为启动窗口。选择工作台中的“用户窗口”选项卡，即可创建或编辑用户窗口，如图9-14所示。

图9-14　用户窗口页

在该选项卡中单击“新建窗口”按钮，或执行主菜单中的“插入”→“用户窗口”命令，即可创建一个新的用户窗口，以图标形式显示，名称如“窗口 0”。开始时，新建的用户窗口只是一个空窗口，双击“窗口 0”图标可以进入用户窗口的动画组态。窗口的动画组态包括创建各种图形对象，并与实时数据库中的数据对象建立动画连接最终实现动画效果。

1. 手动画面设计与动画连接

手动控制系统用户画面设计如图 9-15 所示。该窗口主要分为 4 个部分：机械手控制系统工艺流图、各个机械手运动方向的操作按钮、传送带控制按钮与控制方式显示。

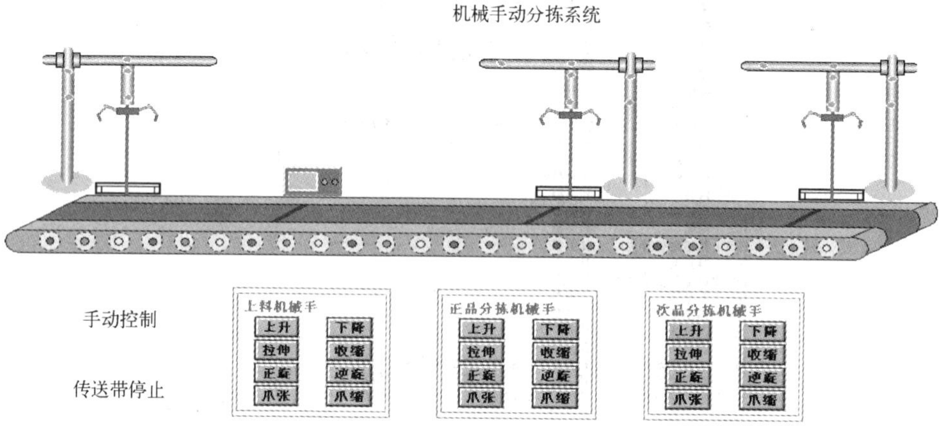

图 9-15　手动控制运行界面

（1）机械手控制系统工艺流程图

该系统的组成部分多，制作过程较复杂。按其结构具体可分为机械手、传送带和质检传感器的制作。

1）机械手的制作及动画连接

该系统中有 3 个机械手，虽然每个机械手的功能不同，但在外形上是一致的，其中 2# 和 3#机械手是完全一样的，只要制作出其中一个，另一个在此基础上进行复制即可获得，而 1#机械手只需将已完成的机械手图符施加一个左右镜像操作便可得出。因此需要先做出一个机械手图符。

机械手的制作，包括支架和气爪。机械手的支架如图 9-16a 所示，利用工具箱中的圆角矩形生成横杆 1 和竖杆 2，适当通过调整圆角大小和填充颜色形成图中形状；同样利用工具箱中的直角矩形生成纵杆 3 和两个固定端 4；选择直线工具，调整其宽度绘制出推杆 5；最后应用椭圆工具画出机械手的底座 6 和 6 个限位开关指示灯，调整每个构件的图层使其达到图 9-16a 的效果。

机械手气爪的组成如图 9-16b 所示，用直角矩形画出固定块 7，再用任意多边形工具绘制出图符 8，画出直线 9，最后利用椭圆工具得到旋转轴 10，进行合理排列布置为图 9-15 中的形状。由于气爪的左右两侧是对称的，只要做出爪的左侧，右侧采用左右镜像可以得到，这样气爪的制作就实现了。将气爪置于推杆 3 的下方，如图 9-15 所示，通过对绘制得到的所有图符进行单元组合，则完成了机械手的制作。

为保证机械手在运行环境中的画面显示效果与实际工作状态相符，需要对组成机械手的各个构件进行合理的动画连接。

机械手在工作时要实现6个方向（升降、伸缩和旋转）、气爪的开闭以及限位开关状态指示的动画效果，如图9-17所示，这些变化过程通过肉眼观察是连续的。

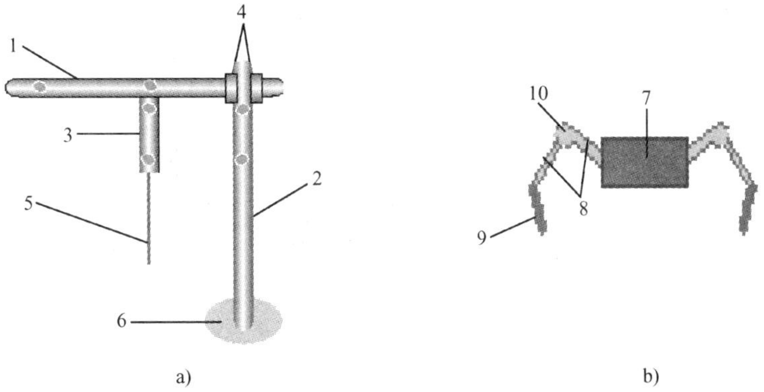

图9-16　机械手的组成
a）机械手支架组成部分　b）机械手气爪组成部分

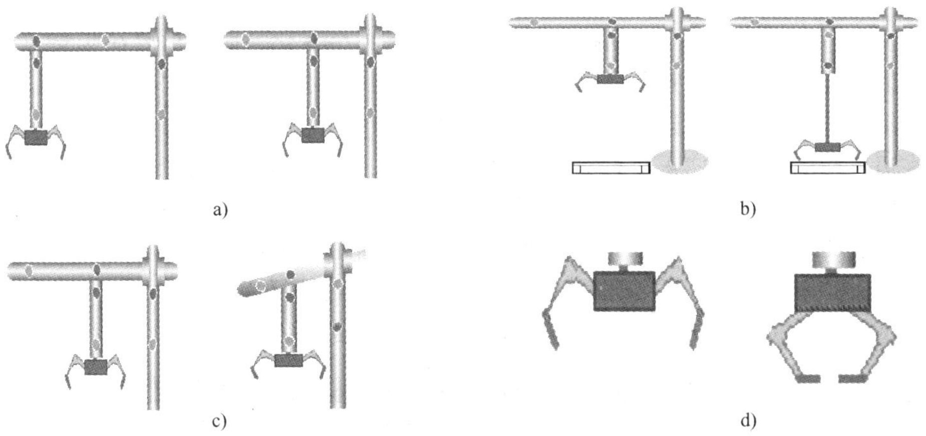

图9-17　机械手的动作的动画效果
a）机械手的伸缩变化　b）机械手的升降变化　c）机械手的旋转变化　d）机械手的气爪状态变化

① 伸缩变化的动画连接

在这种变化过程中，安装气爪的竖杆、推杆以及气爪要同时在水平方向运动，如图9-17a所示，因此需要对这些构件设置水平移动动画效果。连接的数据对象为一个反映其伸缩运动方向增量的数值型数据对象（图9-18体现的是正品拣拾机械手的伸缩动画连接，连接到的数据对象为“正品杆伸缩增量”）。在运行环境中，当“正品杆伸缩增量”=0时，构件处于初始位置，其最小水平偏移量是0，为图9-17a中右边机械手状态，随着“正品杆伸缩增量”值的不断增长，构件逐渐进行水平移动，当“正品杆伸缩增量”=3时，构件水平移动了最大移动偏移量对应的点数，本系统中这些构件的最大偏移量为-67，即向左移动了67点，位置处于最左侧，为图9-17a中左边机械手状态。

“正品杆伸缩增量”值的大小可在运行策略中修改，移动偏移量需要根据构件期望的运动方向和距离大小进行调节。

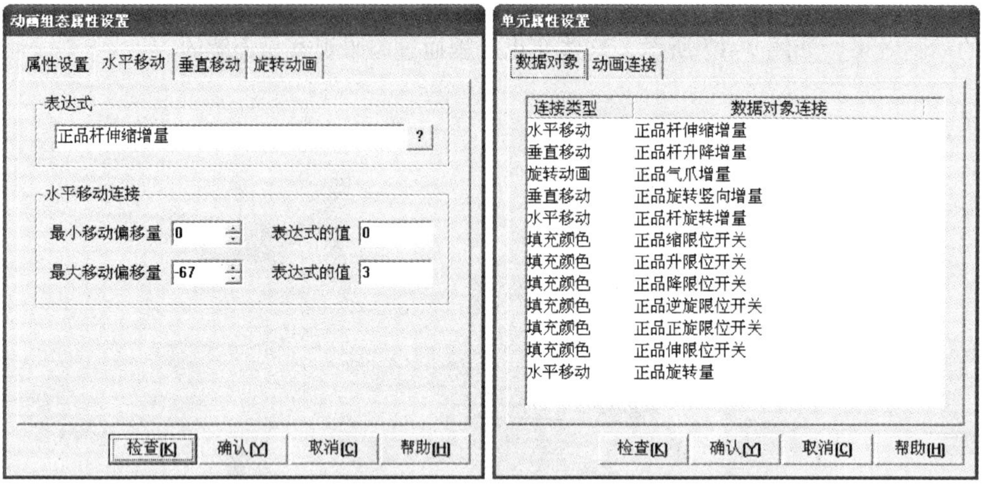

图 9-18　伸缩变化的动画连接

② 升降变化的动画连接

升降变化过程中，安装气爪的推杆在竖直方向作大小变化，而气爪要在竖直方向运动。分别将它们连接到一个反映其升降运动增量的数值型数据对象（图 9-19 体现的是正品机械手的升降动画连接）。对于推杆的动画连接如图 9-19a 所示，变化的方向自上而下，为剪切方式，在运行环境下，当“正品杆升降增量” =0 时，只显示该推杆长度的 10%，当“正品杆伸缩增量” =3 时，显示该推杆长度的 70%；对于气爪的动画连接如图 9-19b 所示，当“正品杆升降增量” =0 时，气爪位置不变，其位置如图 9-17b 左边状态，当“正品杆伸缩增量” =3 时，气爪向下移动 63 点，其位置如图 9-17b 右边状态所示。同样百分比和移动偏移量需要根据构件期望的运动方向和距离进行调节。

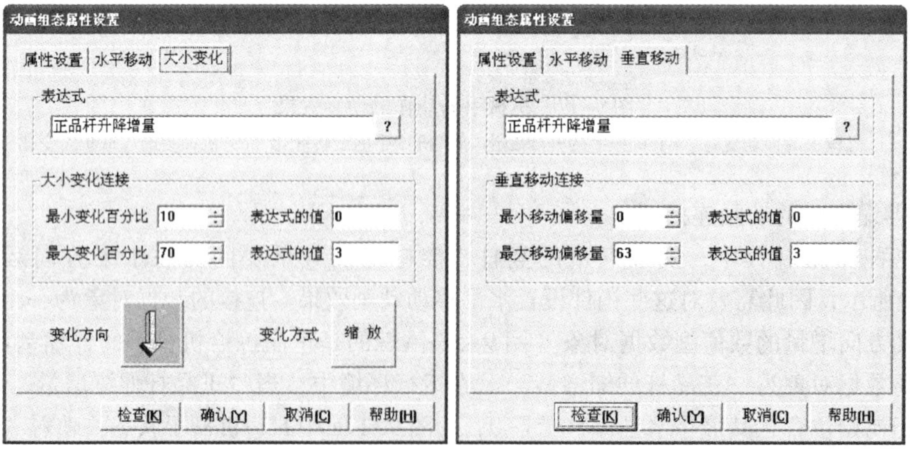

a)　　　　　　　　　　b)

图 9-19　升降变化的动画连接

a）推杆的升降变化连接　b）气爪的升降变化连接

③ 旋转变化的动画连接

旋转变化的动画连接相对复杂，横杆和其上的限位开关指示灯、带有气爪的纵杆和其上的限位开关指示灯、推杆以及气爪都是不仅要在水平方向变化还要在竖直方向变化。对于横杆，先将其转换成为旋转多边形，动画连接形式包括水平移动、垂直移动和旋转动画，如图 9-20所示。将它们连接到一个反映其运动增量的数值型数据对象（图 9-20 是正品机械手横杆的旋转动画连接），移动偏移量和旋转角度需要根据实际的运动方向和位置进行调节。

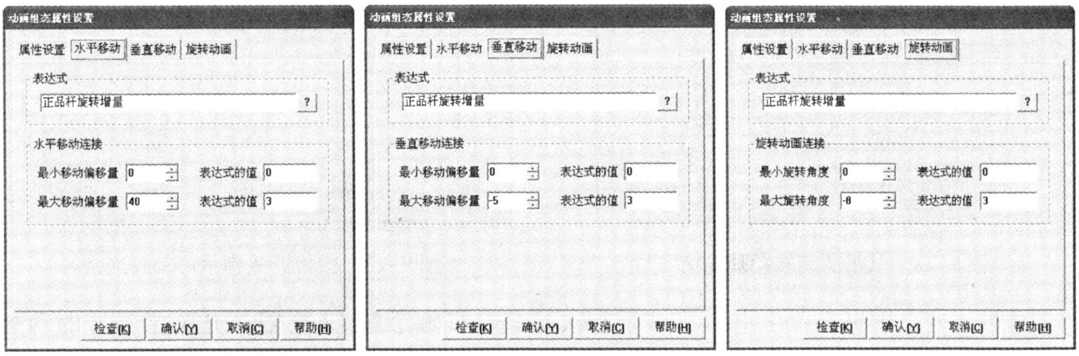

图 9-20　横杆旋转的动画连接

同样的方法设置横杆上的限位开关指示灯、带有气爪的纵杆和其上的限位开关指示灯、推杆以及气爪的动画连接。

④ 气爪开闭的动画连接

将构成气爪的各个图符转换为旋转多边形，对旋转属性进行设置，便可实现旋转效果，使得气爪按图 9-21 的趋势变化。

图 9-21　气爪闭合的趋势

首先对气爪左侧的部分进行动画连接，如图 9-22 所示。对每个构件添加旋转动画连接，将它们连接到一个反映其运动增量的数值型数据对象（图 9-22 是正品机械手气爪左侧部分的张/合动画连接），旋转角度需要根据实际的运动方向和位置进行调节，使其在最小到最大旋转角度变化时能够实现图 9-21 的变化过程。完成了气爪左侧部分的动画连接，只需将右侧部分构件旋转动画页面中的最大旋转角度改为左侧部分最大旋转角度的相反数，这样在运行时，它们的运动将是一致的，即同时向外张开或者同时向内闭合。

⑤ 限位开关状态指示的动画连接

每个机械手共有 6 个限位开关，分别体现机械手工作时的 6 个极限位置，其状态由图 9-15a中的 6 个指示灯反映。因此需将这 6 个指示灯连接到相应的输入限位开关信号。

图 9-23 为正品机械手伸缩运动中的伸限位开关指示灯的动画连接。选择动画连接方式为填充颜色，当该限位开关状态为 0 时，显示绿色；当该限位开关状态为 1 时，显示红色。

同样的方法设置正品分拣机械手其他5个限位开关指示灯的动画连接。

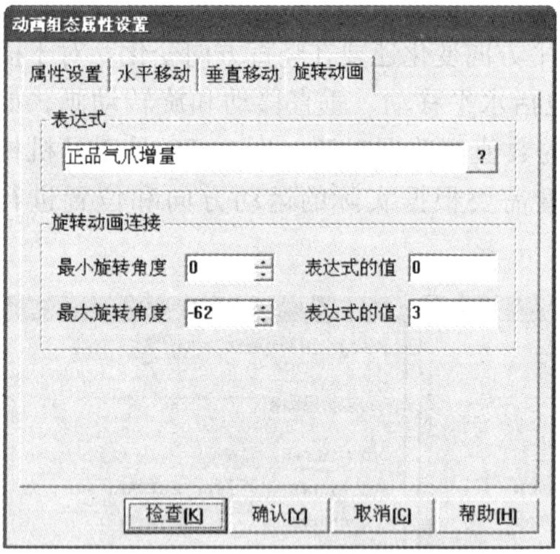

图9-22　气爪的旋转动画连接

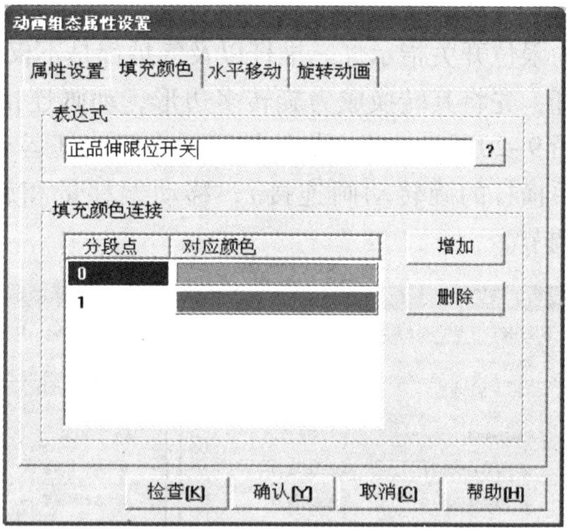

图9-23　限位开关指示灯动画连接

依此方法，即可设置出上料机械手和次品分拣机械手的12个限位开关指示灯的动画连接。

2）传送带的制作及动画连接

传送带的原型可从对象元件库中选取，如图9-24所示。

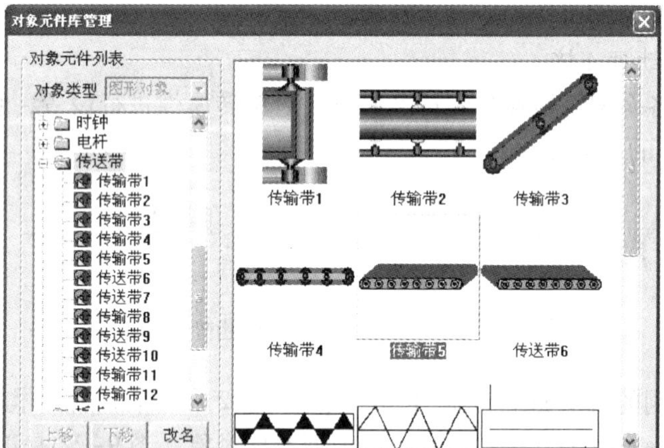

图9-24　传送带原型

为增加色彩和动画效果（见图9-25），可对其做如下改造：在平台上平铺一条窄的传送带1，先画出一个矩形，将其转换为多边形，调整4个边角的位置即可得到菱形形状；同理做出图中2标出的3个菱形状，用来体现位置传感器；对于下侧的多个圆环，为反映动画效果，可将外环3转换为旋转多边形，线型换为虚线，内环4种可填充不同的色彩以增强视觉效果。最后将整个制作部分单元组合。

传送带系统的动画显示部分主要包括体现传送带运转的图9-25中圆环3的旋转效果以

及位置传感器输出信号的状态变化。将图 9-25 的每个虚线圆环转换为旋转多边形，设置为旋转动画连接方式，如图 9-26 所示，使其在传送带运转时在 0～360°之间变化。

图 9-25 中的 3 个位置传感器的动画连接可通过其填充颜色来反映，以位置传感器 2 为例，具体设定如图 9-27 所示。当传感器未感应到产品时输出状态为 0，用紫色体现；当感应到产品时输出状态为 1，图符呈现黄色。其他 2 个位置传感器的动画连接相同，但表达式应连接到相应的数据对象上。

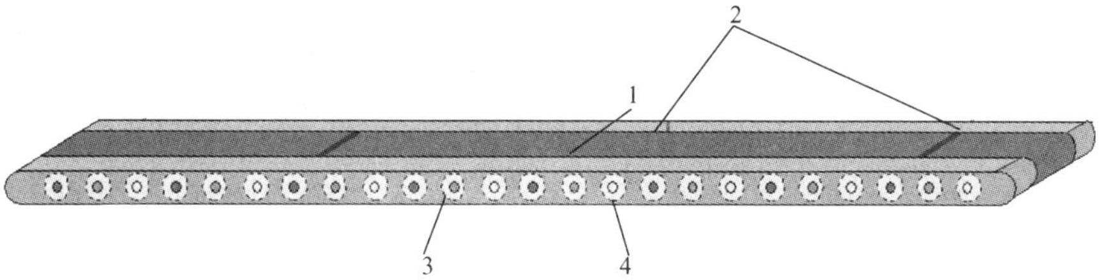

图 9-25　传送带构件的制作

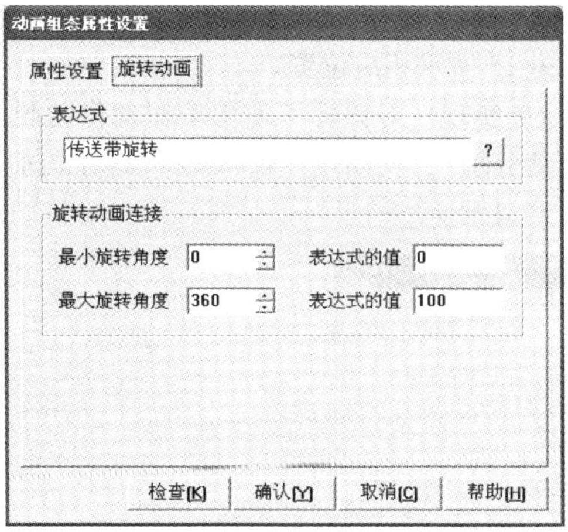

图 9-26　传送带运转的动画连接

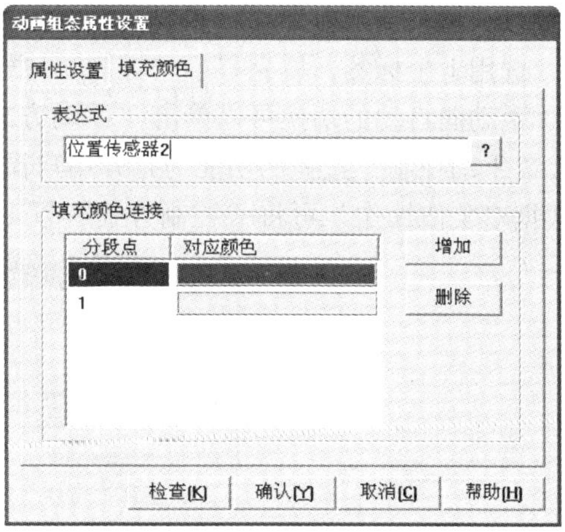

图 9-27　位置传感器的动画连接

3）质检传感器的制作及动画连接

质检传感器的制作相对简单，绘制 2 个矩形框和 2 个圆形，将其调整成图 9-28 的效果，适当调整各个图符的填充颜色并进行单元组合即可完成。按要求其左侧的框中显示检测的数目，该框实质是一个标签，设置其动画连接为显示输出，连接到“检测数目”数据对象，如图 9-29 所示；右边的 2 个圆形分别反映处于位置传感器 1 的产品是正品或是次品，如果是正品，左边的绿灯闪烁；反之右侧的红灯闪烁。图 9-30 为绿灯的动画连接设置过程，当位置传感器 1 感应到产品到来，同时质检传感器输出为 1 时，表明是正品，则绿灯闪烁，同样的方法可以设置红灯的动画效果。

图 9-28　质检传感器的制作图

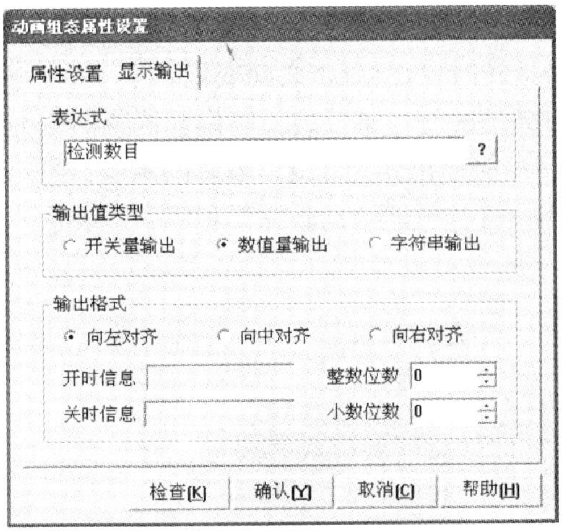

图 9-29　检测数目显示的动画连接

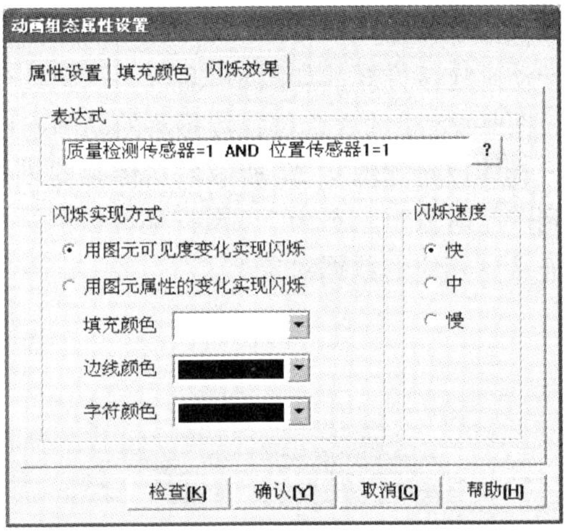

图 9-30　质检结果（正品）显示的动画连接

储料盒可采用矩形和直线工具绘制。

（2）控制方式显示

选用 1 个标签，填充“手动控制”，摆放至图 9-15 所示相应位置。

手动向自动的切换可以单击“手动方式”的标签实现。对该标签使用按钮动作动画连接，“手动控制”按钮的功能为打开用户窗口“自动分拣”，关闭用户窗口用“手动分拣”，“数据对象值操作”可将“控制方式”置 1，如图 9-31 所示。

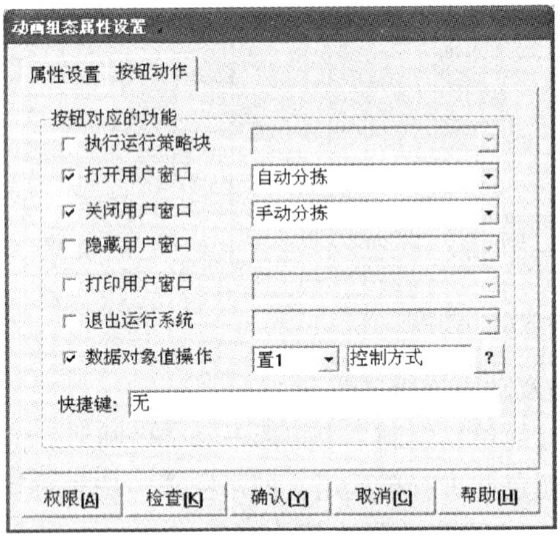

图 9-31　手动→自动切换标签的动画连接

（3）传送带控制按钮制作及动画连接

传送带控制按钮的作用有两个：控制传送带的状态、体现传送带的状态。制作该画面可以选用 2 个标签，将其完全重叠，其中一个用红色字符“传送带停止”填充，另一个用绿色字符“传送带启动”填充，如图 9-32 所示。

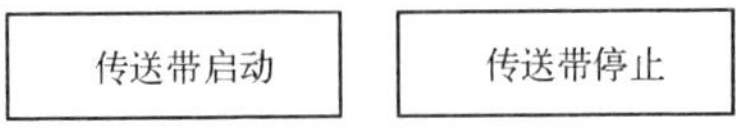

图 9-32　传送带控制按钮的制作

为使传送带启动或停止，可通过单击“传送带启动/停止”标签实现，即当显示“传送带启动”字样时，传送带处于运转状态，单击该标签，则传送带停止，同时显示“传送带停止”，反之相同。传送带启动标签的动画连接形式为按钮动作和可见度设置，当单击该标签时，数据对象“传送带启停”清零，当“传送带启停” =1 时，字符“传送带启动”是可见的，否则不可见，如图 9-33a 所示。图 9-33b 为标签传送带停止的动画连接过程。

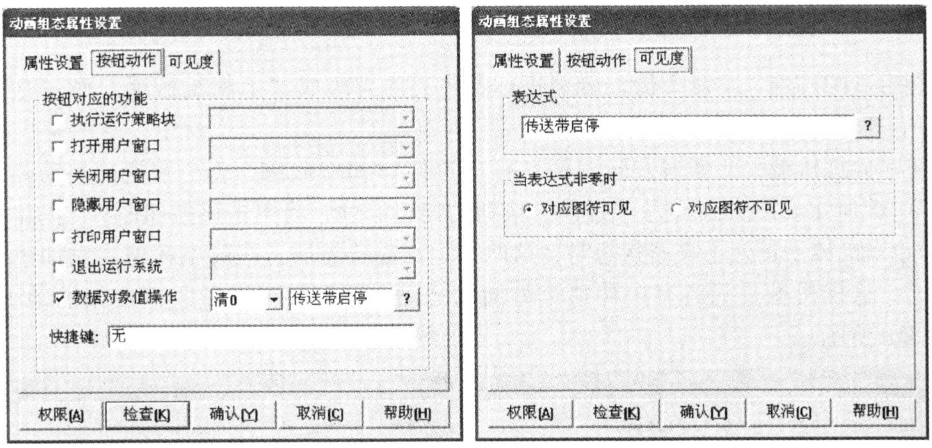

a)

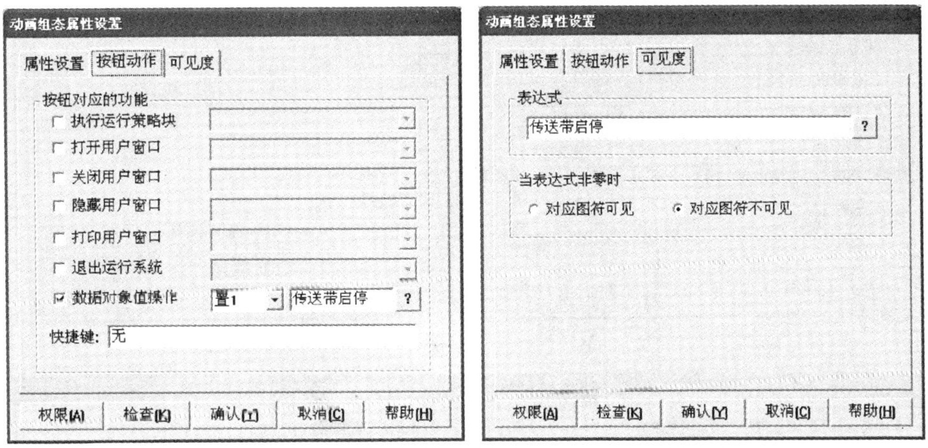

b)

图 9-33　传送带启/停按钮的动画连接

a）传送带启动按钮的动画连接　b）传送带停止按钮的动画连接

（4）机械手动作按钮制作及动画连接

三个机械手的运动趋势是完全相同的，均为：升降方向，伸缩方向，旋转方向和气爪的张开与闭合控制。说明要完全掌握一个机械手的动作，需要 8 个控制按钮，只要完成一个机械手的一组按钮画面，其他的可通过复制完成。

以正品分拣机械手为例，在用户窗口中整齐排列 8 个标准按钮，分别将其基本属性中的按钮标题改为：上升、下降、拉伸、收缩、正旋、逆旋、爪张和爪缩。在所有按钮的上方添加标签，显示字符为“正品分拣机械手”，为增强效果可在其外围增加矩形边框，如图 9-34 所示。最后进行单元组合，得到正品分拣机械手的控制按钮的画面。

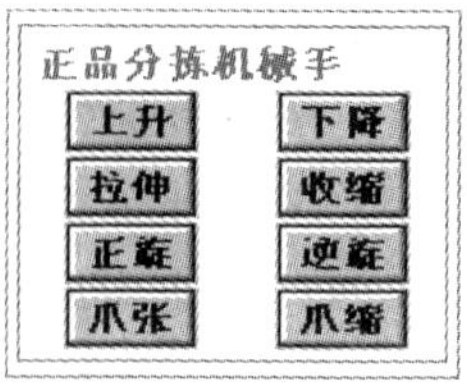

图 9-34　机械手控制按钮的制作画面

将组合后的构件，复制 2 份，分别将标签中的内容改成“上料机械手”和“次品分拣机械手”，摆放至图 9-15 中的相应位置。

以正品分拣机械手的伸缩方向为例，有“拉伸”和“收缩”2 个按钮，其动画设置方式如图 9-35 所示。图 9-35a 为“拉伸”按钮的连接属性，当单击该按钮时，“正品伸”置 1，为防止当机械手正处于收缩状态时，这两种运动趋势矛盾，在脚本程序中添加语句“正品缩 =0”，这样机械手只具有拉伸这个方向的运动；同理，可设置收缩按钮的动画连接，如图 9-35b 所示。

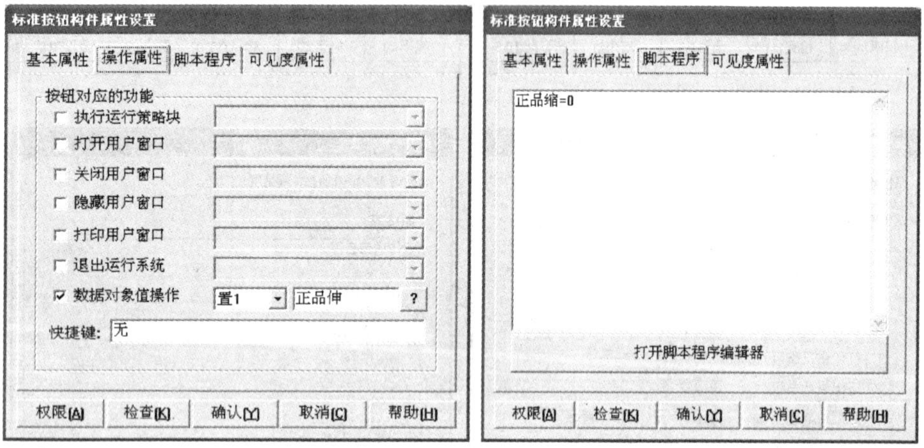

a)

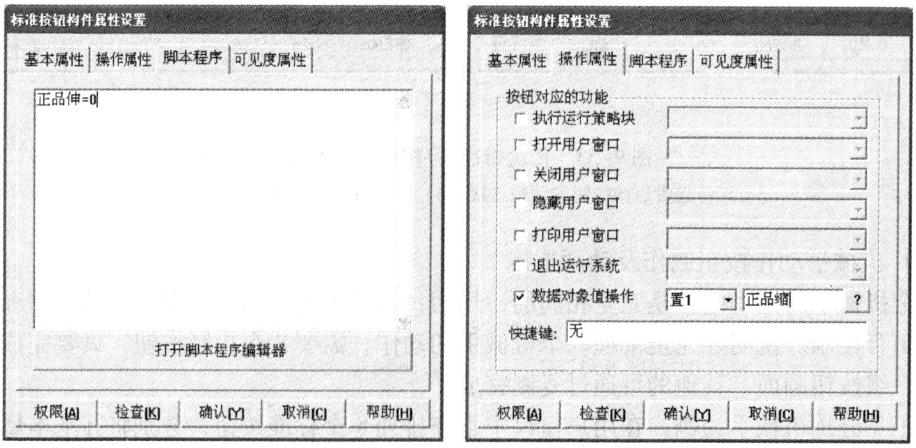

b)

图 9-35　伸缩按钮的动画连接

a）拉伸按钮的动画连接　b）收缩按钮的动画连接

按照这种方式成对设置机械手动作按钮的动画连接，即：伸缩方向、升降方向、旋转方向和气爪动作各为一对，便可完成所有 24 个机械手动作按钮的动画设置。

2. 自动画面设计与动画连接

自动控制系统用户画面设计如图 9-36 所示。依据系统要求主要分为 4 个部分：机械手控制系统工艺流图、通信状态和控制方式显示、总产量/正品产量/次品产量及合格率显示、报警状态显示。

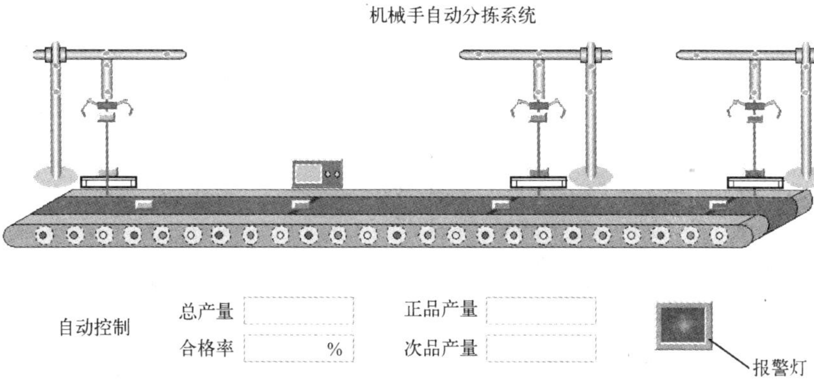

图 9-36 自动控制系统画面

机械手系统、传送带系统、质检传感器和通信状态及控制方式的显示图形与手动系统的画面基本一致，只需将手动系统用户窗口中的画面复制到自动系统用户窗口的画面中，并进行相应位置调整。各机械手、传送带和通信的动画连接方法也与手动系统中的连接方式相同。

“自动控制”标签的动画连接正好与手动分拣画面中的“手动方式”相反，“自动控制”的按钮功能为打开用户窗口用“手动分拣”，关闭用户窗口用“自动分拣”。“数据对象值操作”将“控制方式”清零，如图 9-37 所示。

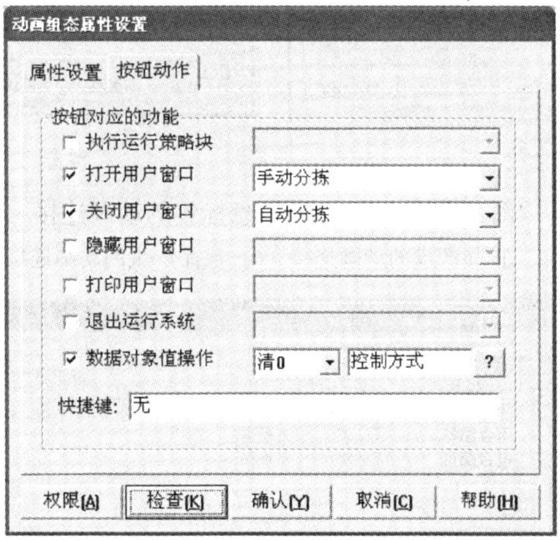

图 9-37 自动→手动切换标签的动画连接

与手动分拣系统不同的是，该画面中要提供产量信息和报警状态。

在用户窗口中放置 8 个标签，其中 4 个分别填写字符“总产量”“正品产量”“次品产量”和“合格率”，去除其边线；另外 4 个标签不添加字符，将其边线改为白色，按照

图 9-36所示的位置摆放，最后进行单元组合。

要求这 4 个不加字符的标签能够实时的显示左侧标签字符对应的数值，其动画连接均为显示输出形式，如图 9-38 所示。然后从对象元件库中的指示灯集中选取合适指示灯作为报警灯，置于用户窗口中。报警灯的动画连接如图 9-39 所示。连接数据对象为“光报警”，连接类型为可见度设置，当有报警信号产生时，报警灯指示红色，否则显示绿色。

图 9-38 产品产量信息标签的动画连接

a）总产量的动画连接 b）正品产量的动画连接 c）次品产量的动画连接 d）合格率的动画连接

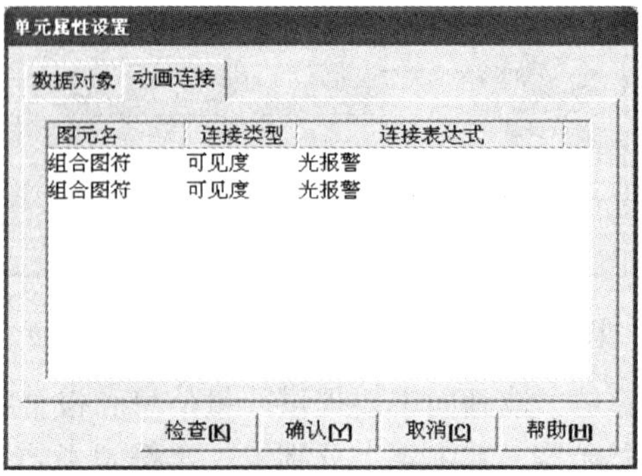

图 9-39 报警灯的动画连接

另外还需制作 7 个产品，以反映其被装卸、被传送过程。工件的制作可以使用矩形或圆角矩形绘制，适当调整其运行时的可见度和填充颜色属性即可达到预期效果。至此 2 个用户窗口画面制作完毕。

9.2.5 运行策略设计

在对一个实际的控制系统进行组态时，不仅要实现对系统中实时数据库和设备的组态，还要实现系统运行流程和控制策略的组态。MCGS 提供了一个进行运行策略组态的功能模块。对实际的控制系统来说，其必然是一个复杂的系统，监控系统往往设计成多分支、多层循环嵌套式结构，按照预定的条件，对系统的运行流程及设备的运行状态进行有针对性的选择和精确的控制。

在使用 MCGS 进行控制系统的组态过程中，要根据系统的具体控制要求完成其策略的组态。在考虑一个工程中相关的控制策略时，尤其对于特别复杂的工程项目，只需定制若干能完成特定功能的构件，将其添加到 MCGS 中，就可使已有的监控系统增添灵活的控制功能，而无需对整个系统做修改。

在 MCGS 中，策略类型共 7 种，即启动策略、退出策略、循环策略、用户策略、报警策略、事件策略、热键策略。在 MCGS 的工作台上（见图 9-7），进入运行策略组态窗口后，单击“新建策略”按钮，将会出现如图 9-40 所示的对话框，在该窗口中选择需要建立的策略类型后单击“确定”按钮，即可建立所需运行策略。其中“启动策略”和“退出策略”会在用户建立工程时自动产生，用户可根据需要对其进行组态，而不能通过新建策略来建立。

“启动策略”主要是用来实现系统的初始化；“退出策略”完成系统在退出时的善后处理工作；“循环策略”主要来完成系统的流程控制和控制算法；“用户策略”是用来完成用户自定义的各种功能或任务；“报警策略”实现数据的报警存盘；“事件策略”实现事件的响应；“热键策略”实现热键的响应。

完成新建策略后即可进行运行策略的组态，其组态的基本方法是：在 MCGS 工作台中的运行策略组态窗口中双击选中的策略或选中策略后单击“策略组态”按钮进入策略组态窗口。如图 9-41 所示。

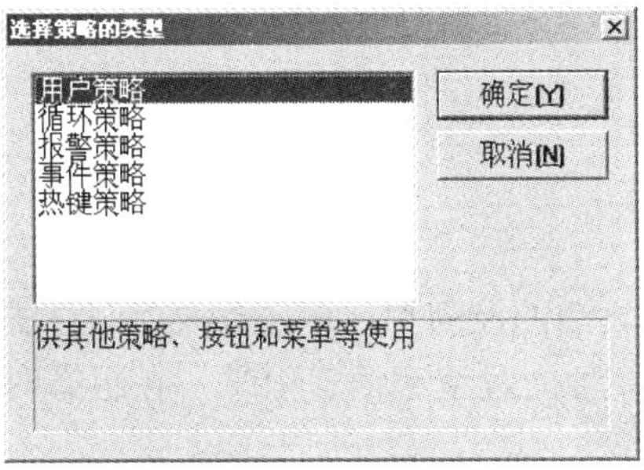

图 9-40　策略类型示例

图 9-41　运行策略组态窗口

在策略组态窗口通过单击鼠标右键新增一个策略行，每一个策略行中都有一个条件部分，构成“条件—功能”结构，每种策略可由多个策略行构成。它是运行策略用来控制运行流程的主要部件，如图 9-42 所示。可以根据具体的运行策略的运行条件设定该表达式条件的属性。

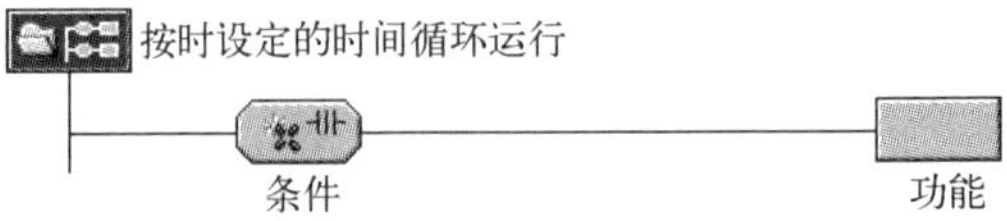

图 9-42 策略行“条件－功能”结构

以较常用的策略构件——“脚本程序”构件为例，单击“策略工具箱”中的“脚本程序”，把鼠标移出“策略工具箱”，会出现一个小手，把小手放在功能部分图标上，单击鼠标左键，则显示如图 9-43 所示的策略行。双击图标即可进入脚本程序编辑环境进行关于系统流程和控制算法的编程。

图 9-43 插入“脚本程序”构件的策略行

设置策略行的运行条件可以双击策略行上的图标，进入条件属性设置对话框，如图 9-44所示，根据具体的运行条件设定表达式及其条件属性。

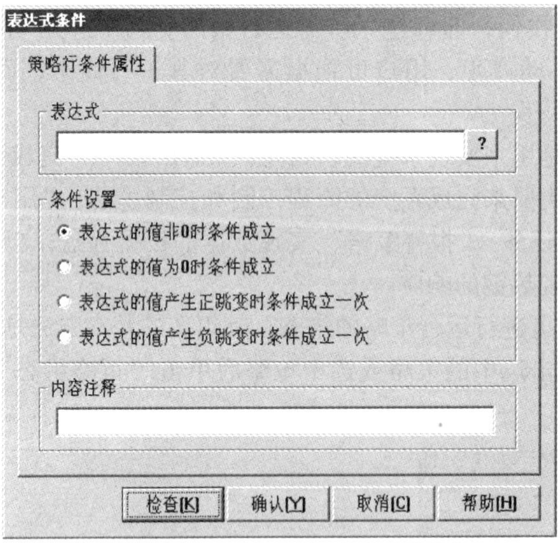

图 9-44 条件属性设置对话框

在进行控制系统的策略组态时，用户可以根据需要把灵活的控制和计算任务或控制算法通过脚本程序来实现。MCGS 的脚本程序是组态软件中的一种内置编程语言引擎，在组态时可以把脚本程序作为一个策略构件加入到一个策略行中去。

一个实际系统有三个固定的运行策略，即“启动策略”“循环策略”和“退出策略”。系统允许用户创建或定义最多 512 个用户策略。启动策略在应用系统开始运行时调用，退出策略在应用系统退出运行时调用，循环策略由系统在运行过程中定时循环调用，用户策略供系统中的其他部件调用。

每个运行策略都包括若干策略行，用以实现该策略的控制流程和相应的功能，每一个策略行都可以添加不同的策略构件。MCGS 共提供了 17 种策略构件，它们分别是：退出策略、音响输出、策略调用、数据对象、设备操作、脚本程序、定时器、计数器、窗口操作、Excel报表输出、配方操作处理、存盘数据浏览、存盘数据提取、存盘数据拷贝、报警信息浏览、设置时间范围、修改数据库。这些策略构件的调用方法与脚本程序构件相同，MCGS 策略工具箱如图 9-45 所示。这些策略构件连同策略组态的结合使用使系统组态具有很高的灵活性，可以实现复杂的控制策略。

图 9-45　MCGS 策略工具箱

本例中，系统在启动时不需要完成特殊的操作和功能，因此可以不设置启动策略，主要的系统运行策略都在循环策略中实现，设置循环策略的循环周期为 200 ms。按其方式可以分为自动控制和手动控制策略，但是手动控制和自动控制切换过程中需要先平衡，即令所有设备先恢复到初始状态（如图 9-3 中各机械手状态），故应具备手动和自动切换的策略。其执行过程如图 9-46 所示。

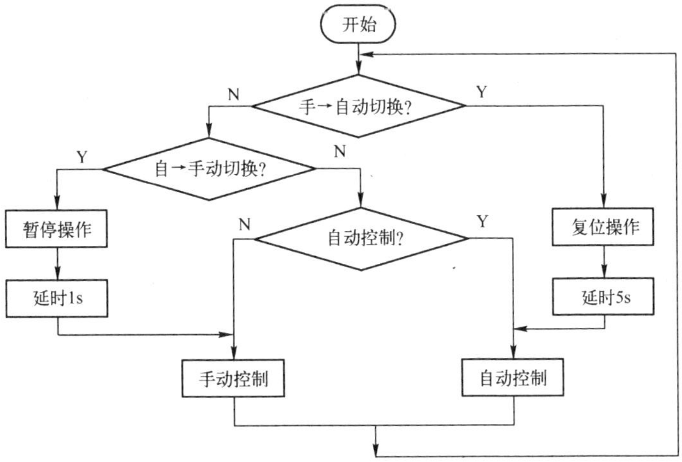

图 9-46　机械手分拣系统总流程图

1. 手动向自动切换

在循环策略中添加脚本程序策略行，命名为“手动—自动切换程序”，策略执行的条件为控制方式产生正跳变，如图 9–47 所示。

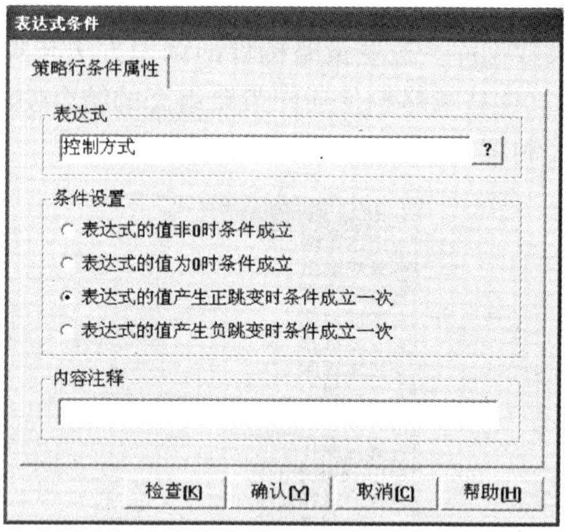

图 9–47　手动→自动切换的复位程序运行条件

当“控制方式”出现正跳变后，所有机械手的状态要进行复位，即回到初始状态，传送带停止。以图 9–3 中正品机械手初始状态为例，其复位程序如下：

```
正品缩 =1
正品伸 =0
正品升 =1
正品降 =0
正品逆旋 =1
正品正旋 =0
正品爪缩 =1
正品爪张 =0
传送带启停 =0        //传送带停止
```

上料机械手和次品机械手的复位程序相似，只需将以上程序中的“正品”换成“上料”和“次品”即可。

机械手复位时间设定为 5 s，在复位期间，禁止运行手动和自动控制的程序流程，手动→自动切换的 5 s 定时器的计时状态“手_自动切换延时到”，自动→手动切换的 1 s 定时器的计时状态为“自_手动切换延时到”，因此在复位过程中需将它们清 0，即将两个定时器进行复位操作，同时启动手动→自动切换的 5 s 定时器。具体程序如下：

```
手_自动切换延时到 =0
自_手动切换延时到 =0        //禁止进行手动和自动控制的程序流程
自_手动切换延时启动 =0
自_手动切换延时停止 =1
手_自动切换延时停止 =0      //启动手动→自动控制切换延时定时器
手_自动切换延时启动 =1
```

手动→自动控制切换延时定时器的设置如图 9-48 所示。这样，当“手_自动切换延时到”=1 时，可进入到自动控制的运行策略中。

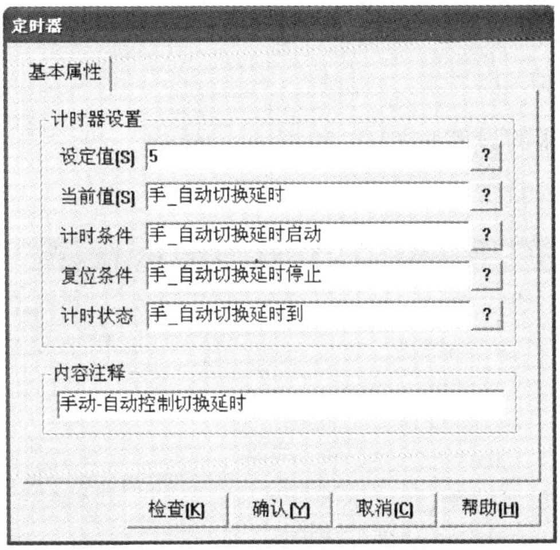

图 9-48 手动→自动控制切换延时定时器设置

2. 自动向手动切换

在循环策略中添加脚本程序策略行，命名为“自动—手动切换程序”，策略执行的条件为控制方式产生负跳变，如图 9-49 所示。

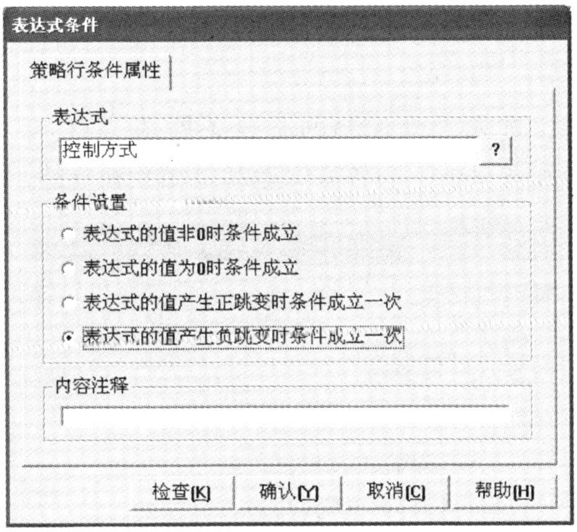

图 9-49 自动→手动切换的复位程序运行条件

根据要求，当自动运行切换到手动时，所有设备停止运转，即所有输出信号清 0，包括各机械手 8 个方向的动作控制及传送带启/停信号。

同样在此期间，禁止运行手动和自动控制的程序流程，因此在切换时需将“手_自动切换延时到”和“自_手动切换延时到”清零，同时启动自动→手动切换的 1 s 定时器。具体程序如下：

```
手_自动切换延时到 =0
```

自_手动切换延时到 = 0　　　　　//禁止进行手动和自动控制的程序流程
手_自动切换延时启动 = 0
手_自动切换延时停止 = 1
自_手动切换延时停止 = 0　　　　　//启动自动→手动控制切换延时定时器
自_手动切换延时启动 = 1

自动→手动切换定时器的设置如图 9-50 所示。这样，当“自_手动切换延时到” = 1 时，可进入到手动控制的运行策略中。

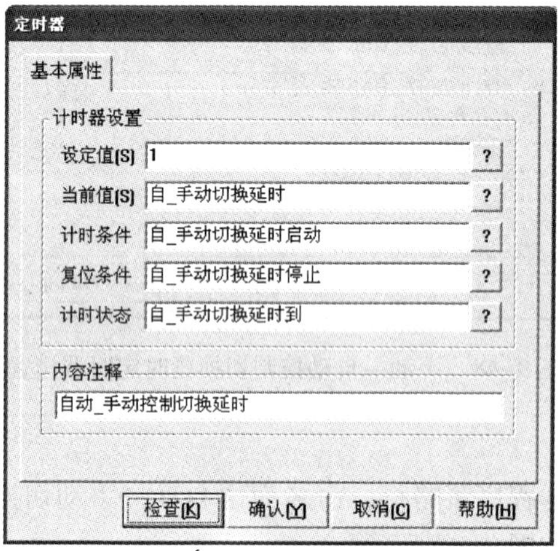

图9-50　自动→手动控制切换延时定时器设置

3. 手动控制策略

增加脚本程序策略行，进入手动控制的必要条件是“自_手动切换延时到” = 1，如图 9-51所示。由于传送带和各机械手的各方向运动是相互独立的，因此可以分别设置。

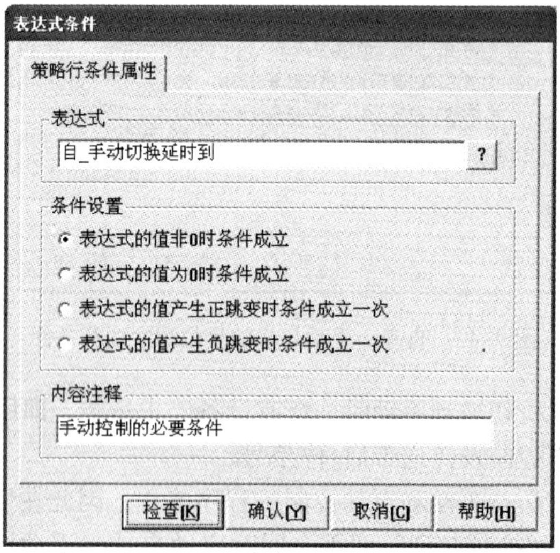

图 9-51　手动控制策略的执行条件

（1）传送带控制

```
IF 传送带启停 =1 THEN   传送带旋转 = 传送带旋转 +1          //动画效果
ELSE 传送带旋转 =0
```

（2）机械手控制

由于三个机械手的工作是独立的，并且在行为上相同，即都有在 4 个方向上的动作，现以正品分拣机械手气爪张开为例，说明其控制过程。

如果操作员在显示器上单击“正品爪张”按钮（见图 9-15），则要求正品机械手的气爪张开，其控制程序包括两部分：动画显示和输出控制。当收到气爪张开的命令后，由按钮的动画连接可知，此时气爪张的输出控制信号置 1，即“正品爪张”=1，然后在该循环策略的脚本程序中，逐步改变反映气爪位置的增量，当气爪张至最大幅度时，将气爪张的输出控制信号清 0。控制过程的流程图如图 9-52 所示。

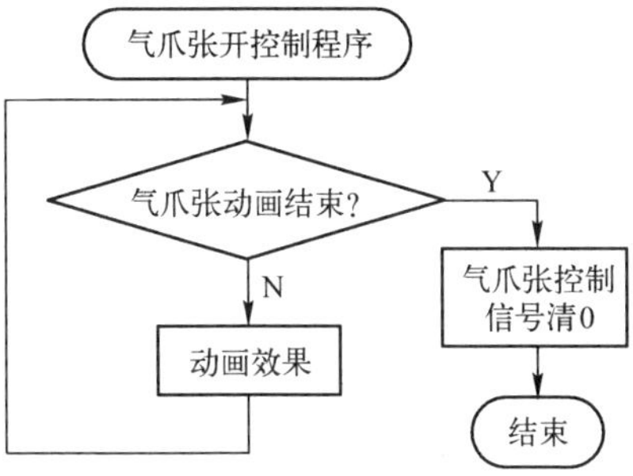

图 9-52　气爪张开控制流程

具体程序如下：

```
IF 正品爪张 =1 THEN
    IF 正品气爪增量 >0 THEN                //反映动画效果
        正品气爪增量 = 正品气爪增量 -1
    ELSE
        正品气爪增量 =0                    //气爪张至最大时,
        正品爪张 =0,                       输出控制信号清 0
    ENDIF
ENDIF
```

其他几个方向的手动控制程序与以上程序相似，但在增量上的调整需根据实际的构件尺寸、偏移量大小调节。

上料机械手和次品分拣机械手的手动控制与正品分拣机械手的控制相同，只需将上述程序中的正品改为上料或次品即可得到相应的控制程序。

4. 自动控制策略

增加脚本程序策略行，进入自动控制的必要条件是“手_自动切换延时到”=1，如图 9-53所示。依据自动控制的要求，要实现机械手的操作，以及质量检测、位置检测功能和传送带控制。

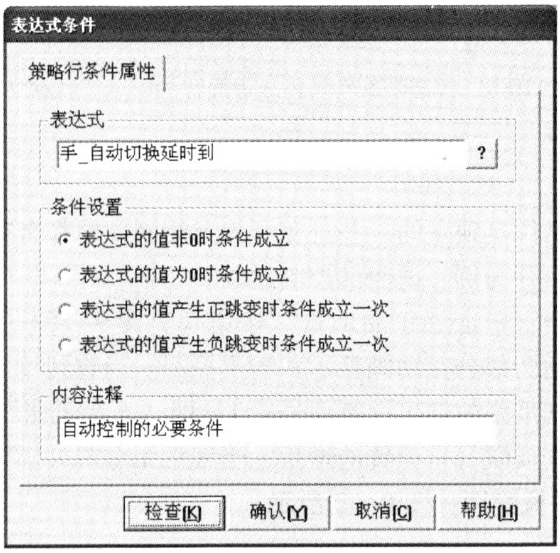

图 9-53　自动控制策略的执行条件

（1）传送带动画效果

传送带控制的动画效果可由如下程序完成：

```
IF 传送带启停 =1 THEN
    传送带旋转 = 传送带旋转 +1          //体现动画效果
ELSE
    传送带旋转 =0
ENDIF
```

其中传送带启停信号取决于控制流程中的其他相关条件。

（2）机械手动作过程

机械手的动作是为了上料或者产品的拣拾，上料和产品的拣拾是在同一时期完成的，各个机械手的工作是相对独立的，只需满足一定条件即可进行相应的工作。

1）上料机械手动作过程

当允许上料时，首先判断本次上料是否完成，如果完成就等待，没完成则继续进行上料操作。上料操作按以下顺序进行：气爪张开→气爪下降→气爪收缩→气爪上升→机械手伸长并正旋→气爪下降→气爪张开→气爪上升→气爪收缩→机械手收缩并逆旋。

2）正、次品机械手动作过程

当正品处于位置传感器 2 时，首先判断本次正品拣拾是否完成，如果完成就等待，没完成则继续进行拣拾操作。拣拾操作按以下顺序进行：机械手伸长并旋转→气爪张开→气爪下降→气爪收缩→气爪上升→机械手收缩并逆旋→气爪下降→气爪张开→气爪上升→气爪收缩。次品机械手的工作条件为有次品位于位置传感器 3，其拣拾顺序与正品机械手相同。

各机械手的动作按流程图 9-54 实现。每部分的动画效果及输出控制过程相似，以正品气爪上升为例，其工作流程如图 9-55 所示。

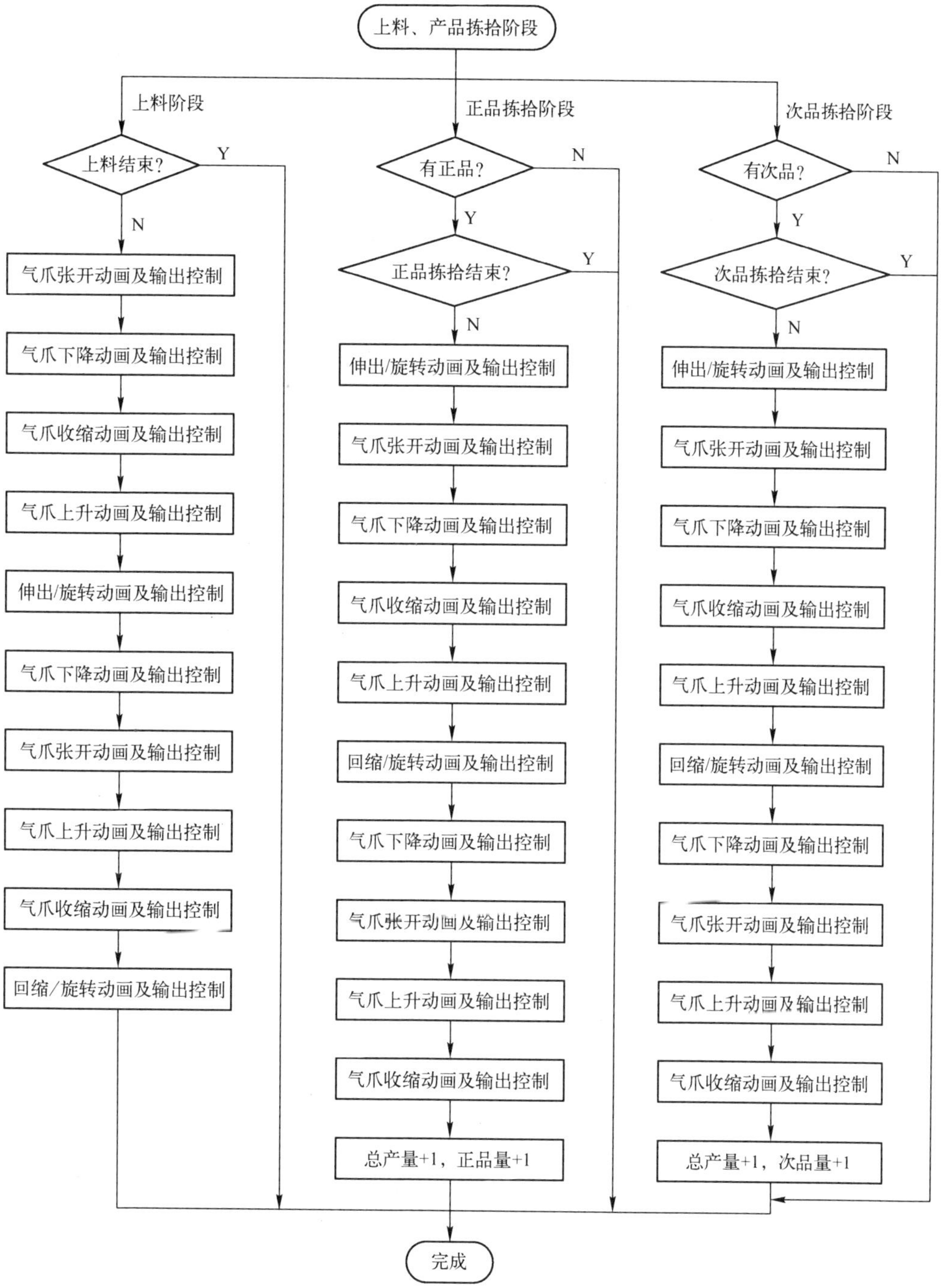
上料、产品拣拾阶段
上料阶段
正品拣拾阶段
次品拣拾阶段
上料结束?
有正品?
有次品?
正品拣拾结束?
次品拣拾结束?
Y
N
气爪张开动画及输出控制
气爪下降动画及输出控制
气爪收缩动画及输出控制
气爪上升动画及输出控制
伸出/旋转动画及输出控制
回缩/旋转动画及输出控制
总产量+1，正品量+1
总产量+1，次品量+1
完成

图 9-54　上料、分拣流程

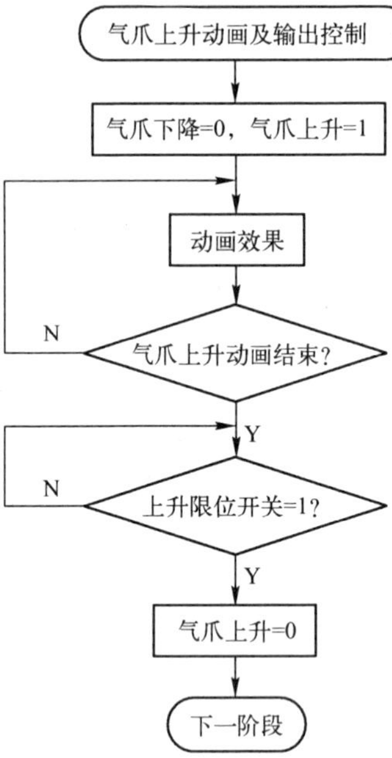

图 9-55　气爪上升自动控制流程

相应控制程序如下：

```
IF 正品阶段 =8   THEN
    正品降 =0
    正品升 =1
    IF 正品升降增量 >0 THEN
        正品升降增量 = 正品升降增量 - 1
    ELSE
        正品升降增量 =0
        IF 正品升限位开关 =1   THEN
            正品升 =0
            正品阶段 =9                    //可进入气爪收缩阶段
        ENDIF
    ENDIF
ENDIF
```

（3）质量检测、位置检测过程及报警

在本次机械手上料和分拣工作结束后，确定下次分拣时位置传感器 2 处的产品质量以及位置传感器 3 处是否有次品。之后启动传送带，必须保证各个产品同时到达相应位置传感器，在传送过程中可能出现微小误差，通过一个 1 s 的定时器延时来忽略此误差，若 1 s 后，仍未同时到达，则系统报警，停止运行，否则再次进行上料和分拣操作。其程序流程如图 9-56所示。

检测位置延时的定时器设置如图 9-57 所示。在循环策略中，增加音响输出策略行，设置声音报警，如图 9-58 所示，只要“声报警 =1”，则播放音乐 1. wav。

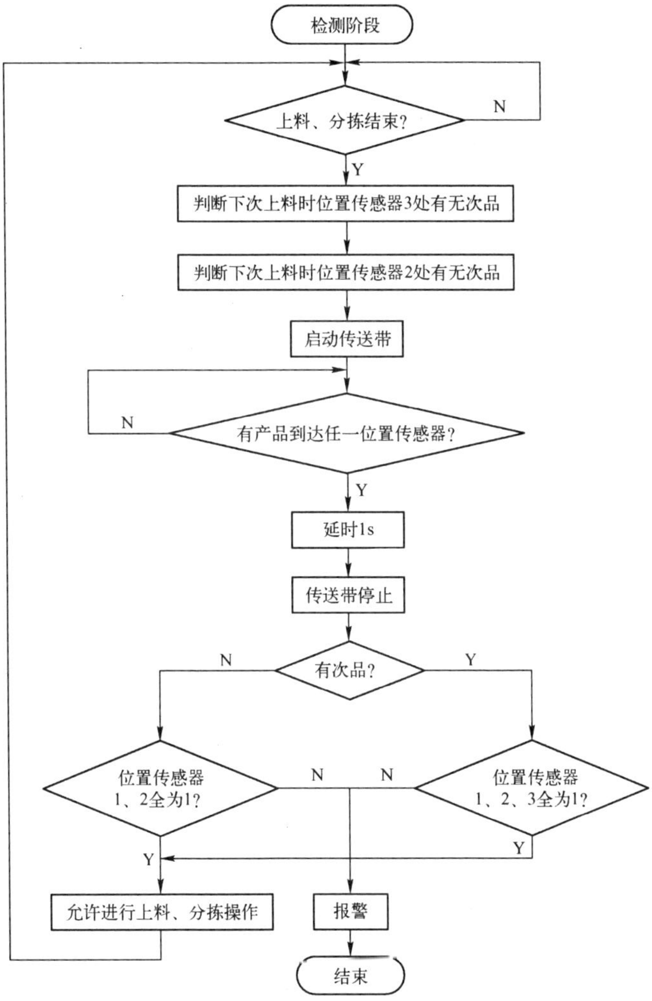

图 9-56　检测产品及报警流程

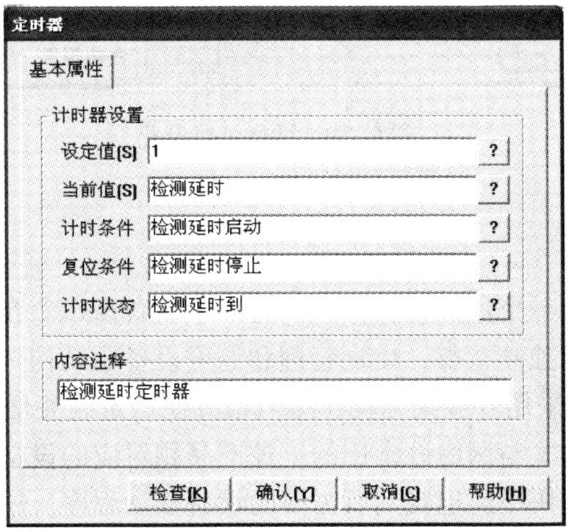

图 9-57　传送带运行延时定时器设置

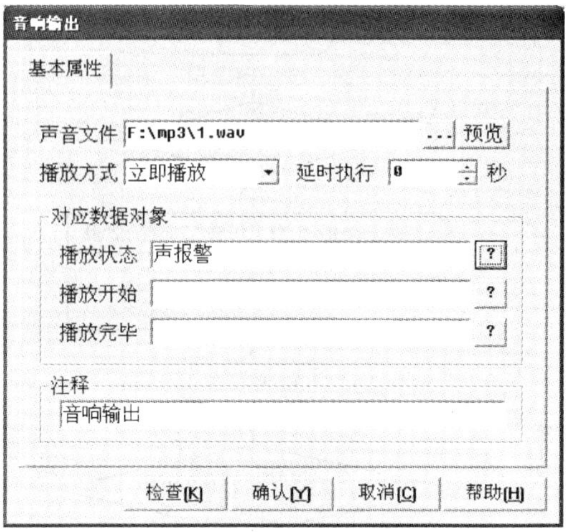

图 9-58　声音报警策略设置

最后，计算产品合格率：

合格率 = 正品产量/总产量 * 100

组态完成后，系统的循环策略包括图 9-59 中所列出的策略。

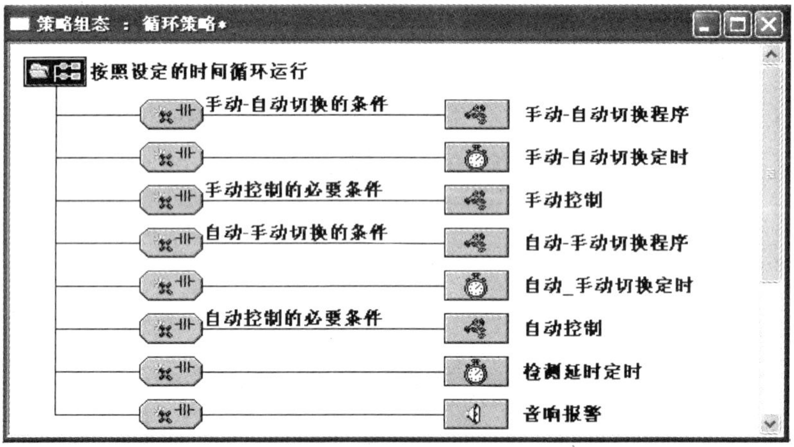

图 9-59　循环策略设置

9.2.6　设备窗口组态

在单机版 MCGS 中，一个用户工程只允许有一个设备窗口。在系统运行过程中，设备窗口是不可见的，它在后台独立运行，负责管理和调度设备驱动构件的运行。

MCGS 对设备的管理采用开放式结构，可以很方便地定制并增加所需的设备构件，不断充实设备工具箱。它提供了与国内外常用的工控产品相对应的设备驱动，并且为了使用户在众多设备驱动程序中方便快捷速地找到所需要的设备驱动程序，这些设备驱动都是按合理的分类方法进行排列的，如图 9-60 所示。同时，MCGS 还具备一个接口标准，以方便用户用 Visual Basic 或 Visual C ++ 编程工具自行编制所需的设备构件，并将其装入 MCGS 的设备工具箱内。另外，MCGS 还提供了一个高级开发向导，为用户提供自动生成设备驱动程序的框架。

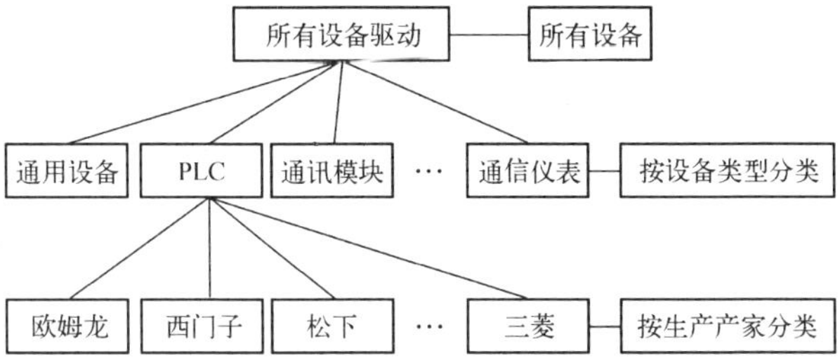

图 9-60　MCGS 设备驱动的种类

进行设备窗口组态时，首先要添加所用设备的驱动程序到设备工具箱，然后将该设备放置到 MCGS 的“设备窗口”中。在窗口内设置该设备的“基本属性”，并完成“通道连接”“设备调试”和“数据处理”等工作。

本例中，在 MCGS 的“工作台”上单击“设备窗口”，进入如图 9-61 所示页面。双击图 9-61中的“设备窗口”图标，或单击“设备组态”按钮，进入设备组态窗口，如图 9-62所示。单击图 9-62 中的“设备管理”按钮，进入“设备管理”窗口，设备管理工具的主要功能是方便用户在上百种设备驱动程序中快速找到适合自己的设备驱动程序，并完成所选设备在 Windows 中的登记和删除登记工作等。

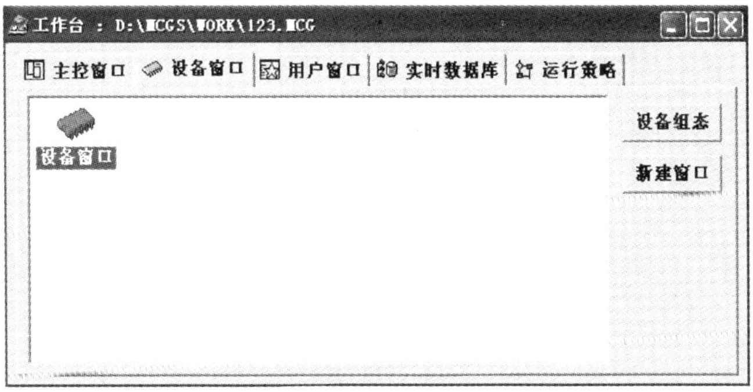

图 9-61　MCGS 设备窗口

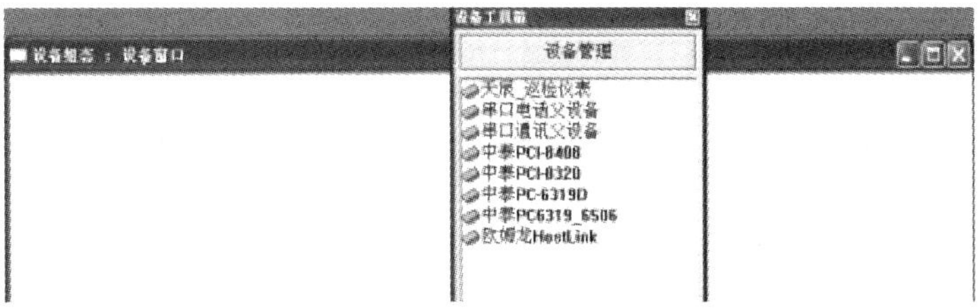

图 9-62　MCGS 设备组态窗口

在图 9-63a 中选择采集板卡中的中泰板卡，并将中泰板卡 PCI－8405 和 PCI－8407 的驱动添加到设备工具箱中，然后将它们放置在设备窗口，设备 0 为中泰板卡 PCI－8405，设备 1 为中泰板卡 PCI－8407，如图 9-63b 所示。

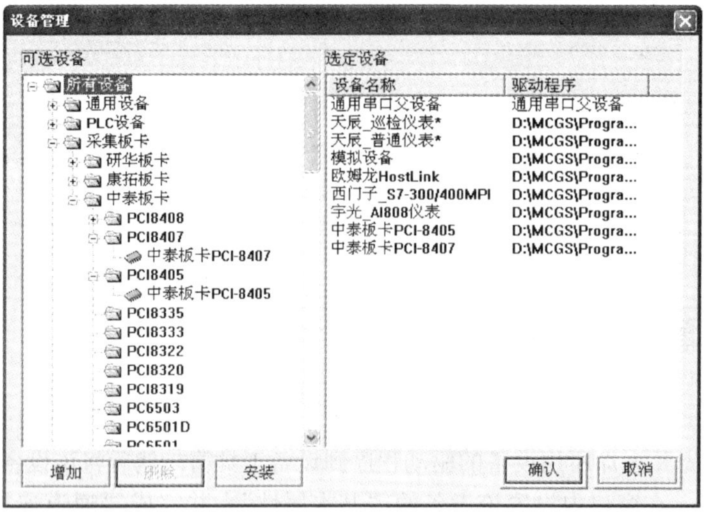

a)

b)

图 9-63　添加设备

a）添加中泰板卡至设备工具箱　b）添加中泰板卡到设备窗口

对设备 0 的基本属性进行设定。设置最小采集周期为 200 ms，板卡索引值为 0，如图 9-64所示。

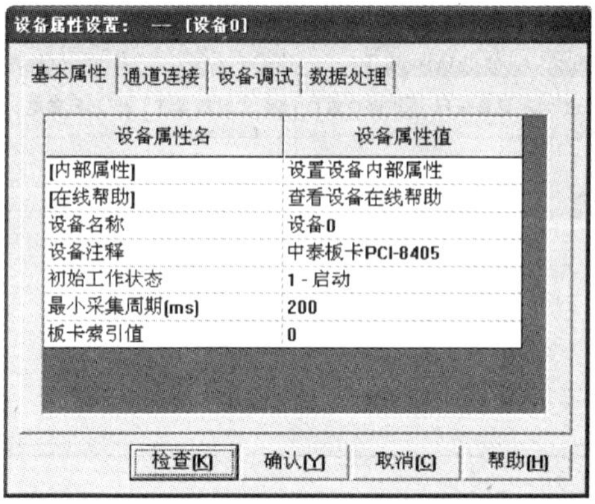

图 9-64　通用串口父设备属性

通过之前对系统的分析可知，主机的输入信号共有 22 个（即 4 个传感器和 18 个限位开关的信号），因此需要 22 个开关量输入通道，单击设备 0 属性的“通道连接”选项卡，依据创建实时数据库时分配的通道，在进行通道连接时，将这 22 个数据对象的名称填入相应的通道中，结果如图 9-65 所示。注意：在连接实际线路时，应保证各输入信号与通道的正确连接，如位置传感器 1 的输入信号必须连接到 PCI－8405 的 B 组 ch19 通道。

对设备 1 的属性进行设定。设置最小采集周期为 200 ms，板卡索引值为 1，主机的输出控制信号共有 25 个（即 1 个传送带控制信号和 24 个机械手动作控制信号），因此需要 25 个开关量输出通道；单击设备 1 属性的“通道连接”选项卡，依据创建实时数据库时分配的通道，在进行通道连接时将这 25 个数据对象的名称填入相应的通道中，结果如图 9-66 所示。与输入通道相同，同样应注意外部实际线路的正确连接。

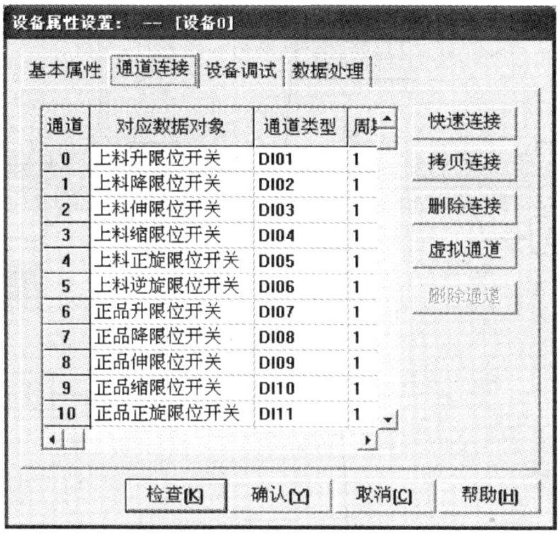

图 9-65　输入通道的连接

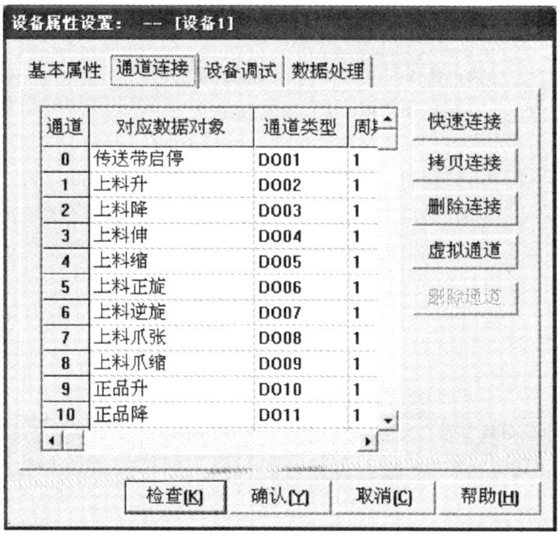

图 9-66　输出通道的连接

由于该系统只有两个用户窗口，窗口的切换使用按钮动作即可实现，不必进行主控窗口的菜单设计，因此主控窗口的组态比较简略，在此不再赘述。

9.2.7　自动分拣系统运行效果

图 9-67 是基于 MCGS 的机械手自动分拣系统运行时的截图，图 9-67a 为产品在传送带上行走的截图，传送带上的圆环不断旋转能够反映传送带正在运转，经过质检传感器的产品可以从颜色上分辨其质量，各个机械手不动。图 9-67b 反映的是仅有正品到达位置传感器 2 后，系统的工作状态。此时，位置传感器感应到产品后，传送带停止，上料机械手进行上料操作，质检传感器检测位置传感器 1 处的工件的质量，检测时指示灯不断闪烁，指示灯及产品显示绿色为正品，红色为次品，并给出检测的数目，同时正品机械手进行产品拣拾操作，画面中的产品信息是实时刷新的。图 9-67c 反映的是次品到达位置传感器 2 和位置传感器 3 后，系统的工作状态。图 9-67d 体现的是同时有正品到达位置传感器 2、次品到达位置传感器 3 后，系统的工作状态。

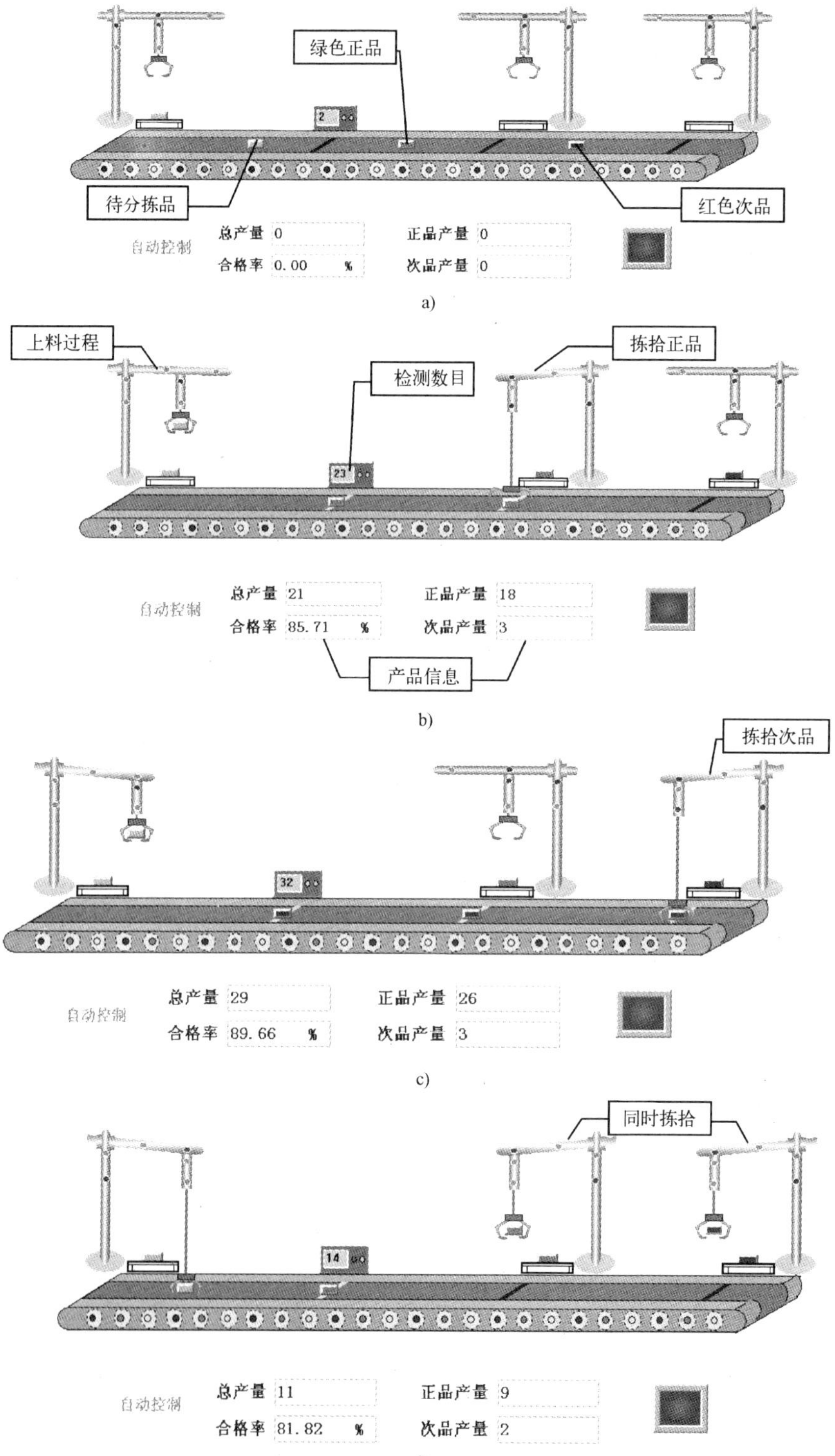

图 9-67　自动分拣系统运行效果图

a）产品在传送带上行走　b）仅拣拾正品的运行画面　c）仅拣拾次品的运行画面　d）同时拣拾正、次品的画面

参 考 文 献

[1] 霍罡. 欧姆龙 PLC 应用系统设计实例精解［M］. 北京：电子工业出版社，2010.

[2] 霍罡，曹辉. 可编程序控制器模拟量及 PID 算法应用案例［M］. 北京：高等教育出版社，2008.

[3] 曹辉，马栋萍，等. 组态软件技术及应用［M］. 北京：电子工业出版社，2009.

[4] 戴一平. 可编程序控制器逻辑控制案例［M］. 北京：高等教育出版社，2007.

[5] 曹辉，霍罡. 可编程序控制器过程控制技术［M］. 北京：机械工业出版社，2006.

[6] 林育兹，鲍平. 可编程序控制器原理及逻辑控制［M］. 北京：机械工业出版社，2006.

[7] 宋伯生. PLC 编程理论·算法及技巧［M］. 北京：机械工业出版社，2006.

[8] 廖常初. PLC 编程及应用［M］. 北京：机械工业出版社，2005.

[9] 郭宗仁，吴亦锋，郭永. 可编程序控制器应用系统设计及通信网络技术［M］. 北京：人民邮电出版社，2002.